职业教育教学改革规划教材

机电一体化技术与系统

吴晓苏　范超毅　编

机 械 工 业 出 版 社

本书突破了以往的教材编写结构，以项目式的教学模式为导向，但又不失传统教材的严谨性和知识体系的完整性。本书针对高职、高专机电类专业传统教学模式进行了大胆尝试，引用大量生产第一线的实践内容，并在每章最后一节设计具体的实践项目，将各章知识按照项目式教学要求进行综合实训。全书内容丰富，深入浅出，结构严谨、清晰，突出教学的可操作性。

全书共分6章，分别是绪论、机电一体化系统中的机械传动、机电一体化控制系统的组成与接口、传感器信号处理及其与微机的接口、机电一体化中的伺服系统、机电一体化项目教学案例。

本书可作为高职、高专院校机电一体化技术、数控技术及相关专业的教学用书，是机电一体化技术专业的“双证课程”教材，也可作为从事机电一体化、数控专业的工程技术人员的参考用书。

图书在版编目（CIP）数据

机电一体化技术与系统/吴晓苏，范超毅编．—北京：机械工业出版社，2009.7（2016.8重印）

职业教育教学改革规划教材

ISBN 978-7-111-27206-9

Ⅰ．机…　Ⅱ．①吴…　②范…　Ⅲ．机电一体化-职业教育-教材　Ⅳ．TH-39

中国版本图书馆CIP数据核字（2009）第080771号

机械工业出版社（北京市百万庄大街22号　邮政编码100037）

策划编辑：崔占军　责任编辑：王佳玮　版式设计：霍永明

责任校对：李秋荣　封面设计：鞠　杨　责任印制：李　洋

北京振兴源印务有限公司印刷

2016年8月第1版·第9次印刷

184mm×260mm·15.25印张·374千字

23001—25500册

标准书号：ISBN 978-7-111-27206-9

定价：29.00元

凡购本书，如有缺页、倒页、脱页，由本社发行部调换

电话服务

服务咨询热线：（010）88379833

读者购书热线：（010）88379649

网络服务

机 工 官 网：www.cmpbook.com

机 工 官 博：weibo.com/cmp1952

教育服务网：www.cmpedu.com

金　书　网：www.golden-book.com

前　言

机电一体化是机械与电子的一体化技术，是机械与电子的融合，它以特有的技术带动性、融入性和广泛适用性，逐渐成为高新技术产业中的主导技术和制造业的发展方向，并成为新世纪经济发展的重要支柱。

机电一体化技术与系统的任务是：采用微电子技术完成特定任务，去武装传统的机械电气产品。本书围绕机床工作台的驱动这一大项目，以进给传动机械系统、工作台单片机控制系统、数据采集系统、步进电动机的环形分配系统四个分项目来串接整个教学内容，并在最后一章列举了机电一体化项目教学案例。

各项目中，“项目一：卧式车床数控化改造进给传动机械系统设计”使读者学会站在伺服机械传动系统的角度去选择及设计精密机械传动系统，充分体现伺服传动系统的重要性；“项目二：XY 工作台单片机控制系统设计”以单片机为核心控制器，构建伺服控制线路；“项目三：数据采集系统设计”围绕信号的采样、保持、转换、放大、线性处理、干扰抑制等方面进行实践；“项目四：步进电动机的环形分配系统”通过硬、软件环形分配方法展现机电一体化技术的魅力。第 6 章是编者所在学校实施项目式教学后的部分学生作品，对开展项目式教学起着案例示范作用。

本书是浙江省社会科学界联合会研究课题成果和中国职业技术教育学会“十一五”规划课题组“职业教育与职业资格证书推进策略与‘双证课程’的研究与实践”课题的双证书课程教学用书。本书积累了作者多年的心血。

本书第 1、3、4、5、6 章由杭州职业技术学院吴晓苏编写，第 2 章由江汉大学、武汉数控博威机械有限公司范超毅编写，全书由吴晓苏统稿。本书的编写得到武汉数控博威机械有限公司、友嘉实业集团的支持，对在编写过程中给予帮助的友嘉实业集团机床培训中心的吴世东、姚西平同志表示衷心的感谢，同时感谢积极参与重点课程建设和课题研究的老师与同学。

书中难免出现错误和不足之处，读者在使用过程中如发现不妥之处，欢迎提出批评和建议。

编者

目　录

第1章 绪 论

1.1 机电一体化系统

1.1.1 机电一体化概念的产生

20世纪80年代初，世界制造业进入一个发展停滞、缺乏活力的萧条期，几乎被人们视作夕阳产业。90年代后，微电子技术在该领域的广泛应用，为制造业注入了生机。机电一体化产业以其特有的技术带动性、融入性和广泛适用性，逐渐成为高新技术产业中的主导产业，成为新世纪经济发展的重要支柱之一。

机电一体化是微电子技术向机械工业渗透过程中逐渐形成的一种综合技术，是一门集机械技术、电子技术、信息技术、计算机及软件技术、自动控制技术及其他技术互相融合而成的多学科交叉的综合技术。以这种技术为手段开发的产品，既不同于传统的机械产品，也不同于普通的电子产品，而是一种新型的机械电子器件，称为机电一体化产品。

机电一体化（Mechatronics）一词，最早在1971年日本《机械设计》杂志副刊中提出，1976年日本《Mechatronics design news》杂志开始使用。“Mechatronics”是Mechanics（机械学）的前半部分与Electronics（电子学）的后半部分组合而成的日本造英语单词。我国通常称为机电一体化或机械电子学。实质上它是指机械工程与电子工程的综合集成，应视为机械电子工程学。但是，机电一体化并非是机械技术与电子技术的简单叠加，而是有着自身体系的新型学科。随着计算机技术的迅猛发展和广泛应用，机电一体化技术获得前所未有的发展，目前正向光机电一体化技术（Opto-mechatronics）方向发展，应用范围愈来愈广。

到目前为止，机电一体化一词较为人们所接受的涵义是日本“机械振兴协会经济研究所”于1981年3月提出的解释：“机电一体化乃是在机械的主功能、动力功能、信息功能和控制功能上引进微电子技术，并将机械装置与电子装置用相关软件有机结合而构成系统的总称。”随着微电子技术、传感器技术、精密机械技术、自动控制技术以及微型计算机技术、人工智能技术等新技术的发展，以机械为主体的工业产品和民用产品，不断采用诸学科的新技术，在机械化的基础上，正向自动化和智能化方向发展，以机械技术、微电子技术的有机结合为主体的机电一体化技术是机械工业发展的必然趋势。

美国也是机电一体化产品开发和应用最早的国家之一，如世界上第一台数控机床（1952年）、工业机器人（1962年）都是美国研制成功的。美国机械工程师协会（ASME）的一个专家组，于1984年在给美国国家科学基金会的报告中，提出了“现代机械系统”的定义：“由计算机信息网络协调与控制的、用于完成包括机械力、运动和能量流等动力学任务的机械和机电部件相互联系的系统”。这一含义实质上是指多个计算机控制和协调的高级机电一体化产品。

1981年，德国工程师协会、德国电气工程技术人员协会及其共同组成的精密工程技术专家组的《关于大学精密工程技术专业的建议书》中，将精密工程技术定义为光、机、电一体化的综合技术，它包括机械（含液压、气动及微型机械）、电工与电子技术、光学及不同技术的组合（电工与电子机械、光电子技术与光学机械），其核心为精密工程技术。这一观点促进了精密工程技术中各学科的相互渗透，是培养机电一体化复合人才的关键。

"机电一体化技术与系统"具有"技术"与"系统"两方面的内容。机电一体化技术主要是指其技术原理和使机电一体化系统（或产品）得以实现、使用和发展的技术。机电一体化系统主要是指机械系统和微电子系统有机结合，从而赋予新的功能和性能的新一代产品。机电一体化的共性包括检测传感技术、信息处理技术、计算机技术、电力电子技术、自动控制技术、伺服传动技术、精密机械技术以及系统总体技术等。各组成部分（即要素）的性能越好，功能越强，各组成部分之间配合越协调，则产品的性能和功能就越好。这就要求将上述多种技术有机地结合起来，也就是人们所说的融合。只有实现多种技术的有机结合，才能实现整体最佳，这样的产品才能称得上是机电一体化产品。如果仅用微型计算机简单取代原来的控制器，其产品不能称为机电一体化产品。

随着以IC、LSI、VLSI等为代表的微电子技术的惊人发展，计算机本身也发生了根本变革，以微型计算机为代表的微电子技术逐步向机械领域渗透，并与机械技术有机地结合，为机械增添了"头脑"，增加了新的功能和性能，从而进入以机电有机结合为特征的机电一体化时代。曾以机械为主的产品，如机床、汽车、缝纫机、打字机等，由于应用了微型计算机等微电子技术，使它们都提高了性能并增添了头脑。这种将微型计算机等微电子技术用于机械并给机械以智能的技术革新潮流可称之为"机电一体化技术革命"。这一革命使得机械闹钟、机械照相机及胶卷等产品遭到淘汰。又如：以往的化油器车辆，发动机的供油是靠活塞下行后形成的真空吸力来完成的，并且节气门开度越大，进气支管的压力越高，发动机转速越高，化油器供油量也就越多。而现在的电子燃油喷射车辆，都已将上述机械动作转变为传感器的信号（如节气门开度用节气门位置传感器来测量，进气支管压力用绝对压力传感器来测量），并将这些信号送到发动机控制计算机后，经过计算机的分析、比较、处理、计算出精确的喷油脉宽，控制喷油嘴开启时间的长短，从而控制喷油量的多少，将以往的机械供油转为电控，这样不仅有效地发挥了燃油经济性，动力性，又使尾气排放降到了最低。

机电一体化的目的是使系统（产品）功能化、高效率、高可靠性、省材料、省能源，并使产品结构向轻、薄、短、小巧化方向发展，不断满足人们生活的多样化需求和生产的省力、自动化需求。因此，机电一体化的研究方法应该改变过去那种拼拼凑凑的"混合"设计法，应该从系统的角度出发，采用现代设计分析方法，充分发挥边缘学科技术的优势。

机电一体化技术在制造业的应用从一般的数控机床、加工中心和机械手发展到智能机器人、柔性制造系统（FMS）、无人生产车间和将设计、制造、销售、管理集于一体的计算机集成制造系统（CIMS）。机电一体化产品涉及工业生产、科学研究、人民生活、医疗卫生等各个领域，如集成电路自动生产线、激光切割设备、印刷设备、家用电器、汽车电子、微型机械、飞机、雷达、医学仪器、环境监测等。

机电一体化技术是其他高新技术发展的基础，机电一体化的发展依赖于其他相关技术的发展。可以预料，随着信息技术、材料技术、生物技术等新兴学科的高速发展，在数控机床、机器人、微型机械、家用智能设备、医疗设备、现代制造系统等产品及领域，机电一体化技术将得到更加蓬勃的发展。

1.1.2　机电一体化系统的组成

一个典型的机电一体化系统应包含以下几个基本要素：机械本体、动力与驱动单元、执行机构单元、传感与检测单元、控制及信息处理单元、系统接口等部分。我们将这些部分归纳为：结构组成要素、动力组成要素、运动组成要素、感知组成要素、智能组成要素；这些组成要素内部及其之间，形成通过接口耦合来实现运动传递、信息控制、能量转换等有机融合的一个完整系统。机电一体化系统的组成要素关系如图1-1所示。

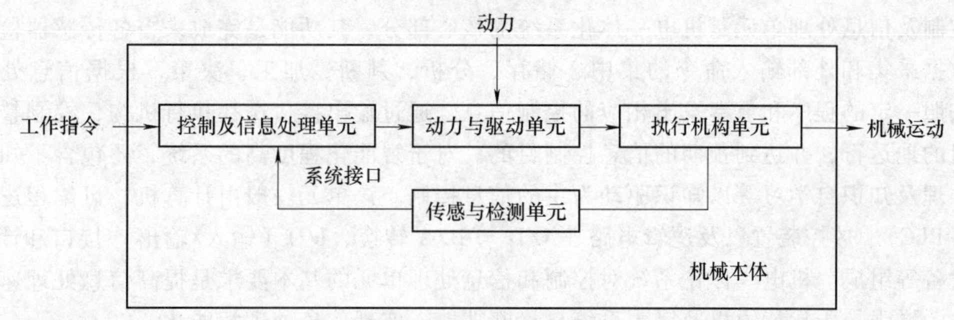

图1-1　机电一体化系统的组成要素关系

1. 机械本体

机电一体化系统的机械本体包括机械传动装置和机械结构装置，机械子系统的主要功能是使构造系统的各子系统、零部件按照一定的空间和时间关系安置在一定的位置上，并保持特定的关系。为了充分发挥机电一体化的优点，必须使机械本体部分具有高精度、轻量化和高可靠性。过去的机械均以钢铁为基础材料，要实现机械本体的高性能，除了采用钢铁材料以外，还必须采用复合材料或非金属材料。机械传动装置应有高刚度、低惯量、较高的谐振频率和适当的阻尼性能，从而对机械系统的结构形式、制造材料、零件形状等方面都相应提出了特定的要求。机械结构是机电一体化系统的机体。各组成要素均以机体为骨架进行合理布局，有机结合成一整体，这不仅是系统内部结构的设计问题，而且也包括外部造型的设计问题。机电一体化系统应整体布局合理，使用、操作方便，造型美观，色调协调。

2. 动力与驱动单元

动力单元的功能是按照系统控制要求，为系统提供能量和动力，使系统正常运行。用尽可能小的动力输入获得尽可能大的功能输出，是机电一体化产品的显著特征之一。

驱动单元的功能是在控制信息作用下提供动力，驱动各执行机构完成各种动作和功能。机电一体化系统一方面要求驱动的高效率和快速响应特性，另一方面要求对水、油、温度、尘埃等外部环境的适应性和可靠性。由于电力电子技术的高度发展，高性能的功率驱动放大器应用在步进驱动、直流伺服和交流伺服驱动领域。

3. 传感与检测单元

传感与检测单元的功能是对系统运行中所需要的本身和外界环境的各种参数及状态物理量进行检测，生成相应的可识别信号，传输到信息处理单元，经过分析、处理后产生相应的控制信息。这一功能一般由专门的传感器及转换电路完成。

4. 执行机构单元

执行机构单元的功能是根据控制信息和指令完成要求的动作。执行机构是运动部件，它将输入的各种形式的能量转换为机械能。常用的执行机构可分为两类：一是电气式执行部件，按运动方式的不同又可分为旋转运动元件和直线运动元件，旋转运动元件主要指各种电动机；直线运动元件有电磁铁、压电驱动器等。二是液压式执行部件，主要包括液压缸和液压马达等执行元件。根据机电一体化系统的匹配性要求，执行机构需要考虑改善系统的动、静态性能，如提高刚性、减小重量和保持适当的阻尼，应尽量考虑组件化、标准化和系列化，以提高系统的整体可靠性等。

5. 控制及信息处理单元

控制及信息处理单元是机电一体化系统的核心部分，其功能是完成来自各传感器检测信息的数据采集和外部输入命令的集中、储存、分析、判断、加工、决策，根据信息处理结果，按照一定的程序和节奏发出相应的控制信息，通过输出接口送往执行机构，控制整个系统有目的地运行，并达到预期的信息控制目的。对于智能化程度高的系统，还包含了知识获取、推理及知识自学习等以知识驱动为主的信息控制。该单元一般由计算机、可编程逻辑控制器（PLC）、数控装置以及逻辑电路、A/D与D/A转换、I/O（输入/输出）接口和计算机外部设备等组成。机电一体化系统对控制和信息处理单元的基本要求是提高信息处理速度和可靠性，增强抗干扰能力以及完善系统自诊断功能，实现信息处理智能化。

以上五部分通常称为机电一体化的五大组成要素。在机电一体化系统中这些单元和它们内部各环节之间都遵循接口耦合、运动传递、信息控制、能量转换的原则。

6. 系统接口

机电一体化系统由许多要素或子系统构成，各子系统之间必须能顺利进行物质、能量和信息的传递与交换，为此各要素或各子系统相接处必须具备一定的联系部件，这个部件称为接口，其基本功能主要有三个。

（1）变换　两个需要进行信息交换和传输的环节之间，由于信息的模式不同（数字量与模拟量、串行码与并行码、连续脉冲与序列脉冲等），无法直接实现信息或能量的交流，需要通过接口完成信息或能量的统一。

（2）放大　在两个信号强度相差悬殊的环节间，经接口放大，达到能量的匹配和电平的匹配。

（3）传递　包括信息传递和运动传递。对于信息传递，变换和放大后的信号在环节间必须能可靠、快速、准确地交换，必须遵循协调一致的时序、信号格式和逻辑规范。接口具有保证信息传递的逻辑控制功能，使信息按规定模式进行传递。运动传递是指运动各组成环节之间的不同类型运动的变换与传输，如位移变换、速度变换、加速度变换及直线运动和旋转运动变换等。运动传递还包括以运动控制为目的的运动优化设计，目的是提高系统的伺服性能。

接口的作用是使各要素或子系统联接成为一个有机整体，使各个功能环节有目的地协调一致运动，从而形成了机电一体化的系统工程。

1.1.3 机电一体化系统的相关技术

机电一体化系统是多学科领域技术的综合交叉应用，是技术密集型的系统工程。其主要相关技术包括机械技术、传感检测技术、计算机与信息处理技术、自动控制技术、伺服驱动技术和系统总体技术等，现代机电一体化产品甚至还包含了光、声、化学、生物等技术的应用。

1. 机械技术

机械技术是机电一体化的基础。随着高新技术引入机械行业，机械技术面临着挑战和变革。在机电一体化产品中，机械技术不再是单一地完成系统间的连接，而是要优化设计系统的结构、重量、体积、刚性和寿命等参数对机电一体化系统的综合影响。机械技术的着眼点在于如何与机电一体化的技术相适应，利用其他高新技术来更新概念，实现结构上、材料上、性能上以及功能上的变更，以满足减少重量、缩小体积、提高精度、提高刚度、改善性能和增加功能的要求。

在机电一体化系统制造过程中，经典的机械理论与工艺应借助于计算机辅助技术，同时采用人工智能与专家系统等，形成新一代的机械制造技术，原有的机械技术以知识和技能的形式存在。

2. 传感检测技术

传感与检测装置是系统的感受器官，它与信息系统的输入端相连并将检测到的信息输送到信息处理部分。传感与检测是实现自动控制、自动调节的关键环节，它的功能越强，系统的自动化程度就越高。传感与检测的关键元件是传感器。传感器是将被测量（包括各种物理量、化学量和生物量等）变换成系统可识别的，与被测量有确定对应关系的有用电信号的一种装置。

现代工程技术要求传感器能快速、精确地获取信息，并能经受各种环境的影响。与计算机技术相比，传感器的发展显得迟缓，难以满足机电一体化技术发展的要求。不少机电一体化装置不能达到满意的效果或无法实现预期的设计，关键原因在于没有较好的传感器。传感检测技术研究的内容包括两方面：一是研究如何将各种被测量（物理量、化学量、生物量等）转换为与之成正比的电量；二是研究如何对转换后的电信号进行加工处理，如放大、补偿、标定、变换等。大力开展传感器的研究对于机电一体化技术的发展具有十分重要的意义。

3. 计算机与信息处理技术

信息处理技术包括信息的交换、存取、运算、判断和决策，实现信息处理的工具是计算机，相当于人的大脑，指挥整个系统的运行。计算机技术包括计算机的软件技术和硬件技术，网络与通信技术，数据技术等。在机电一体化系统中，主要采用工业控制机（包括可编程序控制器、单片机、总线式工业控制机）进行信息处理。

在机电一体化系统中，计算机信息处理部分指挥整个系统的运行。信息处理是否正确、及时，直接影响到系统工作的质量和效率。计算机与信息处理技术已成为促进机电一体化技术发展和变革的最活跃的因素。

4. 自动控制技术

自动控制技术范围很广，机电一体化系统设计在基本控制理论的指导下，对具体控制装置或控制系统进行设计；对设计后的系统进行仿真和现场调试；最后使研制的系统可靠地投入运行。由于控制对象种类繁多，所以控制技术的内容极其丰富，例如高精度位置控制、速度控制、自适应控制、自诊断、校正、补偿、再现、检索等。

随着微型机的广泛应用，自动控制技术越来越多地与计算机控制技术联系在一起，成为机电一体化中十分重要的关键技术。

5. 伺服驱动技术

“伺服”（Serve）即“伺候服侍”的意思。伺服驱动技术就是在控制指令的指挥下，控制驱动元件，使机械运动部件按照指令要求进行运动，并保持良好的动态性能。伺服驱动技术指电动、气动、液压等各种类型的驱动装置，由微型计算机通过接口与这些传动装置相连接，控制它们的运动，带动工作机械作回转、直线以及其他各种复杂的运动。伺服驱动技术是直接执行操作的技术，伺服系统是实现电信号到机械动作的转换装置或部件，对系统的动态性能、控制质量和功能具有决定性的影响。常见的伺服驱动设备有电液马达、脉冲油缸、步进电动机、直流伺服电动机和交流伺服电机等。由于变频技术的发展，交流伺服驱动技术取得突破性进展，为机电一体化系统提供了高质量的伺服驱动单元，极大地促进了机电一体化技术的发展。

6. 系统总体技术

系统总体技术是一种从整体目标出发，用系统的观点和全局角度，将总体分解成相互有机联系的若干单元，找出能完成各个功能的技术方案，再把功能和技术方案组成方案组进行分析、评价和优选的综合应用技术。系统总体技术解决的是系统的性能优化问题和组成要素之间的有机联系问题，即使各个组成要素的性能和可靠性很好，但如果整个系统不能很好地协调，系统也很难正常运行。

接口技术是系统总体技术的关键环节，主要有电气接口、机械接口、人机接口。电气接口实现系统间的信号联系；机械接口则完成机械与机械部件、机械与电气装置的连接；人机接口提供人与系统间的交互界面。

1.1.4 机电一体化技术与其他相关技术的区别

机电一体化技术有着自身的显著特点和技术范畴，为了正确理解和运用机电一体化技术，必须认识机电一体化技术与其他技术之间的区别。

1. 机电一体化技术与传统机电技术的区别

传统机电技术的操作控制主要是通过具有电磁特性的各种电器来实现，如继电器、接触器等，在设计中不考虑或很少考虑彼此间的内在联系。机械本体和电气驱动界限分明，整个装置是刚性的，不涉及软件和计算机控制。机电一体化技术以计算机为控制中心，在设计过程中强调机械部件和电器部件间的相互作用和影响，整个装置在计算机控制下具有一定的智能性。机电一体化的本质特性仍然是一个机械系统，其最主要的功能仍然是进行机械能和其他形式的能量转换，利用机械能实现物料搬移或形态变化以及实现信息传递和变换。机电一体化系统与传统机械系统的不同之处是充分利用计算机技术、传感检测技术和可控驱动元件特性，实现机械系统的现代化、智能化、自动化。

2. 机电一体化技术与并行工程的区别

机电一体化技术将机械技术、微电子技术、计算机技术、控制技术和传感检测技术在设计和制造阶段就有机地结合在一起，十分注意机械和其他部件之间的相互作用。而并行工程将上述各种技术尽量在各自范围内齐头并进，只在不同技术内部进行设计制造，最后通过简单叠加完成整体装置。

3. 机电一体化技术与自动控制技术的区别

自动控制技术的侧重点是讨论控制原理、控制规律、分析方法和自动系统的构造等。机电一体化技术将自动控制原理及方法作为重要支撑技术，将自控部件作为重要控制部件，应用自控原理和方法，对机电一体化装置进行系统分析和性能测算。机电一体化技术侧重于用微电子技术改变传统的控制方法与方案，采用更适合于被控对象的新方法进行优化设计，而不仅仅是把传统控制改变成计算机控制，所提出的新方法、新方案往往是“革命性”的、具有创新性的，例如：从异步电动机控制机床进给到用计算机控制伺服电机控制机床进给，从机床主轴的反转制动到现代数控机床的主轴准停和主轴进给，从机床内链环的螺纹加工到具有编码器的自动控制与检测的螺纹加工；从汽车工业发动机化油器供油到电子燃油喷射；从纺织工业的有梭织机到喷气、喷水无梭织机，从纹板笼头控制提花方式到电子计算机提花方式的转变等等。

4. 机电一体化技术与计算机应用技术的区别

机电一体化技术只是将计算机作为核心部件应用，目的是提高和改善机电一体化系统性能。计算机在机电一体化系统中的应用仅仅是计算机应用技术中的一部分，它还可以在办公、管理及图像处理等方面得到广泛应用。机电一体化技术研究的是机电一体化系统，而不是计算机应用本身。

1.1.5　机电一体化技术的特点

机电一体化技术体现在产品的设计、制造以及生产经营管理各方面的特点。

1. 简化机械结构，提高精度

在机电一体化产品中，通常采用伺服电机来驱动机械系统，从而缩短甚至取消了机械传动链，这不但简化了机械结构，还减少了由于机械摩擦、磨损、间隙等引起的动态误差，而且可以用闭环控制来补偿机械系统的误差，从而提高了系统精度。

2. 易于实现多功能和柔性自动化

在机电一体化产品中，计算机控制系统不但可以取代其他的信息处理和控制装置，而且易于实现自动检测、数据处理、自动调节和控制、自动诊断和保护，还可以自动显示、记录和打印等。此外，计算机硬件和软件结合能实现柔性自动化，并且有很大的灵活性。

3. 产品开发周期缩短、竞争能力增强

机电一体化产品可以采用专业化生产的、高质量的机电部件，通过综合集成技巧来设计和制造，因而不但产品的可靠性高，甚至在使用期限内无需修理，从而缩短了产品开发周期，增强了产品在市场上的竞争能力。

4. 生产方式向高柔性、综合自动化方向发展

各种机电一体化设备构成的FMS和CIMS，使加工、检测、物流和信息流过程融为一体，可形成人少或无人化生产线、车间和工厂。仅20年来，日本有些大公司已采用所谓“灵活的生产体系”，即根据市场需要，在同一生产线上可分时生产批量小、型号或品种多的“系列产品家族”，如计算机、汽车、摩托车、肥皂和化妆品等系列产品。

5. 促进经营管理体制发生根本性的变化

由于市场的导向作用，产品的商业寿命日益缩短。为了占领国内、外市场和增强竞争能力，企业必须重视用户信息的收集和分析，迅捷作出决策，这迫使企业从传统的生产型向以经营为中心的决策管理体系转变，实现生产、经营和管理体系的全面计算机化。

1.2 机电一体化系统的设计

在机电一体化系统（或产品）的设计过程中，要坚持机电一体化技术的系统思维方法，要从系统整体的角度出发分析和研究各个组成要素间的有机联系，从而确定系统各环节的设计方法，并用自动控制理论的相关手段，采用微电子技术控制方式，进行系统的静态特性和动态特性分析，实现机电一体化系统的优化设计。

1.2.1 机电一体化产品的分类

机电一体化产品所包括的范围极为广泛，几乎渗透到我们日常生活与工作的每一个角落，主要有以下产品：

1）大型成套设备：大型火力、水力发电设备；大型核电站；大型冶金轧钢设备；大型煤化、石化设备；制造大规模及超大规模集成电路设备等。

2）数控机床：数控车床；加工中心；柔性制造系统（FMS）；柔性制造单元（FMC）；计算机集成制造系统（CIMS）。

3）仪器仪表电子化：工艺过程自动检测与控制系统；大型精密科学仪器和试验设备；智能化仪器仪表等。

4）自动化管理系统。

5）电子化量具量仪。

6）工业机器人、智能机器人。

7）电子化家用电器。

8）电子医疗器械：病人电子监护仪；生理记录仪；超声成像仪；康复体疗仪器；数字X射线诊断仪；CT成像设备等。

9）微电脑控制加热炉：工业锅炉；工业窑炉；电炉等。

10）电子化控制汽车及内燃机。

11）微电脑控制印刷机械。

12）微电脑控制食品机械及包装机械。

13）微电脑控制办公机械：复印机、传真机、打印机、绘图仪等。

14）电子式照像机。

15）微电脑控制农业机械。

16）微电脑控制塑料加工机械。

17）计算机辅助设计、制造、集成制造系统。

对于如此广泛的机电一体化产品可按用途和功能进行分类，按用途可分为三类：第一类是生产机械，以数控机床、工业机器人和柔性制造系统（FMS）为代表的机电一体化产品；第二类是办公设备，主要包括传真机、打印机、电脑打字机、计算机绘图仪、自动售货机、自动取款机等办公自动化设备；第三类是家电产品，主要有电冰箱、摄像机、全自动洗衣机、数码照相机、汽车电子化产品等。

还有如军事武器、航空航天设备、医疗器械、智能传感器，及环境、考古、探险、玩具等领域的机电一体化产品等。

1.2.2 机电一体化系统（产品）设计的类型

机电一体化系统（产品）设计的类型依据该系统与相关产品比较的新颖程度和技术独创性，可分为开发性设计、适应性设计和变参数设计。

1. 开发性设计

所谓开发性设计，就是在没有参考样板的情况下，通过抽象思维和理论分析，依据产品性能和质量要求设计出系统原理和制造工艺。开发性设计属于产品发明专利范畴，最初的电视机和录像机等都属于开发性设计。

2. 适应性设计

所谓适应性设计，就是在参考同类产品的基础上，在主要原理和设计方案保持不变的情况下，通过技术更新和局部结构调整使产品的性能、质量提高或成本降低的产品开发方式。这一类设计属于实用新型专利范畴，如用电脑控制的洗衣机代替机械控制的半自动洗衣机，用照相机的自动曝光代替手动调整等。

3. 变参数设计

所谓变参数设计，就是在设计方案和结构原理不变的情况下，仅改变部分结构尺寸和性能参数，使之适用范围发生变化的设计方式。例如，同一种产品的不同规格型号的相同设计即属此类设计。

1.2.3 机电一体化系统（产品）设计的常用方法

在进行机电一体化系统（产品）设计之前，要依据该系统的通用性、可靠性、经济性和防伪性等要求合理地确定系统的设计方案。拟定设计方案的方法通常有取代法、整体设计法和组合法。

1. 取代法

取代法就是诸如用电气控制取代原系统中的机械控制机构的方法。该方法是改造旧产品、开发新产品或对原系统进行技术改造的常用方法，也是改造传统机械产品的常用方法，如用伺服调速控制系统取代机械式变速机构，用可编程序控制器取代机械凸轮控制机构及中间继电器等。这不但大大简化了机械结构和电气控制，而且提高了系统的性能和质量。

2. 整体设计法

整体设计法主要用于新系统（或产品）的开发设计。在设计时完全从系统的整体目标出发，考虑各子系统的设计。由于设计过程始终围绕着系统整体性能要求，各环节的设计都兼顾了相关环节的设计特点和要求，因此使系统各环节间接口有机融合、衔接方便，且大大提高了系统的性能指标和制约了仿冒产品的生产。该方法的缺点是设计和生产过程的难度较大，周期较长，成本较高，维修和维护难度较大，例如：机床的主轴和电动机转子合为一体；直线式伺服电动机的定子绕组埋藏在机床导轨之中；带减速装置的电动机和带测速的伺服电机等。

3. 组合法

组合法就是选用各种标准功能模块组合设计成机电一体化系统。例如设计一台数控机床，可以依据机床的性能要求，通过对不同厂家的计算机控制单元、伺服驱动单元、位移和速度测试单元及主轴、导轨、刀架、传动系统等产品的评估分析，研究各单元间接口关系和各单元对整机性能的影响，通过优化设计确定机床的结构组成。用此方法开发的机电一体化系统（产品）具有设计研制周期短、质量可靠、生产成本低、有利于生产管理和系统的使用维护等优点。

1.2.4 机电一体化系统设计的程序与途径

所谓系统设计，就是用系统思维综合运用各有关学科的知识、技术和经验，在系统分析的基础上，通过总体研究和详细设计等环节，落实到具体的项目上，以实现满足设计目标的产品研发过程。系统设计的基本原则是使设计工作获得最优化效果，在保证目的功能要求与适当使用寿命的前提下不断降低成本。

系统设计的过程是“目标—功能—结构—效果”的多次分析与综合的过程。综合可理解为各种解决问题要素的拼合的模型化过程，这是一种高度的创造行为。分析是综合的反行为，也是提高综合水平的必要手段。分析就是分解与剖析，对综合后的解决方案提出质疑、论证和改革。通过分析，排除不合适的方案或方案中不合适的部分，为改善、提高和评价作准备。综合与分析是相互作用的。当一种基本设想（方案）产生后，接着就要分析它，找出改进方向。这个过程一直持续进行，直到一个方案继续进行或被否定为止。

1. 机电一体化系统的设计程序

机电一体化系统设计的流程，具体说明如下：

(1) 确定系统的功能指标　机电一体化系统的功能是用来改变物质、信号或能量的形式、状态、位置或特征，归根结底应实现一定的运动并提供必要的动力。所实现运动的自由度数、轨迹、行程、精度、速度、稳定性等性能指标，通常要根据工作对象的性质，特别是根据系统所能实现的功能指标来确定。对用户提出的功能要求系统一定要满足，反过来对于产品的多余功能或过剩功能则应设法剔除，即首先进行功能分析，明确产品所应具有的工作能力，然后提出产品的功能指标。

(2) 总体设计　机电一体化系统总体设计的核心是构思整机原理方案，即从系统的观点出发把控制器、驱动器、传感器、执行器融合在一起通盘考虑，各器件都采用最能发挥其特长的物理效应实现，并通过信息处理技术把信号流、物质流、能量流与各器件有机地结合起来，实现硬件组合的最佳形式——最佳原理方案。

(3) 总体方案的评价、决策　通过总体设计的方案构思与要素的结构设计，常可以得出不同的原理方案与结构方案，必须对这些方案进行整体评价，择优采用。

(4) 系统要素设计及选型　对于完成特定功能的系统，其机械主体、执行器等一般都要自行设计，而对驱动器、检测传感器、控制器等要素，既可选用通用设备，也可设计成专用器件。另一方面，接口设计问题也是机械技术和电子技术的具体应用问题。驱动器与执行器之间、传感器与执行器之间的传动接口一般都是机械传动机构，即机械接口；控制器与驱动器之间的驱动接口是电子传输和转换电路，即电子接口。

(5) 可靠性、安全性复查　机电一体化产品，既可能产生机械故障，又可能产生电子故障，而且容易受到电噪声的干扰，可靠性和安全性问题显得特别突出，也是用户最关心的问题之一，因此，不仅在产品设计的过程中要充分考虑必要的可靠性设计与措施，在产品初步设计完成后，还应进行可靠性与安全性的检查和分析，对发现的问题采取及时的改进措施。

2. 机电一体化系统设计的途径

机电一体化系统设计的主要任务是设计在技术上、工艺上具有高技术经济指标与使用性能的新型机电一体化产品。设计质量和完成设计的时间在很大程度上取决于设计组织工作的合理完善，同时也取决于设计手段的合理化及自动化程度。加快机电一体化系统设计的途径主要就从这两个方面考虑。

1）针对具体的机电一体化产品设计任务，安排既有该产品专业知识又有机电一体化系统设计能力的设计人员担任设计总体负责。每个设计人员除了具备机电一体化系统设计的一般能力之外，应在一定的方向上提高、积累经验成为某个方面设计工作的专业化人员。这种专业化对于提高机电一体化产品的设计水平和加快设计速度都是十分有益的。

熟练地采用各种标准化和规范化的组件、器件和零件对于提高设计质量和设计工作效率有很大的意义。机电一体化系统的产品虽然是各种高技术综合的结果，但无论是机械工程还是电子工程中都有很多标准化和规范化的组件、器件和零件，能否合理地大量采用这些标准件，是衡量一个机电一体化系统设计人员设计能力的一个重要标志。

设计人员和工艺人员在设计工作的各个阶段应保持经常性的工作接触，对于缩短设计时间、提高设计质量都能起到很大的作用。

2）选择哪一种手段实现设计的合理化，主要取决于主设计的规模和特点，同时也受设计部门本身的设计手段限制。

随着工业技术的高度发展和人民生活水平的提高，人们迫切要求大幅度提高机电一体化系统设计工作的质量和速度，因此在机电一体化系统的设计中推广和运用现代设计方法，提高设计水平，是机电一体化系统设计发展的必然趋势。现代设计方法与用经验公式、图表和手册为设计依据的传统方法不同，它以计算机为手段，其设计步骤通常是：设计预测→信号分析→科学类比→系统分析设计→创造设计→选择各种具体的现代设计方法（如相似设计法、模拟设计法、有限元法、可靠性设计法、动态分析法、优化设计法、模糊设计法等）→机电一体化系统设计质量的综合评价。

1.3 机电一体化技术的发展

1.3.1 机电一体化技术的发展历程

机电一体化的发展大体可以分为3个阶段。

1. 第一阶段

20世纪60年代以前为第一阶段，这一阶段称为初级阶段。在这一时期，人们自觉不自觉地利用电子技术的初步成果来完善机械产品的性能。特别是在第二次世界大战期间，战争刺激了机械产品与电子技术的结合，这些机电结合的军用技术，战后转为民用，对战后经济的恢复起了积极的作用。那时研制和开发从总体上看还处于自发状态。由于当时电子技术的发展尚未达到一定水平，机械技术与电子技术的结合还不可能广泛和深入发展，已经开发的产品也无法大量推广。

2. 第二阶段

20世纪70~80年代为第二阶段，可称为蓬勃发展阶段。这一时期，计算机技术、控制技术、通信技术的发展，为机电一体化的发展奠定了技术基础。大规模、超大规模集成电路和微型计算机的迅猛发展，为机电一体化的发展提供了充分的物质基础。这个时期的特点是：①mechatronics一词首先在日本被普遍接受，大约到20世纪80年代末期在世界范围内得到比较广泛的承认。②机电一体化技术和产品得到了极大发展。③各国均开始对机电一体化技术和产品给予很大的关注和支持。

3. 第三阶段

20世纪90年代后期，开始了机电一体化技术向智能化方向迈进的新阶段，机电一体化进入深入发展时期。

一方面，光学、通信技术等进入了机电一体化，微细加工技术也在机电一体化中崭露头脚，出现了光机电一体化和微机电一体化等新分支；另一方面对机电一体化系统的建模设计、分析和集成方法，机电一体化的学科体系和发展趋势都进行了深入研究。同时，人工智能技术、神经网络技术及光纤技术等领域取得的巨大进步，为机电一体化技术开辟了发展的广阔天地。这些研究，将促使机电一体化进一步建立完整的基础和逐渐形成完整的科学体系。

我国是发展中国家，与发达国家相比工业技术水平存在一定差距，但有广阔的机电一体化应用领域和技术产品潜在市场。改革开放以来，面对国际市场激烈竞争的形势，国家和企业充分认识到机电一体化技术对我国经济发展具有战略意义，因此十分重视机电一体化技术的研究、应用和产业化，在利用机电一体化技术开发新产品和改造传统产业结构及装备方面都有明显进展，取得了较大的社会经济效益。

1985年12月，国家科委组织完成了《我国机电一体化发展途径与对策》的软科学研究，探讨我国机电一体化发展战略，提出了数控机床、工业自动化控制仪表等15个机电一体化优先发展领域和6项共性关键技术的研究方向和课题，提出机电一体化产品的产值比率（即机电一体化产品总产值占当年机械工业总产值的比值）在2000年达到15%～20%的发展目标。1986年我国开始实施的《高技术研究发展计划纲要》即“863”计划，将自动化技术重点是CIMS和智能机器人技术等机电一体化前沿技术确定为国家高技术重点研究发展领域。

我国的数控技术经过“六五”、“七五”、“八五”和“九五”计划这20年的发展，基本上掌握了关键技术，建立了多处数控开发和生产基地，培养了一批数控人才，初步形成了自己的数控产业。“八五”计划攻关开发的成果——华中1号、中华1号、航天1号和蓝天1号4种基本系统建立了具有中国自主版权的数控技术平台。1990年，我国数控金属切削机床产量仅2634台，而到2001年产量和消费量已分别上升至17521台和28535台，在1990～2001年的11年中，数控金属切削机床产量和消费量的年均增幅分别达到18.8%和25.3%。

近年来，我国国民经济发展迅速，对机床产品的需求不断扩大，2001～2006年，我国机床消费年均增长22.8%，产业规模不断扩大。2006年，全行业完成工业总产值1656亿元，同比增长27.1%；机床产值70.6亿美元，数控金属切削机床产量达到8.6万台。2007年，我国机床工具行业4291家企业完成工业总产值2747.7亿元，同比增长35.5%，实现产品销售收入2681.0亿元，同比增长36.2%；2008年，我国机床工具行业4832家企业合计完成工业总产值3472.3亿元，同比增长27.5%；实现产品销售收入3348.3亿元，同比增长26.0%。同时，我国已研制成功了用于喷漆、焊接、搬运以及能前后行走、能爬墙、能上下台阶、能在水下作业的多种类型机器人。CIMS研究方面，我国已在清华大学建成国家CIMS工程研究中心，在一些著名大学和研究单位建立了7个CIMS单元技术实验室和8个CIMS培训中心，在国家立项实施CIMS的企业已达70余家。上述成果的取得使我国在制造业机电一体化的研究和应用方面积累了一定的经验，它必将推动机电一体化技术向更高层次纵深发展。

1.3.2　机电一体化技术的发展趋势

随着科学技术的发展和社会经济的进步，人们对机电一体化技术提出了许多新的和更高的要求，制造业中的机电一体化应用就是典型的事例。毫无疑问，机械制造自动化中的计算机数控、柔性制造、计算机集成制造及机器人等技术的发展代表了机电一体化技术的发展水平。

为了提高机电产品的性能和质量，发展高新技术，现在有越来越多的零件要求较高的制造精度，形状也越来越复杂，如高精度轴承的滚动体圆度误差要求小于0.2μm；液浮陀螺球面的圆度误差要求为0.1～0.5μm；激光打印机的平面反射镜和录像机磁头的平面度误差要求为0.4μm，表面粗糙度为0.2μm。所有这些都要求数控设备具有高性能、高精度和稳定加工复杂形状零件表面的能力，因而新一代机电一体化产品正朝着高性能、智能化、系统化以及轻量、微型化方向发展。

1. 机电一体化的高性能化

高性能化一般包含高速化、高精度、高效率和高可靠性。现代数控设备就是以此“四高”为基础，为满足生产需要而诞生的，它采用32位多CPU结构，以多总线连接，以32位数据宽度进行高速数据传递，因而，在相当高的分辨率（0.1μm）情况下，系统仍有高速度（100 m/min），可控及联动坐标达16轴，并且有丰富的图形功能和自动程序设计功能。为获取高效率，减少辅助时间，就必须在主轴转速进给率、刀具交换、托板交换等各关键部分实现高速化；为提高速度，一般采用实时多任务操作系统，进行并行处理，使运算能力进一步加强，通过设置多重缓冲器，保证连续微小加工段的高速加工。对于复杂轮廓，采用快速插补运算将加工形状用微小线段来逼近是一种通用的方法。在高性能数控系统中，除了具有直线、圆弧、螺旋线插补等一般功能外，还配置有特殊函数插补运算，如样条函数插补等。微位置段命令用样条函数来逼近，保证了位置、速度、加速度都具有良好的性能，并设置专门函数发生器、坐标运算器进行并行插补运算。超高速通信技术、全数字伺服控制技术是高速化的一个重要方面。

高速化和高精度是机电一体化的重要指标。高分辨率、高速响应的绝对位置传感器是实现高精度的检测部件。采用这种传感器并通过专用微处理器的细分处理，可达极高的分辨率。采用交流数字伺服驱动系统，位置、速度及电流环都实现了数字化，实现了几乎不受机械载荷变动影响的高速响应伺服系统和主轴控制装置。与此同时，还出现了所谓高速响应内装式主轴电动机，它把电动机作为一体装入主轴之中，实现了机电融合一体。这样就使得系统的高速性、高精度性极佳。如法国IBAG公司等的磁浮轴承的高速主轴最高转速可达15×10^4r/min，一般转速为$7\times10^3\sim25\times10^3$r/min；加工中心换刀时间可达1.5 s；切削速度方面，目前硬质合金刀具和超硬材料涂层刀具车削和铣削低碳钢的速度达500 m/min以上，而陶瓷刀具可达800～1000m/min，比高速钢刀具30～40 m/min的速度提高数十倍。精车速度甚至可达 1400 m/min。前馈控制可使位置跟踪误差消除，同时使系统位置控制达到高速响应。

至于系统可靠性方面，一般采用冗余、故障诊断、自动检错、系统自动恢复以及软、硬件可靠性等技术，使得机电一体化产品具有高性能。对于普及经济型及升级换代提高型的机电一体化产品，因组成它们的命令发生器、控制器、驱动器、执行器以及检测传感器等各个部分都在不断采用高速、高精度、高分辨率、高速响应、高可靠性的零部件，所以产品性能在不断提高。

2. 机电一体化的智能化趋势

人工智能在机电一体化技术中的研究日益得到重视，机器人与数控机床的智能化就是其重要应用。智能机器人通过视觉、触觉和听觉等各类传感器检测工作状态，根据实际变化过程反馈信息并做出判断与决定。数控机床的智能化主要用各类传感器对切削加工前后和加工过程中的各种参数进行监测，并通过计算机系统作出判断，自动对异常现象进行调整与补偿，以保证加工过程的顺利进行，并保证加工出合格产品。目前，国外数控加工中心多具有以下智能化功能：对刀具长度、直径的补偿和刀具破损的监测，切削过程的监测，工件自动检测与补偿等。随着制造自动化程度的提高，信息量与柔性也同样提高，出现了智能制造系统（IMS）控制器来模拟人类专家的智能制造活动。该控制器对制造中的问题进行分析、判断、推理、构思和决策，其目的在于取代或延伸制造工程中人的部分脑力劳动，并对人类专家的制造智能进行收集、存储、完善、共享、继承和发展。

机电一体化的智能化趋势包括以下几个方面：

1）诊断过程的智能化。诊断功能的强弱是评价一个系统性能的重要智能指标之一。通过引入人工智能的故障诊断系统，采用各种推理机制，能准确判断故障所在，并具有自动检错、纠错与系统恢复功能，从而大大提高了系统的有效度。

2）人机接口的智能化。智能化的人机接口，可以大大简化操作过程，这里包含多媒体技术在人机接口智能化中的有效应用。

3）自动编程的智能化。操作者只需输入加工工件素材的形状和需加工形状的数据，加工程序就可全部自动生成，这里包含：①素材形状和加工形状的图形显示。②自动工序的确定。③使用刀具、切削条件的自动确定。④刀具使用顺序的变更。⑤任意路径的编辑。⑥加工过程干涉校验等。

4）加工过程的智能化。通过智能工艺数据库的建立，系统根据加工条件的变更，自动设定加工参数，同时，将机床制造时的各种误差预先存入系统中，利用反馈补偿技术对静态误差进行补偿。还能对加工过程中的各种动态数据进行采集，并通过专家系统分析进行实时补偿或在线控制。

3. 机电一体化的系统发展趋势

系统的表现特征之一是系统体系结构进一步采用开放式和模式化的总线结构。系统可以灵活组态，进行任意剪裁和组合，同时寻求实现多坐标多系列控制功能的 NC 系统。表现特征之二是机电一体化系统的通信功能大大加强。一般除 RS-232 等常用通信方式外，实现远程及多系统通信联网需要的局部网络（LAN）正逐渐被采用，且标准化 LAN 的制造自动化协议（MAP）已开始进入 NC 系统，从而可实现异型机异网互联及资源共享。

4. 机电一体化的轻量化及微型化发展趋势

一般地，对于机电一体化产品，除了机械主体部分，其他部分均涉及电子技术。随着片式元器件（SMD）的发展，表面组装技术（SMT）正在逐渐取代传统的通孔插装技术（THT）而成为电子组装的重要手段，电子设备正朝着小型化、轻量化、多功能、高可靠性方向发展。20世纪80年代以来，SMT发展异常迅速。早在1993年，电子设备平均60%以上采用SMT。同年，世界电子元件片式化率达到45%以上。因此，机电一体化中具有智能、动力、运动、感知特征的组成部分将逐渐向轻量化、小型化方向发展。

此外，20世纪80年代末期，微型机械电子学及其相应的结构、装置和系统的开发研究取得了综合成果，科学家利用集成电路的微细加工技术，将机构及其驱动器、传感器、控制器及电源集成在一个很小的多晶硅上，使整个装置的尺寸缩小到几个毫米甚至几百微米，因而获得了完备的微型电子机械系统。这表明机电一体化技术已进入微型化的研究领域。科学家预言，这种微型机电一体化系统将在未来的工业、农业、航天、军事、生物医学、航海及家庭服务等各个领域被广泛应用，它的发展将使现行的某些产业或领域发生深刻的技术革命。

1.4 机电一体化技术的具体应用实例

随着科学技术的不断发展，机电一体化技术已渗透到农业、机械、建筑、纺织、医疗卫生、国防建设等行业，产生出巨大的经济效益。下面介绍机电一体化技术的应用实例。

1.4.1 机电一体化技术在机电产品中的应用

选择顺应性装配机器人（SCARA）具有选择顺应性的装配机器人手臂，这种机器人在水平方向具有顺应性，而在垂直方向则有很大的刚性，最适合于装配作业使用，它有大臂回转、小臂回转、腕部升降与回转四个自由度，如图1-2所示，下面以ZP-1型多手臂装配系统机器人为例作简要介绍。

该机器人装配系统可装配火花式电雷管，代替人从事易燃易爆危险品作业。火花式电雷管的组成如图1-3a所示，机器人完成的工作是：①将导电帽弹簧组合件装在雷管体上。②将小螺钉拧到雷管体上，把导电帽、弹簧组合件和雷管体联成一体。③检测雷管体外径、总高度及雷管体与导电帽之间是否短路。装配前雷管体倒立在10行×10列的料盘5上，弹簧与导电帽的组合件插放在另一个10行×10列的料盘6上，小螺钉散放在振动料斗8中，装配好的成品放在10行×10列的料盘7上，如图1-3b所示。机器人在装配点的重复定位精度可达9±0.05mm，电雷管重约100g，一次装配过程约需20s。

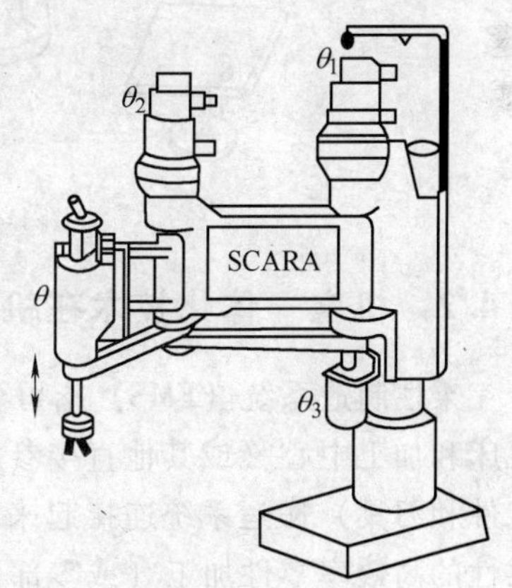

图1-2 SCARA型装配机器人的基本构造

该机器人装配系统主要由机器人本体和控制柜组成，其本体如图1-4所示，由左、中、右三只手臂组成，左右手臂结构基本相同，大臂长200mm，小臂长（肘关节至手部中心）为160mm，两立柱间距为710mm，总高度约820mm（可适当调整）。左(右)手臂各有大臂1(1′)、小臂2(2′)、手腕3(3′)和手部4(4′)；驱动大臂的为步进电动机 5（5′）及谐波减速器 6（6′）与位置反馈用光电编码器 7（7′）；驱动小臂的为步进电动机 8（8′）及谐波减速器 9（9′）与位置反馈用光电编码器 10（10′）；另外还有平行四连杆机构 11（11′）；整个手臂安装在支架和立柱 12（12′）上，并由基座 19（19′）支承。手腕的升降、回转和手爪的开闭都是气动的，因此有相应的气缸、输气管路。右臂右侧雷管料盘为 13′，左臂左侧为导电帽与弹簧组合件料盘 13。第三只手臂（中臂）为拧螺钉装置，放在左、右手臂中间的工作台 17 上，装有摆动臂 14 和气动旋具 15，它的左侧装有供螺钉用的振动料斗 16。成品料盘 18 安装在右手臂的右前方。

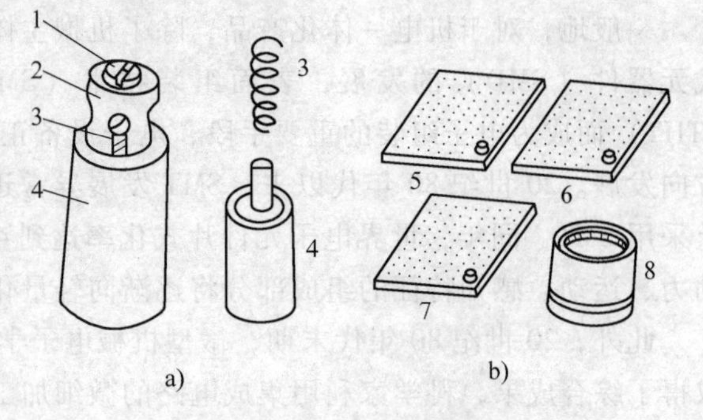

图 1-3　火花式电雷管的组成

a) 电雷管　b) 料盘

1—螺钉　2—导电帽　3—弹簧　4—雷管体

5、6、7—料盘　8—振动料斗

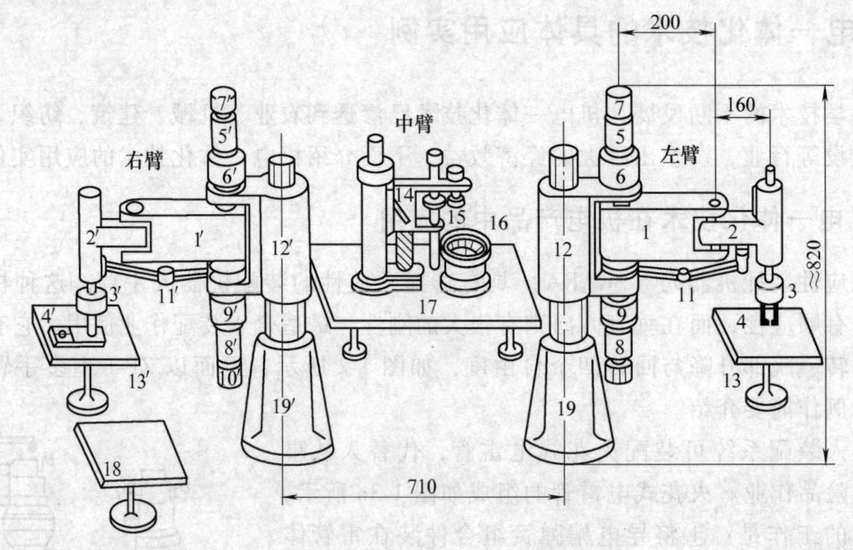

图 1-4　ZP-1 型机器人装配系统本体构成

1.4.2　机电一体化技术在机械制造中的应用

柔性制造系统（FMS）指可变的、自动化程度较高的制造系统，它主要包括若干台数控机床和加工中心（或其他直接参加产品零部件生产的自动化设备），用一套自动物料（包括工件和刀具）搬运系统连接起来，由分布式多级计算机系统进行综合管理与控制，以适应柔性的高效率零件加工（或零部件生产）。它是在 CAD 和 CAM 基础上，打破设计和制造的界限，取消图样、工艺卡片，使产品设计、生产相互结合而成的一种先进的自动生产系统。

FMS 具有良好柔性并不意味着一条 FMS 就能生产各类产品。事实上，现有的柔性制造系统都只能制造一定数量的品种。据统计，从工件形状来看，95% 的 FMS 用于加工箱体件或圆盘件；从加工零件种类来看，很少有加工 200 种以上的 FMS，多数系统只能加工 10 个品种左右。

在现有的FMS中，大致有三种类型：①专用型，就是以一定产品配件为加工对象组成的专用FMS，例如底盘柔性加工系统等。②监视型，具有包括运动状态、工件进度、精度、故障和安全等监视功能。③随机任务型，可同时加工多种相似零件的FMS。

与传统加工方法相比，FMS的生产效率可提高140%～200%，工件传送时间可缩短40%～60%，生产场地利用率可提高20%～40%，数控机床利用率每班可达95%，普通机床利用率可提高到70%。

FMS主要由计算机、数控机床、机器人、托盘、自动搬运小车和自动仓库等组成，即以电子计算机为核心，由加工中心、机器人和自动仓库共同构成一组机电一体化系统。FMS的构成如图1-5所示。

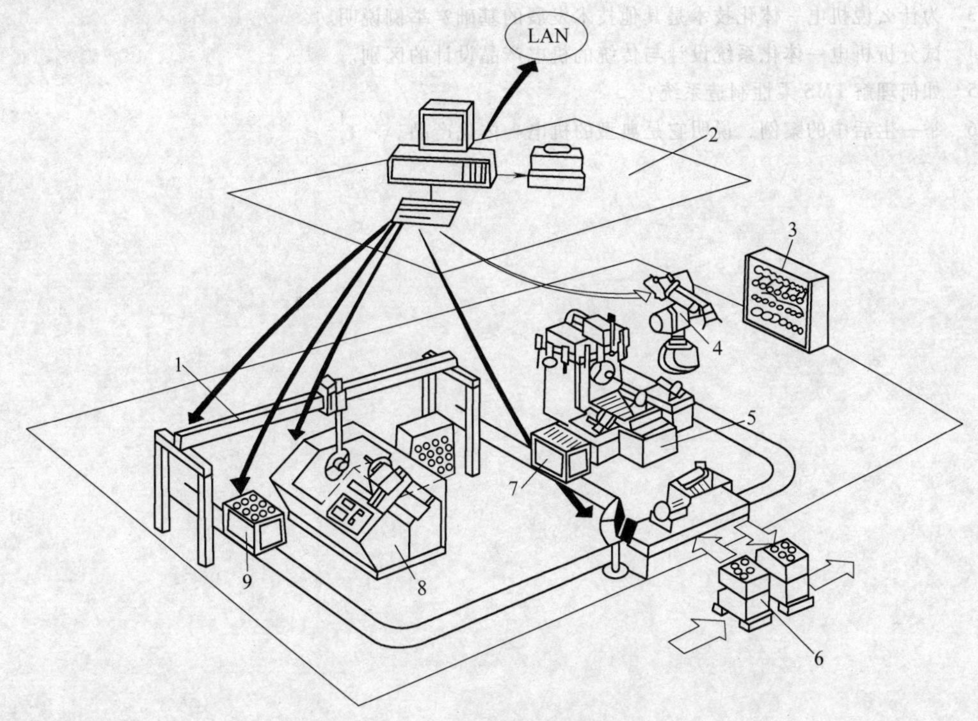

图1-5 FMS构成框图

1—门吊式机器人 2—单元控制器 3—刀具库 4—机器人

5—NC加工中心 6—装卸站 7、9—自动小车 8—NC车床

按照功能划分，FMS可以分为加工系统、物流系统和信息系统三大部分。

1）加工系统。FMS的加工系统主要由数控机床组成，承担机械加工任务。

2）物流系统。FMS中的工件、工具流统称为物流系统。一般由三个部分组成：①输送系统，使各加工设备之间建立自动运行的联系。②储存系统，具有自动存取机能，用以调节加工节拍的差异。③操作系统，建立加工系统同物流系统中的输送、储存系统之间的自动化联系。

3）信息流系统。该系统的基本核心是一个分布式数据库管理系统和控制系统，整个系统采用分级控制结构。信息流系统的主要任务是：组织和指挥制造流程，并对制造流程进行控制和监视；向FMS的加工系统、物流系统提供全部控制信息并进行过程监视，反馈各种在线检测的数据，以便修正控制信息，保证安全运行。

图1-5所示是一个FMS布局的示意图。该系统由一台数控加工中心和一台数控车床、两台机器人、一个刀具库及一个装卸站组成，机床与机床间用两台自动导引小车形成运输线，由一台单元控制计算机统一控制生产过程和物流，单元控制计算机与各个设备之间通过局部网络（LAN）进行联系，实现信息流、物料流和加工过程的自动化，完成由一种零件加工到另一种零件加工的自动转换。

思考与练习题

1.1 举例说明机电一体化系统主要由哪几部分组成？各部分的功能是什么？

1.2 列举各行业机电一体化产品的应用实例，并分析各产品中相关技术的应用情况。

1.3 为什么说机电一体化技术是其他技术发展的基础？举例说明。

1.4 试分析机电一体化系统设计与传统的机电产品设计的区别。

1.5 如何理解FMS柔性制造系统？

1.6 举一生活中的案例，说明它是典型的机电一体化产品。

第2章　机电一体化系统中的机械传动

机电一体化系统的设计中，机电产品必须完成相互协调的若干机械运动，每个机械运动可由单独的控制电动机、传动件和执行机构组成的若干系统来完成，由计算机来协调与控制。

由于受到当前技术发展水平的限制，机械传动链还不能完全被取消。但是，机电一体化机械系统中的机械传动装置，已不仅仅是用来作运动转换和力或力矩变换的变换器，已成为伺服系统的重要组成部分，要根据伺服控制的要求来进行设计和选择。所以在一般情况下，应尽可能缩短传动链，而不是取消传动链。

机电一体化机械系统中机械传动的主要性能取决于传动类型、方式、精度、动态特性及可靠性等。在伺服控制中，还要考虑其对伺服系统的精度、稳定性和快速性的影响。此外，机电一体化系统中的传动链还需满足小型、轻量、高速、低冲击振动、低噪声和高可靠性等要求。

机电一体化机械系统所要研究的三大机构是：①传动机构：考虑与伺服系统相关的精度、稳定性、快速响应等伺服特性。②导向机构：考虑低速爬行现象。③执行机构：考虑灵敏度、精确度、重复性、可靠性。

影响机电一体化系统传动链的性能因素一般有以下几个方面：

1）负载的变化。负载包括工作负载、摩擦负载等。要合理选择驱动电动机和传动链，使之与负载变化相匹配。

2）传动链惯性。惯性不但影响电动机的起停特性，也影响控制的快速性和速度偏差的大小。

3）传动链固有频率。固有频率影响系统谐振和传动精度。

4）间隙、摩擦、润滑和温升。这些将影响传动精度和运动平稳性。

传动机构应能满足以下几个方面的基本要求：

1）在不影响系统刚度的条件下，传动机构的质量和转动惯量要小；转动惯量大会对系统造成机械负载增大（$T_{电} = T_{负} + J_{\varepsilon}$）；系统响应速度变慢，灵敏度降低；系统固有频率下降，产生谐振；使电气部分的谐振频率变低。

2）刚度越大，伺服系统动力损失越小；刚度越大，机器的固有频率越高，不易振动（$\omega_n = \sqrt{\frac{K}{J}}$）；刚度越大，闭环系统的稳定性越高。

3）机械系统产生共振时，系统中阻尼越大，最大振幅就越小，且衰减越快，但阻尼大会使系统损失动量，增大稳态误差，降低精度，故应选合适阻尼。

4）静摩擦力要小，动摩擦力要小的正斜率，或者会出现爬行。

本章从保证稳态精度、快速响应和稳定性的角度出发，介绍机电一体化系统中的机械传动系统和典型机械传动装置。

2.1 概述

2.1.1 传动系统的概念与任务

传动系统是指把动力机产生的机械能传送到执行机构上的中间装置。

传动系统的任务根据具体情况不同可以有不同的项目：把动力机输出的速度降低或增高，以适合执行机构的要求；用动力机调速不方便或不经济时，采用变速传动来满足执行机构变速的要求；把动力机输出的转矩，变换为执行机构所需要的转矩或力；把动力机输出的等速旋转运动，转变为执行机构所要求的，其速度按某种规律变化的运动（移动或平面运动）；实现由一个或多个动力机驱动若干个相同或不相同速度的执行机构；由于受机体外形、尺寸的限制，执行机构不宜与动力机直接连接时，也需要用传动装置来连接。

2.1.2 伺服机械传动系统的指标

伺服系统是指以机械运动量作为控制对象的自动控制系统，又称为随动系统。伺服系统中所采用的机械传动装置，简称为伺服机械传动系统。它是伺服系统的一个组成环节。它广泛应用于数控机床、计算机外部设备、工业机器人等机电一体化系统中。

伺服机械传动系统是整个伺服系统的一个组成环节，其作用是传递转矩、转速和进行运动变换，使伺服电机和负载之间转矩与转速得到匹配。往往将伺服电动机输出轴的高转速、低转矩转换成为负载轴所要求的低转速、高转矩或将回转运动变换成直线运动。伺服机械传动系统大功率传动装置，既要考虑强度、刚度，也要考虑精度、惯量、摩擦、阻尼等因素。小功率传动装置，则主要是考虑精度、惯量、摩擦、刚度、阻尼等因素。

伺服系统的基本指标是，高精度，高响应速度，稳定性好及足够的功率。

1. 传动精度

传动精度主要受传动件的制造误差、装配误差、传动间隙和弹性变形的影响。

2. 响应速度

对于伺服系统，数据的运算和处理速度远比机械装置的运动速度快，而机械传动系统的响应主要取决于加速度。从传动系统的角度看，在不影响系统刚度的条件下，主要从减小摩擦力矩，减小机械部件的质量、减小电动机的负载和转动惯量，来提高系统的传动效率。

3. 稳定性

伺服系统不但要求稳态误差小，并且要求能够稳定工作、动态性能好，这与振动、热及其他许多环境因素有关。要提高传动系统的耐振性，就必须提高传动系统的固有频率，一般不应低于 50～100Hz，并须提高系统的阻尼能力。

在实际设计与使用中，还应根据不同的实际情况有所侧重和增加必要的指标。

2.1.3 伺服机械传动系统的传动特性

机电一体化系统中机械传动系统的良好伺服特性，要求机械传动部件满足转动惯量小、传动刚度大、传动系统固有频率高、振动特性好、摩擦损失小、阻尼合理、间隙小等，还要求机械部分的动态特性与电动机速度环的动态特性相匹配，由此才能满足伺服传动系统中传动精度高、响应速度快、稳定性能好的基本要求。

1. 转动惯量

转动惯量是物体转动时惯性的度量，转动惯量越大，物件的转动状态就越不容易改变（变速）。利用能量守恒定理可以实现各种运动形式的物体转动惯量的转换，将传动系统的各个运动部件的转动惯量折算到特定轴（一般是伺服电动机轴）上，然后将这些折算转动惯量（包括特定轴自身的转动惯量）求和，获得整个传动系统对特定轴的等效转动惯量。

传动系统折算到电动机轴上的转动惯量过大所产生的影响有：使电动机的机械负载增大；使机械传动系统的响应变慢；使系统的阻尼比减小，从而使系统的振荡增强，稳定性下降；使机械传动系统的固有频率下降，容易产生谐振，因而限制了伺服带宽，影响了伺服精度和响应速度。但转动惯量的适当增大对改善低速爬行是有利的。

由于在进行伺服系统设计时离不开转动惯量的计算和折算到特定轴上等效转动惯量的计算，下面就给出这方面的常用公式，以便于分析计算。

（1）圆柱体转动惯量（$kg \cdot m^2$）

$$J = \frac{1}{2}mR^2$$

式中　m——质量（kg）；

R——圆柱体半径（m），长为 L 的圆柱体的质量为 $m = \pi LR^2\rho$；

ρ——密度（kg/m^3），钢材的密度 ρ 为 $7.8 \times 10^3 kg/m^3$。

齿轮、联轴器、丝杠和轴等接近于圆柱体的零件都可用上式计算（或估算）其转动惯量。

（2）丝杠轴折算到电动机轴的转动惯量（引申到后轴折算到前轴）

$$J = \frac{J_S}{i^2}$$

式中　i——电动机轴到丝杠轴的总传动比；

J_S——丝杠的转动惯量（$kg \cdot m^2$）。

（3）直线移动工作台折算到丝杠上的转动惯量　图 2-1 所示为由导程为 L 的丝杠驱动质量为 m（含工件质量）的工作台往复移动，折算到丝杠上的转动惯量为

$$J = m \cdot \left(\frac{L}{2\pi}\right)^2$$

式中　L——丝杠导程（m）；

m——工作台及工件的质量（kg）。

（4）丝杠传动时，传动系统折算到电动机轴上的总转动惯量（图 2-2）

图 2-1　丝杠回转推动工作台　　图 2-2　丝杠传动的机械传动系统

$$J = J_1 + \frac{1}{i^2}\left[J_2 + J_S + m\left(\frac{L}{2\pi}\right)^2\right]$$

式中　J_1——小齿轴及电动机轴的转动惯量（$kg \cdot m^2$）；

J_2——大齿轮的转动惯量（$kg \cdot m^2$）；

J_S——丝杠的转动惯量（$kg \cdot m^2$）；

L——丝杠的螺距（m）；

m——工作台及工件质量（kg）。

（5）齿轮齿条传动时工作台折算到小齿轮轴上的转动惯量（图 2-3）

$$J = m \cdot R^2$$

式中　R——齿轮分度圆半径（m）；

m——工作台及工件质量（kg）。

（6）齿轮齿条传动时传动系统折算到电动机轴上的总转动惯量（图 2-4）

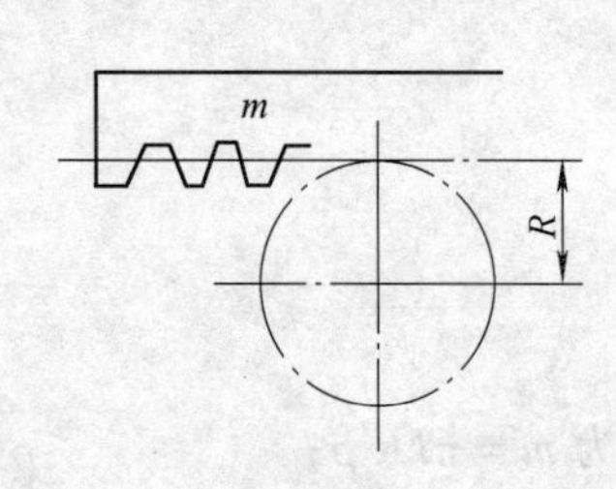

图 2-3　齿轮齿条机构推动工作台

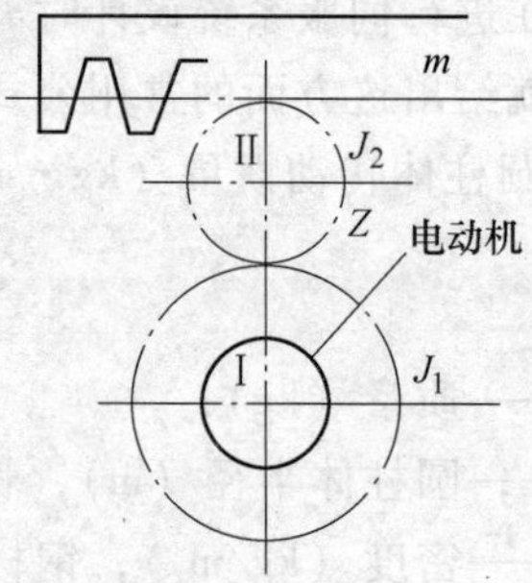

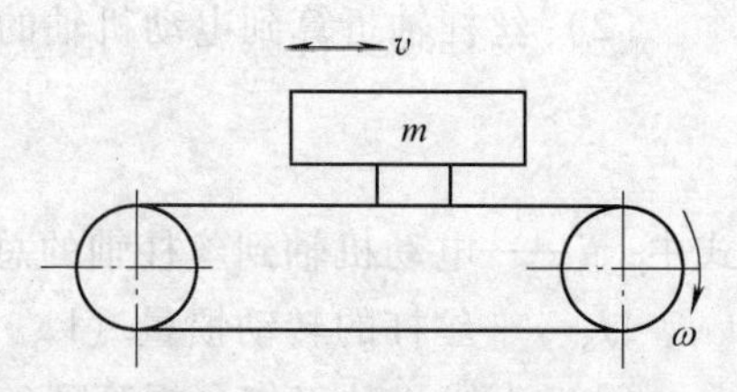

图 2-4　采用齿轮齿条的传动系统

$$J = J_1 + \frac{1}{i^2}(J_2 + m \cdot R^2)$$

式中　J_1、J_2——分别为Ⅰ轴和Ⅱ轴及其上面齿轮的转动惯量（$kg \cdot m^2$）；

i——传动比；

m——工作台及工件的质量（kg）；

R——齿轮 Z 的分度圆半径（m）。

（7）工作台折算到带传动驱动轴上的转动惯量（图 2-5）

图 2-5　带传动带动工作台

$$J = m \cdot \left(\frac{u}{\omega}\right)^2$$

式中　m——工作台及工件质量（kg）；

ω——驱动轴的角速度（s^{-1}）；

u——工作台移动速度（m/s）。

例 2-1　两对齿轮传动（图 2-6），求折算到电动机轴上的总等效转动惯量。

$$J_\Sigma = J_D + J_1 + \frac{J_2 + J_3 + \dfrac{J_4 + J_S + \left(\dfrac{L}{2\pi}\right)^2 m}{\left(\dfrac{z_4}{z_3}\right)^2}}{\left(\dfrac{z_2}{z_1}\right)^2}$$

解：（见上式）

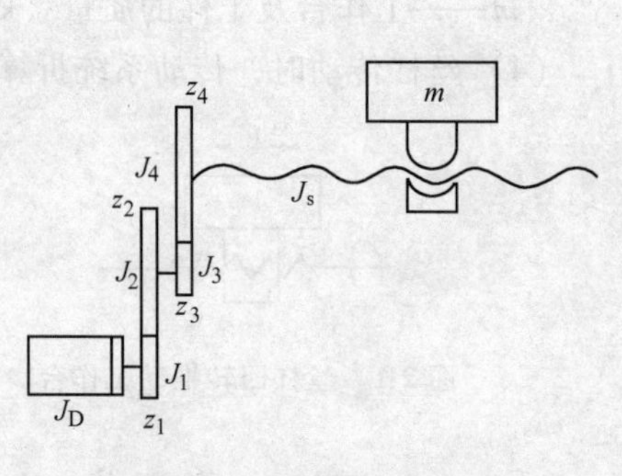

图 2-6　两对齿轮减速器

请读者注意格式。

例 2-2　图 2-7 所示为一进给工作台，直流伺服电动机 M，制动器 B，工作台 A，齿轮 $G_1 \sim G_4$ 以及轴 1、2 的数据见表 2-1，工作台质量（包括工件在内）$m_A = 300\text{kg}$，试求该装置换算至电动机轴的总等效转动惯量 J_Σ，并判断是否满足惯量匹配原则。

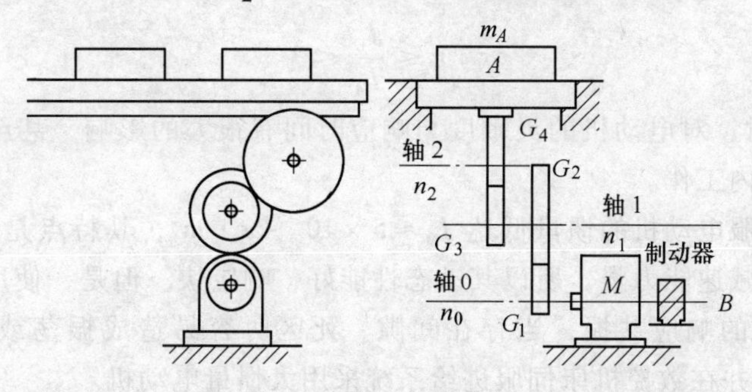

图 2-7　进给工作台

表 2-1　进给工作台的工作参数

	齿轮				轴		工作台	电动机	制动器
转速（速度）n	G_1	G_2	G_3	G_4	1	2	A	M	B
/（r/min）	720	180	180	102	180	102	90m/min	720	
转动惯量	J_{G1}	J_{G2}	J_{G3}	J_{G4}	J_{S1}	J_{S2}	J_A	J_M	J_B
$J/\text{kg}\cdot\text{m}^2$	0.0028	0.606	0.017	0.153	0.0008	0.0008		0.0403	0.0055

解： 按如下步骤进行（解题参考范例）

（1）所有负载折算到电动机轴上的等效转动惯量 J_L（不包括电动机本身转动惯量）

$$J_L = J_{G1} + J_B + \frac{J_{S1} + J_{G2} + J_{G3} + \dfrac{J_{S2} + J_{G4} + m_A\left(\dfrac{v}{2\pi n_2}\right)^2}{\left(\dfrac{n_1}{n_2}\right)^2}}{\left(\dfrac{n_0}{n_1}\right)^2}$$

$$= 0.0028\text{kg}\cdot\text{m}^2 + 0.0055\text{kg}\cdot\text{m}^2 + \frac{0.0008 + 0.606 + 0.017 + \dfrac{0.0008 + 0.153 + 300\left(\dfrac{90}{2\pi \times 102}\right)^2}{\left(\dfrac{180}{102}\right)^2}}{\left(\dfrac{720}{180}\right)^2}\text{kg}\cdot\text{m}^2$$

$$= 0.1691\text{kg}\cdot\text{m}^2$$

（2）折算到电动机轴上的总等效转动惯量 J_Σ（包括电动机本身转动惯量）

$$J_\Sigma = J_L + J_M = 0.1691\text{kg}\cdot\text{m}^2 + 0.0403\text{kg}\cdot\text{m}^2 = 0.2094\text{kg}\cdot\text{m}^2$$

（3）判断是否满足惯量匹配原则

$$\frac{J_L}{J_M} = \frac{0.1691}{0.0403} = 4.1960$$

不符合小惯量 $1 \leqslant J_L/J_M \leqslant 3$ 的条件，固不匹配。

关于惯量匹配原则应注意以下几点。实践与理论分析表明，J_L/J_M 比值大小对伺服系统的性能有很大的影响，且与直流伺服电动机的种类及其应用场合有关，通常分为两种情况：

1）对于采用惯量较小的直流伺服电动机的伺服系统，其比值通常推荐为

$$1 \leqslant \frac{J_L}{J_M} \leqslant 3$$

当 $J_L/J_M > 3$ 时，对电动机的灵敏度与响应时间有很大的影响，甚至会使伺服放大器不能在正常调节范围内工作。

小惯量直流伺服电动机的惯量低达 $J_M \approx 5 \times 10^{-3} \mathrm{kg} \cdot \mathrm{m}^2$，其特点是转矩/惯量比大，机械时间常数小，加减速能力强，所以其动态性能好，响应快。但是，使用小惯量电动机时容易发生对电源频率的响应共振，当存在间隙、死区时容易造成振荡或蠕动，这才提出了“惯量匹配原则”，并在数控机床伺服进给系统采用大惯量电动机。

2）对于采用大惯量直流伺服电动机的伺服系统，其比值通常推荐为

$$0.25 \leqslant \frac{J_L}{J_M} \leqslant 1$$

所谓大惯量是相对小惯量而言，其数值 $J_M = 0.1 \sim 0.6 \mathrm{kg} \cdot \mathrm{m}^2$。大惯量宽调速直流伺服电动机的特点是惯量大、转矩大，且能在低速下提供额定转矩，常常不需要传动装置而与滚珠丝杠直接相联，而且受惯性负载的影响小，调速范围大；热时间常数有的长达100min，比小惯量电动机的热时间常数2～3min长得多，并允许长时间的过载，即过载能力强。其次转矩/惯量比值高于普通电动机而低于小惯量电动机，其快速性在使用上已经足够。因此，采用这种电动机能获得优良的调速范围及刚度和动态性能，因而在现代数控机床中应用较广。

2. 摩擦

当两物体有相对运动趋势或已产生相对运动时，其接触面间会产生摩擦力。摩擦力可分为静摩擦力、库仑摩擦力和粘性摩擦力（动摩擦力 = 库仑摩擦力 + 粘性摩擦力）三种。

负载处于静止状态时，摩擦力为静摩擦力，随着外力的增加而增加，最大值发生在运动前的瞬间。运动一开始，静摩擦力消失，静摩擦力立即下降为库仑摩擦力，大小为一常数 $F = \mu mg$。随着运动速度的增加，摩擦力成线性增加，此时的摩擦力为粘性摩擦力（与速度成正比的阻尼称为粘性阻尼）。由此可见，仅粘性摩擦是线性的，静摩擦和库仑摩擦都是非线性的。

摩擦对机电一体化伺服系统的主要影响是：降低系统的响应速度；引起系统的动态滞后和产生系统误差；在接近非线性区，即低速时产生爬行。

机电一体化伺服传动系统中的摩擦力主要产生于导轨副，其摩擦特性随材料和表面形状的不同而有很大的差别。金属滑动摩擦导轨易产生爬行现象，低速稳定性差。滚动导轨与贴塑导轨特性接近，滚动导轨、贴塑导轨和静压导轨不产生爬行。在使用中应尽可能减小静摩擦力与动摩擦力的差值，并使动摩擦力尽可能小，且为正斜率较小的变化，即尽量减小粘性摩擦力。适当的增加系统的惯量 J 和粘性摩擦因数 f，有利于改善低速爬行现象，但惯性增加会引起伺服系统响应性能降低；增加粘性摩擦因数也会增加系统的稳态误差，设计时应优化处理。

根据经验，克服摩擦力所需的电动机转矩 T_f 与电动机额定转矩 T_K 的关系为

$$0.2T_K < T_f < 0.3T_K$$

所以要最大限度的消除摩擦力，节省电动机转矩，用于驱动负载。

如图 2-8 所示反映了三种摩擦力与物体运动速度之间的关系，如把图下部分上翻，且考虑非理想情况，就得到如图 2-9 所示的摩擦特性。

机械系统的摩擦特性随材料和表面状态的不同有很大差异，例如在质量为 3200kg 重物的作用下，不同导轨表现出不同的摩擦特性，如图 2-9 所示。滑动摩擦导轨摩擦特性出现较大非线性区，易产生爬行现象，低速运动稳定性差；滚动摩擦导轨和静压摩擦导轨不产生爬行；贴塑导轨的特性接近于滚动导轨，但是各种高分子塑料与金属的摩擦特性有较大的差别。另外摩擦力与机械传动部件的弹性变形产生位置误差，运动反向时，位置误差形成回程误差。

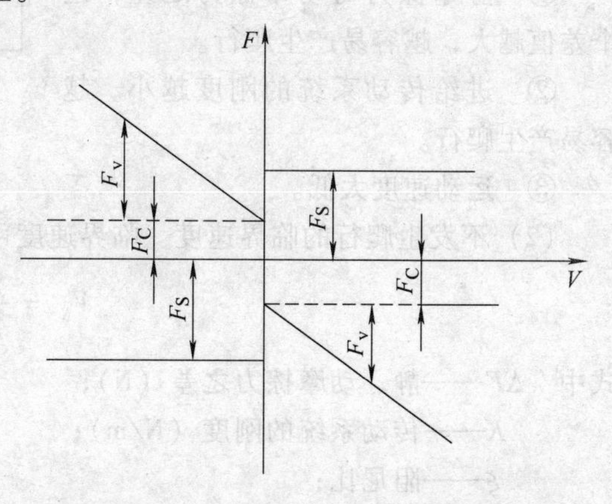

图 2-8　理想摩擦力与速度的特性关系

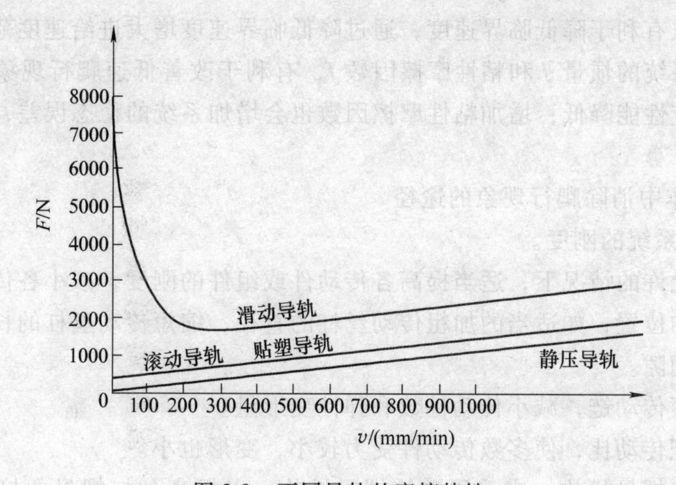

图 2-9　不同导轨的摩擦特性

3. 爬行

从以上分析可知，产生爬行的区域就是动静摩擦转变的非线性区，非线性区越宽，爬行现象就越严重。下面从爬行机理来分析爬行现象。

如图 2-10 所示是典型机械进给传动系统模型，当丝杠 1 作极低的匀速运动时，工作台 2 可能会出现一快一慢或跳跃式的运动，这种现象称为爬行。

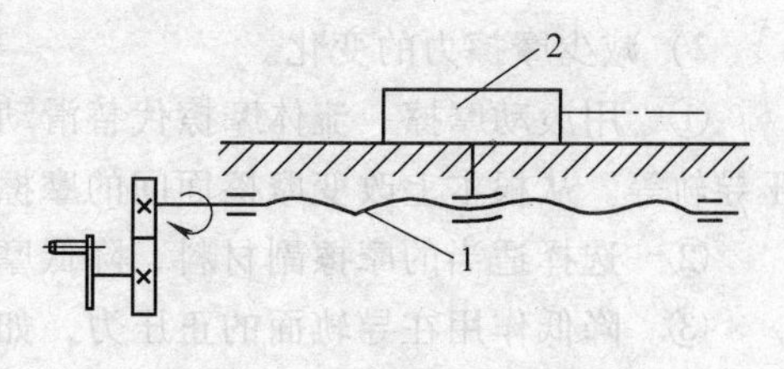

图 2-10　进给传动系统模型

（1）产生爬行的原因和过程　图 2-11 所示为爬行现象模型图。匀速运动的主动件 1，通过压缩弹簧推动静止的运动件 3，当运动件 3 受到的逐渐增大的弹簧力小于静摩擦力 F 时，3 不动，直到弹簧力刚刚大于 F 时，3 才开始运动，动摩擦力随着动摩擦因数的降低而变小，3 的速度相应增大，同时弹簧相应伸长，作用在 3 上的弹簧力逐渐减小，3 产生负加

速度，速度降低，动摩擦力相应增大，速度逐渐下降，直到3停止运动，主动件1这时再重新压缩弹簧，爬行现象进入下一个周期。

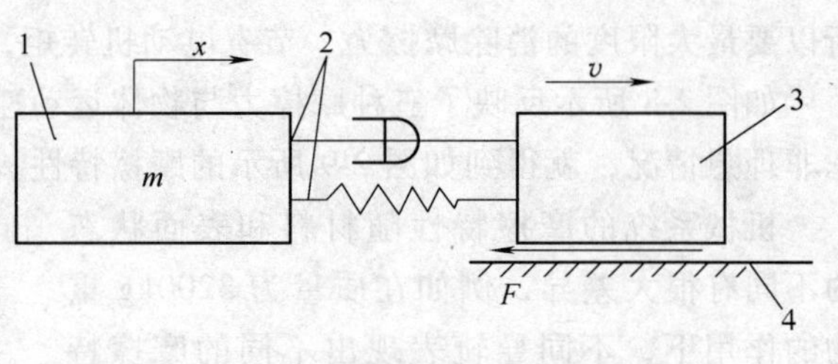

图 2-11 爬行现象模型图

由上述分析可知，低速进给爬行现象的产生主要取决于下列因素：

① 静摩擦力与动摩擦力之差，这个差值越大，越容易产生爬行。

② 进给传动系统的刚度越小、越容易产生爬行。

③ 运动速度太低。

（2）不发生爬行的临界速度 临界速度可按下式进行估算

$$V_K = \frac{\Delta F}{\sqrt{4\pi\xi Km}}$$

式中 ΔF——静、动摩擦力之差（N）；

K——传动系统的刚度（N/m）；

ξ——阻尼比；

m——从动件的质量（kg）。

以下两种观点有利于降低临界速度，通过降低临界速度增大进给速度范围：

适当地增加系统的惯量 J 和粘性摩擦因数 f，有利于改善低速爬行现象，但惯量增加会引起伺服系统响应性能降低；增加粘性摩擦因数也会增加系统的稳态误差，设计时应优化处理。

（3）实际工作中消除爬行现象的途径

1）提高传动系统的刚度。

① 在条件允许的情况下，适当提高各传动件或组件的刚度，减小各传动轴的跨度，合理布置轴上零件的位置，如适当的加粗传动丝杠的直径，缩短传动丝杠的长度，减少和消除各传动副之间的间隙。

② 尽量缩短传动链，减小传动件数和弹性变形量。

③ 合理分配传动比，使多数传动件受力较小，变形也小。

④ 对于丝杠螺母机构，应采用整体螺母结构，以提高丝杠螺母的接触刚度和传动刚度。

2）减少摩擦力的变化。

① 用滚动摩擦、流体摩擦代替滑动摩擦，如采用滚珠丝杠、静压螺母、滚动导轨和静压导轨等。从根本上改变摩擦面间的摩擦性质，基本上可以消除爬行。

② 选择适当的摩擦副材料，降低摩擦因数。

③ 降低作用在导轨面的正压力，如减轻运动部件的重量，采用各种卸荷装置，以减少摩擦阻力。

④ 提高导轨的制造与装配质量，采用导轨油等都可以减少摩擦力的变化。

综上所述，机电一体化系统对机械传动部件的摩擦特性的要求为：静摩擦力尽可能小；静动摩擦力的差值尽可能小；动摩擦力应为尽可能小的正斜率，因为负斜率易产生爬行，会降低精度、减少寿命。

4. 阻尼

机械部件振动时，金属材料的内摩擦较小（附加的非金属减振材料内摩擦较大）、运动副特别是导轨的摩擦阻尼是主要的。实际应用摩擦阻尼时，一般都简化为粘性摩擦的线性阻尼。

伺服机械传动系统，总可以用二阶线性常微分方程来描述（大多数机械系统均可简化为二级系统），这样的环节称为二阶系统，从力学意义上讲，二阶系统是一个振荡环节。当机械传动系统产生振动时，系统中阻尼比越大，最大振幅就越小且衰减得越快。系统的阻尼比为

$$\xi = \frac{B}{2\sqrt{mK}}$$

式中　B——粘性阻尼系数；

m——系统的质量（kg）；

K——系统的刚度（N/m）。

阻尼比大小对传动系统的振动特性有不同的影响：

1）$\xi=0$ 时，系统处于等幅持续振荡状态，因此系统不能没有阻尼，任何机电系统都具有一定的阻尼。

2）$\xi>1$ 称为过阻尼系统；$\xi=1$ 称为临界阻尼系统。这两种情况工作中不振荡，但响应速度慢。

3）$0<\xi<1$ 称为欠阻尼系统。在 ξ 值为 0.5～0.8 时（即在 0.707 附近）系统不但响应比临界阻尼或过阻尼系统快，而且还能更快的达到稳定值。但在 $\xi<0.5$ 时，系统虽然响应更快，但振荡衰减很慢。

在系统设计时，考虑综合性能指标，一般取 $\xi=0.5\sim0.8$。

5. 刚度

刚度是使弹性物体产生单位变形所需要的作用力，对于机械传动系统来说，刚度包括零件产生各种弹性变形的刚度和两个零件接面的接触刚度。静态力与变形之比为静刚度；动态力（交变力、冲击力）与变形之比为动刚度。

当伺服电动机带动机械负载运动时，机械传动系统的所有元件都会受力而产生不同程度的弹性变形。弹性变形的程度可用刚度 K 表示，它将影响系统的固有频率，随着机电一体化技术的发展，机械系统弹性变形与谐振分析成为机械传动与结构设计中的一个重要问题。

根据自动控制理论，避免系统谐振须使激励频率远离系统的固有频率，在不失真条件下应使 $\omega<0.3\omega_n$，通常可在提高系统刚度、调整机械构件质量和自激频率方面提高防谐振能力。采用弹性模量高的材料，合理选择零件的截面形状和尺寸，对齿轮、丝杠、轴承施加预紧力等方法提高系统的刚度。在不改变系统固有频率的情况下，通过增大阻尼比也能有效抑制谐振，因为谐振频率

$$\omega_r = \omega_n\sqrt{1-2\xi^2}$$

只有在近似情况下，才认为谐振频率等于固有频率。

对于伺服机械传动系统，增大系统的传动刚度有以下好处：

1）可以减少系统的死区误差（失动量），有利于提高传动精度。

2）可以提高系统的固有频率，有利于系统的抗振性。

3）可以增加闭环控制系统的稳定性。

6. 谐振频率

当输入信号的激励频率等于系统的谐振频率时，即

$$\omega = \omega_n \sqrt{1-2\xi^2}, A(\omega) = \frac{1}{2\xi\sqrt{1-\xi^2}}$$

系统会产生共振不能正常工作。在实际应用中不产生误解的情况下常用固有频率近似谐振频率（随着阻尼比 ξ 的增大，固有频率与谐振频率的差距越来越大），此时

$$\omega = \omega_n,\ A(\omega) = \frac{1}{2\xi}$$

对于质量为 m、拉压刚度系数为 K 的单自由度直线运动弹性系统，其固有频率为

$$\omega_n = \sqrt{\frac{K}{m}}$$

对于转动惯量为 J、扭转刚度系数为 K 的单自由度旋转运动弹性系统，其固有频率为

$$\omega_n = \sqrt{\frac{K}{J}}$$

固有频率的大小不同将影响闭环系统的稳定性和开环系统中死区误差的值。

对于闭环系统，要求机械传动系统中的最低固有频率（最低共振频率）必须大于电气驱动部件的固有频率。表 2-2 为进给驱动系统中各固有频率的相互关系。

表 2-2 进给驱动系统各固有频率的相互关系

位置调节环的固有频率 ω_{OP}	40 ~ 120rad/s
电气驱动（速度环）的固有频率 ω_{OA}	(2 ~ 3) ω_{OP}
机械传动系统中的固有频率 ω_{OI}	(2 ~ 3) ω_{OA}
其他机械部件固有频率 ω_{Oi}	(2 ~ 3) ω_{OI}

对于机械传动系统，它的固有频率取决于系统各环节的刚度及惯量，因此在机械传动系统的结构设计中，应尽量降低惯量，提高刚度，达到提高传动系统固有频率的目的。

对于开环伺服系统，虽然稳定性不是主要问题，但是若传动系统的固有频率太低的话，也容易引起振动而影响系统的工作效果。一般要求机械传动系统最低固有频率 $\omega_{OI} \geqslant 300$rad/s，其他机械系统 $\omega_{OI} \geqslant 600$rad/s。

7. 间隙

机械传动装置一般都存在传动间隙，例如“齿轮传动的齿侧间隙、丝杠螺母传动间隙、轴承的间隙及联轴器的传动间隙等，这些间隙是造成死区误差（也称为不灵敏区）的原因之一。对于伺服机械传动系统，由于传动精度是重要的指标，故应尽量减小和消除间隙，保证系统的精度和稳定性。

系统闭环以外的间隙，对系统稳定性无影响，但会影响到伺服精度。由于齿隙、丝杠螺母间隙的存在，传动装置在逆运行时会出现回程误差，使得输出与输入间出现非线性关系，输出滞后于输入，影响系统的精度。

对于系统闭环内的间隙，在控制系统有效控制范围内对系统精度、稳定性影响较小，但反馈通道上的间隙要比前向通道上的间隙对系统影响大。

有关消除间隙的一些具体做法将在本章后续各节陆续讲解。

2.2　齿轮传动副的设计

齿轮传动是机电一体化机械传动系统中应用最广泛的一种机械传动，通常用齿轮传动装置传递转矩、转速和位移，使电动机和滚珠丝杠副及工作台之间的转矩、转速和位移得到匹配。所以齿轮传动装置的设计是伺服机械传动系统设计的一个重要部分，在各类型机电一体化机械传动系统中得到广泛使用。

在机电一体化系统中，伺服电动机的伺服变速功能在很大范围内代替了传统机械传动中的变速机构，只有当伺服电动机的转速范围满足不了系统要求时，才通过传动装置变速。由于机电一体化系统对快速响应指标要求很高，因此机电一体化系统中的机械传动装置不仅仅是用来解决伺服电机与负载间的力矩匹配问题，更重要的是为了提高系统的伺服性能。为了提高机械系统的伺服性能，要求机械传动部件的转动惯量小、摩擦小、阻尼合理、刚度大、抗振性好、间隙小，并满足小型、轻量、高速、低噪声和高可靠性等要求。

例如，数控机床的伺服电动机或步进电动机通常要通过齿轮传动装置配合滚珠丝杠副传递转矩和转速，并使电动机和螺旋传动机构及负载（即工作台）之间的转矩与转速得到匹配，因此，齿轮传动装置（齿轮减速箱）的设计是整个数控机床机械传动系统设计的一个重要组成部分。由于数控机床的电动机转速较高，而机械系统驱动的工作台的移动速度有时不能太高，变换范围也不能太大，故往往用齿轮装置将电动机输出轴的高转速、低转矩换成为负载轴所要求的低转速、高转矩。

对机电一体化机械传动系统总的要求是：精度高、稳定性好、响应快。而齿轮传动装置相当于系统中的一个一阶惯性环节或二阶振荡环节，对上述性能影响很大，因此，在设计齿轮传动装置时，以下三点应给予注意：

1. 传动精度

传动精度是由传动件的制造误差、装配误差、传动间隙和弹性变形等所引起的。对于开环控制来说，传动误差直接影响整个系统的精度。

2. 稳定性

对于闭环控制来说，齿轮传动装置完全在伺服回路内，其性能参数将直接影响整个系统的稳定性，因此，应考虑提高传动系统的固有频率，提高系统的阻尼能力，以便增加传动系统的抗振性能，满足稳定性要求。

3. 响应速度

无论开环还是闭环控制，齿轮传动装置都将影响整个系统的响应速度。从这个角度考虑，齿轮传动装置的角加速度是关键因素，可以采取使传动装置减少摩擦，减少转动惯量，提高传动效率等措施加以控制。

2.2.1　齿轮传动装置的设计内容

齿轮传动装置的设计内容包括：

1）载荷估算。

2）选择总传动比。

3）选择传动机构类型。

4）确定传动级数及传动比分配。

5）配置传动链。

6）估算传动精度。

7）刚度、强度、固有频率的计算。

有些内容已经在机械设计基础等相关课程中讲过，这里仅讨论上述2）、4）部分。

1．最佳总传动比的确定

根据上文所述，机电一体化系统的传动装置在满足伺服电机与负载力矩匹配的同时，应具有较高的响应速度，即起动与制动速度。齿轮传动装置的总传动比设计原则出于使系统动作稳、准、快的考虑，在具体确定系统总传动比时，可按工作时折算到电动机轴上的峰值转矩最小；等效均方根力矩最小；电动机驱动负载加速度最大三种方法计算，如图2-12所示。这里重点讲解采用负载角加速度最大原则来选择总传动比，以提高伺服系统的响应速度。

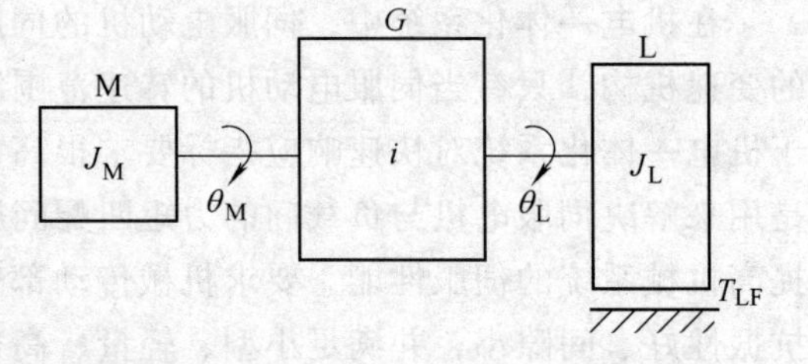

图2-12 电动机、传动装置和负载的传动模型

设电动机的输出转矩为T_M、摩擦阻抗转矩为T_{LF}、电动机的转动惯量为J_M、电动机的角位移为θ_M、负载L的转动惯量为J_L、齿轮系G的总传动比为i，根据牛顿定律可知

$$T_M - \frac{T_{LF}}{i} = \left(J_M + \frac{J_L}{i^2}\right)\theta''_M = \left(J_M + \frac{J_L}{i^2}\right)i\theta''_L$$

则
$$\varepsilon = \theta''_L = \frac{T_M i - T_{LF}}{J_M i^2 + J_L}$$

令$\dfrac{d\varepsilon}{di} = 0$，则有负载角加速度最大的最佳总传动比为

$$i = \frac{T_{LF}}{T_M} + \sqrt{\left(\frac{T_{LF}}{T_M}\right)^2 + \frac{J_L}{J_M}}$$

若不计摩擦阻抗转矩，即$T_{LF}=0$，则

$$i = \sqrt{\frac{J_L}{J_M}} \quad 或 \quad \frac{J_L}{i^2} = J_M$$

上式表明：齿轮系总传动比i的最佳值就是J_L换算到电动机轴上的转动惯量正好等于电动机转子的转动惯量时的总传动比，此时，电动机的输出转矩一半用于加速负载，一半用于加速电动机转子，达到了惯性负载和转矩的最佳匹配。

当然，上述分析是忽略了传动装置的惯量、摩擦阻抗转矩影响而得到的结论，实际的总传动比要依据传动装置的惯量估算适当选择大一点。在传动装置设计完以后，在动态设计时，通常将传动装置的转动惯量归算为负载折算到电动机轴上，并与实际负载一同考虑进行电动机响应速度验算。所以和前面介绍的惯量匹配原则$0.25 \leqslant J_L/J_M \leqslant 1$并不矛盾。

总传动比对系统性能的影响如下：

1）系统的稳定性。总传动比i偏大使得系统折算到电动机轴上的等效转动惯量变小，从二阶系统传递函数可得$\xi = B/2\sqrt{JK}$，选择大的i可使ξ增大，系统的稳定性取决于阻尼

系数 ξ，阻尼系数 ξ 增大，振荡得到抑制，稳定性提高，但 $\xi>1$ 时影响系统的快速响应，尽量避免。

2）系统的响应特性。总传动比 i 偏小时，加速度下降；总传动比 i 偏大，则使加速度增大为一定值，因此，i 偏大使响应特性提高。

3）系统的低速稳定性。伺服电动机在运行时，由于电枢反应、电刷摩擦和低速不稳定性，可能产生爬行。i 值偏大可避免爬行。

4）系统的结构。总传动比 i 偏大，使的传动级数增多，结构不紧凑，传动精度、效率、刚度与系统固有频率降低。

由上可见，总传动比的选择要综合考虑。

2. 总传动比分配

齿轮系统的总传动比确定后，根据对传动链的技术要求，选择传动方案，使驱动部件和负载之间的转矩、转速达到合理匹配。若总传动比较大，又不准备采用谐波、少齿差等同轴传动方式而要采用多级齿轮传动，需要确定传动级数，并在各级之间分配传动比。单级传动比增大使传动系统简化，但大齿轮的尺寸增大会使整个传动系统的轮廓尺寸变大。可按下述三种原则适当分级，并在各级之间分配传动比。

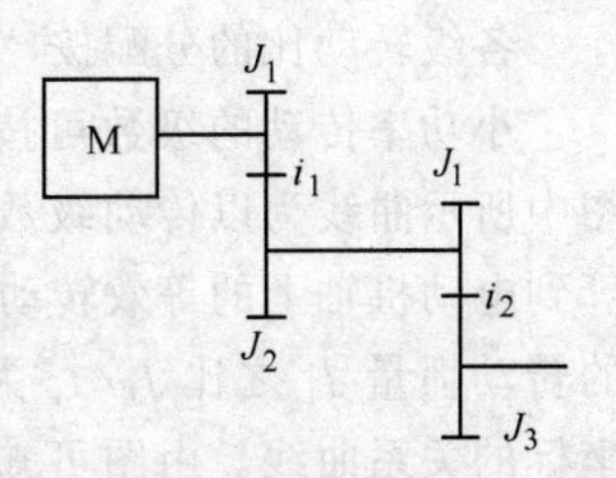

图 2-13　电动机驱动的两级齿轮系

（1）最小等效转动惯量原则

1）小功率传动。以如图 2-13 所示电动机驱动的两级齿轮传动系统为例，假设传动效率为 100%；各主动小齿轮具有相同的转动惯量 J_1；轴与轴承的转动惯量不计；各齿轮均为同宽度 b、同材料的实心圆柱体。该齿轮系中各转动惯量换算到电动机轴上的等效转动惯量 J_L 为

$$J_L = J_1 + \frac{J_1 + J_2}{i_1^2} + \frac{J_3}{i_1^2 i_2^2}$$

已知：$i = i_1 i_2$，$J_2 = J_1 i_1^4$，$J_3 = J_1 i_2^4$ 得

$$J_L = J_1\left(1 + i_1^2 + \frac{1}{i_1^2} + \frac{i^2}{i_1^4}\right)$$

令 $\frac{dJ_L}{di_1} = 0$，得

$$i_2 = \sqrt{\frac{i_1^4 - 1}{2}}$$

当 i_1^4 远大于 1 时

$$i_2 \approx \frac{i_1^2}{\sqrt{2}}$$

$$i_1 \approx (\sqrt{2} i_2)^{\frac{1}{2}} \approx (\sqrt{2} i)^{1/3}$$

对于 n 级齿轮系同类分析可得

$$i_1 = 2^{\frac{2^n - n - 1}{2(2^n - 1)}} i^{\frac{1}{2^n - 1}}$$

$$i_k = \sqrt{2}\left(\frac{i}{2^{n/2}}\right)^{\frac{2(k-1)}{2^n - 1}} \quad (k = 2 \sim n)$$

例 2-3　有 $i=80$、$n=4$ 的小功率传动系统，试按最小等效转动惯量原则分配传动比。

解：由公式可得

$$i_1 = 2^{\frac{2^n-n-1}{2(2^n-1)}} i^{\frac{1}{2^n-1}} = 2^{\frac{2^4-4-1}{2(2^4-1)}} (80)^{\frac{1}{2^4-1}} = 1.7268$$

$$i_2 = \sqrt{2}\left(\frac{80}{2^{4/2}}\right)^{\frac{2^{(2-1)}}{2^4-1}} = 2.1085$$

$$i_3 = \sqrt{2}\left(\frac{80}{2^2}\right)^{\frac{4}{15}} = 3.1438$$

$$i_4 = \sqrt{2}\left(\frac{80}{2^2}\right)^{\frac{8}{15}} = 6.9887$$

验算：$i = i_1 i_2 i_3 i_4 = 79.996 \approx 80$。

各级转动比的分配按“前小后大”次序，结构较紧凑。

小功率传动的级数可按如图 2-14 所示曲线选择。图中所示曲线为以传动级数 n 作参变量，齿轮系中折算到电动机轴上的等效转动惯量 J_L 与第一级主动齿轮的转动惯量 J_1 之比 J_L/J_1 为纵坐标，总传动比 i 为横坐标的关系曲线。由图可知，为减小齿轮系的转动惯量，过多增加传动级数 n 是没有意义的，反而会增大转动误差，并使结构复杂化。

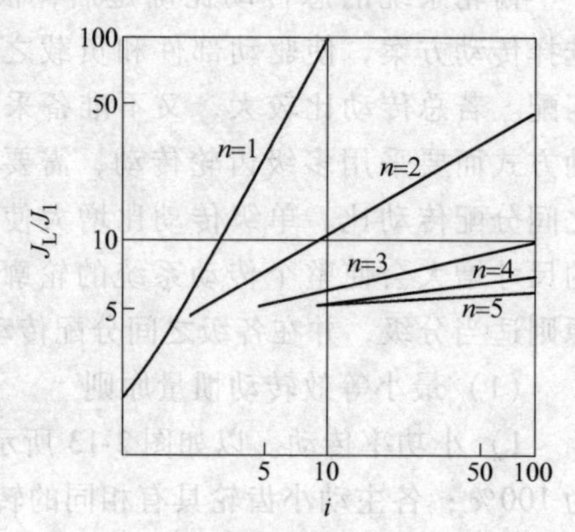

图 2-14 确定小功率传动级数的曲线

2）大功率传动。大功率传动的转矩较大，小功率传动中的各项简化假设大多不合适，按公式计算较困难，故多采用图解法。可用如图 2-15 所示的曲线确定传动级数，用如图 2-16 所示的曲线确定第一级传动比 i_1，用如图 2-17 所示的曲线确定随后各级传动比 i_k（$k = 2 \sim n$）。

例如：设 $i = 256$，查图 2-15 得：$n = 3$，$J_L/J_1 = 70$；$n = 4$，$J_L/J_1 = 35$，$n = 5$，$J_L/J_1 = 26$。为兼顾 J_L/J_1 与结构的紧凑性，选 $n = 4$。然后查图 2-16，得 $i_1 = 3.3$。在图 2-17 中 i_{k-1} 坐标轴上 3.3 处作垂线与 A 线交于第一点，在 i_k 坐标轴上查得 $i_2 = 3.7$。从 A 线上第一交点作水平线，与 B 线相交得到第二个交点值 $i_3 = 4.24$。由第二交点作垂线与 A 线相交得到第三个交点 $i_4 = 4.95$。最后，验算得

$$i = i_1\ i_2\ i_3\ i_4 = 256.26$$

大功率传动比的分配次序仍为“前小后大”。

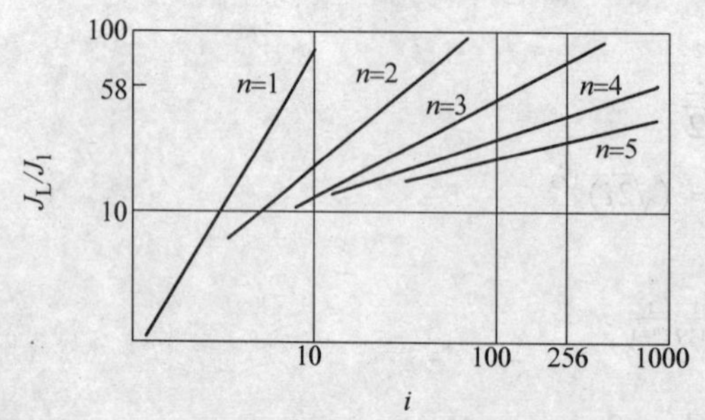

图 2-15 确定大功率传动级数的曲线

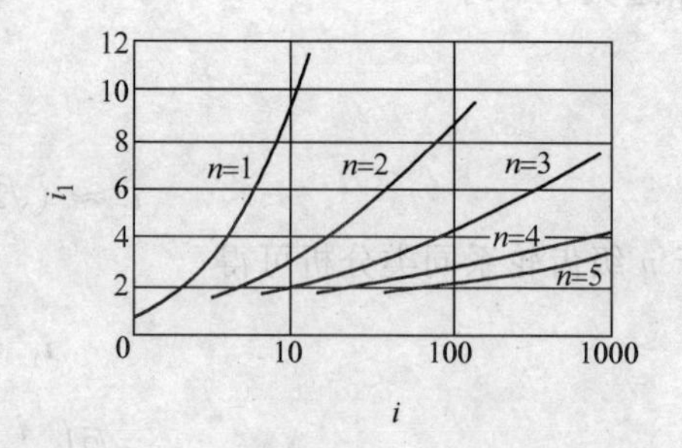

图 2-16 确定大功率传动第一级传动比的曲线

（2）重量最轻原则

1）小功率传动。仍以如图 2-13 所示电动机驱动的两级齿轮系为例，简化假设同前，则各齿轮的重量之和 W 为

$$W = \pi \rho b\left[\left(\frac{D_1}{2}\right)^2 + \left(\frac{D_2}{2}\right)^2 + \left(\frac{D_3}{2}\right)^2 + \left(\frac{D_4}{2}\right)^2\right]$$

式中　　　　ρ——材料密度（kg/m^3）；

D_1、D_2、D_3、D_4——各齿轮的分度圆直径（m）。

由于 $D_1 = D_3$，$i = i_1 i_2$，则

$$W = \frac{\pi \rho b}{4}D_1^2\left(2 + i_1^2 + \frac{i^2}{i_1^2}\right)$$

令 $dW/di_1 = 0$ 得

$$i_1 = i_2 = i^{1/2}$$

对于 n 级传动

$$i_1 = i_2 = i_3 = \cdots i_n = i^{1/n}$$

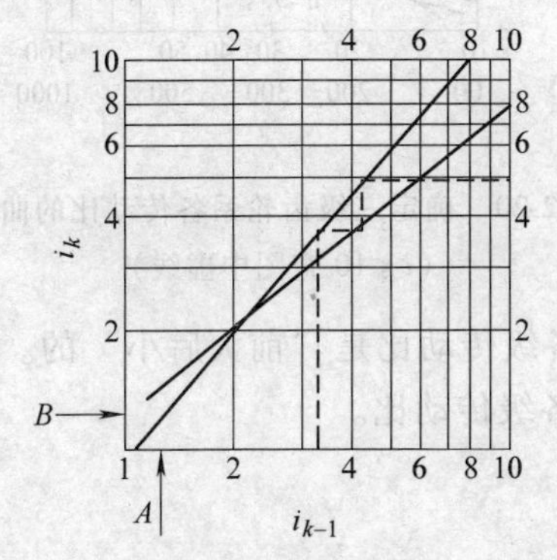

图 2-17　确定大功率传动第一级以后各级传动比的曲线

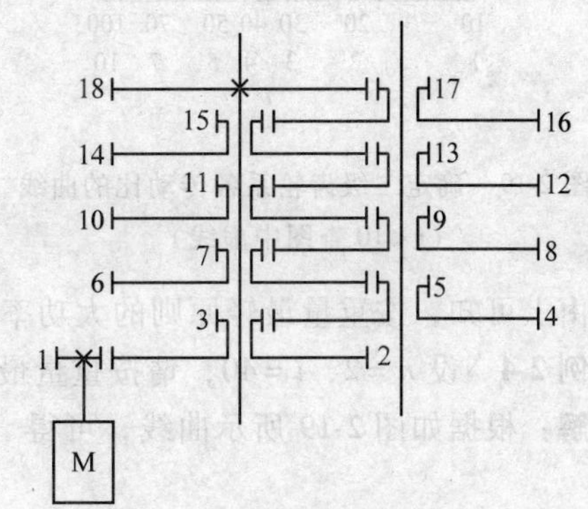

图 2-18　曲回式齿轮传动链

可见，按重量最轻原则，小功率传动的各级传动比相等。加上假定的各主动小齿轮的模数、齿数均相同，可设计成如图 2-18 所示的曲回式齿轮传动链。

2）大功率传动。仍以如图 2-13 所示两级传动为例。假设所有主动小齿轮的模数 m 与所在轴上转矩 T 的三次方根成正比，其分度圆直径 D、齿宽 b 也与转矩的三次方根成正比，即

$$m_3/m_1 = D_3/D_1 = b_3/b_1 = \sqrt[3]{\frac{T_3}{T_1}} = \sqrt[3]{i_1}$$

由 $b_1 = b_2$，$b_3 = b_4$ 得

$$W = \frac{\pi \rho b_1}{4}D_1^2\left(1 + i_1^2 + i_1\left(1 + \frac{i^2}{i_1^2}\right)\right)$$

令 $dW/di_1 = 0$ 得

$$i = i_1\sqrt{2i_1 + 1}$$

$$i_2 = \sqrt{2i_1 + 1}$$

同理，对于三级齿轮传动，假设 $b_1 = b_2$，$b_3 = b_4$，$b_5 = b_6$，可得

$$i_2 = \sqrt{2i_1 + 1}$$

$$i_3 = \sqrt{2i_2 + 1} = \left(2\sqrt{2i_1 + 1} + 1\right)^{1/2}$$

$$i = i_1\sqrt{2i_1+1}\left(2\sqrt{2i_1+1}+1\right)^{1/2}$$

根据以上传动比计算公式，可得如图 2-19 所示的确定二级齿轮系各传动比的曲线和如图 2-20 所示的确定三级齿轮系各传动比的曲线。

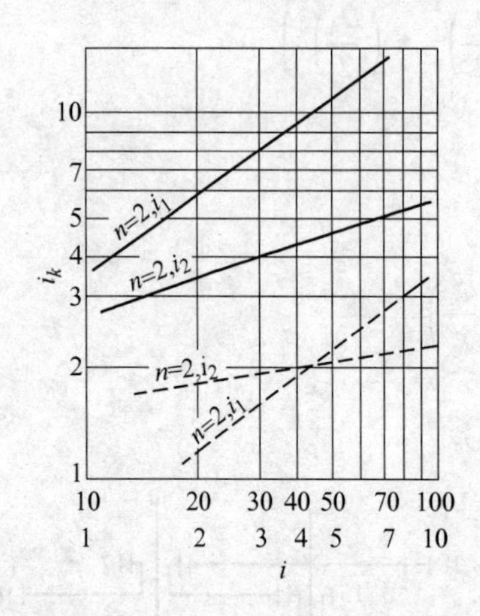

图 2-19 确定二级齿轮系各传动比的曲线（$i<10$ 查图中虚线）

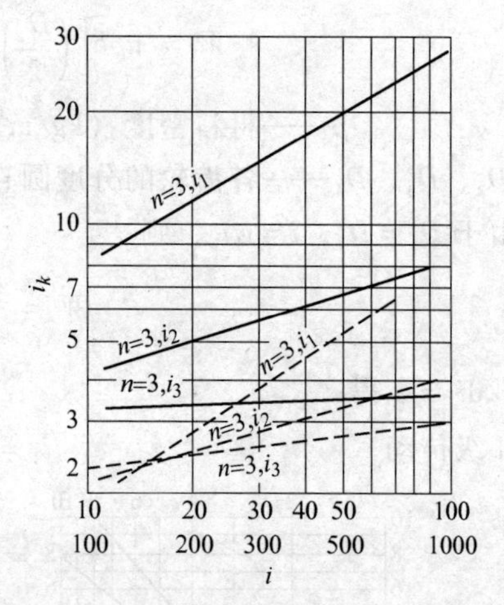

图 2-20 确定三级齿轮系各传动比的曲线（$i<10$ 查图中虚线）

由上可知，按重量最轻原则的大功率传动装置，各级传动比是“前大后小”的。

例 2-4 设 $n=2$，$i=40$，请按重量最轻原则求出各级传动比。

解：根据如图 2-19 所示曲线，可得

$$i_1 = 9.1$$

$$i_2 = 4.4$$

（3）输出轴转角误差最小原则 以如图 2-21 所示的四级齿轮传动系统为例，其四级传动比分别为 i_1、i_2、i_3、i_4；齿轮 1 ~ 8 的转角误差依次为 $\phi_1 \sim \phi_8$，该传动链输出轴的总转角误差 ϕ_{max} 为

$$\phi_{max} = \frac{\phi_1}{i} + \frac{\phi_2+\phi_3}{i_2 i_3 i_4} + \frac{\phi_4+\phi_5}{i_3 i_4} + \frac{\phi_6+\phi_7}{i_4} + \phi_8$$

由该公式可知，为提高齿轮系的传动精度，由输入端到输出端的各级传动比应按“前小后大”次序分配，而且要使最末一级传动比尽可能大，同时提高最末一级齿轮副的精度，这样可以减小各齿轮副的加工误差、安装误差、回转误差，提高齿轮系统的传动精度。

在进行三种原则的选择时应注意：对齿轮传动装置的设计，应根据具体的工作条件综合考虑。传动精度要求较高时采用输出轴转角误差最小原则设计；对于要求运转平稳、频繁起动和动态性能好的传动装置，常用最小等效转动惯量原则和输出轴转角误差最小原则设计；对于有质量要求的其他传动装置用重量最轻原则。

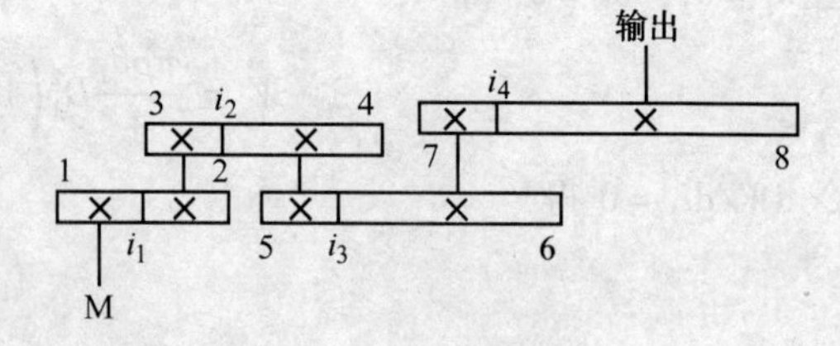

图 2-21 四级齿轮传动系统

此外，各级传动比最好采用不可约的比数，避免齿轮同时啮合，使得齿轮磨损均匀。对于传动比很大的齿轮传动链，条件成熟时可用谐波齿轮。

2.2.2　齿轮传动副间隙的消除

齿轮传动装置主要由齿轮传动副组成，其任务是传递伺服电动机输出的转矩和转速，并使伺服电动机与负载（工作台）之间的转矩、转速及负载惯量相匹配，使伺服电动机的高速低转矩输出变为负载所要求的低速大转矩。在开环系统中还可计算所需的脉冲当量。

对传动装置总的要求是传动精度高、稳定性好和灵敏度高（或响应速度快），在设计齿轮传动装置时，也应从有利于提高这三个指标来提出设计要求。对于开环控制而言，传动误差直接影响数控设备的工作精度，因而应尽可能的缩短传动链、消除传动间隙，以提高传动精度和刚度。对于闭环控制系统，齿轮传动装置完全在伺服回路中，给系统增加了惯性环节，其性能参数将直接影响整个系统的稳定性。无论是开环还是闭环控制，齿轮传动装置都将影响整个系统的灵敏度（响应速度），从这个角度考虑应注意减少摩擦、减少转动惯量，以提高传动装置的加速度。

在数控设备的进给驱动系统中，考虑到惯量、转矩或脉冲当量的要求，有时要在电动机到丝杠之间加入齿轮传动副，而齿轮等传动副存在着间隙，会使进给运动反向滞后于指令信号，造成反向死区而影响其传动精度和系统的稳定性。因此，为了提高进给系统的传动精度，必须消除齿轮副的间隙。下面介绍几种实践中常用的消除齿轮间隙的结构形式。

1. 直齿圆柱齿轮传动副

（1）偏心套调整法　图 2-22 所示为偏心套消隙结构。电动机 1 通过偏心套 2 安装到机床壳体上，通过转动偏心套 2，就可以调整两齿轮的中心距，从而消除齿侧的间隙。

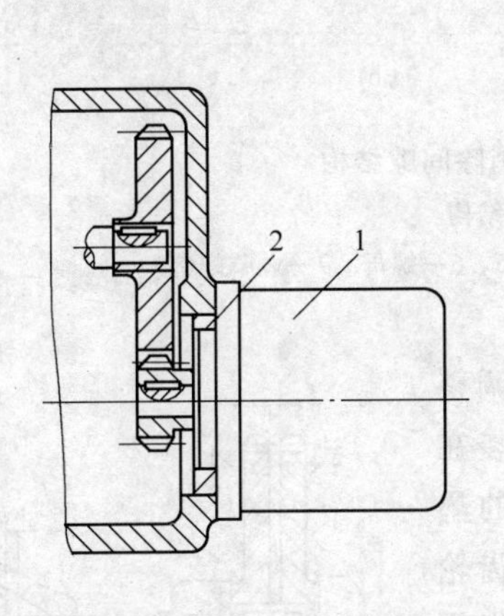

图 2-22　偏心套式消除间隙结构

1—电动机　2—偏心套

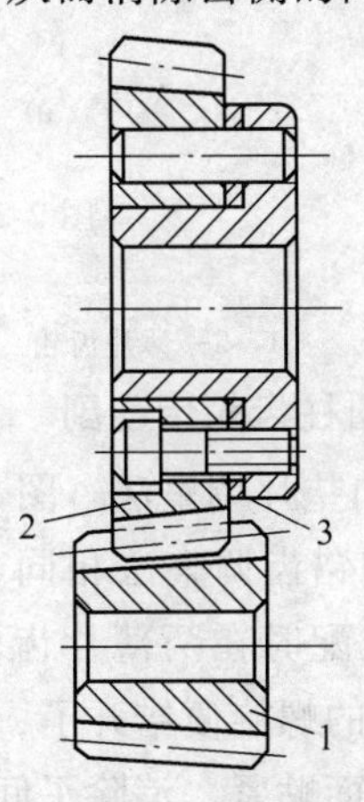

图 2-23　锥度齿轮的消除间隙结构

1、2—齿轮　3—垫片

（2）锥度齿轮调整法　图 2-23 所示为以带有锥度的齿轮来消除间隙的结构。在加工齿轮 1 和 2 时，将假想的分度圆柱面改变成带有小锥度的圆锥面，使其齿厚在齿轮的轴向稍有变化。调整时，只要改变垫片 3 的厚度就能调整两个齿轮的轴向相对位置，从而消除齿侧间隙。

以上两种方法的特点是结构简单，能传递较大转矩，传动刚度较好，但齿侧间隙调整后不能自动补偿，又称为刚性调整法。

（3）双片齿轮错齿调整法　图 2-24 所示是双片齿轮周向弹簧错齿消隙结构。两个相同齿数的薄片齿轮 1 和 2 与另一个宽齿轮啮合，两薄片齿轮可相对回转。在两个薄片齿轮 1 和 2 的端面均匀分布着四个螺孔，分别装上凸耳 3 和 8。齿轮 1 的端面还有另外四个通孔，凸耳 8 可以从其中穿过，弹簧 4 的两端分别钩在凸耳 3 和调节螺钉 7 上。通过螺母 5 调节弹簧 4 的拉力，调节完后用螺母 6 锁紧。弹簧的拉力使薄片齿轮错位，即两个薄片齿轮的左右齿面分别贴在宽齿轮齿槽的左右齿面上，从而消除了齿侧间隙。

在齿轮传动时，由于正向和反向旋转分别只有一片齿轮承受转矩，因此承载能力受到限制，并且弹簧的拉力要足以能克服最大转矩，否则起不到消隙作用。这种双片齿轮错齿法调整间隙方法称为柔性调整法，适用于负荷不大的传动装置中。这种结构装配好后，齿侧间隙自动消除（补偿），可始终保持无间隙啮合，是一种常用的无间隙齿轮传动结构。

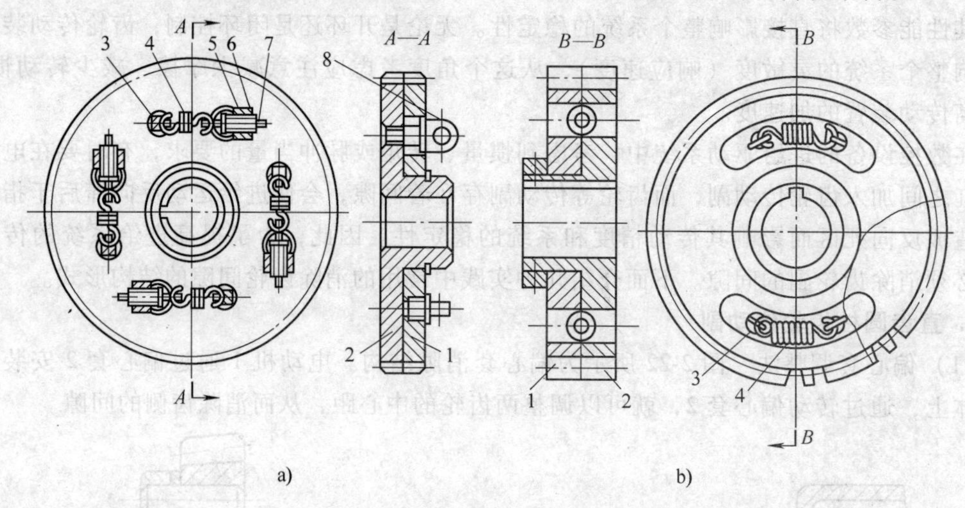

图 2-24 双片齿轮周向弹簧错齿消除间隙结构

a）四弹簧结构 b）两弹簧结构

1、2—薄片齿轮 3、8—凸耳或短柱 4—弹簧 5、6—螺母 7—调节螺钉

2. 斜齿圆柱齿轮传动副

（1）轴向垫片调整法 图 2-25 所示为斜齿轮垫片调整法，其原理与错齿调整法相同。斜齿 1 和 2 的齿形拼装在一起加工，装配时在两薄片齿轮间装入已知厚度为 t 的垫片 3，这样它的螺旋便错开了，使两薄片齿轮分别与宽齿轮 4 的左、右齿面贴紧，消除了间隙。垫片 3 的厚度 t 与齿侧间隙 Δ 的关系可用下式表示

$$t = \Delta / \sin\beta$$

式中 β——螺旋角（°）。

垫片厚度一般由测试法确定，往往要经过几次修磨才能调整好。这种结构的齿轮承载能力较小，且不能自动补偿消除间隙。

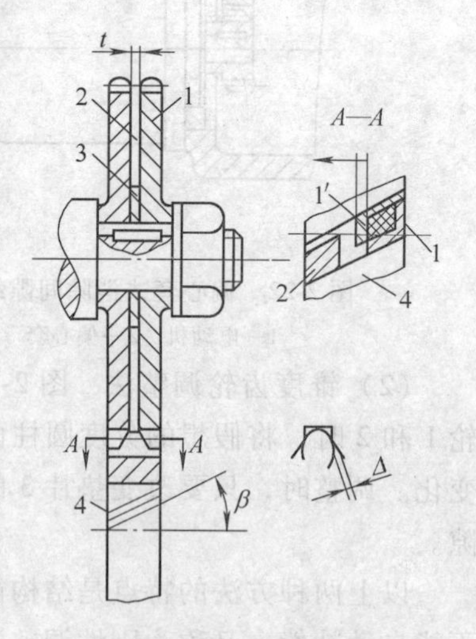

图 2-25 斜齿轮垫片调整法

1、2—薄片齿轮 3—垫片 4—宽齿轮

（2）轴向压簧调整法 图 2-26 所示是斜齿轮轴向压簧错齿消隙结构。该结构消隙原理与轴向垫片调整法相似，所不同的是利用齿轮 2 右面的弹簧压力使两薄片齿轮的左

右齿面分别与宽齿轮的左右齿面贴紧，以消除齿侧间隙。图 2-26a 所示结构采用的是压簧，图 2-26b 所示结构采用的是碟形弹簧。

弹簧 3 的压力可利用螺母 5 来调整，压力的大小要调整合适，压力过大会加快齿轮磨损，压力过小达不到消隙作用。这种结构齿轮间隙能自动消除，能够保持无间隙的啮合，但只适用于负载较小的场合，而且这种结构轴向尺寸较大。

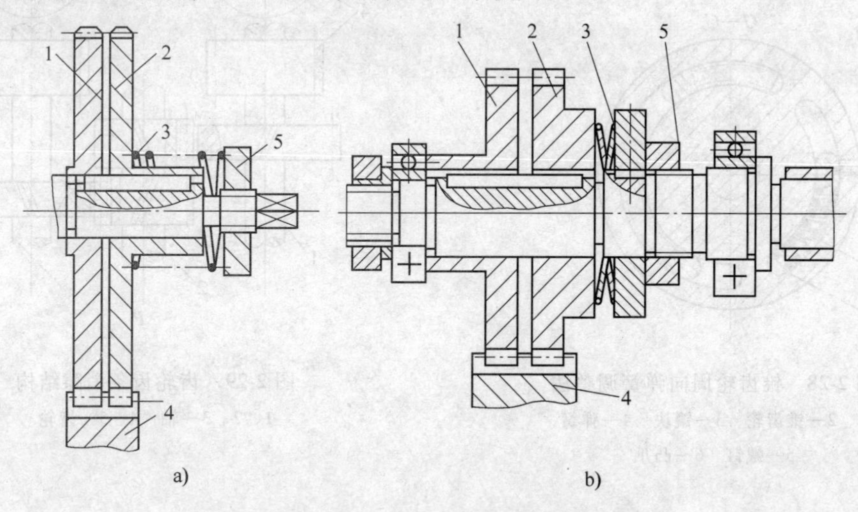

图 2-26　斜齿轮轴向压簧错齿消除间隙结构

a）压簧结构　b）碟形弹簧结构

1、2—薄片斜齿轮　3—弹簧　4—宽齿轮　5—螺母

3. 锥齿轮传动副

锥齿轮同圆柱齿轮一样可用上述类似的方法来消除齿侧间隙。

（1）轴向压簧调整法　图 2-27 所示为轴向压簧调整法。该结构主要由两个啮合着的锥齿轮 1 和 2 组成，其中在锥齿轮 1 的转动轴 5 上装有压簧 3，锥齿轮 1 在弹簧力的作用下可稍做轴向移动，从而消除间隙。弹簧力的大小由螺母 4 调节。

（2）周向弹簧调整法　图 2-28 所示为周向弹簧调整法。将一对啮合锥齿轮中的一个齿轮做成大小两片 1 和 2，在大片上制有三个圆弧槽，而在小片的端面上制有三个凸爪 6，凸爪 6 伸入大片的圆弧槽中。弹簧 4 一端顶在凸爪 6 上，另一端顶在镶块 3 上，为了安装方便，用螺钉 5 将大小片齿圈相对固定，安装完毕之后将螺钉 5 卸去，利用弹簧力使大、小锥齿轮稍错开，从而达到消除间隙的目的。

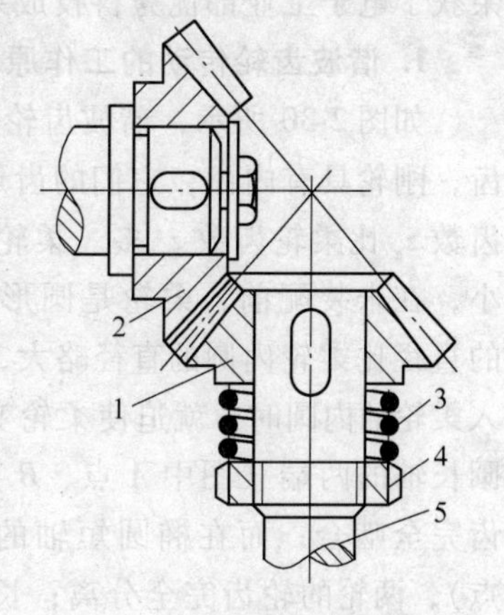

图 2-27　锥齿轮轴向压簧调整法

1、2—锥齿轮　3—压簧

4—螺母　5—传动轴

4. 齿轮齿条传动

齿轮齿条传动常用于行程较大的机电设备，易于实现高速直线运动。图 2-29 所示为齿轮齿条消隙结构原理。进给运动由轴 2 输入，轴 2 上有两个螺旋方向相反的斜齿轮，当轴 2 上施加轴向力 $\boldsymbol{P}$ 后，使得轴 2 连同两斜齿轮产生微量的轴向前移，在两斜齿轮的推动下，轴 1 和轴 3 以相反方向转过一个微小角度，使齿轮 4 和齿轮 5 分别与同一齿条的左、右两齿面贴紧而消除侧隙。

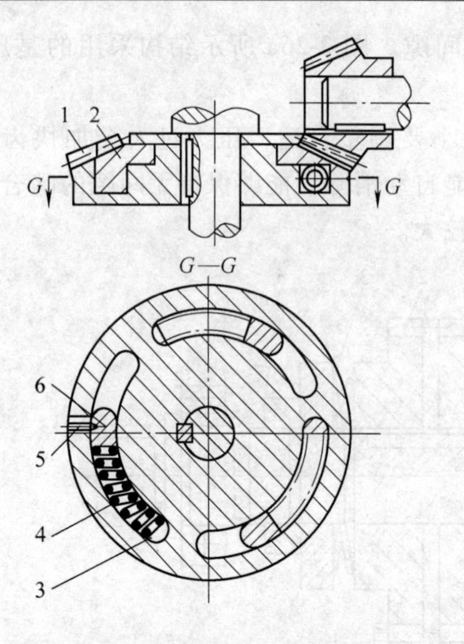

图 2-28　锥齿轮周向弹簧调整法

1、2—锥齿轮　3—镶块　4—弹簧　5—螺钉　6—凸爪

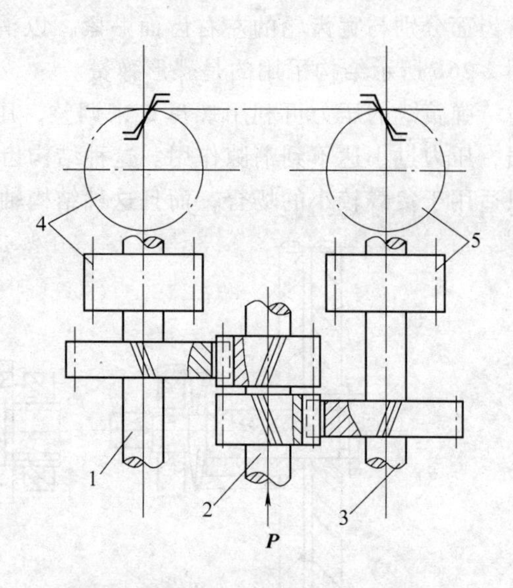

图 2-29　齿轮齿条消隙结构

1、2、3—轴　4、5—齿轮

2.3　三种精密传动机构

2.3.1　谐波齿轮传动

谐波齿轮传动是由美国学者麦塞尔发明的一种具有重大突破的传动技术，其原理是依靠柔性齿轮所产生的可控制弹性变形波，引起齿间的相对位移来传递动力和运动的。国内1978年研究成功了谐波传动减速器，并成功地应用在发射机调谐机构中。1980年该项成果荣获了电子工业部优秀科技成果奖。

1. 谐波齿轮传动的工作原理

如图 2-30 所示，谐波齿轮传动主要由波形发生器 H、柔轮 1 和刚轮 2 组成。柔轮具有外齿，刚轮具有内齿，它们的齿形为三角形或渐开线形，其齿距 p 相等，但齿数不同，刚轮的齿数 z_g 比柔轮齿数 z_r 多。柔轮的轮缘极薄，刚度很小，在未装配前，柔轮是圆形的。由于波形发生器的直径比柔轮内圆的直径略大，所以当波形发生器装入柔轮的内圆时，就迫使柔轮变形，呈椭圆形。在椭圆长轴的两端（图中 A 点、B 点），刚轮与柔轮的轮齿完全啮合；而在椭圆短轴的两端（图中 C 点、D 点），两轮的轮齿完全分离；长短轴之间的齿则处于半啮合状态，即一部分正在啮入，一部分正在脱出。

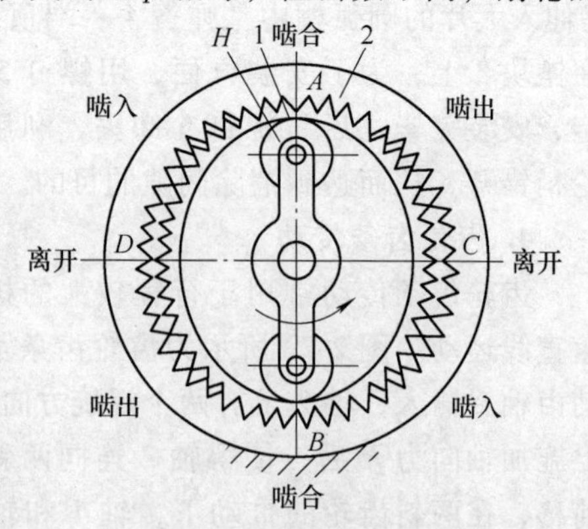

图 2-30　谐波齿轮传动

如图 2-30 所示的波形发生器有两个触头，称双波发生器。其刚轮与柔轮的齿数相差为 2，周长相差 2 个齿距的弧长。当波形发生器转动时，迫使柔轮的

长短轴的方向随之发生变化，柔轮与刚轮上的齿依次进入啮合。柔轮和刚轮在节圆处的啮合过程，如同两个纯滚动的圆环一样，它们在任一瞬间转过的弧长都必须相等。

2. 谐波齿轮传动的特点

与一般齿轮传动相比，谐波齿轮传动具有如下优点：

1）传动比大。单级谐波齿轮的传动比为 70～500，多级和复式传动的传动比更大，可达 30000 以上，不仅用于减速，还可用于增速。

2）承载能力大。谐波齿轮传动同时啮合的齿数多，可达柔轮或刚轮齿数的 30%～40%，因此能承受大的载荷。

3）传动精度高。由于啮合齿数较多，因而误差得到均化。同时，通过调整，齿侧间隙较小，回程误差较小，因而传动精度高。

4）可以向密封空间传递运动或动力。当柔轮被固定后，它既可以作为密封传动装置的壳体，又可以产生弹性变形，即完成错齿运动，从而达到传递运动或动力的目的，因此，它可以用来驱动在高真空、有原子辐射或其他有害介质的空间工作的传动机构。这一特点是现有其他传动机构所无法比拟的。

5）传动平稳。基本上无冲击振动，这是由于齿的啮入与啮出按正弦规律变化，无突变载荷和冲击，磨损小，无噪声。

6）传动效率较高。单级传动的效率一般在 69%～96% 的范围内，寿命长。

7）结构简单、体积小、质量轻。

谐波齿轮传动的缺点：

1）柔轮承受较大的交变载荷，对柔轮材料的疲劳强度、加工和热处理要求较高，工艺复杂。

2）传动比下限值较高。

3）不能做成交叉轴和相交轴的结构。

到目前已有不少厂家专门生产谐波齿轮，并形成系列化，用于如机器人、无线电天线伸缩器、手摇式谐波传动增速发电机、雷达、射电望远镜、卫星通信地面站天线的方位和俯仰传动机构、电子仪器、仪表、精密分度机构、小侧隙和零侧隙传动机构等。

3. 谐波齿轮的传动比计算

谐波齿轮传动中，刚轮、柔轮和波形发生器这三个基本构件，其中任何一个都可作为主动件，其余两个，一个作为从动件，一个为固定件。设波形发生器相当于行星轮系的转臂 H，柔轮相当于行星轮，刚轮相当于太阳轮，则

$$i_{\mathrm{rg}}^{H}=\frac{\omega_{\mathrm{r}}-\omega_{H}}{\omega_{\mathrm{g}}-\omega_{H}}=\frac{z_{\mathrm{g}}}{z_{\mathrm{r}}}$$

按上式，单级谐波齿轮传动的传动比可按表 2-3 计算。

表 2-3　单级谐波齿轮传动的传动比

三个基本构件			传动比计算	功能	输入与输出运动的方向关系
固定	输入	输出			
刚轮 2	波形发生器 H	柔轮 1	$i_{H1}^{2}=-z_{\mathrm{r}}/(z_{\mathrm{g}}-z_{\mathrm{r}})$	减速	异向
刚轮 2	柔轮 1	波形发生器 H	$i_{1H}^{2}=-(z_{\mathrm{g}}-z_{\mathrm{r}})/z_{\mathrm{r}}$	增速	异向

（续）

三个基本构件			传动比计算	功能	输入与输出运动的方向关系
固定	输入	输出			
柔轮 1	波形发生器 H	刚轮 2	$i_{H2}^{1}=z_g/\ (z_g-z_r)$	减速	同向
柔轮 1	刚轮 2	波形发生器 H	$i_{2H}^{1}=\ (z_g-z_r)\ /z_g$	增速	同向

图 2-31a 所示为波形发生器输入、刚轮固定、柔轮输出工作图，图 2-31b 所示为波形发生器输入、柔轮固定、刚轮输出工作图。

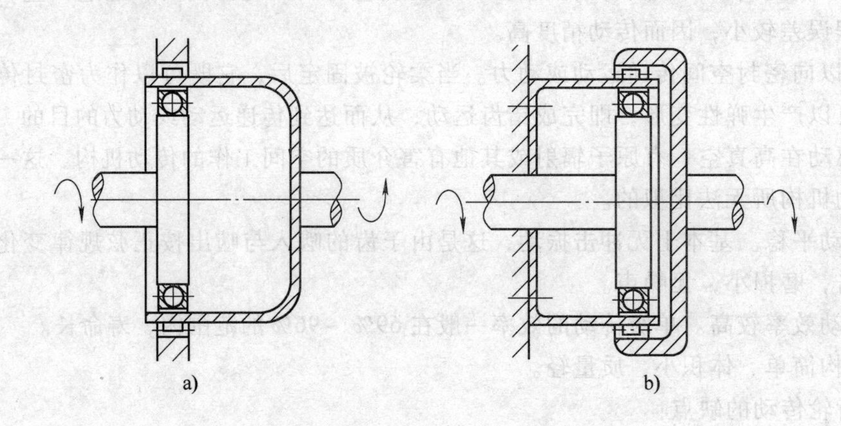

图 2-31 谐波齿轮的传动比计算

a）波形发生器输入、刚轮固定、柔轮输出 b）波形发生器输入、柔轮固定、刚轮输出

4. 谐波齿轮传动中柔轮与刚轮材料

（1）柔轮 柔轮处在反复弹性变形的状态下工作，需选用强度和耐疲劳性能好的合金结构钢来制造，如轴承钢、铬钢、铬锰硅钢、铬锰钛钢、铬钼钒钢等。目前较普通的有 35CrMoSiA，60SiZ，50CrMn，40Cr 等，对小功率的传动装置，有时也可选用尼龙 1010，尼龙 6 和含氟塑料等材料。

（2）刚轮 刚轮材料可用 45 钢、40Cr 或用高强度铸铁、球墨铸铁等，与钢制柔轮组成减摩运动副。

5. 谐波齿轮减速器

图 2-32 所示为单波谐波齿轮减速器。高速轴 1 带动波形发生器凸轮 3，经柔性轴承 4 使柔轮 2 的齿产生弹性变形，柔轮 2 的齿与刚轮 5 的齿相互作用，实现减速功能。

单级谐波齿轮减速器的型号由产品代号、规格代号和精度等级三部分组成，例如：XBD 100-125-250-Ⅱ，表示为

XBD：产品代号，表示卧式双轴伸型谐波齿轮减速器（电子工业部标准）。

100：柔轮内径为 100mm。

125：传动比为 125（每种机型有 3～5 种传动比）。

250：输出转矩为 250Nm。

Ⅱ：精度等级，Ⅰ级为精密级，Ⅱ级为普通级。

各种规格的谐波齿轮减速器的有关参数和技术指标可参见标准 GB/T 12601—1990。

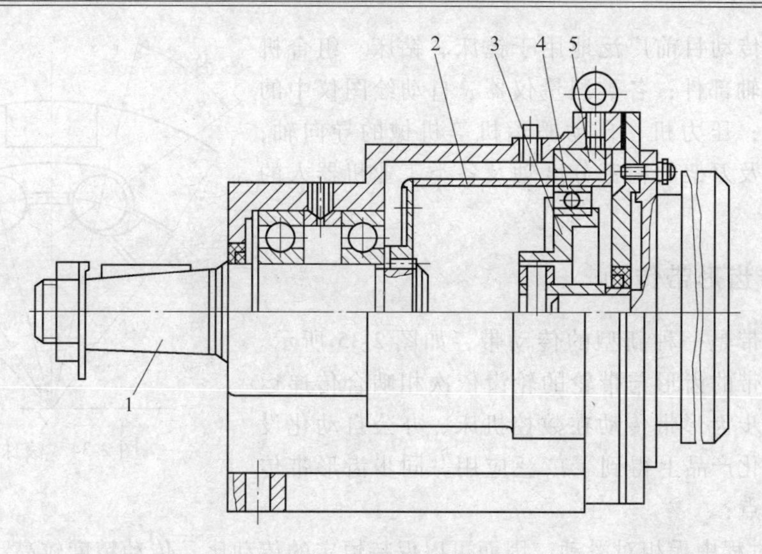

图 2-32　谐波齿轮减速器

1—高速轴　2—柔轮　3—波形发生器凸轮　4—柔性轴承　5—刚轮

2.3.2　滚珠花键传动

滚珠花键传动装置由花键轴、花键套、循环装置及滚珠等组成，如图 2-33 所示。在花键轴 8 的外圆上，配置有等分的三条凸缘，凸缘的两侧就是花键轴的滚道。同样，花键套上也有相对应的六条滚道。滚珠位于花键轴和花键套的滚道之间，于是滚动花键副内就形成了六列负荷滚珠，每三列传递一个方向的力矩。当花键轴 8 与花键套（外筒）4 作相对转动或相对直线运动时，滚珠就在滚道和保持架 1 内的通道中循环运动。因此，花键套与花键轴之间，既可作灵敏、轻便的相对直线运动，也可以轴带套或以套带轴作回转运动。所以滚动花键副既是一种传动装置，又是一种新颖的直线运动支承。

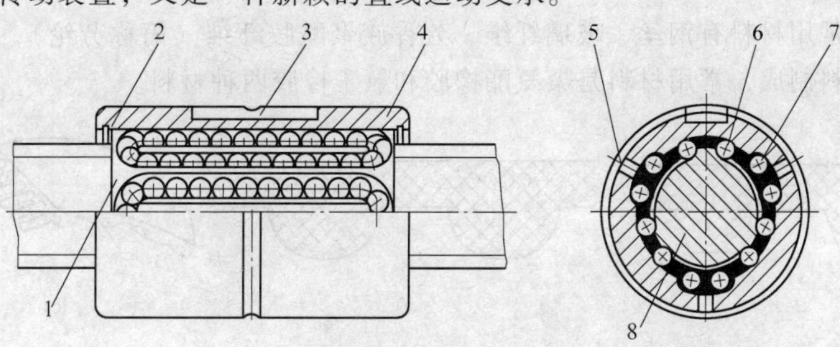

图 2-33　滚珠花键传动

1—保持架　2—橡皮密封圈　3—键槽　4—外筒　5—油孔　6—负荷滚珠列　7—退出滚珠列　8—花键轴

花键套开有键槽以备联接其他传动件；保持架使滚珠互不摩擦，且拆卸时不会脱落；用橡皮密封垫防尘，以提高使用寿命；通过油孔润滑以减少摩擦。

如图 2-34 所示，滚珠中心圆直径为 d_0，滚珠与花键套和花键轴滚道的接触角为 $\alpha=45°$，因此既能承受径向载荷，又能传递力矩。滚道的曲率半径 $r=(0.52\sim0.54)D_b$（D_b 为滚珠直径），所以承载能力较大。通过选配滚珠的直径，使滚珠花键副内产生过盈（即预加载荷），可以提高接触刚度、运动精度和抗冲击的能力。滚珠花键传动主要用于高速场合，运动速度可达 60m/min。

滚珠花键传动目前广泛地用于镗床、钻床、组合机床等机床的主轴部件；各类测量仪器、自动绘图仪中的精密导向机构；压力机、自动搬运机等机械的导向轴；各类变速装置及刀架的精密分度轴及各类工业机器人的执行机构等。

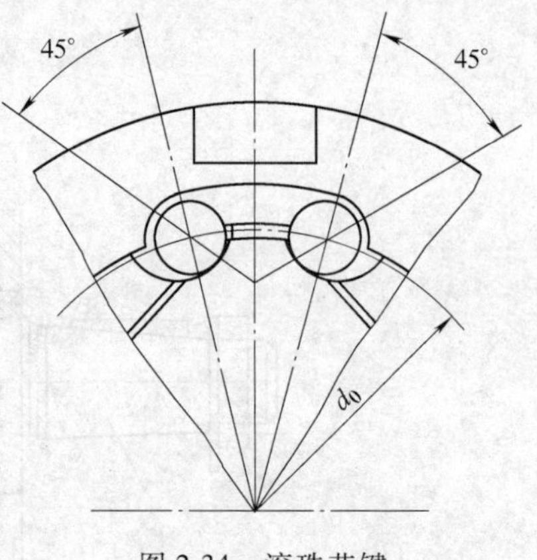

图 2-34　滚珠花键

2.3.3　同步齿形带传动

同步齿形带是一种新型的传动带，如图 2-35 所示。它是利用同步带的齿形与带轮的轮齿依次相啮合传递运动或动力。同步齿形带传动在数控机床、办公自动化设备等机电一体化产品上得到了广泛应用。同步齿形带传动具有如下特点：

1）传动过程中无相对滑动，因而可以保持恒定的传动比，传动精度较高。

2）工作平稳，结构紧凑，无噪声，有良好的减振性能，无需润滑。

3）无需特别张紧，故作用在轴和轴承上的载荷较小，传动效率较高，高于 V 带 10%。

4）制造工艺较复杂，传递功率较小，寿命较低。

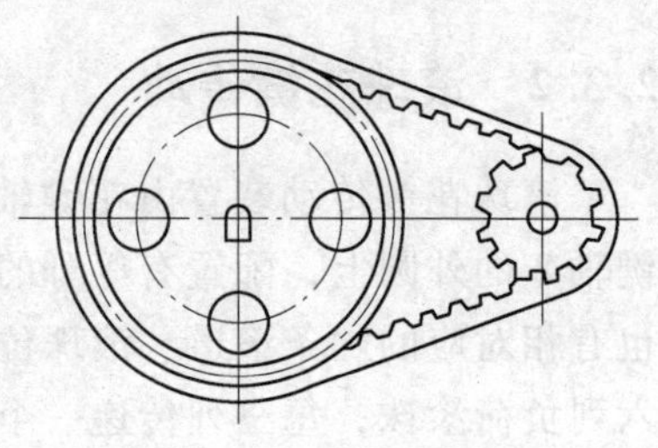
图 2-35　同步齿形带传动

1. 同步齿形带的结构

根据齿形的不同，同步齿形带可以分成两种。一种是梯形齿同步带，另一种是圆弧齿同步带。图 2-36 所示是这两种同步齿形带的纵向截面，主要由强力层、带齿和带背组成，此外在齿面上覆盖了一层尼龙帆布，用以减小传动齿与带轮的啮合摩擦。

强力层的常用材料有钢丝、玻璃纤维、芳香族聚酰胺纤维（简称芳纶），带背、带齿一般采用相同材料制成，常用材料是聚氨酯橡胶和氯丁橡胶两种材料。

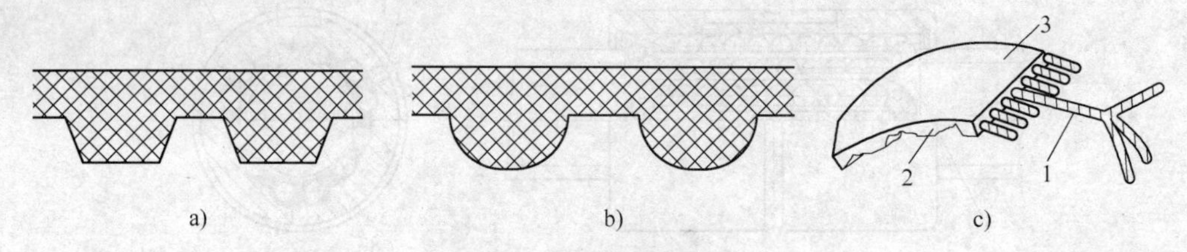

图 2-36　同步齿形带

a）梯形齿　b）圆弧齿　c）齿形带的结构

1—强力层　2—带齿　3—带背

梯形齿同步带在传递功率时，由于应力集中在齿根部位，使功率传递能力下降。同时由于梯形齿同步带与带轮是圆弧形接触，当小带轮直径较小时，将使梯形齿同步带的齿形变形，影响与带轮齿的啮合，不仅受力情况不好，而且在速度很高时，会产生较大的噪声和振动，这对于速度较高的主传动来说是很不利的。因此，梯形齿同步带在数控机床特别是加工中心的主传动中很少使用，一般仅在转速不高的运动传动或小功率的动力传动中使用。

而圆弧齿同步齿形带克服了梯形齿同步带的缺点，均化了应力，改善了啮合，因此，在加工中心上，无论是主传动还是伺服进给传动，当需要用带传动时，总是优先考虑采用圆弧齿同步齿形带。

2. 同步齿形带的主要参数与规格

同步齿形带的主要参数是带齿的节距 t，如图 2-37 所示。

（1）节距 t　是指相邻两齿在节线上的距离。由于强力层在工作时长度不变，所以强力层的中心线被规定为齿形线的节线（中性层），并以节线的周长 L_p 作为齿形带的公称长度。

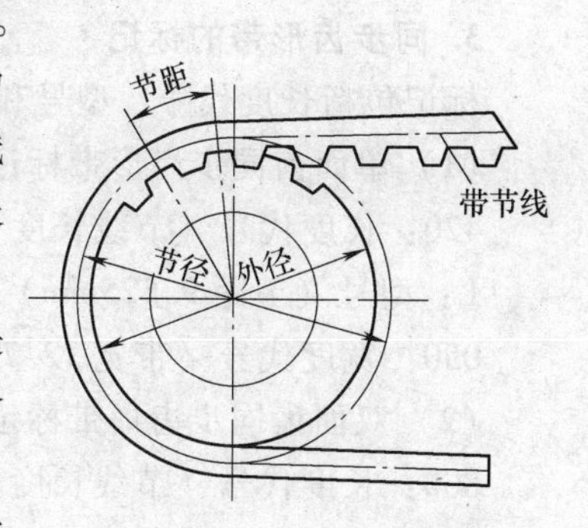

图 2-37　同步齿形带主要参数

（2）模数 m　同步齿形带的基本特征参数是模数，它是节距 t 与 π 之比，即 $m=t/\pi$，是同步齿形带尺寸计算的一个主要依据，一般取值范围为 1～10mm。

（3）齿形带的其他参数和尺寸　除了模数外，齿形带设计计算需要的其他参数还有齿数、宽度、齿距等。同步齿形带的图样标注方法为：模数×宽度×齿数（$m\times b\times z$）。

（4）应用同步齿形带的注意事项

1）为了减小带轮的转动惯量，带轮常用密度小的材料制成。带轮所允许的最小直径，根据有效齿数及平面包角，由齿形带厂确定。

2）在驱动轴上的带轮应直接安装在电动机上，尽量避免在驱动轴上采用离合器而引起的附加转动惯量过大。

3）为了对齿形带长度的制造公差进行补偿并防止间隙，同步齿形带必须预加载。

4）对于较长的自由齿形带（一般是长度大于宽度的 9 倍），常使用张紧轮衰减齿形带的振动。张紧轮可以是安装在齿形带内部的牙轮，但是更好的方式是在齿形带外部采用圆筒形滚轮，这种方式使齿形带的包角增大，有利于传动。为了减小运动噪声，应使用背面抛光的齿形带。

国家标准 GB11616—1989 对同步带型号、尺寸作了规定。同步带有单面齿（仅一面有齿）和双面齿（两面都有齿）两种形式。双面齿又按齿排列的不同分为 DⅠ型（对称齿形）和 DⅡ型（交错齿形），两种形式的同步带均按节距不同分为七种规格，见表 2-4，节线长度见表 2-5，带宽见表 2-6。

表 2-4　同步齿形带的型号与节距　（单位：mm）

型号	MXL	XXL	XL	L	H	XH	XXH
节距 t/mm	2.032	3.175	5.080	9.525	12.700	22.225	31.75

表 2-5　XL、L、H、XH、XXH 型带长度　（单位：mm）

长度代号	230	240	250	255	260	270	285	300	322	330	345
节线长	584.2	609.6	635	647.7	660.4	685.8	723.9	762	819.15	838.2	876.3
长度代号	360	367	390	420	450	480	507	510	540	560	570
节线长	914.4	933.45	990.6	1066.8	1143	1219.2	1289.05	1295.4	1371.6	1422.4	1447.8
长度代号	600	630	660	700	750	770	800	840	850	900	980
节线长	1524	1600.2	1676.4	1778	1905	1955.8	2032	2133.6	2159	2286	2489.2

表 2-6 MXL、XL、L、H、XH、XXH 型带宽度 （单位：mm）

代号	025	031	037	050	075	100	150	200	300	400	500
标准宽度	6.4	7.9	9.5	12.7	19.1	25.4	38.1	50.8	76.2	101.6	127

3. 同步齿形带的标记

标记包括长度代号、型号和宽度代号。双面齿形带还在标记中表示型式代号，例如：

（1）单面齿同步齿形带标记 例：420 L 050

420：长度代号（节线长度 1066.8mm）

L：型号（节距 9.525mm）

050：宽度代号（带宽 12.7mm）

（2）双面齿同步齿形带标记 例：800 DⅠ H 300

800：长度代号（节线长度 2032mm）

DⅠ：双面对称齿

H：型号（节距 12.7mm）

300：宽度代号（带宽 76.2mm）

4. 同步带轮

（1）带轮的结构、材料 带轮结构如图 2-38 所示。为防止带脱落，一般在小带轮两侧装有挡圈。带轮材料一般采用铸铁或钢，高速、小功率时可采用塑料或轻合金。

（2）带轮的参数及尺寸规格

1）齿形。与梯形齿同步带相匹配的带轮，其齿形有直线形和渐开线形两种。直线齿形在啮合过程中，与带齿工作侧面有较大的接触面积，齿侧载荷分布较均匀，从而提高了带的承载能力和使用寿命。渐开线齿形，其齿槽形状随带轮齿数而变化，齿数多时，齿廓近似于直线。这种齿形优点是有利于带齿的啮入，其缺点是齿形角变化较大，在齿数少时，易影响带齿的正常啮合。

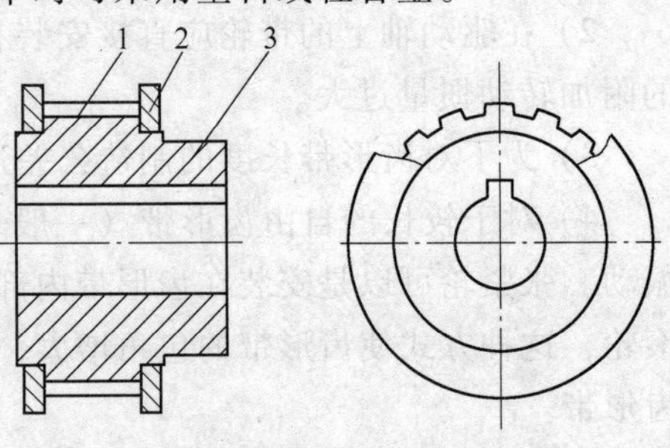

图 2-38 同步带轮结构

1—齿圈 2—挡圈 3—轮毂

2）齿数 z。在传动比一定的情况下，带轮齿数越少，传动结构越紧凑，但齿数过少，使工作时同时啮合的齿数减少，易造成带齿承载过大而被剪断。此外，还会因带轮直径减小，使与之啮合的带产生弯曲疲劳破坏。

3）带轮的标记。国家标准 GB/T 11361—2008 梯形齿带轮标准与 GB11616—1989 同步带标准相配套，对带轮的尺寸及规格等作了规定，与同步带一样有 MXL、XXL、XL、L、H、XH、XXH 七种。

带轮的标记由带轮齿数、带的型号和轮宽代号表示，例：30 L 075

30：带轮齿数 30

L：带型号（节距 9.525mm）

075：带宽（19.1mm）

2.4 滚珠丝杠副传动

螺旋传动中最常见的是滑动螺旋传动，但是，由于滑动螺旋传动的接触面间存在着较大的滑动摩擦阻力，故其传动效率低，磨损快、精度不高，使用寿命短，已不能适应机电一体化设备与产品在高速度、高效率、高精度等方面的要求。滚珠丝杠副则是为了适应机电一体化机械传动系统的要求而发展起来的一种新型传动机构。

2.4.1 滚珠丝杠副的工作原理

1. 工作原理

螺旋槽的丝杠螺母间装有滚珠作为中间元件的传动机构称为滚珠丝杠副，如图 2-39 所示。当丝杠或者螺母转动时，滚珠沿螺旋槽滚动，滚珠在丝杠上滚过数圈后，通过回程引导装置，逐个地滚回到丝杠和螺母之间，构成了一个闭合的循环回路。这种机构把丝杠和螺母之间的滑动摩擦变成滚动摩擦。

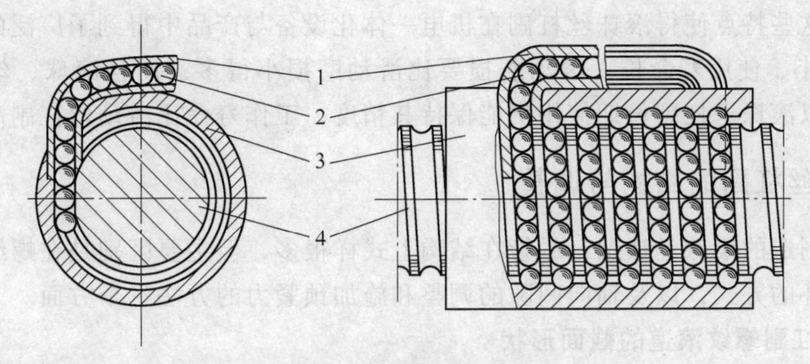

图 2-39　滚珠丝杠螺母副

1—插管式回珠器　2—滚珠　3—螺母　4—丝杠

2. 滚珠丝杠副的特点

滚珠丝杠副与滑动丝杠副相比，具有其明显的特点。

（1）传动效率高、摩擦损失小　滚珠丝杠副的传动效率 η 为

$$\eta = \frac{\tan\lambda}{\tan(\lambda + \psi)}$$

式中　λ——中径处的螺旋线升角（°）；

ψ——当量摩擦角（°），对于滚珠丝杠约为 $8' \sim 12'$。

滚动摩擦阻力很小，实验测得的摩擦因数一般为 0.0025 ~ 0.0035，因而传动效率很高，可达 0.92 ~ 0.96（滑动丝杠为 0.2 ~ 0.4），相当于普通滑动丝杠副的 3 ~ 4 倍。这样滚珠丝杠副相对于滑动丝杠副来说，仅用较小的转矩就能获得较大的轴向推力，功率损耗只有滑动丝杠副的 1/4 ~ 1/3，这对于机械传动系统小型化、快速响应能力及节省能源等方面，都具有重要意义。

（2）传动的可逆性、不可自锁性　一般的螺旋传动是指其正传动，即把回转运动转变成直线运动，而滚珠丝杠副不仅能实现正传动，还能实现逆传动——将直线运动变为旋转运动。这种运动上的可逆性是滚珠丝杠副所独有的，而且逆传动效率同样高达 90% 以上。滚

珠丝杠副传动的特点，可使其开拓新的机械传动系统，但另一方面其应用范围也受到限制，在一些不允许产生逆运动的地方，如横梁的升降系统等，必须增设制动或自锁机构才可使用。

(3) 传动精度高　传动精度主要是指进给精度和轴向定位精度。滚珠丝杠副属于精密机械传动机构，丝杠与螺母经过淬硬和精磨后，本身就具有较高的定位精度和进给精度。高精度滚珠丝杠副，任意 300mm 的导程累积误差为 4μm。

滚珠丝杠副采用专门的设计，可以调整到完全消除轴向间隙，而且还可以施加适当的预紧力，在不增加驱动力矩和基本不降低传动效率的前提下，提高轴向刚度，进一步提高正向、反向传动精度。

滚珠丝杠副的摩擦损失小，因而工作时本身温度变化很小，丝杠尺寸稳定，有利于提高传动精度。

由于滚动摩擦的起动摩擦阻力很小，所以滚珠丝杠副的动作灵敏，且滚动摩擦阻力几乎与运动速度无关，这样就可以保证运动的平稳性，即使在低速下，仍可获得均匀的运动，保证了较高的传动精度。

正是由于这些特点使得滚珠丝杠副在机电一体化设备与产品中得到了广泛的应用。

(4) 磨损小、使用寿命长　滚动磨损要比滑动磨损小得多，而且滚珠、丝杠和螺母都经过淬硬，所以滚珠丝杠副长期使用仍能保持其精度，工作寿命比滑动丝杠副高 5～6 倍。

2.4.2 滚珠丝杠副的结构与调整

各种设计制造的滚珠丝杠副，尽管在结构上式样很多，但主要区别是在螺纹滚道截面的形状，滚珠循环的方式，以及轴向间隙的调整和施加预紧力的方法三个方面。

1. 滚珠丝杠副螺纹滚道的截面形状

螺纹滚道的截面形状和尺寸是滚珠丝杠最基本的结构特征。图 2-40 所示为滚珠丝杠副螺纹滚道的法向截面形状，其中滚珠与滚道型面接触点法线与丝杠轴线的垂线间的夹角称为接触角 β。滚道型面是指通过滚珠中心作螺旋线的法截平面与丝杠、螺母螺纹滚道面的交线所在平面。常用的滚道型面有单圆弧和双圆弧两种。

(1) 单圆弧滚道型面　单圆弧滚道型面如图 2-40a 所示，其形状简单，磨削螺纹滚道的砂轮成型比较简便，易于获得较高的加工精度。但其接触角 β 随着轴向负载的大小不同而变化，因而使得传动效率、承载能力及轴向刚度等变得不稳定。

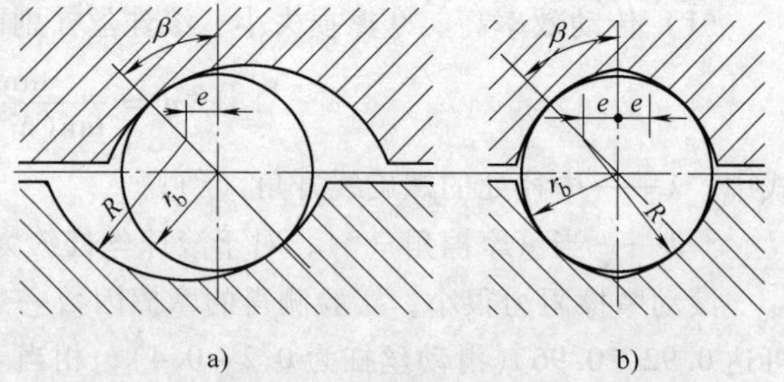

图 2-40　滚珠丝杠副螺纹滚道法向截面形状

a) 单圆弧滚道型面　b) 双圆弧滚道型面

(2) 双圆弧滚道型面　图 2-40b 所示为双圆弧滚道型面，它由两个不同圆心的圆弧组成。由于接触角 β 在工作过程中能基本保持不变，因而传动效率、承载能力和轴向刚度较稳定，一般均取 $\beta=45°$。另一方面，由于采用了双圆弧，螺旋槽底部不与滚珠接触，形成小小的空隙，可容纳润滑油，使磨损减小，对滚珠的流畅运动大有好处。因此，双圆弧滚道型面是目前普遍采用的滚道形状。

螺纹滚道的曲率半径（即滚道半径）R 与滚珠半径 r_0 比值的大小，对滚珠丝杠副承载能力有很大影响，一般取 $R/r_0=1.04\sim1.11$，比值过大摩擦损失增加；比值过小承载能力降低。

2. 滚珠的循环方式

滚珠的循环方式及其相应的结构对滚珠丝杠的加工工艺性、工作可靠性和使用寿命都有很大的影响。目前使用的有外循环和内循环两种。

（1）内循环　滚珠在循环过程中和丝杠始终不脱离接触的循环方式称为内循环。图 2-41 所示是内循环滚珠丝杠副螺母的结构。螺母外侧开有一定形状的孔，并装上一个接通相邻滚道的反向器，通过反向器迫使滚珠翻越过丝杠的齿顶返回相邻的滚道，构成了一圈一个循环的滚珠链。通常在一个螺母上装有多个反向器，并沿螺母的圆周等分分布，对应于双列、三列、四列或六列结构，反向器分别沿圆周方向互错 180°、120°、90°或 60°。反向器的轴向间距视反向器的结构不同而变化，选择时应尽可能使螺母轴向尺寸紧凑。内循环滚珠丝杠副的径向外形尺寸小，便于安装；反向器刚性好，固定牢靠，不容易磨损；内循环是以一圈为循环，循环回路中的滚珠数目少，运行阻力小，起动容易，不易发生滚珠的堵塞，灵敏度较高。但内循环的螺母不能做成大螺距的多头螺纹传动副，否则滚珠将会发生干涉。另一个不足之处是反向器回珠槽为空间曲面，呈 S 形，用普通设备加工困难，需要用三坐标的铣床加工，装配调整也不方便。

（2）外循环　滚珠在循环过程中有一部分与丝杠脱离接触的循环方式称为外循环。外循环方式中的滚珠在循环反向时，离开丝杠螺纹滚道，在螺母体内或体外作循环运动。从结构上看，外循环有以下三种形式。

1）螺旋槽式。如图 2-42 所示，在螺母 2 的外围表面上铣出螺纹凹槽，槽的两端钻出两个与螺纹滚道相切的通孔，螺纹滚道内装入两个挡珠器 4 引导滚珠 3 通过这两个孔，应用套筒盖住凹槽，构成滚珠的循环回路。这种结构的特点是工艺简单、径向尺寸小、易于制造，但是挡珠器刚性差、易磨损。

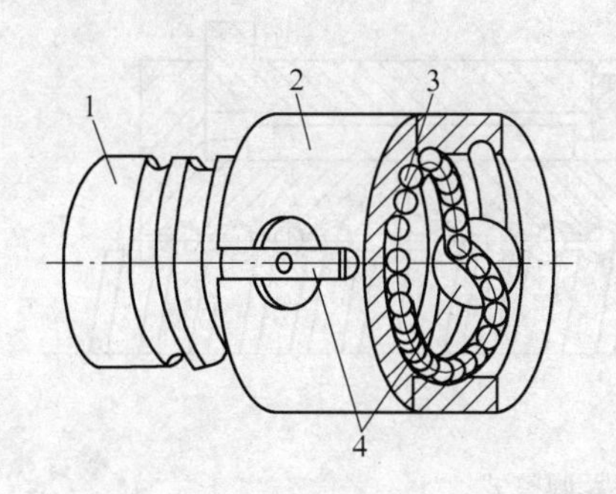

图 2-41　内循环中螺母的结构

1—丝杠　2—螺母　3—滚珠　4—反向器

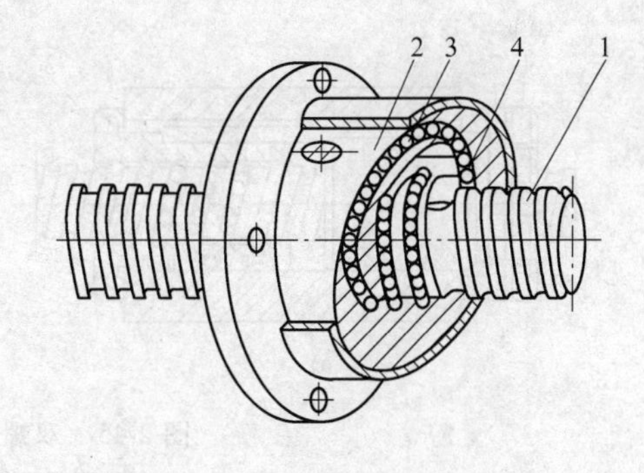

图 2-42　螺旋槽式外循环结构

1—丝杠　2—螺母　3—滚珠　4—挡珠器

2）插管式。如图 2-43 所示，用一弯管 1 代替螺纹凹槽，弯管的两端插入与螺纹滚道 5 相切的两个内孔，用弯管的端部引导滚珠 4 进入弯管，构成滚珠的循环回路，再用压板 2 上的螺钉将弯管固定。插管式结构简单、容易制造，但是径向尺寸较大，弯管端部用作挡珠器比较容易磨损。

3）端盖式。如图 2-44 所示，在螺母 1 上钻出纵向孔作为滚子回程滚道，螺母两端装有两块扇形盖板或套筒2，滚珠的回程道口就在盖板上。滚道半径为滚珠直径的1.4～1.6倍。这种方式结构简单、工艺性好，但滚道连接和弯曲处圆角不易做准确而影响其性能，故应用较少。

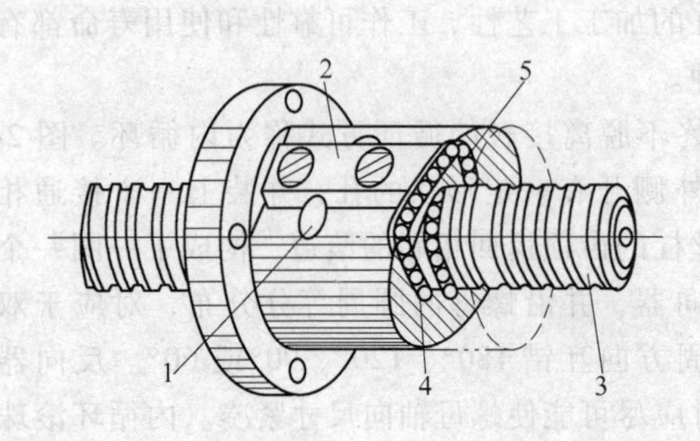

图2-43 插管式外循环结构

1—弯管 2—压板 3—丝杠 4—滚珠 5—螺纹滚道

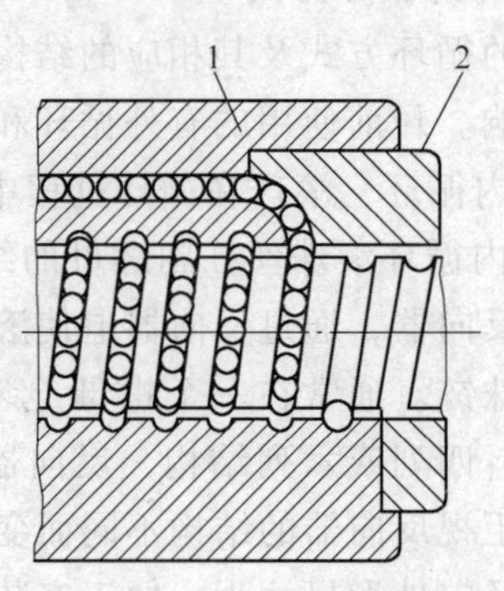

图2-44 端盖式外循环结构

1—螺母 2—盖板或套筒

3. 滚珠丝杠副轴向间隙调整与预紧

滚珠丝杠副在承受负载时，其滚珠与滚道面接触点处将产生弹性变形。换向时，其轴向间隙会引起空回，这种空回是非连续的，既影响传动精度，又影响系统的动态性能。单螺母丝杠副的间隙消除相当困难，实际应用中，常采用以下几种调整预紧方法。

（1）双螺母螺纹预紧调整式　如图2-45a所示，其中，螺母3的外端有凸缘，而螺母4的外端虽无凸缘，但制有螺纹，并通过两个圆螺母固定。调整时旋转圆螺母2消除轴向间隙并产生一定的预紧力，然后用锁紧螺母1锁紧。预紧后两个螺母中的滚珠相向受力，如图2-45b所示，从而消除轴向间隙。其特点是结构简单、刚性好、预紧可靠，使用中调整方便，但不能精确定量地调整。

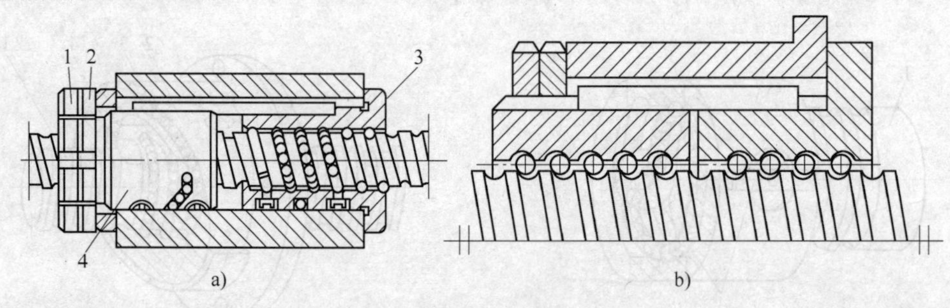

图2-45 双螺母螺纹预紧调整式

a）预紧结构 b）受力结构

1—锁紧螺母 2—圆螺母 3、4—螺母

（2）双螺母齿差预紧调整式　如图2-46所示，两个螺母的两端分别制有圆柱齿轮，两者相差一个齿，通过两端的两个内齿轮与上述圆柱齿轮相啮合并用螺钉和定位销固定在套筒上。调整时先取下两端的内齿轮，当两个滚珠螺母相对于套筒同一方向转动同一个齿固定后，则一个滚珠螺母相对于另一个滚珠螺母产生相对角位移，使两个滚珠螺母产生相对移动，从而消除间隙并产生一定的预紧力。其特点是可实现定量调整，即可进行精密微调（如0.001mm），使用中调整较方便。

例如：设丝杠导程 $L=10\text{mm}$，齿轮齿数 $z_1=99$、$z_2=100$，当两齿轮各转过的齿数 $n=1$ 时，则两螺母间相对轴向位移量

$$s=\left(\frac{1}{z_1}-\frac{1}{z_2}\right)nL$$

$$=\left(\frac{1}{99}-\frac{1}{100}\right)\times 1\times 10\mu\text{m}\approx 1\mu\text{m}。$$

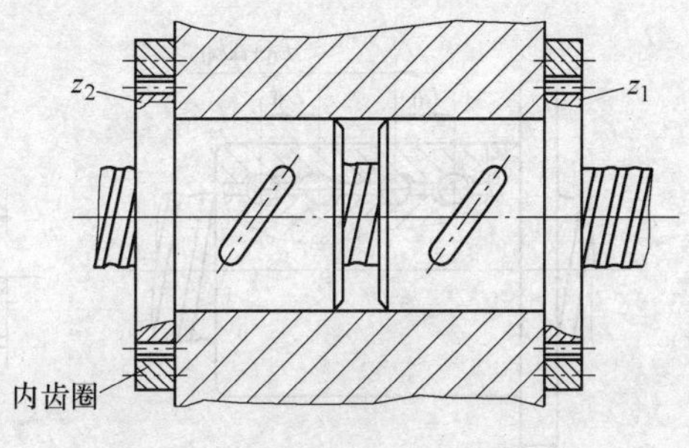

图 2-46　双螺母齿差预紧调整式

(3) 双螺母垫片调整预紧式　如图 2-47 所示，调整垫片的厚度，可使两螺母产生相对位移，以达到消除间隙、产生预紧拉力的目的。其特点是结构简单、刚度高、预紧可靠，但使用中调整不方便。

(4) 弹簧式自动调整预紧式　如图 2-48 所示，双螺母中一个活动另一个固定，用弹簧使其之间产生轴向位移并获得预紧力。其特点是能消除使用过程中由于磨损或弹性变形产生的间隙，但结构复杂、轴向刚度低。

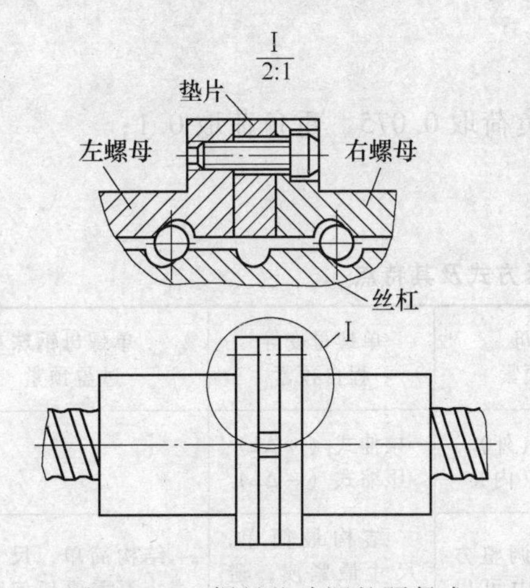

图 2-47　双螺母垫片调整预紧式

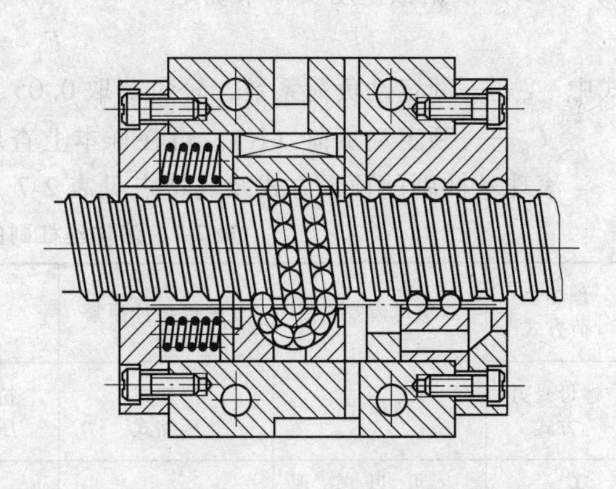
图 2-48　弹簧式自动调整预紧式

(5) 单螺母消除间隙　目前常用的单螺母消隙方法主要是单螺母变位螺距预加负荷和单螺母螺钉预紧。

1) 单螺母变位螺距预加负荷。如图 2-49a 所示，它是在滚珠螺母体内的两列循环滚珠链之间，使内螺母滚道在轴向产生一个 ΔL_0 的导程突变量，从而使两列滚珠在轴向错位而实现预紧。这种调隙方法结构简单，但负荷量须预先设定而且不能改变。

2) 单螺母螺钉预紧。如图 2-49b 所示，该螺母在专业厂完成精磨之后，沿径向开一个薄槽，通过内六角螺钉实现间隙调整和预紧。该项技术不仅使开槽后滚珠在螺母中具有良好的通过性，而且还具有结构简单，调整方便和性价比高的特点。

4. 滚珠丝杠副预紧力的确定

为了保证滚珠丝杠副的传动精度和刚度，必须对滚珠丝杠副实施预紧措施。预紧的目的一是消除轴向间隙，二是提高轴向刚度。目前常采用两种方法来确定预紧力 F_p 的大小。

(1) 根据最大轴向工作载荷 F_{max} 来确定

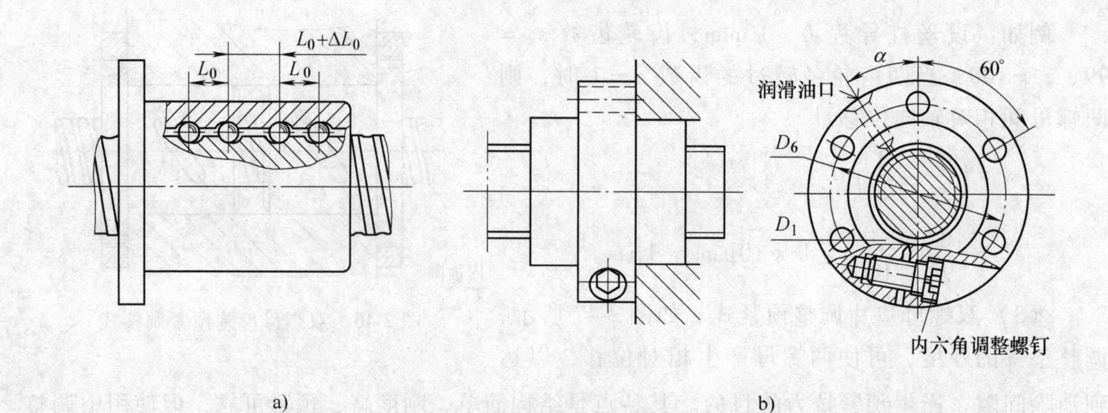

图 2-49　单螺母变位导程自预紧式

a）单螺母变位螺距预加负荷　b）单螺母螺钉预紧

$$F_p = \frac{1}{3}F_{max}$$

（2）根据额定动负荷来确定

$$F_p = \xi C_a$$

式中　ξ——额定动负荷系数，轻负荷取 0.05、中负荷取 0.075、重负荷取 0.1；

C_a——额定动负荷（N），可在样本上查取。

滚珠丝杠副的预紧方式及其特点见表 2-7。

表 2-7　滚珠丝杠副的预紧方式及其特点

预加负荷方式	双螺母齿差预紧	双螺母垫片预紧	双螺母螺纹预紧	单螺母变导程自预紧	单螺母钢珠过盈预紧
螺母受力方式	拉伸式	拉伸式 压缩式	拉伸式（外） 压缩式（内）	拉伸式（$+\Delta L$） 压缩式（$-\Delta L$）	—
结构特点	可以实现 0.002mm 以下的精密微调，预紧可靠不会松弛，调整预紧力较方便	结构简单，刚性高，预紧可靠及不易松弛。使用中不便于随时调整预紧力	预紧力调整方便，使用中可以随时调整。不能定量微调螺母，轴向尺寸长	结构最简单，尺寸最紧凑，避免了双螺母形位误差的影响。使用中不能随时调整	结构简单，尺寸紧凑，不需要任何附加预紧结构。预紧力大时，装配困难，使用中不能随时调整
调整方法	当需要重新调整预紧力时，脱开差齿圈，相对螺母上的齿在圆周上错位，然后复位	改变垫片的厚度尺寸，可以使双螺母重新获得所需要的预紧力	旋转预紧螺母，使双螺母产生相对轴向位移，预紧后需锁紧螺母	调整负荷，产生一个 ΔL 的导程变化量	拆下滚珠螺母，精确测量原装钢球直径，然后根据预紧力需要重新更换装入比原来大若干微米的钢球
适用场合	要求获得准确预紧力的精密定位系统	高刚度，重载荷的传动定位系统，目前使用得较普遍	不要求得到准确的预紧力，但希望随时可以调节预紧力大小的场合	中等载荷，对预紧力要求不大，又不经常调节预紧力的场合	对预紧力要求不大，又不经常调节预紧力的场合
备　注				我国目前刚开始发展的结构	双圆弧齿形钢球四点接触，摩擦力距较大

5. 滚珠丝杠的预拉伸

滚珠丝杠在工作时会发热，其温度高于床身，丝杠的热膨胀将使导程加大，影响定位精度。为了补偿热膨胀，可将丝杠预拉伸，预拉伸量应略大于热膨胀量。发热后，热膨胀量抵消了部分预拉伸量，使丝杠内的拉应力下降，但长度却没有变化。需进行预拉伸的丝杠在制造时应使其目标位置（指螺纹部分在常温下的长度）等于公称行程（指螺纹部分的理论长度等于公称导程乘以丝杠上的螺纹圈数）减去预拉伸量。拉伸后恢复公称行程值。减去的预拉伸量也称为“目标行程补偿值”。

一般对于需要预拉伸的滚珠丝杠副，通常采用两端固定的支承方式，此时应规定目标行程补偿值，同时计算预拉伸力。

（1）目标行程补偿值 δ_t 的计算

$$\delta_t = \alpha \Delta t L_u = 11.8 \Delta t L_u \times 10^{-6}$$

式中　δ_t——目标行程补偿值（μm）；

Δt——温度变化值（℃），一般情况下为 2～3℃；

α——丝杠的线膨胀系数（1/℃），一般情况下为 11×10^{-6}/℃；

L_u——滚珠丝杠副的有效行程（mm），L_u = 工作台行程 + 安全行程 + 2 × 余程 + 螺母长度。

（2）滚珠丝杠预拉伸力 F_t 的计算

$$F_t = \frac{\Delta LAE}{L} = \alpha \Delta t \frac{\pi d_2^2}{4} E = 1.81 \Delta t d_2^2$$

式中　F_t——预拉伸力（N）；

d_2——滚珠丝杠螺纹底径（mm）；

E——弹性模量（MPa），一般取 $E = 2.1 \times 10^5$MPa；

Δt——滚珠丝杠的温升变化值（℃），一般情况下为 2～3℃。

2.4.3　滚珠丝杠副的选型与计算

1. 滚珠丝杠精度选择

（1）滚珠丝杠的精度等级　国家标准 GB/T17587.3—1998 将滚珠丝杠分为定位滚珠丝杠副（P 型）和传动滚珠丝杠副（T 型）两大类。滚珠丝杠的精度等级共分七个等级，即 1、2、3、4、5、7、10 级，1 级精度最高，依次降低。

1）滚珠丝杠副的精度指标：

①　2π（弧度）行程内允许的行程变动量 $V_{2\pi p}$。

②　300mm 行程内允许的行程变动量 V_{300p}。

③　有效行程 L_u 内允许的行程变动量 V_{up}。

④　有效行程 L_u 内的目标行程公差 e_p。

⑤　有效行程 L_u 内补偿值 C。

滚珠丝杠副各项精度指标的关系如图 2-50 所示。

2）2π（弧度）内行程变动量 $V_{2\pi p}$ 和任意 300mm 行程内行程变动量 V_{300p} 见表 2-8。

3）有效行程 L_u 内的目标行程公差 e_p 和允许的行程变动量 V_{up} 见表 2-9。

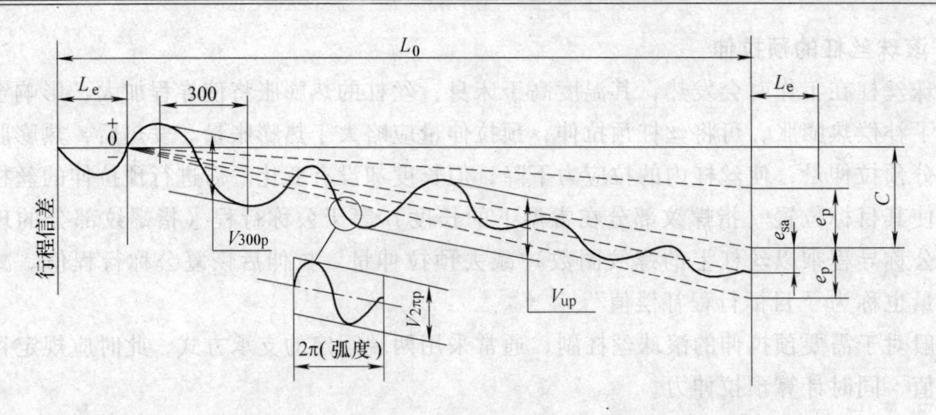

图 2-50　滚珠丝杠副各项精度指标的关系

表 2-8　2π（弧度）内行程变动量 $V_{2\pi p}$ 和任意 300mm 行程内行程变动量 V_{300p}

（单位：μm）

精度等级	1	2	3	4	5
$V_{2\pi p}$	4	5	6	7	8
V_{300p}	6	8	12	16	23

表 2-9　有效行程 L_u 内的目标行程公差 e_p 和允许的行程变动量 V_{up}　（单位：μm）

有效行程/mm（边界值归较小区间）	精度等级									
	1		2		3		4		5	
	e_p	V_{up}	e_p	V_{up}	e_p	V_{up}	e_p	V_{up}	e_p	V_{up}
≤315	6	6	8	8	12	12	16	16	23	23
315～400	7	6	9	8	13	12	18	17	25	25
400～500	8	7	10	10	15	13	20	19	27	26
500～630	9	7	11	11	16	14	22	21	30	29
630～800	10	8	13	12	18	16	25	23	35	31
800～1000	11	9	15	13	21	17	29	25	40	33
1000～1250	13	10	18	14	24	19	34	29	46	39

（2）滚珠丝杠的精度选择　坐标轴的反向值主要取决于该坐标轴的摩擦死区误差 Δ 值的大小，而定位误差一是取决于滚珠丝杠自身的螺距误差的影响，二是取决于由传动系统刚度变化产生弹性变形而引起的定位误差 δ_k 的影响。因此，坐标轴的摩擦死区误差 Δ 值、滚珠丝杠自身的螺距误差和由传动系统刚度变化产生弹性变形而引起的定位误差 δ_k 始终是滚珠丝杠的精度选择的依据。而对滚珠丝杠选择中进行的种种计算都是为了求出 Δ 和 δ_k 值而展开的。

一般情况下，滚珠丝杠的精度选择按以下公式计算：

1）对于在开环系统中使用的滚珠丝杠，有

$$e_p + V_{up} \leqslant 0.8\ (\text{定位精度}\ \delta_k)$$

$$e_p + V_{300p} \leqslant 0.8\ (300\text{mm 定位精度}\ \delta_k)$$

2）对于在半闭环系统或可以进行行程补偿的开环系统中使用的滚珠丝杠，有

$$e_p \leqslant 0.8\ (\text{定位精度}\ \delta_k)$$

$$V_{300p} \leqslant 0.8\ (300\text{mm 定位精度}\ \delta_k)$$

式中的定位精度是指机床各坐标轴的定位精度值，为已知条件。根据上述两式可以计算出滚珠丝杠的 e_p、V_{up} 和 V_{300p} 值，然后可以根据表 2-8 和表 2-9 来确定滚珠丝杠的精度等级。

2. 滚珠丝杠副支承方式及轴承的选择

为了提高数控机床进给系统高精度、高刚性的需要，除了应该采用高精度、高刚度的滚珠丝杠副外，还必须充分重视支承的设计。应注意选用轴向刚度高，摩擦力矩小，运转精度高的轴承，同时选用合适的支承方式，并保证支承座有足够的刚度。

（1）滚珠丝杠副支承方式的选择　支承可以用来限制两端固定轴的轴向窜动。较短的滚珠丝杠或竖直安装的滚珠丝杠，可以一端固定一端自由（无支承）。水平安装的滚珠丝杠较长时，可以一端固定一端游动。用于精密和高精度机床（包括数控机床）的滚珠丝杠副，为了提高滚珠丝杠的拉压刚度，可以两端固定。为了减少滚珠丝杠因自重下垂和补偿热膨胀，两端固定的滚珠丝杠可以进行预拉伸。

滚珠丝杠的支承结构形式可以分为三种类型，见表 2-10。表 2-10 中“自由”（代号“O”），指的是无支承；“游动”（代号“S”），指的是径向有约束，轴向无约束，例如装有深沟球轴承，圆柱滚子轴承；“固定”（代号“F”），指的是径向和轴向都有约束，例如装有双向推力球轴承与深沟球轴承的组合轴承，角接触球轴承和圆锥滚子轴承。

一般情况下，应将固定端作为轴向位置的基准，尺寸链和误差计算都由此开始，并尽可能以固定端为驱动端。

表 2-10　滚珠丝杠的支承结构形式

支承形式	简　图	特　点
一端固定 一端自由 （F-O）	L	1. 结构简单 2. 丝杠的轴向刚度比两端固定低 3. 丝杠的压杆稳定性和临界转速都比较低 4. 设计时尽量使丝杠受拉伸 5. 适用于较短和竖直的丝杠
一端固定 一端游动 （F-S）	L	1. 需保持螺母与两支承同轴，故结构复杂，工艺较困难 2. 丝杠的轴向刚度与 F-O 相同 3. 丝杠的压杆稳定性和临界转速与同长度的 F-O 型相比，要高 4. 丝杠有热膨胀的余地 5. 适用于较长的卧式安装丝杠
两端固定 （F-F）	L	1. 同 F-S 的 1 2. 只要轴承无间隙，丝杠的轴向刚度为一端固定的 4 倍 3. 丝杠一般不会受压，无压杆稳定问题，机械系统的固有频率比一端固定的要高 4. 可以预拉伸，预拉伸后可以减少丝杠自重的下垂和补偿热膨胀，但需要设计一套预拉伸机构，结构与工艺都比较困难 5. 要进行预拉伸的丝杠，其目标行程应略小于公称行程，减少量等于拉伸量 6. 适用于对刚度和位移精度要求高的场合

（2）所用轴承的选择　由于滚珠丝杠轴承所受载荷主要是轴向载荷，径向除丝杠的自重外，一般无外载荷，因此对滚珠丝杠轴承的要求是轴向精度和轴向刚度要高。另外，丝杠转速一般不会很高，或高速运转的时间很短，因此发热不是主要问题。数控机床进给系统要求运动灵活，对微小的位移（丝杠微小的转角）要响应灵敏，因此所用轴承的摩擦力矩要尽量小。

滚珠丝杠所用轴承的类型根据滚珠丝杠螺母副支承方式的不同而不同。一般情况下，游动轴承多用深沟球轴承，固定轴承如图2-51所示。图2-51a所示是60°接触角推力角接触球轴承；图2-51b所示是双向推力角接触球轴承；图2-51c所示是圆锥滚子轴承；图2-51d所示是滚针和推力滚子组合轴承；图2-51e所示是深沟球轴承和推力球轴承的组合。表2-11是这些轴承的特点比较。

表2-11　各类滚动轴承特点比较

	滚动轴承类型	轴向刚度	轴承安装	预载调整	摩擦力矩
图2-51a	60°接触角推力角接触球轴承	大	简单	不需要	小
图2-51b	双向推力角接触球轴承	中	简单	不需要	小
图2-51c	圆锥滚子轴承	小	简单	如内圈之间有隔圈则不需调整	大
图2-51d	滚针和推力滚子组合轴承	特大	简单	不需要	特大
图2-51e	深沟球轴承和推力球轴承的组合	大	复杂	麻烦	小

目前，在以上各类轴承中用得最多的是如图2-51a所示的60°接触角推力角接触球轴承，其次是如图2-51d所示的滚针和推力滚子组合轴承。后者多用于大牵引力、要求高刚度的大型、重型机床。

（3）60°接触角推力角接触球轴承　根据滚珠丝杠对轴承的要求，用于滚珠丝杠的轴承应具有较大的接触角。60°接触角的推力角接触球轴承如图2-52所示，就是较好的与滚珠丝杠配套的专用轴承。它的特点是：

①　接触角大，保持架用增强尼龙注塑成型，可容纳较多的钢球，因此轴向承载能力大，刚度高。

②　既能承受轴向载荷，又能承受径向载荷，故支承结构可以简化。

③　根据载荷情况，轴承可以进行各种组合。

④　这种轴承是根据规定的预紧力组配好，成组供应的，用户厂不需要自己调整。

⑤　起动摩擦力矩小，可以降低滚珠丝杠副的驱动功率，提高进给系统的灵敏度。

1）国产60°接触角推力角接触球轴承。这种轴承的代号是76×××××TVP。代号的最后3位数为轴承内孔的孔径；倒数第4、5位数表示宽度系列，其中，02为轻系列，03为中系列。例如7602040TVP为轻系列，轴承内孔的孔径为40mm，TVP为玻璃纤维增强聚酰胺窗式实体保持架，钢球引导。轴承其他数据见表2-12。与该轴承配合的滚珠丝杠的轴径取公差h5，轴承座孔取H6。

2）组配方式。推力角接触球轴承有许多种组配方式，如图2-53所示。基本的组配方式有三种：背靠背、面对面和串联（同向）。

①　背靠背组配（DB方式）。这种组配方式的受力作用线向外侧发散，所以轴承间的有效支点距离增大。这种组配方式可以承受双向的轴向载荷和径向载荷，并且有较大的承受倾斜力矩的能力。

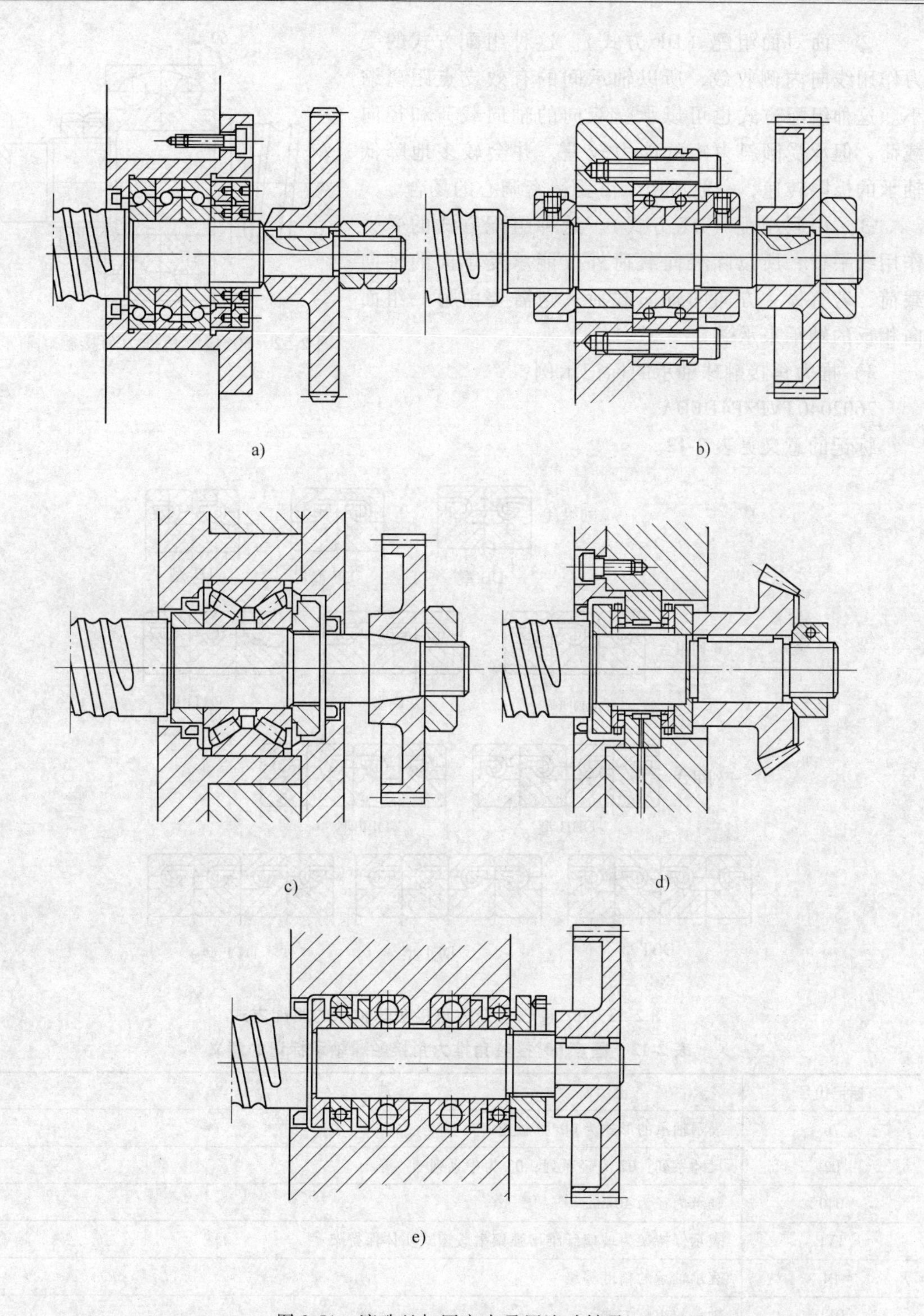

图 2-51　滚珠丝杠固定支承用滚动轴承

a）60°接触角推力角接触球轴承　b）双向推力角接触球轴承　c）圆锥滚子轴承

d）滚针和推力滚子组合轴承　e）深沟球轴承和推力球轴承的组合

② 面对面组配（DF方式）。这种组配方式的受力作用线向内侧收敛，所以轴承间的有效支点距离缩小。这种组配方式也可以承受双向的轴向载荷和径向载荷，但承受倾斜力矩的能力较差，并会较多地降低轴承的极限转速，一般适用于需要精密调心的场合。

③ 串联组配（DT方式）。这种组配方式的受力作用线平行，所以除径向载荷外仅能承受单向的轴向载荷，若有另一方向的轴向载荷，则需要由另一组面向相反的轴承来承受。

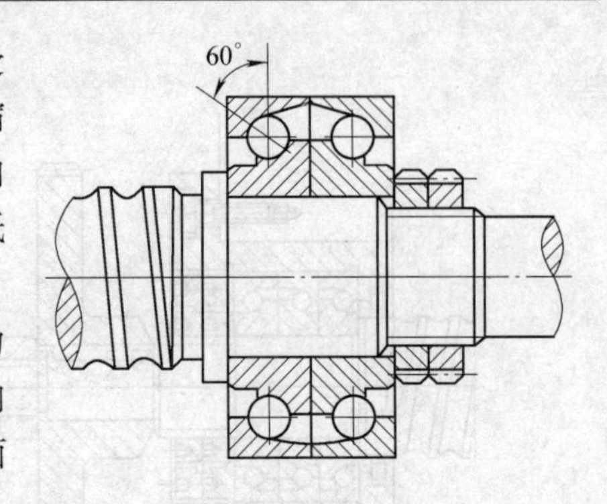

图2-52　60°接触角推力角接触球轴承

3）推力角接触球轴承的标记示例：

7602040TVP/P4DFDA

标记的意义见表2-12。

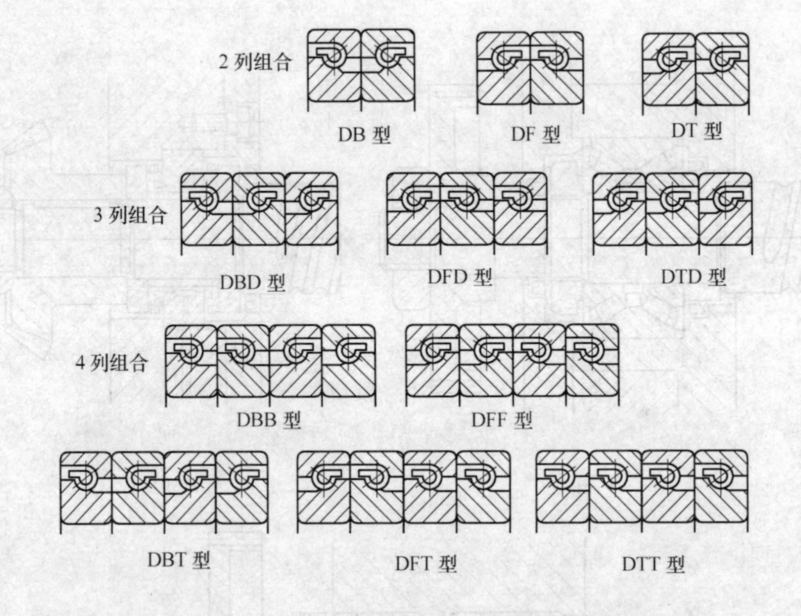

图2-53　60°接触角推力角接触球轴承的组配方式

表2-12　国产60°接触角推力角接触球轴承标记的意义

标记代号	意　义
76	表示轴承的形式为60°接触角
02	尺寸系列：02为轻系列；03为中系列
040	轴承内径为40mm
TVP	表示保持架为玻璃纤维增强聚酰胺窗式实体保持架
P4	表示轴承的精度等级
DFD	轴承的组配方式
A	预载方式：A表示轻预紧，B表示中预紧，C表示重预紧，D表示特殊预紧。

（4）确定滚珠丝杠副支承所用的轴承规格与型号　一般来讲，滚珠丝杠的支承方式、预紧方式以及是否采用预拉伸确定以后，确定滚珠丝杠副支承所用的轴承规格与型号是十分必

要的，其步骤如下：

1）计算轴承所受的最大轴向载荷 F_{Bmax}，有预拉伸的滚珠丝杠副应考虑到预拉伸力 F_t 的影响，按下式计算

$$F_{Bmax} = F_{max} + F_t$$

式中 F_{max}——滚珠丝杠承受的最大轴向力（N）。

2）根据滚珠丝杠副支承要求选择轴承型号。

3）确定轴承内径。为了便于丝杠加工，轴承内径最好不大于滚珠丝杠的底径 d_2。其次，轴承手册上规定的预紧力应大于轴承所受最大载荷 F_{Bmax} 的1/3。

4）有关轴承的其他验算项目可以查轴承手册。

（5）滚珠丝杠的零件图设计　滚珠丝杠副的零件图如图2-54所示，是初选滚珠丝杠的阶段工作目标，一般按下列步骤来设计。

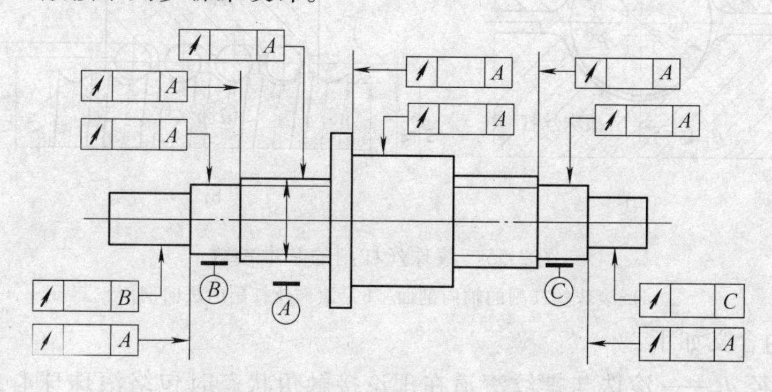

图2-54　滚珠丝杠螺母副零件图

1）确定滚珠丝杠副的螺纹长度 L_s

$$L_s = L_u + 2L_e + 2L_C$$

式中 L_u——有效行程（mm），L_u = 行程 + 螺母长度；

L_e——安全行程（mm），$L_e = 5L_0$；

L_C——余程（mm），$L_C = 2L_0$；

L_0——丝杠的基本导程（mm）。

2）滚珠丝杠螺母的受力特点：滚珠丝杠螺母只承受轴向载荷而不承受径向载荷，应使作用在螺母上的轴向力通过丝杠轴心。

3）确定滚珠丝杠副的安装基准：一般采用滚珠丝杠螺母的外圆柱面及法兰凸缘的内侧面来作为安装基准面，此时，应保证螺母座孔与丝杠轴同轴，螺母座端面与螺母座孔轴线垂直。

有时，当所受载荷冲击力不大时，可以仅采用螺母法兰凸缘的内侧面来作为安装基准面，此时，应保证螺母座端面与导轨垂直，装配时应找准螺母外圆与丝杠支承孔同轴。

4）插管式滚珠丝杠副水平放置时，为了使滚珠的循环更加流畅，应将插管置于滚珠丝杠副的上方。

5）设计螺母座、轴承座以及紧固螺钉时，要在承载方向设计加强肋。

6）由滚珠丝杠副工作图确定滚珠丝杠的长度尺寸、螺母的结构形式。

2.4.4 滚珠丝杠副的结构参数与标注

1. 滚珠丝杠副的结构参数

滚珠丝杠副的结构参数分为基本参数和其他参数。主要参数如图 2-55 所示，包括：公称直径 d_0、导程 L、基本导程 L_0、接触角 β、滚珠直径 d_b、滚珠的工作圈数 i、滚珠的总数 N。其他参数包括：丝杠螺纹大径 d、丝杠螺纹底径 d_2、丝杠螺纹全长 L_s、螺母螺纹大径 D、螺母螺纹小径 D_1、滚道圆弧偏心距 e 和滚道圆弧半径 R 等。

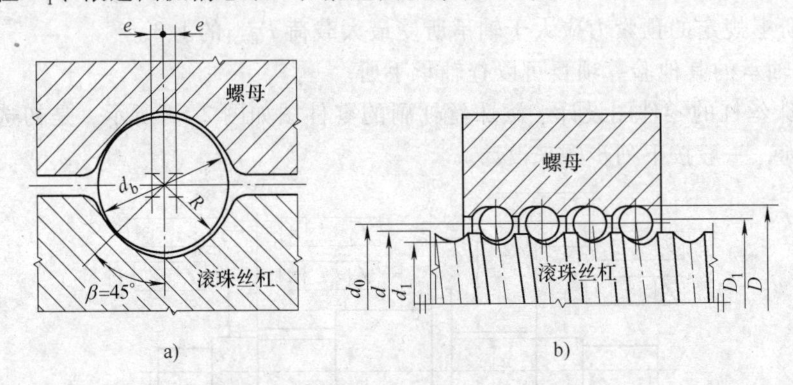

图 2-55 滚珠丝杠副的基本参数

a）滚珠丝杠副的轴向剖面 b）滚珠丝杠副的法向剖面

基本参数的含义如下：

1）公称直径 d_0——滚珠与螺纹滚道在理论接触角状态时包络滚珠球心的圆柱直径，它是滚珠丝杠副的特征尺寸。公称直径 d_0 越大，承载能力和刚度越大。

2）导程 L——丝杠相对螺母旋转任意弧度时，螺母上基准点的轴向位移。

3）基本导程 L_0——丝杠相对螺母旋转 2π（弧度）时，螺母上基准点的轴向位移。

4）接触角 β——在螺纹滚道法向剖面内，滚珠球心与滚道接触点的连线与螺纹轴线的垂直线之间的夹角，理想接触角 β 等于 45°。

5）滚珠直径 d_b——滚珠直径 d_b 应根据轴承厂提供的尺寸选用。滚珠直径 d_b 越大，则承载能力也越强。但在导程已经确定的情况下，滚珠的直径 d_b 受到丝杠相邻两螺纹间过渡部分最小宽度的限制。在一般情况下，滚珠的直径 $d_b \approx 0.6L_0$，但这样算出的 d_b 值，要按滚珠直径的标准尺寸系列圆整。

6）滚珠的工作圈数 i——试验结果已经表明，在每一个循环回路中，各圈滚珠所受的轴向负载是不均匀的，第一圈滚珠承受总负载的 50% 左右，第二圈约承受 30%，第三圈约为 20%，因此，滚珠丝杠副中的每个循环回路的滚珠工作圈数取为 $i=2.5\sim3.5$ 圈，工作圈数大于 3.5 没有实际意义。

7）滚珠的总数 N——一般情况下，N 不超过 150 个。若设计计算时超过规定的最大值，则会流通不畅，容易产生堵塞现象。若出现此种情况，可以从单回路式改为双回路式或加大滚珠丝杠的公称直径 d_0 或加大滚珠直径 d_b 来解决。反之，若工作滚珠的总数 N 太少，将使得每个滚珠的负载加大，引起过大的弹性变形。

2. 滚珠丝杠副的标注

在滚珠丝杠副的标记中，滚珠丝杠副的型号要根据其结构、规格、精度、螺纹旋向等特

征按下列格式编写

FFbZbD3205TLH-3-P3/1500×1200

标记代号的意义如表 2-13 所示。

表 2-13　南京工艺装备制造有限公司滚珠丝杠螺母副的标记意义

标记代号	意　义	备　注
F	表示循环方式	循环方式种类见表 2-14
F	法兰螺母标记	
b	表示防尘条件（带防尘圈不标，不带防尘圈的为 b）	
Z	直筒螺母标记	
b	表示防尘条件（带防尘圈不标，不带防尘圈的为 b）	
D	表示预紧方式	预紧方式种类见表 2-15
32	公称直径	
05	基本导程	
T	特型（与样本系列中尺寸不同时标，相同时不标）	
LH	表示螺纹旋向（右旋不标，左旋标 LH）	
3	负荷滚珠圈数（分 2、2.5、3、3.5、4、5 共 6 种）	
P	滚珠丝杠副类型（P 型为定位型，T 型为传动型）	
3	精度等级（1、2、3、4、5、7、10 等 7 个等级），1 级精度最高，依次递减	精度等级及选择见表 2-17
1500×1200	表示滚珠丝杠的全长和螺纹长度（mm）	

其中，循环方式见表 2-14，预紧方式见表 2-15，结构特征见表 2-16，精度等级标号及选择见表 2-17。螺纹旋向为右旋者不标，为左旋者标记代号为“LH”。类型分为 P 类和 T 类。P 类为定位滚珠丝杠副，即通过旋转角度和导程控制轴向位移量的滚珠丝杠副，其精度等级要求较高；T 类为传动滚珠丝杠副，它与旋转角度无关，是用于传动动力的滚珠丝杠副，其精度等级要求相对较低。

表 2-14　循环方式

循环方式		标记代号
内循环	浮动式	F
	固定式	G
外循环	插管式	C

表 2-15　预紧方式

预紧方式	标记代号
单螺母变位导程预紧	B
双螺母垫片预紧	D
双螺母齿差预紧	C
双螺母螺纹预紧	L
单螺母无预紧	W

表 2-16　结构特征

结构特征	代　号
导珠管埋入式	M
导珠管凸出式	T

表 2-17　精度等级标号及选择

精度等级标号	应用范围
5	普通机床
4，3	数控钻床、数控车床、数控铣床、机床改造
2，1	数控磨床、数控线切割机床、数控镗床、坐标镗床、加工中心、仪表机床

示例：CDM5010-3-P3 表示为外循环插管式，双螺母垫片预紧，导珠管埋入式的滚珠丝杠副，公称直径为 50mm，基本导程为 10mm，螺纹旋向为右旋，负荷总圈数为 3 圈，精度等级为 3 级。

3. 滚珠丝杠副的其他常用精度表示法

在工厂实际生产中，滚珠丝杠副的精度等级除国标规定外还有其他的表示方法，常用的精度等级表示法及应用范围见表 2-18，各种机床所用滚珠丝杠副推荐精度等级见表 2-19。

表 2-18　滚珠丝杠副的精度等级及应用范围

精度等级		应用范围
代　号	名　称	
P	普通级	普通机床
B	标准级	一般数控机床
J	紧密级	精密机床、精密数控机床、加工中心、仪表机床
C	超精级	精密机床、精密数控机床、仪表机床、高精度加工中心

表 2-19　各种机床所用滚珠丝杠副推荐精度等级

机床种类	坐标方向			
	X（纵向）	*Y*（升降）	*Z*（横向）	*W*（刀杆、镗杆）
数控车床	B、J	—	B	—
数控磨床	J	—	J	—
数控线切割机床	J	—	J	—
数控钻床	B	P	B	—
数控铣床	B	B	B	—
数控镗床	J	J	J	—
数控坐标镗床	J、C	J、C	J、C	J
加工中心	J、C	J、C	J、C	B
坐标镗床、螺纹磨床	J、C	J、C	J、C	—

4. 滚珠丝杠副的结构类型

滚珠丝杠副的结构类型，表示了不同滚珠丝杠副的结构，见表 2-20。滚珠丝杠副的圈数和列数见表 2-21。

表 2-20　滚珠丝杠副的结构类型代号

结构类型代号	意　义
W	外循环单螺母式滚珠丝杠副
C	外循环插管形的单螺母滚珠丝杠副
W_1	外循环不带衬套的单螺母滚珠丝杠副
W_1Ch	外循环不带衬套齿差调隙式的双螺母滚珠丝杠副
W_1D	外循环不带衬套垫片调隙式的双螺母滚珠丝杠副
W_1L	外循环不带衬套螺纹调隙式的双螺母滚珠丝杠副
CCh	插管形齿差调隙式的双螺母滚珠丝杠副
CD	插管形垫片调隙式的双螺母滚珠丝杠副
CL	插管形螺纹调隙式的双螺母滚珠丝杠副
WCh	外循环齿差调隙式的双螺母滚珠丝杠副
WD	外循环垫片调隙式的双螺母滚珠丝杠副
N	内循环单螺母式滚珠丝杠副
NCh	内循环齿差调隙式的双螺母滚珠丝杠副
ND	内循环垫片调隙式的双螺母滚珠丝杠副
NL	内循环螺纹调隙式的双螺母滚珠丝杠副

表 2-21　滚珠丝杠副的圈数和列数

循环方式	单螺母	双螺母
外循环	2.5 圈 ×1 列	2.5 圈 ×1 列
	2.5 圈 ×2 列	—
	2.5 圈 ×1 列	3.5 圈 ×1 列
内循环		1 圈 ×2 列
	1 圈 ×3 列	1 圈 ×3 列
	1 圈 ×4 列	1 圈 ×4 列

例如：WD3005 - 3.5 ×1/B 左 - 900 ×1000，表示外循环垫片调隙式的双螺母滚珠丝杠副，公称直径为 30mm，螺距为 5mm，一个螺母的工作滚珠为 3.5 圈，单列，B 级精度，左旋，丝杠的螺纹部分长度为 900mm，丝杠总长度为 1000mm。

又如：NCh5006 - 1 ×3/J - 1300 ×1500，表示内循环齿差调隙式双螺母滚珠丝杠副，公称直径为 50mm，螺距为 6mm，一个螺母的工作滚珠为 1 圈 3 列，J 级精度，右旋，丝杠的螺纹部分长度为 1300mm，丝杠总长度为 1500mm。

5. 滚珠丝杠副的尺寸系列

滚珠丝杠副的尺寸系列主要是指公称直径和导程，GB/T 15787.2—1998 对滚珠丝杠副的公称直径和导程都进行了规定如表 2-22 所示。

表 2-22　滚珠丝杠螺母副的尺寸系列　（单位：mm）

名称	尺寸系列	备　注
公称直径	6、8、10、12、16、20、25、32、40、50、63、80、100、125、160、200	
导程	1、2、2.5、3、4、5、6、8、10、12、16、20、25、32、40	尽量选用 2.5、5、10、20、40

2.5 联轴器

在数控机床进给传动系统中，滚珠丝杠与驱动电动机的连接是数控机床稳定工作的重要环节之一。目前，在直线进给传动系统中，滚珠丝杠与驱动电动机的连接方式主要有联轴器、齿轮和同步带，本节主要介绍的是联轴器。

联轴器是用来连接进给机构的两根轴使之一起回转，以传递转矩和运动的一种装置。机器运转时，被连接的两轴不能分离，只有停车后，将联轴器拆开，两轴才能脱开。

目前联轴器的类型繁多，有液压式、电磁式和机械式，而机械式联轴器是应用最广泛的一种，它借助于机械构件相互间的机械作用力来传递转矩，大致可作如下划分：刚性联轴器和弹性联轴器。刚性联轴器包括固定式联轴器（套筒联轴器、凸缘联轴器和夹壳联轴器等）和可移式联轴器（齿式联轴器、滑块联轴器和万向联轴器等）。弹性联轴器包括金属弹性件联轴器（簧片联轴器、膜片联轴器和波形管联轴器等）和非金属弹性件联轴器（轮胎式联轴器、整圈橡胶联轴器和橡胶块联轴器）。

下面，介绍典型机电一体化产品数控机床常用的几种联轴器。

2.5.1 一般联轴器

1. 套筒联轴器

套筒联轴器如图2-56所示，由连接两轴端的套筒和联接套筒与轴的联接件键或销所组成，一般当轴端直径 $d \leqslant 80$mm 时，套筒用35钢或45钢制造；当轴端直径 $d > 80$mm 时，可用强度较高的铸铁制造。

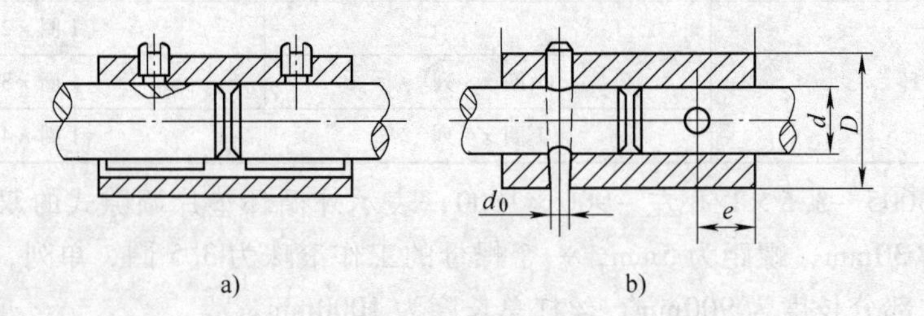

图2-56 套筒联轴器

a）键连接 b）销连接

套筒联轴器各部分尺寸间的关系如下：套筒长 $L \approx 3d$；套筒外径 $D \approx 1.5d$；销直径 $d_0 = (0.3 \sim 0.25)\ d$（对小联轴器取0.3，对大联轴器取0.25）；销中心到套筒端部的距离 $e \approx 0.75d$。

此种联轴器构造简单，径向尺寸小，但其装拆困难（轴需作轴向移动），且要求两轴严格对中，不允许有径向及角度偏差，因此使用上受到一定限制。

2. 凸缘联轴器

凸缘联轴器是把两个带有凸缘的半联轴器分别与两轴连接，然后用螺栓把两个半联轴器连成一体，以传递动力和转矩，如图2-57所示。凸缘联轴器有两种对中方法：一种是用一个半联轴器上的凸肩与另一个半联轴器上的凹槽相配合而对中，如图2-57a所示，另一种是两半联轴器共同与一部分圆环相配合而对中，如图 2-57b 所示。前者在装拆时轴必须做轴向移动，后者则无此缺点。联接螺栓可以采用半精制的普通螺栓，此时螺栓杆与钉孔壁间存有间隙，转矩靠半联轴器结合面间的摩擦力来传递（图 2-57b）；也可采用铰制孔用螺栓，此时螺栓杆与钉孔为过渡配合，靠螺栓杆承受挤压与剪切来传递转矩（图 2-57a）。凸缘联轴器可做成带防护边的（图 2-57a）或不带防护边的（图 2-57b）。

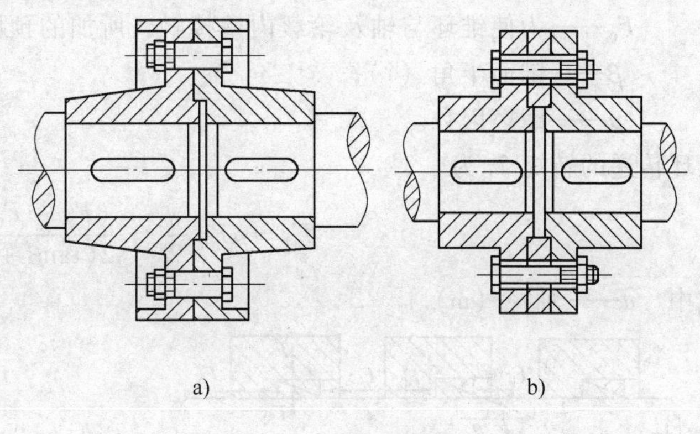

图 2-57　凸缘联轴器

凸缘联轴器的材料可用 HT250 或碳钢，重载时或圆周速度大于 30m/s 时应用铸钢或锻钢。

凸缘联轴器对于所连接的两轴的对中性要求很高，当两轴间有位移与倾斜存在时，就会在机件内引起附加载荷，使工作情况恶化，这是它的主要缺点。但由于其结构简单、成本低，以及可传递较大转矩，故当转速低、无冲击、轴的刚性大及对中性较好时亦常采用。

2.5.2　锥环无键联轴器

1. 工作原理及特点

该联轴器是利用锥环之间的摩擦实现轴与毂之间的无间隙连接而传递转矩，且可以任意调节两连接件之间的角度位置。通过选择所用锥环的对数，可以传递不同大小的转矩。图 2-58 所示为采用锥环无键消隙联轴器，可使动力传递没有反向间隙。

该联轴器的工作原理是：当拧紧螺钉 5 时，法兰盘 3 对内外锥环 2 施加轴向力，由于锥环之间的楔紧作用，内外锥环分别产生径向弹性变形（内锥环的外径涨大，外锥环的内径收缩），消除轴 4 与套筒 1 之间的配合间隙，并产生接触压力，通过摩擦传递转矩，而且套筒 1 与轴 4 之间的角度位置可以任意调节。

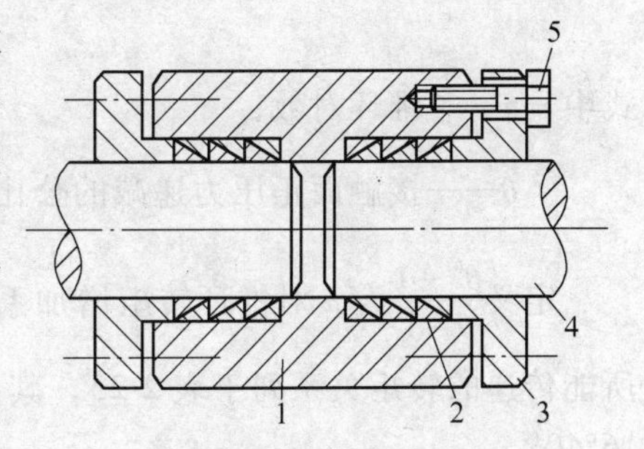

图 2-58　锥环无键消隙联轴器

1—套筒　2—内外锥环　3—法兰盘　4—轴　5—螺钉

这种联轴器定心性好，承载能力强，传递功率大、转速高、使用寿命长，具有过载保护能力，能在受振动和冲击载荷等恶劣条件下连续工作，安装、使用和维护方便，作用于系统中的载荷小，工作噪声低。

2. 设计计算

（1）一对锥环传递的转矩 T_t 的计算　如图 2-59 所示，锥环与连接套筒接触面的正压力 F_N 为

$$F_N = \frac{F_A - F_0}{\tan\beta + 2\mu}$$

式中　F_A——轴向力（N）；

F_0——为使锥环与轴及轮毂内壁接触，所加的预压紧力（N）；

β——锥面半角（°）；

μ——摩擦因数。

锥环传递的转矩 T_t 为

$$T_t = \mu F_N \frac{d}{2} = \frac{(F_A - F_0)\mu d}{2(\tan\beta + 2\mu)}$$

式中　d——轴径（m）。

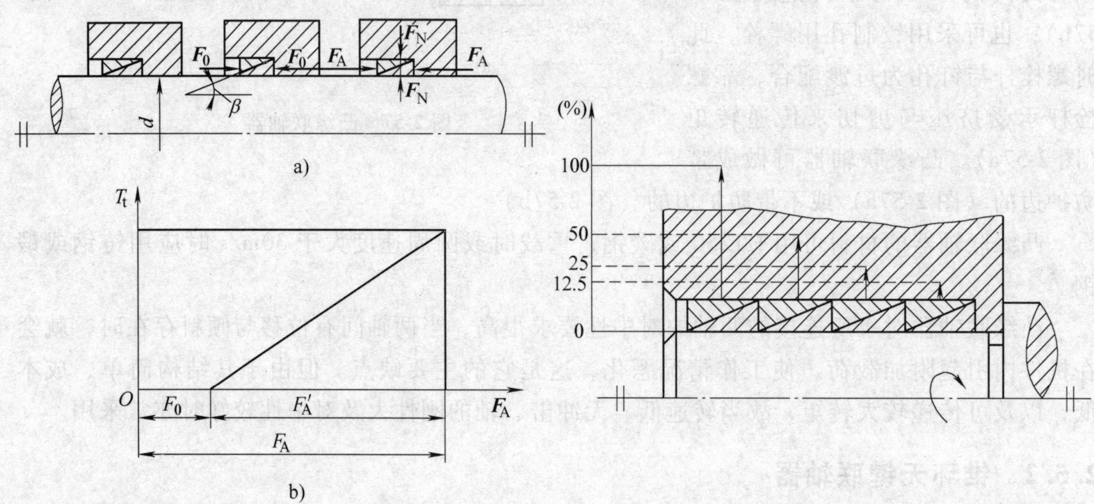

图 2-59　锥环无键联轴器计算　　　　图 2-60　接触面正压力依次递减

（2）选择锥环对数　若用 n 对锥环，则各接触面正压力 F_N 将依次等比递减，如图 2-60 所示，所以，n 对锥环能传递的转矩 T_{tn} 为

$$T_{tn} = T_t \frac{\theta^n - 1}{\theta - 1}$$

式中　n——锥环对数；

θ——接触面正压力递减的公比，$\theta = \dfrac{\tan\beta}{\tan\beta + 2\mu}$。

定义$\dfrac{\theta^n - 1}{\theta - 1}$为 n 对锥环转矩增加系数。将所选对数 n、转矩增加系数在不同摩擦因数时所能传递的转矩关系列于表 2-23，其中，$F'_A = F_A - F_0$ 为锥环工作时所受的轴向负荷，β 取 16°40′。

表 2-23　锥环对数的选择

对数 n	$\mu = 0.12$		$\mu = 0.15$	
	$\dfrac{\theta^n - 1}{\theta - 1}$	T_{tn}	$\dfrac{\theta^n - 1}{\theta - 1}$	T_{tn}
1	1	$0.111F'_A d$	1	$0.125F'_A d$
2	1.555	$0.173F'_A d$	1.5	$0.188F'_A d$
3	1.86	$0.203F'_A d$	1.75	$0.215F'_A d$
4	2.03	$0.223F'_A d$	1.875	$0.234F'_A d$

例 2-5　图 2-61 所示为采用锥环无键联轴器的纵向进给系统，直流伺服电动机 1 经锥环 2 无键连接精密滑块联轴器 3，驱动滚珠丝杠 4 实现进给。已知伺服电动机额定转矩 $T_{tn}=1.3\text{N}\cdot\text{m}$，输出轴直径 $d=20\text{mm}$，锥环工作时所受的轴向负载 $F'_A=380\text{N}$，试问该锥环无键联轴器应采用几对锥环？

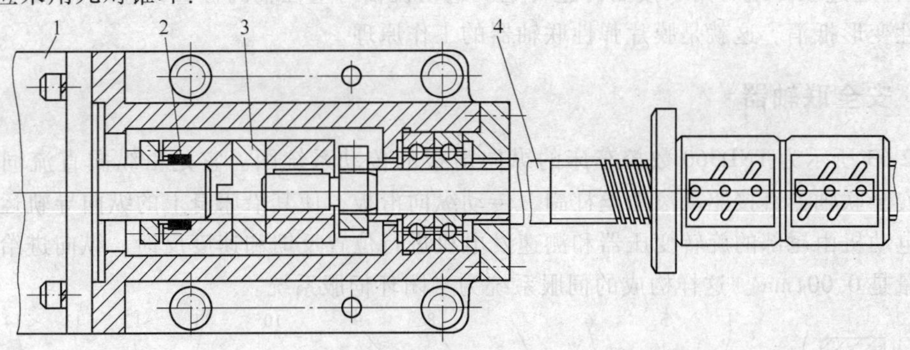

图 2-61　纵向进给系统

1—直流伺服电动机　2—锥环　3—滑块联轴器　4—滚珠丝杠

解：设 $\mu=0.15$，则

$$\frac{T_{tn}}{F'_A d}=\frac{1.3}{380\times 20\times 10^{-3}}=0.1710$$

查表 2-23，得 $\frac{T_{tn}}{F'_A d}=0.188>0.1710$，所以，确定锥环对数为 $n=2$。

2.5.3　膜片弹性联轴器

当电动机与滚珠丝杠之间传递的转矩较大时，比如在大转矩宽调速的直流、交流伺服电动机的传动机构中，由于伺服电动机优越的力矩特性，可以采用电动机与滚珠丝杠直接连接的方法，这不仅可以简化结构、减少噪声，而且对减少传动链的间隙、提高传动刚度也大有好处。

图 2-62 所示为目前在数控机床进给传动中广泛使用的膜片弹性联轴器的结构图。该联轴器的工作原理是：半联轴器 6、16 分别装在电动机轴 1 和丝杠 11 上，当拧紧螺钉 2 时，法兰盘 3 和半联轴器 6 相互靠近，挤压涨紧环 4、5，使外锥环（外涨紧环）5 内径缩小，内锥环（内涨紧环）4 外径放大，从而使半联轴器 6 与电动机轴 1 实现无键联

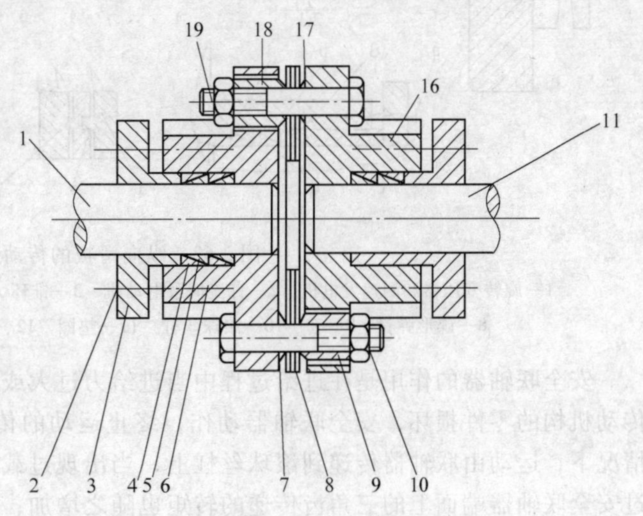

图 2-62　膜片弹性联轴器

1—电动机轴　2—螺钉　3—法兰盘　4、5—涨紧环　6、16—半联轴器　7、9、17、18—球面垫圈　8—膜片（弹簧片）　10、19—螺栓　11—丝杠

接，同理，也使右半部形成无键联接。两个半联轴器 6、16 通过膜片组 8（膜片每片厚 0.25mm，一般 10 ~ 12 片为一组，材料为不锈钢）和两组（四根）对角螺栓孔与螺栓 10、19 以及球面垫圈 9、18 相连（球面垫圈 9、18 和 7、17 与两个半联轴器没有任何联接关系），这样通过膜片组对角联接而传递转矩。电动机轴与丝杠轴的位置误差（同轴度）由膜片的弹性变形抵消。这就是膜片弹性联轴器的工作原理。

2.5.4 安全联轴器

图 2-63 所示为 TND360 数控车床的纵向滑板的传动系统图。它是由纵向直流伺服电动机，经安全联轴器直接驱动滚珠丝杠副，传动纵向滑板，使其沿床身上的纵向导轨运动。直流伺服电动机由尾部的旋转变压器和测速发电机进行位置反馈和速度反馈，纵向进给的最小脉冲当量是 0.001mm。这样构成的伺服系统为半闭环伺服系统。

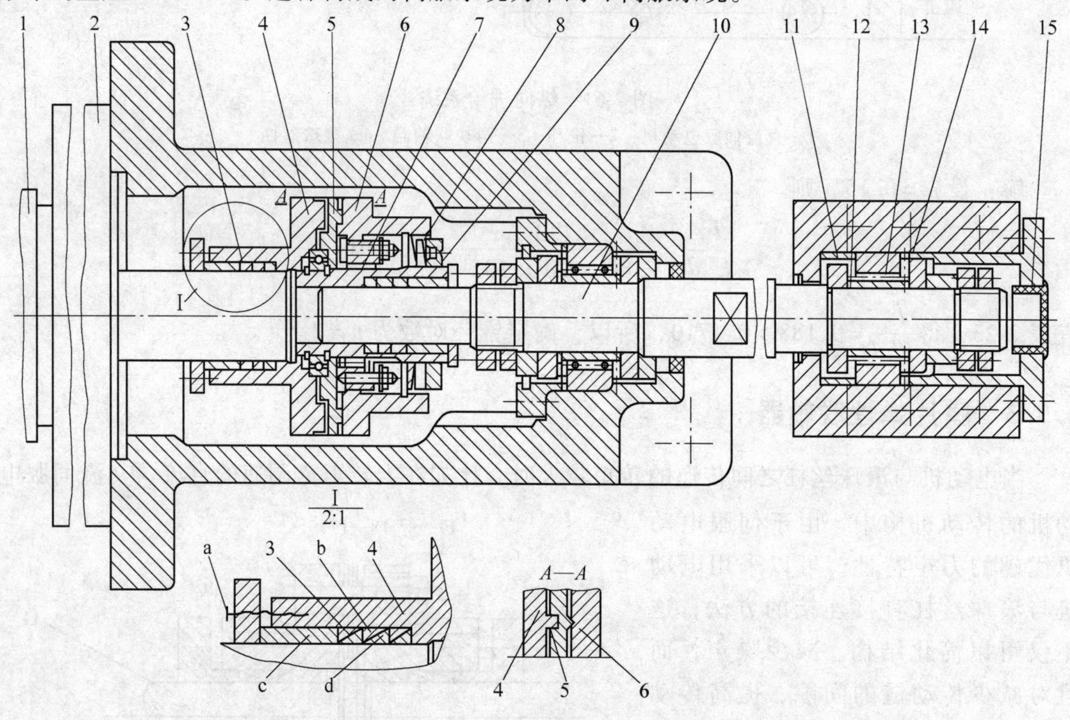

图 2-63 纵向滑板的传动系统

1—旋转变压器和测速发电机 2—直流伺服电动机 3—锥环 4、6—半联轴器 5—滑块 7—钢片 8—碟形弹簧 9—套 10—滚珠丝杠 11—垫圈 12、13、14—滚针轴承 15—堵头

安全联轴器的作用是在进给过程中当进给力过大或滑板移动过载时，为了避免整个运动传动机构的零件损坏，安全联轴器动作，终止运动的传递。其原理如图 2-64 所示，在正常情况下，运动由联轴器传递到滚珠丝杠上，当出现过载时，滚珠丝杠上的转矩增大，这时通过安全联轴器端面上的三角齿传递的转矩也随之增加，以致使端面三角齿处的轴向力超过弹簧的压力，于是便将联轴器的右半部分推开，这时连接的左半部分和中间环节继续旋转，而右半部分却不能被带动，所以在两者之间产生打滑现象。将传动链断开使传动机构因过载而损坏。机床许用的最大进给力取决于弹簧的弹力，拧动弹簧的调整螺母可以调整弹簧的弹力，在机床上采用了无触点磁传感器监测安全联轴器的右半部分的工作情况。当右半部分产

生滑移时，传感器产生过载报警信号，通过机床可编程序控制器使进给系统制动，并将此状态信号送到数控装置，由数控装置发出警报指示。

安全联轴器与电动机轴、滚珠丝杠联接时，采用了无键锥环联轴器。其放大图如图2-63所示的Ⅰ放大视图。无键锥环是相互配合的锥环，如拧紧螺钉，紧压环就压紧锥环，使内环的内孔收缩，外环的外圆胀大，靠摩擦力联接轴和孔，锥环的对数可根据所传递的转矩进行选择。这种结构不需要开键槽，避免了传动间隙。安全联轴器的结构如图2-63所示，由件4至件9组成。件4与件5之间由矩形齿联接，件5与件6之间由三角形齿联接（参见*A—A*剖视图）。件6上用螺栓装有一组钢片件7，钢片件7的形状像摩擦离合器的内片，中心部分是花键孔。件7与件9套的外圆上的花键部分相配合，件6的转动能通过件7传递至件9，并且件6和件7一起能沿件9作轴向相对移动。件9通过无键锥环与滚珠丝杠联接。碟形弹簧组件8使件6紧紧地靠在件5上。如果进给力过大，则件5、件6之间的三角形齿产生的轴向力超过了碟形弹簧件8的弹力，使件6右移，无触点磁开关发出监控信号给数控装置，使机床停机，直到消除过载因素后才能继续运动。

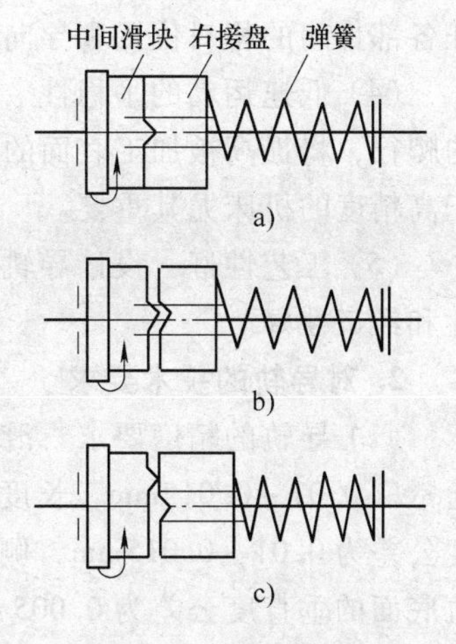

图2-64　安全联轴器的工作原理

2.6　导轨

2.6.1　导轨概述

导轨主要用来支撑和引导运动部件沿一定的轨道运动。在导轨副中，运动的一方叫做动导轨；不动的一方叫做支承导轨。动导轨相对于支承导轨运动，通常是直线运动和回转运动。

1. 对导轨的要求

（1）导向精度高　导向精度主要是指导轨沿支承导轨运动的直线度和圆度。影响导向精度的主要因素有导轨的几何精度，导轨的接触精度，导轨的结构形式，动导轨及支承导轨的刚度和热变形，还有装备质量。

导轨的几何精度综合反映在静止或低速下的导向精度。直线运动导轨的检验内容主要是：导轨在垂直平面内的直线度；导轨在水平平面内的直线度；在水平面内，两条导轨的平行度。如导轨全长为20m的龙门刨床，其直线度公差为0.02/1000，全长公差为0.08mm。圆周运动导轨几何精度的检验内容与主轴回转精度的检验方法相类似，用导轨回转时端面圆跳动和径向圆跳动表示，如最大切削直径为4m的立式车床，其公差规定为0.05mm。

（2）耐磨性好及寿命长　导轨的耐磨性决定了导轨的精度保持性。

动导轨沿支承导轨长期运行会引起导轨的不均匀磨损，破坏导轨的导向精度，从而影响机床的加工精度。例如：卧式车床的铸铁导轨，若结构欠佳，润滑不良或维修不及时，则靠近主轴箱一段的前导轨，每年磨损量达0.2～0.3mm，这样就降低了刀架移动的直线性对主轴的平行度精度，加工精度也就下降。与此同时也增加了溜板箱中螺母与丝杠的同轴度误差，加剧了螺母与丝杠的磨损。

（3）足够的刚度　导轨要有足够的刚度，保证在载荷作用下不产生过大的变形，从而保证各部件间的相对位置和导向精度。

（4）低速运动的平稳性　在低速运动时，作为运动部件的动导轨易产生爬行。进给运动的爬行，将提高被加工表面的表面粗糙度值，故要求导轨低速运动平稳，不产生爬行，这对于高精度的机床尤其重要。

（5）工艺性好　设计导轨时，要注意到制造、调整和维护的方便，力求结构简单、工艺性和经济性好。

2. 对导轨的技术要求

（1）导轨的精度要求　滑动导轨，不管是V—平型还是平—平型，导轨面的平面度公差通常取0.01~0.015mm，长度方向直线度公差通常取为0.005~0.01mm；侧导向面的直线度公差为0.01~0.015mm，侧导向面之间的平行度公差为0.01~0.015mm，侧导向面对导轨底面的垂直度公差为0.005~0.01mm。镶钢导轨的平面度误差必须控制在0.01mm以下，各平面间的平行度和垂直度误差必须控制在0.01mm以下。

（2）导轨的热处理　数控机床的开动率普遍都很高，这就要求导轨具有较高的耐磨性，以提高其精度保持性，为此导轨大多需淬火处理。导轨淬火的方式有中频淬火、超音频淬火、火焰淬火等方式，其中前两种方式使用较多。

铸铁导轨的淬火硬度，一般为50~55HRC，个别要求57HRC。淬火层深度规定经磨削后应保留1.0~1.5mm。

镶钢导轨，一般采用中频淬火或渗氮淬火方式，淬火硬度为58~62HRC，渗氮层厚0.5mm。

2.6.2　导轨的类型和特点

导轨的分类方法有多种，按运动轨迹可以分为直线导轨和圆导轨；按工作性质可分为主运动导轨、进给导轨和调整导轨；按受力情况可以分为开式导轨和闭式导轨；按摩擦性质可以分为滑动导轨和滚动导轨等。

1. 直线滑动导轨的截面形状

直线滑动导轨有若干个平面，从制造、装配和检验来看，平面的数量应尽可能少。直线滑动导轨的截面形状常用的有：矩形、三角形、燕尾形和圆形（如图2-65所示），各个平面所起的作用也各不相同。在矩形和三角形导轨中，M面主要起支承作用，N面是保证直线移动精度的导向面，J面是防止运动附件抬起的压板面；在燕尾形导轨中，M面起导向和压板作用，J面起支承作用。

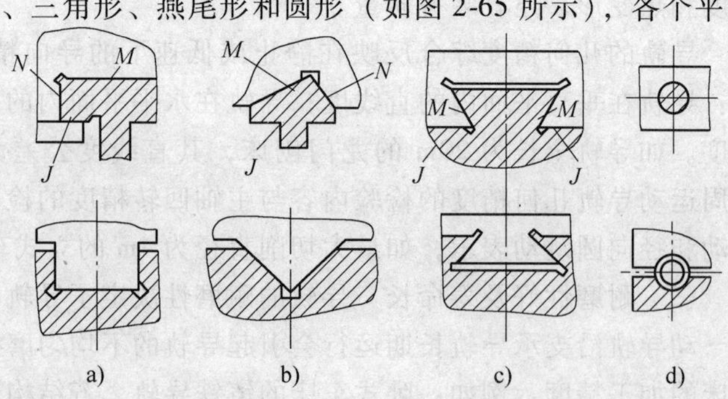

图2-65　直线滑动导轨的截面形状
a）矩形　b）三角形　c）燕尾形　d）圆形

根据支承导轨的凸凹状态，又可以将导轨分成凸形导轨和凹形导轨。凸三角形导轨俗称山形导轨，凹三角形导轨称为 V 形导轨。凸形导轨不易存润滑油，但易清除导轨面的切屑等杂物。凹形导轨易存储润滑油，也易落入切屑和杂物，必须设防护装置。

(1) 矩形导轨　矩形导轨易加工制造，刚度和承载能力大，安装调整方便。矩形导轨中 *M* 面起支承兼导向作用，起主要导向作用的 *N* 面磨损后不能自动补偿间隙，需要有间隙调整装置。它适用于载荷大且导向精度要求不高的机床。

(2) 三角形导轨　此导轨由 *M*、*N* 两个平面组成，起支承和导向作用。在垂直载荷作用下，导轨磨损后可以自动补偿，不产生间隙，导向精度高，但仍需设置压板面间隙调整装置。三角形顶角夹角为 90°，若重型机床承受载荷大时，为增大承载面积，夹角可取 110°～120°，但导向精度差。精密机床可以采用小于 90°的夹角，以提高导向精度。

(3) 燕尾形导轨　这是闭式导轨中接触面最少的一种结构，磨损后不能自动补偿间隙，需要用镶条调整。燕尾面 *M* 起导向和压板作用。燕尾导轨制造、检验和维修较复杂，摩擦阻力大，可以承载颠覆力矩，刚度较差。导轨面的夹角为 55°，用于高度小的多层移动部件。

(4) 圆柱形导轨　这种导轨刚度高，易制造，外径可磨削，内孔可以用珩磨达到精密配合，但磨损后间隙调整困难。它适用于受轴向载荷的场合，如压力机、珩磨机、攻螺纹机和机械手等。

2. 直线滑动导轨的组合形式

机床上一般都采用两条导轨来承受载荷和导向。重型机床承载大，常采用 3 至 4 条导轨。导轨的组合形式取决于受载大小、导向精度、工艺性、润滑和防护等因素，常见的导轨组合形式如图 2-66 所示。

(1) 双三角形导轨　图 2-66a 所示为双三角形（双 V 形）导轨，导轨面同时起支承和导向作用，磨损后可以自动补偿，导向精度高，但装配时要对四个导轨面进行刮研，其难度很大。由于过定位，所以制造、检验和维修都困难，适用于精度要求高的机床，如坐标镗床、丝杠车床。

(2) 双矩形导轨　如图 2-66b 所示，这种导轨易加工制造、承载能力大、但导向精度差。侧导向面需设调整镶条，还需设置压板，呈封闭式导轨。常用于普通精度的机床。

(3) 三角形-平导轨组合　如图 2-66c 所示，三角形-平导轨组合不需要用镶条调整间隙，导轨精度高，加工装配较方便，温度变化也不会改变导轨面的接触情况，但热变形会使移动部件水平偏移，两条导轨的磨损也不一样，因而对位置精度有影响，通常用于磨床、精密镗床。

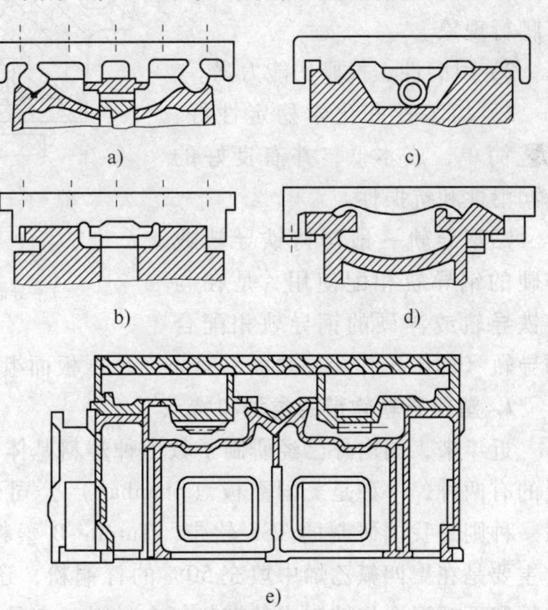

图 2-66　直线滑动导轨的组合形式

a) 双三角形导轨　b) 双矩形导轨　c) 三角形-平导轨组合　d) 三角形-矩形导轨组合　e) 平-平-三角形导轨组合

（4）三角形-矩形导轨组合　如图 2-66d 所示，该导轨组合常作为卧式车床的导轨，三角导轨作主要导向面。矩形导轨面承载能力大，易加工制造，刚度高，应用普遍。

（5）平-平-三角形导轨组合　当龙门铣床工作台宽度大于 3000mm，龙门刨床工作台宽度大于 5000mm 时，为了使工作台中间挠度不致过大，可以用三根导轨的组合。图 2-66e 所示是重型龙门刨床工作台导轨，三角形导轨主要起导向作用，平导轨主要起承载作用。

3. 直线滑动导轨的选择原则

根据以上所述，各种导轨的特点各不相同，因此在选择时，应把握以下原则：

1）当要求导轨具有较大的刚度和承载能力时，用矩形导轨。一般来说，中小型机床导轨常采用三角形-矩形导轨组合，而重型机床常采用双矩形导轨的组合。

2）当要求导轨的导向精度高时，机床常采用三角形导轨。此时，三角形导轨工作面同时起承载和导向作用，磨损后能自动补偿间隙，导向精度高。

3）矩形、圆形导轨工艺性好，制造、检验都方便。三角形、燕尾形导轨工艺性差。

4）要求结构紧凑、高度小及调整方便的机床，用燕尾形导轨。

4. 圆运动导轨

它主要用于圆形工作台、转盘和转塔等旋转运动部件，常见的有平面圆环导轨、锥形圆环导轨和 V 形圆环导轨。

2.6.3 贴塑滑动导轨

贴塑滑动导轨如图 2-67 所示，它已经广泛使用在各种数控机床上，具有以下显著的特点：

1）摩擦因数小，且动、静摩擦因数的差别较小，可以防止低速爬行现象。

2）耐磨性、抗撕伤能力强。

3）加工性和化学稳定性好，工艺简单，成本低，并有良好的自润滑性和抗振性。

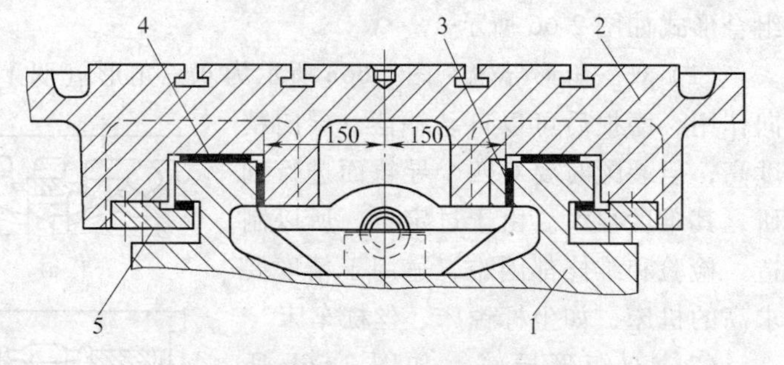

图 2-67　贴塑滑动导轨的结构

1—导轨　2—工作台　3—镶条　4—软带　5—压板

贴塑导轨一般与铸铁导轨或淬硬的钢导轨相配使用，是在与铸铁导轨或淬硬的钢导轨相配合的导轨（即由工作台导轨面、镶条面、压板面组成的导轨面）上贴一层塑料导轨软带而成。

1. 塑料导轨软带的类型和特点

近年来，国内外已经研制了数十种塑料基体的复合材料用于机床导轨，其中应用比较广泛的有两种，一种是美国霞板（Shanban）公司研制的得尔赛（Turcite-B）塑料导轨软带，另一种则是我国研制的 TSF 软带。Turcite-B 塑料导轨软带由可以自润滑的复合材料制成，它主要是在聚四氟乙烯中填充 50% 的青铜粉，还加有一定数量的二硫化钼、玻璃纤维、氧化物和石墨混合烧结制成的带状复合材料。它具有优异的减磨、抗咬伤性能，不会损坏配合面，吸振性能好，低速无爬行，并可以在干摩擦下工作。塑料导轨软带与其他导轨相比，具有以下特点：

1）摩擦因数低而稳定，比铸铁导轨副低一个数量级。

2）动、静摩擦因数相近，运动平稳性和爬行性能较铸铁导轨副好。

3）吸收振动，具有良好的阻尼性，优于接触刚度较低的滚动导轨和易漂浮的静压导轨。

4）耐磨性好，有自身润滑作用，无润滑油也能工作。灰尘、磨粒的嵌入性好。

5）化学稳定性好。耐磨、耐低温，耐强酸、强碱、强氧化剂及各种有机溶剂。

6）维护修理方便，软带耐磨，损坏后更换容易。

7）经济性好，结构简单，成本低，约为滚动导轨成本的 1/20。

2. Turcite-B 塑料导轨软带的工作特性

（1）贴塑导轨的摩擦特性　根据如图 2-68 所示的摩擦因数-速度特性曲线可知，其动、静摩擦因数相差很小，而且摩擦因数-速度特性曲线的斜率是正斜率，并且具有良好的自润滑性，所以在断油或干摩擦下也不致拉伤导轨面。

（2）贴塑导轨的 pv 值　pv 值（比压-速度）是摩擦副的重要技术指标。在设计机床导轨尺寸时，应根据滑动速度 v 与比压 p 之值，按如图 2-69 所示 pv 线图选取，使 p 与 v 的交点处于曲线的下方。如果满足不了要求，可以加大导轨面积，以降低比压 p 值来满足要求。一般导轨的比压 $p=0.1\sim0.2\text{MPa}$。

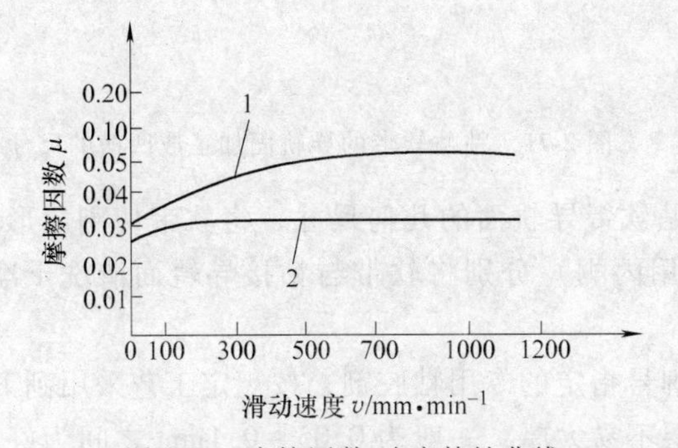

图 2-68　摩擦因数-速度特性曲线

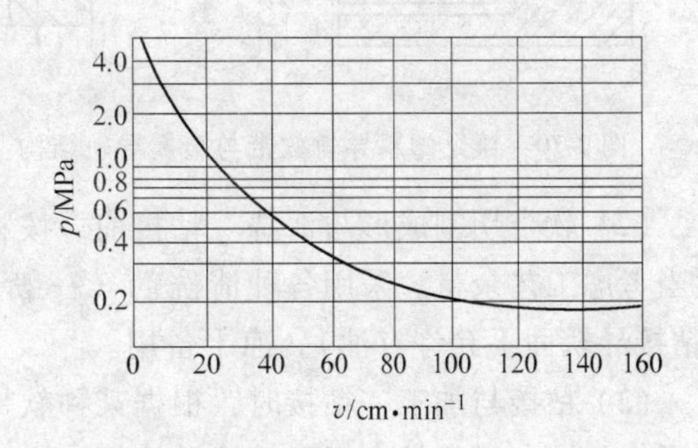

图 2-69　Turcite-B 塑料导轨软带的 pv 特性曲线

（3）贴塑导轨的承载能力　Turcite-B 塑料导轨软带的变形小，在比压 p 为 14MPa、温度为 50℃时，其变形不得超过原有厚度的 5%。在机床导轨上使用时，在任何情况下的变形率都应低于 1%。因此，在设计机床导轨尺寸时，应注意减小导轨的比压，以获得较高的运动精度。此种导轨软带的厚度有：0.8mm、1.2mm、1.5mm、1.7mm、2.0mm 和 3.2mm。一般选用 1.5～2.0mm 为宜。

（4）贴塑导轨的其他特性　Turcite-B 塑料导轨软带的粘接剪切强度高达 7MPa；弹性模量小于金属材料，可以防止振动，减小噪音；导轨副的磨损量小，若采用定时定量润滑，可进一步提高导轨的使用寿命。

3. Turcite-B 塑料导轨软带的应用与粘接工艺

贴塑导轨副多为塑料导轨软带与金属配合。塑料导轨软带一般粘在短的动导轨上，不受导轨形式的限制，各种组合形式的滑动导轨都可以粘贴。如图 2-70 所示为几种镶贴塑料导轨软带与金属导轨配合的结构。粘接工艺如下：

（1）金属导轨面的加工　如图 2-71 所示，粘贴软带的导轨面一般是采用刨或铣削加工成凹槽，以防止软带粘接时发生移动。凹槽的两个挡边的宽度各留 2～5mm，槽的深度一般为 0.5～1.0mm（即为软带厚度的 1/2～2/3），表面粗糙度值为 R_a（3.2～1.6）μm；与粘贴软带相配的金属导轨面的表面粗糙度值要求在 R_a（0.4～0.8）μm。该粗糙度值太大，容易使软带产生划痕，太小则不能形成聚四氟乙烯的转移膜，会使软带加快磨损。相配金属导轨的硬度一般为52HRC以上。

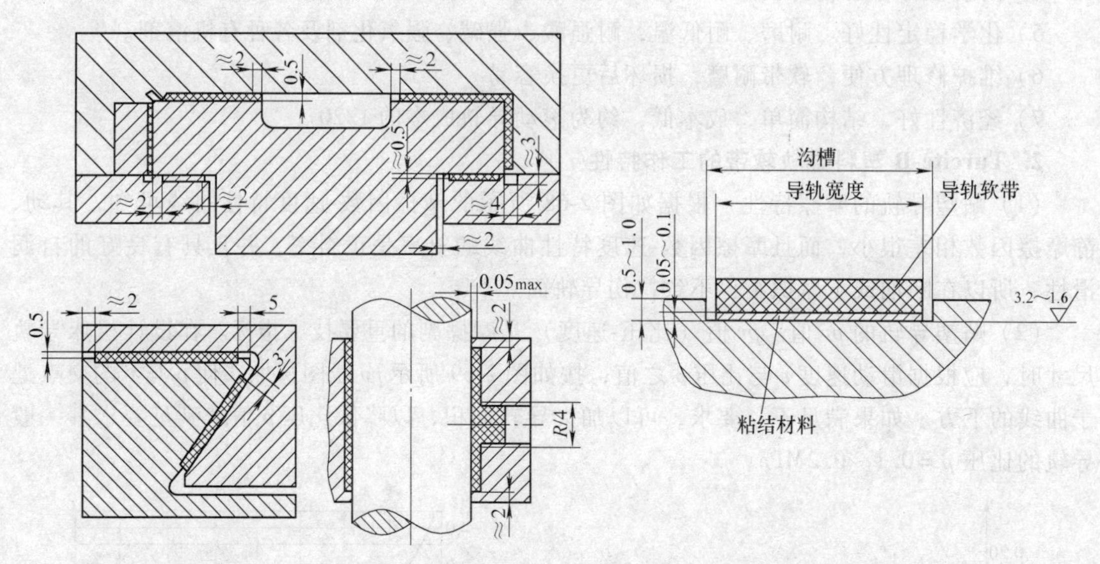

图 2-70 镶贴塑料导轨软带与金属导轨结构　　图 2-71 粘贴软带的导轨面加工成凹槽的尺寸

（2）软带切割成形与清洗　粘接前，按粘贴软带导轨面的几何尺寸，将软带切割成形，适当考虑工艺余量。采用各种清洗剂（一般采用丙酮）分别将软带与粘接导轨面清洗干净（粘接导轨面不允许有油），凉干备用。

（3）粘接与加工　粘接时，根据某种软带牌号指定的专用粘胶剂，按规定工艺采用刮刀分别均匀涂布于软带表面和粘接导轨面，涂胶层不易太厚，一般为0.05～0.1mm之间为好。涂胶时，应使涂胶层的中间略高于四周。粘贴好之后，将贴塑导轨副的贴塑导轨压在与之相配的金属导轨上，利用贴有塑料导轨软带的动导轨部件自身的重量或外加一定的重量，使固化压力达到0.015～0.1MPa。经24小时室温固化后，再将贴有塑料导轨软带的动导轨部件吊起并翻转，用小木锤轻敲整条软带。若敲打时各处声调一致，说明粘接质量好。然后检查动静导轨的接触精度，让导轨副对研或机械加工，并刮研到接触面的接触斑点符合要求（着色点面积达50%以上）为止。根据设计要求，可在软带上开出油槽，油槽一般不开穿软带，宽度为5 mm左右，并可以用仪器测出软带导轨的实际摩擦因数。

4. 贴塑导轨的维护

（1）导轨间隙的调整　这是导轨维护的重要工作之一，其任务是使导轨副经常保持合理的间隙。间隙过小，则摩擦阻力大，导轨磨损加剧；间隙过大，则运动失去准确性和平稳性，失去导向精度。间隙调整的方法有：

1）压板调整间隙。图2-72所示为矩形导轨上经常使用的几种压板装置。压板用固定螺订固定在动导轨上，常用钳工配合刮研及选用调整垫片、平镶条等机构，使导轨面与支承面之间的间隙均匀，达到规定的接触点数。对于图示的压板结构，如间隙过大，应修磨或刮研 B 面，间隙过小或压板与导轨压的太紧，则可刮研或修磨 A 面。

2）镶条调整间隙。图2-73a所示是一种全长厚度相等、横截面为平行四边形（用于燕

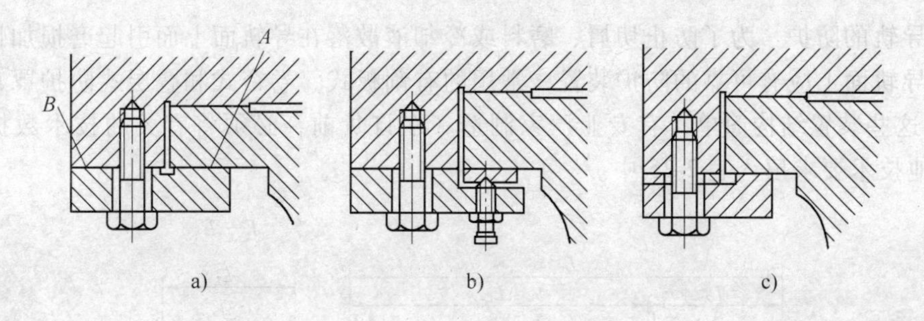

图 2-72　压板调整间隙
a）修复刮研式　b）镶条式　c）垫片式

尾导轨）或矩形的平镶条，通过侧面的螺钉调节和螺母锁紧，以其横向位移来调整间隙。由于收紧力不均匀，故在螺钉的着力点有翘曲。图 2-73b 所示是一种全长厚度有变化的斜镶条及三种用于斜镶条的调节螺钉，以其斜镶条的纵向位移来调整间隙。斜镶条在全长上支承，其斜度一般为 1:40 或 1:100，由于楔形的增压作用会产生过大的横向压力，使导轨面的摩擦力加大而加速导轨磨损，因此，调整时应该细心。

3）压板镶条调整间隙。如图 2-74 所示，T 形压板用螺钉固定在运动部件上，运动部件的内侧和 T 形压板之间放置斜镶条，镶条不是在纵向有斜度，而是在高度方向做成倾斜。调整时，借助压板上几个推拉螺钉，使镶条上下移动，从而调整间隙。

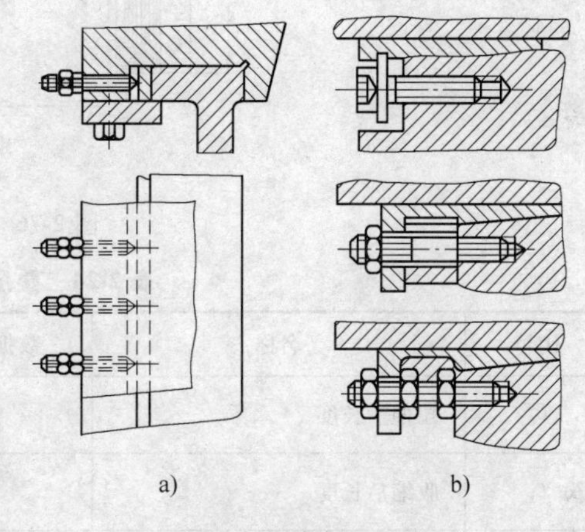

图 2-73　镶条调整间隙
a）等厚度镶条　b）斜镶条

（2）导轨的润滑　对导轨面进行润滑后，可以降低摩擦因数，减少磨损，并且可以防止导轨面锈蚀。因此，必须对导轨面进行润滑。导轨常用的润滑剂有润滑油和润滑脂，前者用于滑动导轨，而滚动导轨两者都能用。对贴塑导轨，常采用的润滑结构是油槽，如图 2-75 所示。为了把润滑油均匀的分布到导轨的全部工作表面，须在导轨面上开出油槽，油液经运动导轨上的油孔进入油槽而达到均匀润滑的目的。

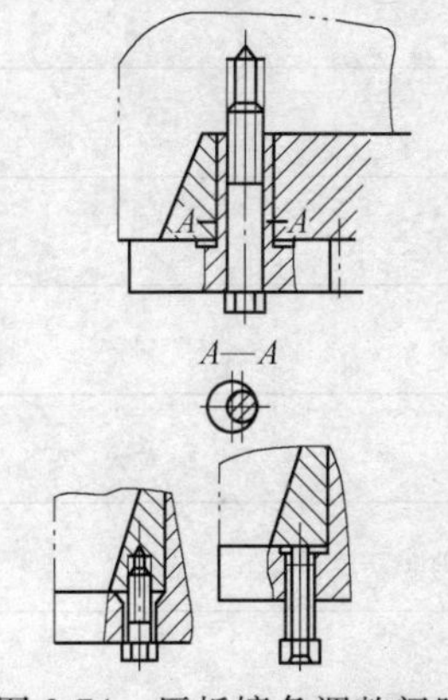

图 2-74　压板镶条调整间隙

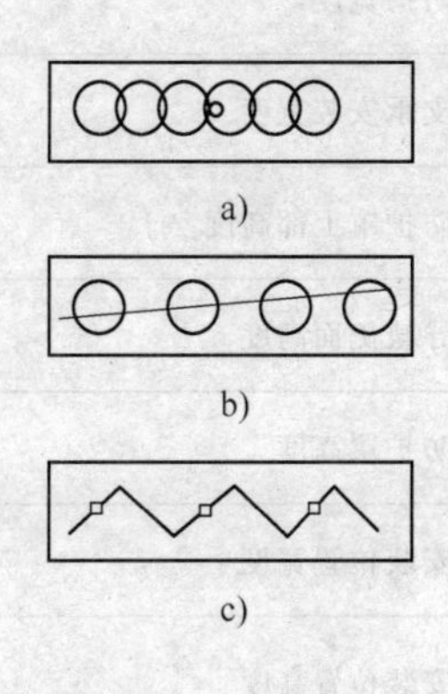

图 2-75　油槽形式

（3）导轨的防护　为了防止切屑、磨料或冷却液散落在导轨面上而引起磨损加快、擦伤和锈蚀，导轨面上应有可靠的防护装置，常用的有刮板式、卷帘式和叠层式防护罩，如图2-76所示，这些装置结构简单，有专业厂家制造。在订货前，必须将有关的技术数据填入表2-24，其他技术要求填入表2-25中。

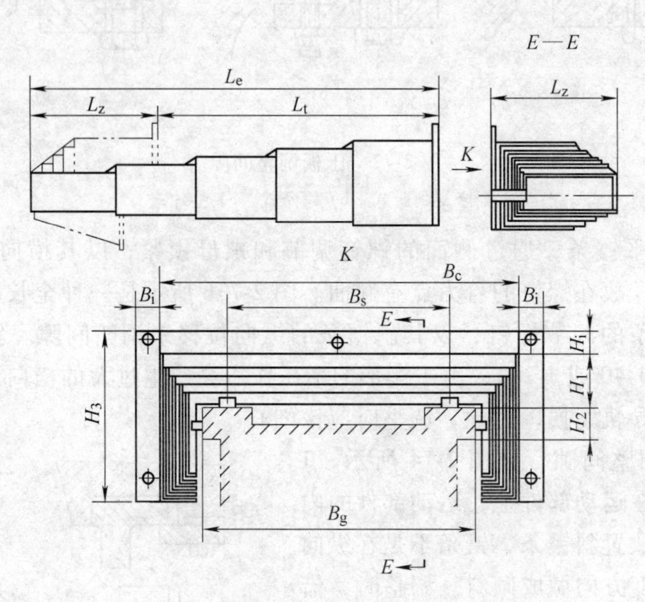

图2-76　叠层式防护罩

表2-24　叠层式防护罩技术数据

代号	名称	数据	备注
L_e	拉伸后长度		
L_z	收缩后长度		
L_t	行程		
B_g	导轨宽度		
B_c	防护宽度		
B_s	支承安装宽度		
H_1	防护罩上部高度		
H_2	导轨侧面高度		
H_3	防护罩高度		
B_i	安装位置宽度		用户自定
H_i	安装位置高度		用户自定

表 2-25　叠层式防护罩其他技术要求

	项　目	要　求				
1	主体材料名称	1Cr13				
2	主体材料厚度	推荐 1.5～3mm				
3	估计节数					
4	支承形式、材料	滑块	铜		滚轮	铜
			尼龙			尼龙
5	安装孔	按图纸要求			用户自钻	
6	配机床名称及型号					
7	防护方向		运动速度		m/min	

2.6.4　滚动直线导轨

目前，滚动直线导轨的类型很多，主要使用的类型有日本 THK 公司的产品系列、德国 INA 公司的产品系列，还有国产的 GGB 系列（南京工艺装备厂）、HJG—D 系列（江汉机床厂）、HTPM 系列（凯特精机）等产品。表 2-26 列出了日本 THK 公司滚动直线（LM）导轨块的类型及其应用特点。

表 2-26　THK 系列 LM 导轨的类型及特点

分类	型 号	形状、装配方向	结构	导轨	高度尺寸 /mm	特　点	主要用途
自动调整形式	HSR…CA (#15～#18)		一体型	薄型	24～110	由于 LM 滑块及 LM 导轨都是按高强度设计的，因此为大载荷、超刚性的形式 增加了球的直径和球的数量，额定载荷大幅度提高，寿命长 因为是四个方向相等载荷的形式，具有广泛的用途，在反径向也有足够的强度	加工中心、数控车床、重型切削机床 XYZ 轴、磨床的进给轴、机床等有特殊要求装配精度时，以及要求高精度、大力矩时
	HSR…CB (#15～#18)		一体型	薄型	24～110		
	HSR…CB (TR) (#15～#18)		一体型	薄型	28～110		

1. 结构与优点

滚动直线导轨副是由导轨、滑块、钢球、反向器、保持架、密封端盖及挡板组成，如图2-77所示。当导轨与滑块做相对运动时，钢球就沿着导轨上的滚道滚动（导轨上有四条经过淬硬和精密磨削加工而成的滚道）。在滑块的端部钢球又通过反向装置（反向器）进入反向孔后再进入导轨上的滚道，钢球就这样周而复始地进行滚动运动。反向器两端装有防尘密封端盖，可以有效的防止灰尘、屑末进入滑块内部。

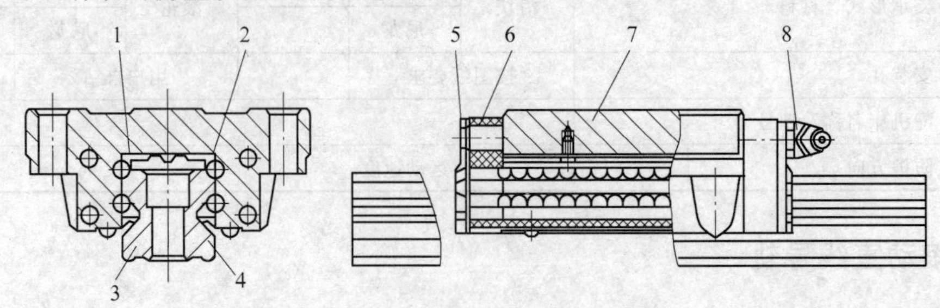

图2-77 滚动直线导轨的结构及组成

1—保持架 2—钢球 3—导轨 4—侧密封垫 5—密封端盖
6—反向器 7—滑块 8—油杯

滚动直线导轨具有以下优点：

1）滚动直线导轨副是在滑块与导轨之间放入适当的刚球，使滑块与导轨之间的滑动摩擦变为滚动摩擦，大大降低了两者之间的运动摩擦阻力，从而获得：

① 导轨的动、静摩擦因数差别小，随动性极好，即驱动信号与机械动作滞后的时间间隔极短，有效地提高了数控系统的响应速度和灵敏度。

② 驱动功率大大下降，只相当于普通机械的十分之一。

③ 与滑动导轨和滚子导轨相比，摩擦力可下降约97%。

④ 适用于高速直线运动，运动速度比滑动导轨提高约10倍。

⑤ 可以实现较高的定位精度和重复定位精度。

2）可以实现无间隙运动，提高机械系统的运动刚度。

3）成对使用导轨副时，具有“误差均化效应”，从而可以降低基础件（导轨安装面）的加工精度要求，降低基础件的机械制造成本与难度。

4）简化了机械结构的设计和制造。滚动直线导轨除了具有上述优点外，还具有安装和维修都比较方便的特点。由于它是一个独立的部件，对机床支承导轨部分的技术要求不高，即不需要淬硬也不需要磨削或刮研，只需要精铣或精刨。由于这种导轨可以预紧，因而比滚动体不循环的滚动导轨刚性高，承载能力大，但不如滑动导轨，抗振性也不如滑动导轨。为了提高抗振性，有时装有阻尼滑座，如图2-78所示。有过大振动和冲击载荷的机床不宜使用滚动直线导轨副。滚动直线导轨副的移动速度可以达到60m/min，在数控机床和加工中心上得到了广泛应用。

2. 滚动直线导轨副的精度及选用

滚动直线导轨副分4个精度等级，即2、3、4、5级，2级精度最高，依次递减。各等级检查项目及允许误差见表2-27（该表中的数值是针对南京工艺装备制造有限公司生产的

GGB 系列，其他规格参照执行）。

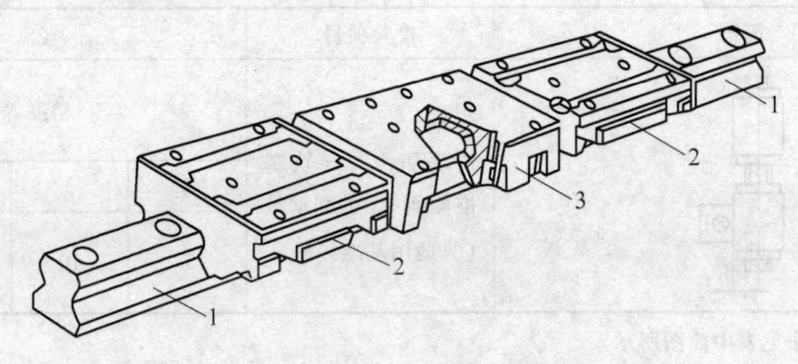

图 2-78　带阻尼器的滚动直线导轨副

1—导轨　2—循环滚珠滑座　3—抗振阻尼滑座

表 2-27　GGB 系列滚动直线导轨副各等级检查项目及允许误差

<table>
<tr><th rowspan="2">序号</th><th rowspan="2">简图</th><th rowspan="2">检验项目</th><th colspan="5">公　差</th></tr>
<tr><th rowspan="2">导轨长度/mm（边界值归较小区间）</th><th colspan="4">精度等级/μm</th></tr>
<tr><td rowspan="9">1</td><td rowspan="9"></td><td rowspan="9">1. 滑块顶面中心对导轨基准底面的平行度
2. 与导轨基准侧面同侧的滑块侧面对导轨基准侧面的平行度</td><td>2</td><td>3</td><td>4</td><td>5</td></tr>
<tr><td>≤500</td><td>4</td><td>8</td><td>14</td><td>20</td></tr>
<tr><td>500 ~ 1000</td><td>6</td><td>10</td><td>17</td><td>25</td></tr>
<tr><td>1000 ~ 1500</td><td>8</td><td>13</td><td>20</td><td>30</td></tr>
<tr><td>1500 ~ 2000</td><td>9</td><td>15</td><td>22</td><td>32</td></tr>
<tr><td>2000 ~ 2500</td><td>11</td><td>17</td><td>24</td><td>34</td></tr>
<tr><td>2500 ~ 3000</td><td>12</td><td>18</td><td>26</td><td>36</td></tr>
<tr><td>3000 ~ 3500</td><td>13</td><td>20</td><td>28</td><td>38</td></tr>
<tr><td>3500 ~ 4000</td><td>15</td><td>22</td><td>30</td><td>40</td></tr>
<tr><td rowspan="3">2</td><td rowspan="3"></td><td rowspan="3">滑块上顶面与导轨基准底面的高度 H 的极限偏差</td><td colspan="5">精度等级/μm</td></tr>
<tr><td>2</td><td>3</td><td>4</td><td colspan="2">5</td></tr>
<tr><td>±12</td><td>±25</td><td>±50</td><td colspan="2">±100</td></tr>
<tr><td rowspan="3">3</td><td rowspan="3"></td><td rowspan="3">同一平面上多个滑块顶面高度 H 的变动量</td><td colspan="5">精度等级/μm</td></tr>
<tr><td>2</td><td>3</td><td>4</td><td colspan="2">5</td></tr>
<tr><td>5</td><td>7</td><td>20</td><td colspan="2">40</td></tr>
<tr><td rowspan="3">4</td><td rowspan="3"></td><td rowspan="3">与导轨基准侧面的滑块侧面与导轨基准侧面间距离 W_1 的极限偏差（只适用基准导轨）</td><td colspan="5">精度等级/μm</td></tr>
<tr><td>2</td><td>3</td><td>4</td><td colspan="2">5</td></tr>
<tr><td>±15</td><td>±30</td><td>±60</td><td colspan="2">±150</td></tr>
</table>

（续）

序号	简图	检验项目	公差			
5		同一导轨上多个滑块侧面与导轨基准侧面 W_1 的变动量（只适用基准导轨）	精度等级/μm			
			2	3	4	5
			7	10	25	70

注：1. 精度检验方法见表中简图所示。

2. 由于导轨轴上的滚道是用螺栓将导轨轴紧固在专用夹具上精磨的，在自由状态下可能会存在弯曲，因此精度检验时应将导轨轴用螺栓固定在专用平台上测量。

3. 当基准导轨副上使用滑块数超过二件时，除首尾两件滑块外，中间滑块不作第 4 和第 5 相检查，但中间滑块的 W_1 值应小于首尾两滑块的 W_1 值。

由于滚动直线导轨副具有“误差均化效应”，在同一平面内使用两根或两根以上时，可以选用精度等级较低的导轨而达到较高的导轨运动精度，一般可以提高 20% ~50%。各类机床和机械推荐的精度等级见表 2-28。

表 2-28 各类机床和机械推荐的精度等级

精度等级	数控机床							普通机床	通用机械
	车床	铣床，加工中心	坐标镗床，坐标磨床	磨床	电加工机床	精密冲剪机	绘图机		
2	√	√	√	√					
3	√	√	√	√			√	√	
4	√	√			√	√	√	√	√
5					√	√			√

各种规格的滚动直线导轨副分 4 种预加载荷，每种预加载荷的适用场合见表 2-29。各种预加载荷与精度等级的关系见表 2-30。对于滚动直线导轨副的不同规格，每种预加载荷的数值见表 2-31。

表 2-29 各种预加载荷的适用场合

预载种类	应用场合
P_0（重预载）	大刚度并有冲击和振动的场合，常用于重型机床的主导轨等
P_1（中预载）	重复定位精度要求较高，承载侧悬载荷，扭转载荷和单根导轨使用时，常用于精密定位的运动机构和测量机构上
P（普通预载）	有较小的振动和冲击，两根导轨并用时，并且要求运动轻便处
P_3（间隙）	用于输送机构中

表 2-30 各种预加载荷的适用精度等级

精度等级	预紧级别			
	P_0	P_1	P	P_3
2、3、4	√	√	√	
5		√	√	√

表 2-31　各种预加载荷的数值

导轨规格	P_0（重预载 0.1C_a）	P_1（中预载 0.05C_a）	P（普通预载 0.025C_a）	P_3（间隙）
	N			μm
GGB16	607	304	152	3～10
GGB20	1150/1360	575/680	287.5/340	5～15
GGB25	1770/2070	885/1035	442.5/517.5	5～15
GGB30	2760/3340	1380/1670	690/835	5～15
GGB35	3510/3996	1755/1998	877.5/999	8～24
GGB45	4250/6440	2125/3220	1062.5/1610	8～24
GGB55	7940/9220	3745/4610	1872.5/2305	10～28
GGB65	11500/14800	5750/7400	2875/3700	10～28
GGB85	17220/20230	8610/10115	4305/5058	10～28

注：1. C_a 为额定动负荷。

2. 每格中的数字为额定动负荷/额定静负荷。

3. 安装特点

1）滚动直线导轨通常是两条导轨成对使用，可以水平安装，也可以竖直或倾斜安装。有时也可以多个导轨平行安装，当长度不够时，还可以多根接长安装。

2）为了保证两条（或多条）导轨平行，通常把一条导轨作为基准导轨，安装在床身的基准面上，底面和侧面都有定位面；另一条导轨为非基准导轨，床身上没有侧向定位面，固定时以基准导轨为定位面固定，这种安装形式称为单导轨定位，如图 2-79 所示。单导轨定位易于安装，容易保证平行，对床身没有侧向定位面平行的要求。

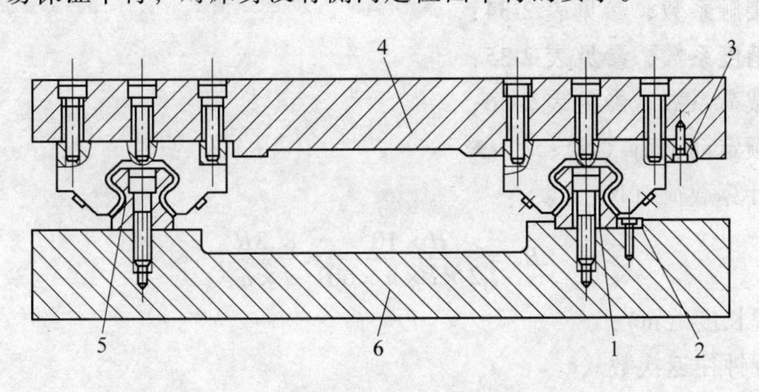

图 2-79　单导轨定位的安装形式

1—基准侧的导轨条　2、3—楔块　4—工作台　5—非定位导轨　6—床身

3）当振动和冲击较大、精度要求较高时，两条导轨的侧面都要定位，称双导轨定位，如图 2-80 所示。双导轨定位要求定位面平行度精度高。当用调整垫调整时，导轨安装面的加工精度要求较高，调整难度大。

4. 滚动直线导轨的选型与计算

（1）滚动直线导轨的选型　一般是根据导轨的承载重量，先根据经验确定导轨的规格，然后进行寿命计算。导轨的承载重量与导轨规格一般有表 2-32 所列出的经验关系。该表列出的只是经验数据，有时还要根据结构的具体尺寸综合考虑。

表 2-32 导轨承载重量与导轨规格对应的经验关系

承载重量/N	3000 以下	3000 ~ 5000	5000 ~ 10000	10000 ~ 25000	25000 ~ 50000	50000 ~ 80000
导轨规格型号	30	35	45	55	65	85

(2) 滚动直线导轨的计算 计算其距离额定寿命或时间额定寿命。额定寿命主要与导轨的额定动负荷 C_a 和导轨上每个滑块所承受的工作载荷 $\boldsymbol{F}$ 有关，额定动负荷 C_a 值可以从样本上查到。每个滑块所承受的工作载荷 $\boldsymbol{F}$ 则要根据导轨的安装形式和受力情况进行计算。

额定动负荷 C_a 是指导轨在一定的载荷下行走一定的距离，90%的支承不发生点蚀，这个载荷称为滚动直线导轨的额定动负荷；这个行走距离称为滚动直线导轨的距离额定寿命。如果把这个行走距离换算成时间，则得到时间额定寿命。

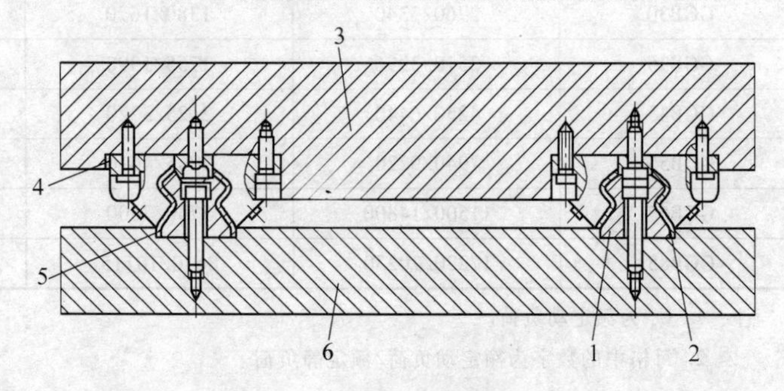

图 2-80 双导轨定位的安装形式

1—基准侧的导轨条 2、4、5—调整垫 3—工作台 6—床身

1) 距离额定寿命 H 和时间额定寿命 H_h 可以用下式计算

$$H = 50\left(\frac{f_h\ f_t\ f_c\ f_a}{f_w} \cdot \frac{C_a}{F}\right)^3$$

式中： f_h——硬度系数，一般要求滚道的硬度不得低于 58HRC，故通常可取 $f_h = 1$；

f_t——温度系数，参见表 2-33；

f_c——接触系数，参见表 2-34；

f_a——精度系数，参见表 2-35；

f_w——载荷系数，参见表 2-36；

C_a——额定动负荷（N）；

F——计算载荷（N）。

$$H_h = \frac{H \times 10^3}{2 \times l \times n \times 60} \approx \frac{8.3H}{l \times n}$$

式中 L——行程长度（m）；

n——每分钟往返次数。

表 2-33 温度系数

工作温度/℃（边界值归较大区间）	<100	100 ~ 150	150 ~ 200	200 ~ 250
f_t	1.00	0.90	0.73	0.60

表 2-34 接触系数

每根导轨上的滑块数	1	2	3	4	5
f_c	1.00	0.81	0.72	0.66	0.61

表 2-35 精度系数

精度等级	2	3	4	5
f_a	1.0	1.0	0.9	0.9

表 2-36　载荷系数

工作条件	无外部冲击或振动的低速运动场合，速度小于 15m/min	无明显冲击或振动的中速运动场合，速度 15 ~ 60m/min	有外部冲击或振动的高速运动场合，速度大于 60m/min
f_w	1 ~ 1.5	1.5 ~ 2.0	2.0 ~ 3.5

2）作用于滚动直线导轨载荷的计算。滚动直线导轨支承系统所受的载荷，受到下列各种因素的影响：导轨的配置形式（如水平、垂直、横排等），移动部件的重心和受力点位置，导轨上移动部件牵引力的作用点，起动及终止时的惯性力以及运动阻力等。

一般把滚动直线导轨的距离额定寿命定为 50km，时间额定寿命可以按公式折算。在设计中，如果根据经验已经选定了某种型号的滚动直线导轨，则根据样本可以查出该滚动直线导轨的额定动负荷 C_a，再根据公式计算距离额定寿命 H 和时间额定寿命 H_h，若 H 或 H_h 大于滚动直线导轨的额定寿命，则满足设计要求，初选的滚动直线导轨副可以采用；反之，如果用户给定了滚动直线导轨的期望寿命，则可以根据公式计算滚动直线导轨的额定动负荷 C_a，据此选择滚动直线导轨的型号。

5. 滚动直线导轨的标记

以南京工艺装备制造有限公司生产的滚动直线导轨为例，标记如下：

GGB25AALT2$P_1$2 × 3600（2）-4

标记的意义见表 2-37。

表 2-37　南京工艺装备制造有限公司滚动直线导轨标记的意义

标记代号	意　义
GGB	四方向等载荷型滚动直线导轨代号
25	导轨公称尺寸代号（分为 16、20、25、30、35、45、55、65、85 等 9 种）
A	滑块宽度形式代号（A 为宽形，B 为窄形）
A	滑块上连接孔形式（A 为螺纹孔，B 为通孔）
L	滑块长度形式代号（标准形式滑块不标，L 为加长型）
T	有特殊要求的滑块类型代号（标准系列滑块不标）
2	每根导轨上使用的滑块数
P_1	预加载荷类型代号，分 P_0、P_1、P_2、P_3
2 × 3600（2）	同一平面内使用的导轨数、导轨长度。括号中的数字表示单根导轨的接长件数（导轨不接长时不标）
4	精度等级，分为 2、3、4、5 级

2.7　进给传动系统的误差与动态特性分析

2.7.1　进给传动系统的误差分析

在开环控制（对于半闭环控制的伺服系统，由于进给传动系统没有包括在控制环内，也可以看做是开环控制）的伺服系统中，由于在机床执行部件上没有安装位置检测装置和反馈装置，为了保证工作精度的要求，必须使其进给传动系统在任何时刻、任何情况下都能严格跟随驱动电动机的运动而运动。然而实际上，在进给传动系统的输入与输出之间总会有误差存在，在这些误差中，有传动元件的制造和安装所引起的误差，还有进给传动系统的动力参数（如刚度、惯量、摩擦和间隙等）所引起的误差。在进行数控机床的进给传动系统设计时，必须将这些误差控制在允许的范围之内。

1. 进给传动系统的死区误差

所谓死区误差，又叫失动量，是指起动或反向时，系统的输入运动与输出运动之间的差值。产生死区误差的主要原因是机械传动机构中的间隙，导轨运动副间的摩擦力以及伺服驱动系统和执行元件的起动死区（又称不灵敏区）。但是在一般情况下，由伺服驱动系统和执行元件的起动死区所引起的死区误差与机械传动间隙和导轨副摩擦力所引起的死区误差要小得多，一般可以忽略不计。如果再采取消除间隙措施，由机械传动间隙引起的死区误差也可以大大减小，则系统的死区误差主要取决于导轨副摩擦力所引起的死区误差。

由导轨副摩擦力所引起的死区误差实际上是在系统驱动力的作用下，传动机构为克服系统静摩擦力的而产生的弹性变形，包括拉压弹性变形和扭转弹性变形。由于扭转弹性变形相对拉压弹性变形来说数值较小，常被忽略。因此，拉压弹性变形是引起摩擦死区误差 δ_μ 的主要因素。摩擦死区误差 δ_μ 可以用下式计算

$$\delta_\mu = \frac{F_\mu}{K_{min}} \times 10^3$$

式中 F_μ——导轨静摩擦力（N）；

K_{min}——进给传动系统的综合拉压刚度（N/m）。

假定静摩擦力主要由机床执行部件的重量引起，则机床执行部件反向时的最大反向死区误差 Δ 可以按下式求得

$$\Delta = 2\delta_\mu = \frac{2F_\mu}{K_{min}} \times 10^3 = \frac{2mg\mu_0}{K_{min}} \times 10^3 = \frac{2g\mu_0}{\omega_n^2} \times 10^3$$

式中 m——执行部件的质量（kg）；

g——重力加速度，$g = 9.8\text{m/s}^2$；

μ_0——导轨静摩擦因数；

ω_n——系统的纵振固有频率（rad/s）。

由上式可以看出，为了减少机械系统的死区误差，除了应该消除传动间隙外，还应该采取措施减小摩擦，提高刚度和固有频率。对于开环（包括半闭环）伺服系统，为了保证单脉冲进给要求，应该将死区误差控制在一个脉冲当量以内。

2. 由进给传动系统综合拉压刚度变化引起的定位误差

影响系统定位误差的因素很多，但是由进给传动系统综合拉压刚度变化引起的定位误差是最主要的因素。当机床执行部件处于行程的不同位置时，进给传动系统的综合拉压刚度是变化的。在空载条件下，由这一刚度变化所引起的整个行程范围内的最大定位误差 δ_{kmax} 可以用下式计算

$$\delta_{kmax} = F_\mu \left(\frac{1}{K_{0min}} - \frac{1}{K_{0max}} \right) \times 10^3$$

式中 F_μ——由机床执行部件重量引起的静摩擦力（N）；

K_{0min}、K_{0max}——进给传动系统在行程范围内的最小和最大综合拉压刚度（N/m）。

对于开环控制（包括半闭环控制）的伺服系统，δ_{kmax} 一般应控制在系统允许的定位误差的 1/5 ~ 1/3 范围内。

2.7.2 进给传动系统的动态特性分析

在进给传动系统内，滚珠丝杠副的刚度是影响机械系统动态特性的最薄弱环节，其拉压

刚度（又称纵向刚度）和扭转刚度分别是引起机械系统纵向振动和扭转振动的主要原因。为了保证所设计的进给传动系统具有较好的快速响应性能和较小的跟踪误差，并且不会在变化的输入信号激励下产生共振，必须对其动态特性加以分析，以找出影响系统动态特性的主要参数。

1. 纵向振动

在分析进给传动系统的纵向振动时，可以忽略电动机和联轴器（或减速器）的影响，由滚珠丝杠和机床执行部件构成的纵向振动系统可以简化成如图 2-81 所示的动力学模型，其动力平衡方程可以表达成下式

$$m\frac{d^2y}{dt^2}+f\frac{dy}{dt}+K_0(y-x)=0$$

式中　m——滚珠丝杠副和机床执行部件的等效质量（kg），$m=m_1+\frac{1}{3}m_2$；

m_1、m_2——机床执行部件的质量和滚珠丝杠副的质量（kg）；

f——导轨的粘性阻尼系数；

K_0——滚珠丝杠副的综合拉压刚度（N/m）；

y——机床执行部件的实际位移（m）；

x——电机的转角折算到机床执行部件上的等效位移，即指令位移（m）。

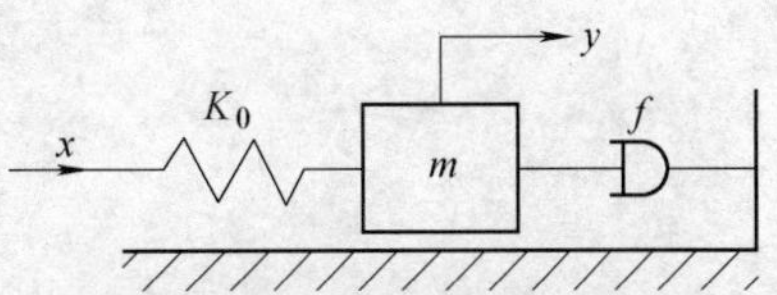

图 2-81　丝杠-工作台纵振系统的简化动力学模型

对上式进行拉氏变换并整理，得到系统的传递函数

$$G(s)=\frac{Y(s)}{X(s)}=\frac{K_0}{ms^2+fs+K_0}$$

将上式化成二阶系统的标准形式，得

$$G(s)=\frac{Y(s)}{X(s)}=\frac{\omega_n^2}{s^2+2\xi\omega_n s+\omega_n^2}$$

式中　ω_n——纵振系统的无阻尼固有频率，$\omega_n=\sqrt{\frac{K_0}{m}}$；

ξ——系统的纵向阻尼比，$\xi=\frac{f}{2\sqrt{mK_0}}$。

显然，这是一个二阶振荡系统，根据自动控制理论，当系统允许有一定超调时，可以取系统的阻尼比 $\xi=0.4\sim0.8$（图 2-82），使系统在输入信号变化或有外界扰动时，其输出响应可以较快地达到稳定值；当系统不允许有任何超调时，可取 $\xi=1$，使系统输出响应不出现振荡；加大系统无阻尼固有频率 ω_n 可以加快系统的响应速度，有利于避开输入信号的频率范围，防止共振产生。

可见，影响纵向振动系统动态特性的主要参数是固有频率 ω_n 和阻尼比 ξ。

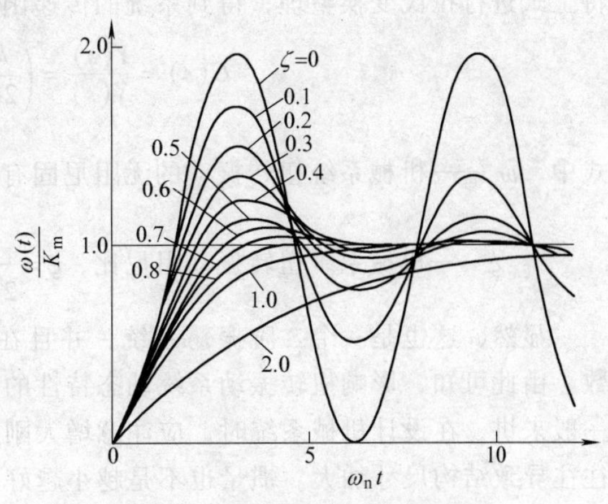

图 2-82　二阶系统阶跃响应曲线

由式知，增加滚珠丝杠副的综合拉压刚度 K_0 和减小机床执行部件的质量 m_1，可以提高系统的固有频率 ω_n。阻尼比 ξ 除了主要与导轨粘性阻尼系数 f 有关外，还与刚度 K_0 和质量 m 有关。

因此，在结构设计时，应通过刚度 K_0、质量 m 和导轨粘性阻尼系数 f 等参数的合理匹配，使系统固有频率 ω_n 和阻尼比 ξ 获得适当的数值，以保证系统具有良好的动态特性。

2. 扭转振动

在分析扭转振动时，还应考虑电动机和减速器的影响，反映在滚珠丝杠扭转振动的系统中，其动力学方程式可以表达为

$$J_s\frac{d^2\theta}{dt^2}+f_s\frac{d\theta}{dt}+K_0\left(\theta-\frac{1}{i}\theta_1\right)=0$$

式中

$$J_s=J_1i^2+J_2+m\left(\frac{L_0}{2\pi}\right)^2$$

$$f_s=\left(\frac{L_0}{2\pi}\right)^2f$$

$$K_s=\frac{1}{\dfrac{1}{K_1i^2}+\dfrac{1}{K_T}}$$

J_s 是折算到滚珠丝杠轴上的系统总当量转动惯量；J_1 和 J_2 分别是电动机轴及其上齿轮，丝杆轴及其上齿轮的转动惯量；i 是减速器传动比，当采用联轴器将电动机与丝杠直联时，$i=1$；M 是机床执行部件质量，L_0 是滚珠丝杠基本导程；F_s 是机床执行部件导轨的粘性阻尼系数；θ 是丝杠转角；θ_1 是电动机的转角，即指令转角；K_s 是机械系统折算到丝杠轴上的总当量扭转刚度；K_1 和 K_T 分别是电动机轴和丝杠轴的扭转刚度。

设机床移动部件的直线位移为 y，由于

$$\theta=2\pi\frac{y}{L_0}$$

将它代入动力学方程式得

$$J_s\frac{d^2y}{dt^2}+f_s\frac{dy}{dt}+K_sy=\frac{L_0K_s}{2\pi i}\theta_1$$

将上式进行拉氏变换整理，得到系统的传递函数如下

$$G(s)=\frac{Y(s)}{X(s)}=\left(\frac{L_0}{2\pi i}\right)\frac{\omega_n^2}{s^2+2\xi\omega_ns+\omega_n^2}$$

式中 ω_n——机械系统扭转振动的无阻尼固有频率，$\omega_n=\sqrt{\dfrac{K_s}{J_s}}$；

ξ——机械系统扭转振动阻尼比，$\xi=\dfrac{f_s}{2\sqrt{J_sK_s}}$。

显然，这也是一个二阶振荡系统，并且在形式上与纵振系统的传递函数仅差一比例系数。由此可知，影响扭转振动系统动态特性的主要因素是系统的惯量 J_s、刚度 K_0 和阻尼 f_s。一般来讲，在设计机械系统时，应注意增大刚度，减小惯量，以提高固有频率。但增大刚度往往导致结构尺寸加大。惯量也不是越小越好。通常希望按惯量匹配原则，$\omega_n\geqslant300\text{rad/s}$ 来设计系统刚度。

3. 关于系统阻尼对系统动态特性的影响

系统阻尼对系统动态特性的影响比较复杂。如果系统阻尼较大，将不利于系统定位精度的提高，容易降低系统的快速响应性，但可以提高系统的稳定性，减小过渡过程中的超调量，并降低振动响应的幅值。目前，许多伺服系统中采用了滚动导轨，实践证明，滚动导轨可以减小摩擦因数，提高定位精度和低速运动的平稳性，但阻尼较小，常使系统的稳定裕度（稳定的储备量）减小。所以，在采用滚动导轨结构时，应注意采取其他措施来控制阻尼的大小。

对系统阻尼影响最大的是导轨阻尼。导轨阻尼特性比较复杂。除去与运动速度成正比的粘性阻尼系数以外，导轨的静摩擦，随运动方向不同而改变符号的动摩擦，以及造成负阻尼的摩擦力下降特性等，都是非线性因素。将这些因素折算成等效的粘性阻尼系数只是一个近视方法。大量实验证明，无论静摩擦因数，还是动摩擦因数，与等效的粘性阻尼系数之间都没有简单的关系，因而在设计时，要给出具体的阻尼数据是困难的。一般除了可以参照前人的研究结果进行定性分析外，应通过具体实验来获取可靠数据。

2.8　项目一：卧式车床数控化改造进给传动机械系统设计

2.8.1　概述

卧式车床是金属切削加工中最常用的一类机床，当工件随主轴回转时，通过刀架的纵向和横向移动，能加工出内外圆柱面、圆锥面、端面、螺纹面等。借助成形刀具，还能加工各种成形回转表面。

卧式车床刀架的纵向和横向的进给运动是由主轴回转运动经挂轮传递而来的，通过进给箱变速后，由光杠或丝杠带动溜板箱、纵溜板、横溜板移动。进给参数要靠手工预先调整好，改变参数要停车进行操作。刀架的纵向进给和横向进给运动不能联动，切削次序也由人工控制。

对卧式车床进行数控化改造，主要是将纵向和横向进给系统改造成为 CNC 装置控制的，能独立运动的进给伺服系统；刀架改造成为能自动换刀的回转刀架，这样，利用 CNC 装置，车床就可以按预先输入的加工程序进行切削加工。由于切削参数、切削次序和刀具选择都可以由程序控制和调整，再加上纵向进给和横向进给联动的功能，数控改造后的车床就可以加工出各种形状复杂的回转零件，并能实现多工序自动切削，从而提高生产率和加工精度，也能适应小批量多品种复杂零件的加工。

改造的总体方案包括：机床数控系统的运动方式，伺服系统的类型，CNC 装置的选择以及传动方式的选择等。

1. 数控系统的选择

卧式车床数控化改造后应具有定位、快速进给、直线插补、圆弧插补、暂停、循环加工和螺纹加工等功能，因此，卧式车床数控化改造所选用的数控系统应该为连续控制系统。目前，市场上适用于卧式车床数控化改造的数控系统较多，如 SIEMENS 802S、华中数控的“世纪星”21/22 型系统、广州数控 980T 型系统等。

2. 伺服系统的选择

卧式车床数控化改造后一般为经济型数控机床。在保证具有一定加工精度的前提下，从改造的成本考虑，应简化结构，降低成本，因此，进给伺服系统采用以步进电动机为驱动装置的开环系统为宜。当然，也可以采用以伺服电动机为驱动装置的半闭环系统，这主要取决于加工精度的要求。

3. 功能部件的选择

主要是滚珠丝杠及其支承方式的选择、电动回转刀架的选择等。

4. 结构设计与电气设计

主要是纵向进给传动系统、横向进给传动系统的设计和机床导轨的维护，一般采用贴塑导轨以减小摩擦力。机床电气设计包括机床原理图设计和 PLC 梯形图设计等。

在上述方案的基础上，若条件允许，可以进一步对卧式车床的主传动系统进行改造，以实现车床主传动系统的自动调速与控制，使加工过程实现全自动化。

2.8.2 设计参数

设计参数包括车床的部分技术参数和车床拟实施数控化改造所需要的参数。以 CA6140 改造为例，设计参数如下：

最大加工直径：在床面上 400mm，在床鞍上 210mm。

最大加工长度：1000mm。

行程：纵向 1000mm，横向 200mm。

快速进给：纵向 2400mm/min，横向 1200mm/min。

最大切削进给速度：纵向 500mm/min，横向 250mm/min。

溜板及刀架质量：纵向 81.63kg，横向 61.22kg。

主电动机功率：7.5kW。

定位精度：0.040mm/全行程。

重复定位精度：0.016mm/全行程。

程序输入方式：增量值、绝对值通用。

控制坐标数：2。

脉冲当量：纵向 0.01mm/脉冲，横向 0.005mm/脉冲。

2.8.3 实施方案

进给系统数控改造的主要部位有：交换齿轮架、进给箱、溜板箱、溜板、刀架等。拟定以下改造方案：

1）交换齿轮架系统：全部拆除，在原挂轮主动轴处安装光电脉冲编码器。

2）进给箱部分：全部拆除，在该处安装纵向进给步进电动机与齿轮减速箱总成。丝杠、光杠和操纵杠（三杠）拆去，齿轮箱联接滚珠丝杠。滚珠丝杠的另一端支承座安装在车床尾座端原来装轴承座的部位。

3）溜板箱部分：全部拆除，在原处安装滚珠丝杠的螺母座，丝杠螺母固定在其上。在该处还可以安装部分操作按钮。

4）横溜板部分：将原横溜板中的滚珠丝杠、螺母拆除，该处安装横向进给滚珠丝杠副，横向进给步进电动机与齿轮减速箱总成安装在横溜板后部并与滚珠丝杠相连。

5）刀架部分：拆除原刀架，该处安装自动回转四方刀架总成。

数控改造后的机床总体布局如图 2-83 所示。

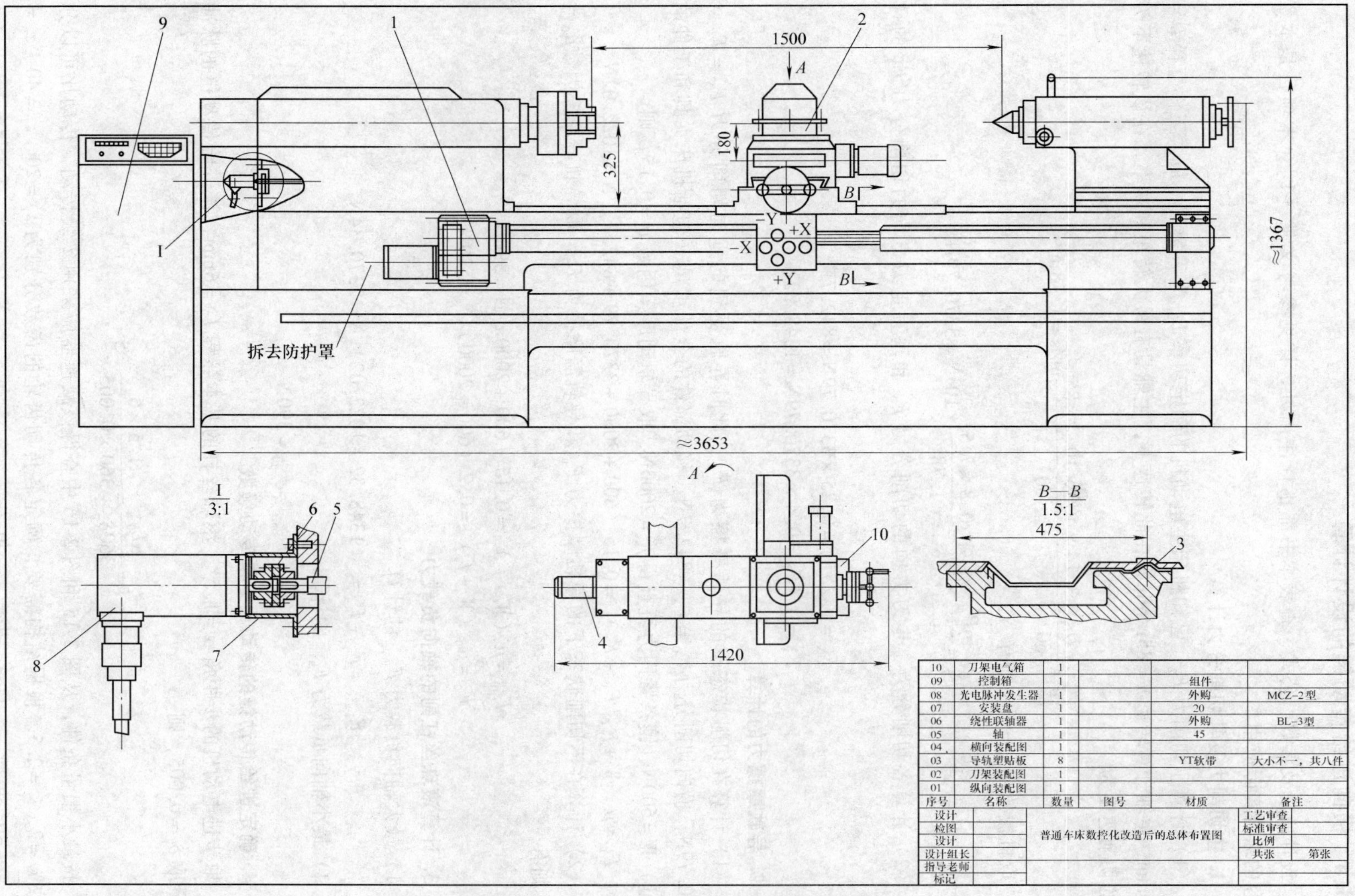

图 2-83　车床数控化改造后的总体布局图

2.8.4 横向进给传动链的设计计算

设计所涉及参数、公式、查表本书都不标注出处，详见参考文献［1］。本项目是本章内容的综合实际应用。

1. 主切削力及其切削分力计算

（1）计算主切削力 F_Z　已知机床主电动机的额定功率 P_m 为7.5kW，最大工件直径 $D=400$mm，主轴计算转速 $n=85$r/min，在此转速下，主轴具有最大转矩和功率，在该转速下刀具的切削速度为

$$v=\frac{\pi Dn}{60}=\frac{3.14\times400\times10^{-3}\times85}{60}\text{m/s}=1.78\text{m/s}$$

取机械效率 $\eta=0.8$ 则有

$$F_Z=\frac{\eta P_m}{v}\times10^3=\frac{0.8\times7.5}{1.78}\times10^3\text{N}=3370.79\text{N}$$

（2）计算各切削分力　走刀方向的切削分力 F_X 和垂直走刀方向的切削分力 F_Y 的计算

$$F_X=0.25F_Z=0.25\times3370.79\text{N}=842.7\text{N}$$
$$F_Y=0.4F_Z=0.4\times3370.79\text{N}=1348.32\text{N}$$

2. 导轨摩擦力的计算

（1）计算在切削状态下的导轨摩擦力 F_μ　此时导轨受到的垂向切削分力 $F_V=F_Z=3370.79$N，横向切削分力 $F_C=F_X=842.7$N，移动部件的全部重量（包括机床夹具和工件的质量）$W=600$N，镶条紧固力可查得 $f_g=2000$N，取导轨动摩擦因数 $\mu=0.15$，则

$$F_\mu=\mu(W+f_g+F_V+F_C)=0.15(600+2000+3370.79+842.7)\text{N}=1022.02\text{N}$$

（2）计算在不切削状态下的导轨摩擦力 $F_{\mu0}$ 和导轨静摩擦力 F_0　取导轨静摩擦因数 $\mu_0=0.2$ 则有

$$F_{\mu0}=\mu(W+f_g)=0.15(600+2000)\text{N}=390\text{N}$$
$$F_0=\mu_0(W+f_g)=0.2(600+2000)\text{N}=520\text{N}$$

3. 计算滚珠丝杠副的轴向负载力

1）最大轴向负载力 F_{amax} 的计算

$$F_{amax}=F_y+F_\mu=(1348.32+1022.02)\text{N}=2370.34\text{N}$$

2）最小轴向负载力 F_{amin} 的计算

$$F_{amin}=F_{\mu0}=390\text{N}$$

4. 确定进给传动链的传动比 i 和传动级数

取步进电动机的步距角 $\alpha=1.5°$，滚珠丝杠的基本导程 $L_0=6$mm，该进给传动链的脉冲当量取 $\delta_p=0.005$，则

$$i=\frac{\alpha L_0}{360\delta_p}=\frac{1.5\times6}{360\times0.005}=5$$

按最小惯量条件，从图2-15和图2-16中查得该减速器应采用2级传动，传动比可以分别取 $i_1=2$，$i_2=2.5$。根据结构需要，确定各传动齿轮的齿数分别为 $z_1=20$、$z_2=40$、$z_3=20$、$z_4=50$，模数 $m=2$mm，齿宽 $b=20$mm。

5. 滚珠丝杠的动负荷计算与直径估算

（1）按预定工作时间估算滚珠丝杠预期的额定动负荷 C_{am}　已知机床的预期工作时间 $L_h = 15000\text{h}$，滚珠丝杠的当量载荷 $F_m = F_{amax} = 2370.34\text{N}$，取负荷系数 $f_w = 1.3$，初步选择滚珠丝杠的精度等级为3级，得精度系数 $f_a = 1$，得可靠性系数 $f_c = 1$；取滚珠丝杠的当量转速 $n_m = n_{max}$，该转速为最大切削速度 v_{max} 时的转速，已知 $v_{max} = 0.25\text{m/min}$，滚珠丝杠的基本导程 $L_0 = 6\text{mm}$，则

$$n_{max} = \frac{1000 v_{max}}{L_0} = \frac{1000 \times 0.25}{6}\text{r/min} = 41.67\text{r/min}$$

$$C_{am} = \sqrt[3]{60 n_m L_h}\frac{F_m f_w}{100 f_a f_c} = \sqrt[3]{60 \times 41.67 \times 15000} \times \frac{2370.34 \times 1.3}{100 \times 1 \times 1}\text{N} = 10314.37\text{N}$$

（2）按精度要求确定允许的滚珠丝杠的最小螺纹底径 d_{2m}

1）根据定位精度和重复定位精度的要求估算允许的滚珠丝杠的最大轴向变形。已知工作台的定位精度为40μm，重复定位精度为16μm，则有

$$\delta_{max1} = \left(\frac{1}{2} \sim \frac{1}{3}\right) \times 16\mu\text{m} = 5.33 \sim 8\mu\text{m}$$

$$\delta_{max2} = \left(\frac{1}{4} \sim \frac{1}{5}\right) \times 40\mu\text{m} = 8 \sim 10\mu\text{m}$$

取上述计算结果的较小值，即 $\delta_{max} = 5.33\mu\text{m}$。

2）估算允许的滚珠丝杠的最小螺纹底径 d_{2m}。滚珠丝杠副的安装方式拟采用一端固定一端游动支承方式，滚珠丝杠两个固定支承之间的距离为

$$L = \text{行程} + \text{安全行程} + 2 \times \text{余程} + \text{螺母长度} + \text{支承长度}$$

$$\approx (1.2 \sim 1.4)\text{行程} + (25 \sim 30) L_0 = (1.4 \times 200 + 30 \times 6)\text{mm} = 460\text{mm}$$

则有

$$d_{2m} \geqslant 2 \times 0.039\sqrt{\frac{F_0 L}{\delta_{max}}} = 0.078 \times \sqrt{\frac{520 \times 460}{5.33}}\text{mm} = 16.52\text{mm}$$

（3）初步确定滚珠丝杠副的规格型号　根据以上计算所得的 L_0、C_{am}、d_{2m} 和结构的需要，初步选择国产FFZL型内循环垫片预紧螺母式滚珠丝杠副，型号为：FFZL2506-3，其公称直径 $d_0 = 25\text{mm}$，基本导程 $L_0 = 6\text{mm}$，额定动负荷 C_a 和底径 d_2 为

$$C_a = 11300\text{N} > C_{am} = 10314.37\text{N};\qquad d_2 = 21.9\text{mm} > d_{2m} = 16.52\text{mm}$$

故满足要求。

将以上计算结果用于该部件装配图设计（图略），其计算简图如图2-84所示。

2.8.5　滚珠丝杠副的承载能力校验

1. 滚珠丝杠副临界压缩载荷 F_c 的校验

滚珠丝杠副的螺纹底径 $d_2 = 21.9\text{mm}$，最大受压长度由图2-84得 $L_1 = 313\text{mm}$，丝杠水平安装时取 $K_1 = 1/3$、$K_2 = 2$，则

$$F_c = K_1 K_2 \frac{d_2^4}{L_1^2} \times 10^5 = \frac{1}{3} \times 2 \times \frac{21.9^4}{313^2} \times 10^5\text{N} = 156529.62\text{N}$$

本车床横向进给传动链滚珠丝杠副的最大轴向压缩载荷为 $F_{amax} = 2370.34\text{N}$，远小于其

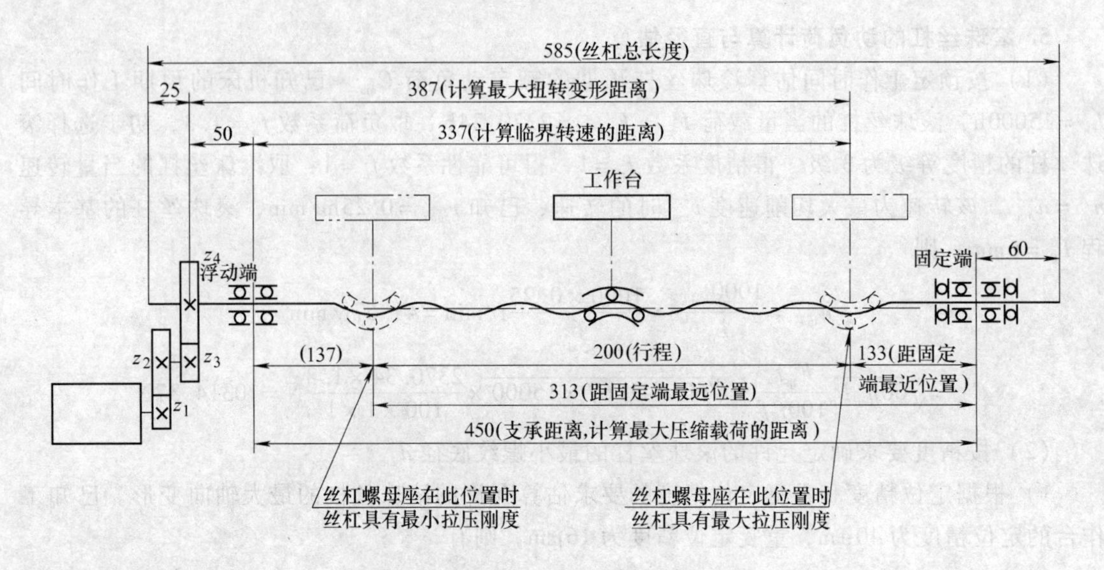

图 2-84 普通车床数控化改造计算简图

临界压缩载荷 F_c 的值，故满足要求。

2. 滚珠丝杠副临界转速 n_c 的校验

由图 2-84 得临界转速的计算长度 $L_2=337\text{mm}$，弹性模量 $E=2.1\times10^5\text{MPa}$，钢的密度 $\rho=7.8\times10^{-5}\text{kg/mm}^3$，重力加速度 $g=9.8\times10^3\text{mm/s}^2$。

滚珠丝杠的最小惯性矩为

$$I=\frac{\pi}{64}d_2^4=\frac{3.14}{64}\times21.9^4=11285.64\text{mm}^4$$

滚珠丝杠的最小截面积为

$$A=\frac{\pi}{4}d_2^2=\frac{3.14}{4}\times21.9^2=376.49\text{mm}^2$$

取 $K_1=0.8$，由表查得 $\lambda=3.927$，则

$$n_c=K_1\frac{60\lambda^2}{2\pi L_2^2}\sqrt{\frac{EI}{\rho A}}$$

$$=0.8\times\frac{60\times3.927^2}{2\times3.14\times337^2}\sqrt{\frac{2.1\times10^5\times11285.64\times9.8\times10^3}{7.8\times10^{-5}\times376.49}}\text{r/min}$$

$$=29188\text{r/min}$$

本车床横向进给传动链滚珠丝杠副的最高转速为 41.67r/min，远远小于其临界转速，故满足要求。

3. 滚珠丝杠副额定寿命的校验

查表得滚珠丝杠的额定动载荷 $C_a=11300\text{N}$，轴向载荷 $F_a=F_{amax}=2370.34\text{N}$，滚珠丝杠转速 $n=n_{max}=41.67\text{r/min}$，运转条件系数 $f_w=1.2$，则

$$L=\left(\frac{C_a}{F_a\,f_w}\right)^3\times10^6=\left(\frac{11300}{2370.34\times1.2}\right)^3\times10^6\text{r}=6.27\times10^7\text{r}$$

$$L_h=\frac{L}{60n}=\frac{62.7\times10^6}{60\times41.67}\text{h}=25078\text{h}$$

本车床数控化改造后，滚珠丝杠副的总时间寿命 $L_h = 25078h \geqslant 15000h$，故满足要求。

2.8.6　计算机械传动系统的刚度

1. 机械传动系统的刚度计算

（1）计算滚珠丝杠的拉压刚度 K_s　本机床横向进给传动链的丝杠支承方式为一端固定，一端游动。已知滚珠丝杠的弹性模量 $E = 2.1\times10^5$ MPa，滚珠丝杠的底径 $d_2 = 21.9$mm。当滚珠丝杠的螺母中心至固定端支承中心的距离 $a = L_Y = 313$mm 时，滚珠丝杠副具有最小拉压刚度 K_{smin}

$$K_{smin} = \frac{\pi d_2^2 E}{4L_Y}\times10^{-3} = 1.65\times10^2\frac{d_2^2}{L_Y} = 1.65\times10^2\times\frac{21.9^2}{313}\text{N}/\mu\text{m} = 252.83\text{N}/\mu\text{m}$$

当 $a = L_J = 113$mm 时，滚珠丝杠副具有最大拉压刚度 K_{smax}

$$K_{smax} = \frac{\pi d_2^2 E}{4L_J}\times10^{-3} = 1.65\times10^2\frac{d_2^2}{L_J} = 1.65\times10^2\times\frac{21.9^2}{113}\text{N}/\mu\text{m} = 700.32\text{N}/\mu\text{m}$$

（2）计算滚珠丝杠副支承轴承的刚度 K_b　已知滚动体直径 $d_Q = 5.953$mm，滚动体个数 $N = 15$，轴承的最大轴向工作载荷 $F_{bmax} = F_{amax} = 2370.34$N。则

$$K_b = 2\times1.95\times\sqrt[3]{d_Q N^2 F_{bmax}} = 2\times1.95\times\sqrt[3]{5.953\times15^2\times2370.34}\text{N}/\mu\text{m} = 573.2\text{N}/\mu\text{m}$$

（3）计算滚珠与滚道的接触刚度 K_c　查表得滚珠与滚道的接触刚度 $K = 636\text{N}/\mu\text{m}$，滚珠丝杠的额定动载荷 $C_a = 11300$N，滚珠丝杠上所承受的最大轴向载荷 $F_{amax} = 2370.34$N，则

$$K_c = K\left(\frac{F_{amax}}{0.1C_a}\right)^{\frac{1}{3}} = 636\times\left(\frac{2370.34}{0.1\times11300}\right)^{\frac{1}{3}}\text{N}/\mu\text{m} = 814.14\text{N}/\mu\text{m}$$

（4）计算进给传动系统的综合拉压刚度 K　进给传动系统综合拉压刚度最大值的计算关系为

$$\frac{1}{K_{max}} = \frac{1}{K_{smax}} + \frac{1}{K_b} + \frac{1}{K_c} = \frac{1}{700.32} + \frac{1}{537.2} + \frac{1}{814.14} = 0.0044$$

故 $K_{max} = 227\text{N}/\mu\text{m}$。

进给传动系统综合拉压刚度最小值的计算关系为

$$\frac{1}{K_{min}} = \frac{1}{K_{smin}} + \frac{1}{K_b} + \frac{1}{K_c} = \frac{1}{252.83} + \frac{1}{573.2} + \frac{1}{814.14} = 0.0069$$

故 $K_{min} = 144\text{N}/\mu\text{m}$。

2. 计算滚珠丝杠副的扭转刚度 K_ϕ

由如图2-84所示得转矩作用点之间的距离 $L_2 = 387$mm，已知滚珠丝杠的剪切模量 $G = 8.1\times10^4$MPa，滚珠丝杠的底径 $d_2 = 21.9$mm，则

$$K_\phi = \frac{\pi d_2^4 G}{32L_2} = \frac{3.14\times(21.9\times10^{-3})^4\times8.1\times10^4\times10^6}{32\times387\times10^{-3}}\text{N}\cdot\text{m/rad} = 4724.22\text{N}\cdot\text{m/rad}$$

2.8.7　驱动电动机的选型与计算

1. 计算折算到电动机轴上的负载惯量

（1）计算滚珠丝杠的转动惯量 J_r　已知滚珠丝杠的密度（钢）$\rho = 7.8\times10^{-3}\text{kg/cm}^3$，$D$ 为滚珠丝杠各段回转体的直径（cm），L 为滚珠丝杠各段回转体的长度（cm），j 为滚珠丝杠

各段回转体的序号 $j=1, 2, \cdots, n$。对 $J=mR^2/2$ 进行变形处理和单位换算，则有如下简化计算

$$J_r = \sum_{j=1}^{n} 0.78\times10^{-3}D_j^4L_j$$
$$= \sum_{j=1}^{n} 0.78\times10^{-3}D_j^4L_j = 0.78\times10^{-3}\times(2.0^4\times10+2.5^4\times36+2.0^4\times12.5)\ \text{kg}\cdot\text{cm}^2$$
$$=1.38\text{kg}\cdot\text{cm}^2$$

(2) 计算折算到丝杠轴上的移动部件的转动惯量 J_S　机床执行部件（即横向溜板及刀架）的总质量 $m=\frac{W}{g}=\frac{600}{9.8}\text{kg}=61.22\text{kg}$；丝杠轴每转一圈机床执行部件在轴向移动的距离 $L=0.6\text{cm}$，则

$$J_S=m\left(\frac{L}{2\pi}\right)^2=61.22\times\left(\frac{0.6}{2\times3.14}\right)^2\text{kg}\cdot\text{cm}^2=0.56\text{kg}\cdot\text{cm}^2$$

(3) 计算各齿轮的转动惯量

$$J_{z1}=J_{z3}=0.78\times10^{-3}\times4^4\times2\text{kg}\cdot\text{cm}^2=0.4\text{kg}\cdot\text{cm}^2$$
$$J_{z2}=0.78\times10^{-3}\times8^4\times2\text{kg}\cdot\text{cm}^2=6.4\text{kg}\cdot\text{cm}^2$$
$$J_{z4}=0.78\times10^{-3}\times10^4\times2\text{kg}\cdot\text{cm}^2=15.6\text{kg}\cdot\text{cm}^2$$

(4) 计算加在电动机轴上总负载转动惯量 J_L

$$J_L=J_{z1}+\frac{1}{i_1^2}(J_{z2}+J_{z3})+\frac{1}{i^2}(J_{z4}+J_r+J_s)$$
$$=\left[0.4+\frac{1}{4}(6.4+0.4)+\frac{1}{25}(15.6+1.38+0.56)\right]\text{kg}\cdot\text{cm}^2=2.8\text{kg}\cdot\text{cm}^2$$

2. 计算折算到电动机轴上的负载力矩

(1) 折算到电动机轴上的切削负载力矩 T_c 的计算　在切削状态下轴向负载力 $F_a=F_{amax}=2370.34\text{N}$，丝杠每转一圈机床执行部件在轴向移动的距离 $L=6\text{mm}=0.006\text{m}$，进给传动系统的传动比 $i=5$，进给传动系统的总效率 $\eta=0.85$，则

$$T_c=\frac{F_aL}{2\pi\eta i}=\frac{2370.34\times0.006}{2\times3.14\times0.85\times5}\text{N}\cdot\text{m}=0.53\text{N}\cdot\text{m}$$

(2) 折算到电动机轴上的摩擦负载力矩 T_μ 的计算　在不切削状态下的轴向负载力（即为空载时的导轨摩擦力）$F_{\mu0}=390\text{N}$，则

$$T_\mu=\frac{F_{\mu0}L}{2\pi\eta i}=\frac{390\times0.006}{2\times3.14\times0.85\times5}\text{N}\cdot\text{m}=0.088\text{N}\cdot\text{m}$$

(3) 计算由滚珠丝杠预紧力 F_p 产生的并折算到电动机轴上的附加负载力矩 T_f　滚珠丝杠副的效率 $\eta_0=0.94$，滚珠丝杠副的预紧力 F_p 为

$$F_p=\frac{1}{3}F_{amax}=\frac{1}{3}\times2370.34\text{N}=790.11\text{N}$$

则

$$T_f=\frac{F_pL_0}{2\pi\eta i}(1-\eta_0^2)=\frac{790.11\times0.006}{2\times3.14\times0.85\times5}(1-0.94^2)\ \text{N}\cdot\text{m}=0.021\text{N}\cdot\text{m}$$

(4) 计算折算到电动机轴上的负载力矩 T

1）空载时（快进力矩）

$$T_{KJ} = T_{\mu} + T_{f} = (0.088 + 0.021)\text{N} \cdot \text{m} = 0.11\text{N} \cdot \text{m}$$

2）切削时（工进力矩）

$$T_{GJ} = T_{c} + T_{f} = (0.42 + 0.021)\text{N} \cdot \text{m} = 0.44\text{N} \cdot \text{m}$$

3. 计算折算到电动机轴上的加速力矩 T_{ap}

初选 130BF001 型反应式步进电动机，其转动惯量 $J_m = 4.6\text{kg} \cdot \text{cm}^2$，进给传动系统的负载惯量 $J_d = 2.8\text{kg} \cdot \text{cm}^2$，对开环系统加速时间一般取 $t_a = 0.05\text{s}$。当机床执行部件以最快速度 $V = 1200\text{mm/min}$ 运动时，电动机的最高转速为

$$n_{max} = \frac{1200}{6} \times 5\text{r/min} = 1000\text{r/min}$$

所以

$$T_{ap} = \frac{2\pi i n_{max}}{60 \times 980 t_a}(J_m + J_d)$$

$$= \frac{2 \times 3.14 \times 5 \times 1000}{60 \times 980 \times 0.05}(4.6 + 2.8)\ \text{kgf} \cdot \text{cm}$$

$$= 79.03\text{kgf} \cdot \text{cm} = 7.74\text{N} \cdot \text{m}$$

4. 计算横向进给系统所需的折算到电动机轴上的各种力矩

1）空载起动力矩 T_q 的计算

$$T_q = T_{ap} + (T_{\mu} + T_f) = (7.74 + 0.088 + 0.021)\ \text{N} \cdot \text{m} = 7.85\text{N} \cdot \text{m}$$

2）快进力矩 T_{KJ} 的计算

$$T_{KJ} = T_{\mu} + T_f = (0.088 + 0.021)\ \text{N} \cdot \text{m} = 0.11\text{N} \cdot \text{m}$$

3）工进力矩 T_{GJ} 的计算

$$T_{GJ} = T_c + T_f = (0.42 + 0.016)\ \text{N} \cdot \text{m} = 0.44\text{N} \cdot \text{m}$$

5. 选择驱动电动机的型号

（1）选择驱动电动机的型号　根据以上计算，选择国产 130BF001 型反应式步进电动机为驱动电动机，主要技术参数如下：相数 5；步距角 0.75/1.5°；最大静转矩 9.31N·m；转动惯量 $4.6\text{kg} \cdot \text{cm}^2$；最高空载起动频率 3000Hz；运行频率 16000Hz；分配方式五相十拍；重量 92kg。

（2）确定最大静转矩 T_s　机械传动系统空载起动力矩 T_q 与所需的步进电动机的最大静转矩 T_{s1} 的关系为

$$\frac{T_q}{T_{s1}} = 0.951$$

$$T_{s1} = \frac{T_q}{0.951} = \frac{7.85}{0.951}\text{N} \cdot \text{m} = 8.25\text{N} \cdot \text{m}$$

机械传动系统空载起动力矩 T_q 与所需的步进电动机的最大静转矩 T_{s2} 的关系为

$$T_{s2} = \frac{T_{GJ}}{0.3} = \frac{0.44}{0.3}\text{N} \cdot \text{m} = 1.47\text{N} \cdot \text{m}$$

取 T_{s1} 和 T_{s2} 中的较大者为所需的步进电动机的最大静转矩 T_s，即 $T_s = 8.25\text{N} \cdot \text{m}$。

本电动机的最大静转矩为 9.31N·m，大于 $T_s = 8.25\text{N} \cdot \text{m}$，可以在规定的时间里正常起

动，故满足要求。

（3）惯量匹配验算　为了使机械传动系统的惯量达到较合理的匹配，系统的负载惯量 J_d 与伺服电动机的惯量 J_m 之比一般应满足

$$0.25 \leqslant \frac{J_d}{J_m} \leqslant 1$$

因为 $\frac{J_d}{J_m}=\frac{2.8}{4.6}=0.61$，在 0.25 ~ 1 之间，故满足惯量匹配要求。

2.8.8　机械传动系统的动态分析

1. 计算丝杠-工作台纵振系统的最低固有频率 ω_{nc}

滚珠丝杠副的综合拉压刚度 $K_0=K_{min}=144\times10^6$N/m，机床执行部件的质量和滚珠丝杠副的质量分别为 m、m_s，机床执行部件的质量和滚珠丝杠副的等效质量为 $m_d=m+\frac{1}{3}m_s$，已知 $m=61.22$kg，则

$$m_s=\frac{\pi}{4}\times2.5^2\times58.5\times7.8\times10^{-3}\text{kg}=2.24\text{kg}$$

$$m_d=m+\frac{1}{3}m_s=\left(61.22+\frac{1}{3}\times2.24\right)\text{kg}=61.97\text{kg}$$

$$\omega_{nc}=\sqrt{\frac{K_0}{m_d}}=\sqrt{\frac{144\times10^6}{61.97}}\text{rad/s}=1524\text{rad/s}$$

2. 计算扭振系统的最低扭振固有频率 ω_{nt}

折算到滚珠丝杠轴上的系统总当量转动惯量

$$J_S=J_i=(4.6+2.8)\times5\text{kg}\cdot\text{cm}^2=37\text{kg}\cdot\text{cm}^2=0.0037\text{kg}\cdot\text{m}^2$$

已知丝杠的扭转刚度 $K_s=K_\phi=4724.22$N·m/rad，则

$$\omega_{nt}=\sqrt{\frac{K_s}{J_s}}=\sqrt{\frac{4724.22}{0.0037}}\text{rad/s}=1130\text{rad/s}$$

由以上计算可知，丝杠-工作台纵振系统的最低固有频率 $\omega_{nc}=1524$rad/s，扭振系统的最低扭振固有频率 $\omega_{nt}=1130$rad/s，都比较高。一般按 $\omega_n=300$rad/s 的要求来设计机械传动系统的刚度，故满足要求。

2.8.9　机械传动系统的误差计算与分析

1. 计算机械传动系统的反向死区 Δ

已知进给传动系统综合拉压刚度的最小值 $K_{min}=144\times10^6$N/m，导轨的静摩擦力 $F_0=520$N，则

$$\Delta=2\delta_\mu=\frac{2F_0}{K_{min}}\times10^3\text{mm}=\frac{2\times520}{144\times10^6}\times10^3\text{mm}=7.22\times10^{-3}\text{mm}$$

即 $\Delta=7.22\mu\text{m}<\frac{1}{2}\times$重复定位精度 $=8\mu$m，故满足要求。

2. 计算机械传动系统由综合拉压刚度变化引起的定位误差 δ_{Kmax}

$$\delta_{\mathrm{Kmax}} = F_0\left(\frac{1}{K_{\min}} - \frac{1}{K_{\max}}\right) \times 10^3$$

$$= 520 \times \left(\frac{1}{144 \times 10^6} - \frac{1}{227 \times 10^6}\right) \times 10^3 \mathrm{mm} = 1.32 \times 10^{-3} \mathrm{mm}$$

即 $\delta_{\mathrm{Kmax}} = 1.32\mu\mathrm{m} < \frac{1}{4} \times$ 定位精度 $= 6\mu\mathrm{m}$，故满足要求。

3. 计算滚珠丝杠因扭转变形产生的误差

1）计算由转矩引起的滚珠丝杠副的变形量 θ。已知负载力矩 $T = T_{\mathrm{KJ}} = 110\mathrm{N \cdot mm}$，由如图 2-84 所示得转矩作用点之间的距离 $L_2 = 387\mathrm{mm}$，丝杠底径 $d_2 = 21.9\mathrm{mm}$，则

$$\theta = 7.21 \times 10^{-2} \frac{TL_2}{d_2^4} = 7.21 \times 10^{-2} \frac{110 \times 387}{21.9^4} \text{（°）} = 0.013°$$

2）由该扭转变形 θ 引起的轴向移动滞后量 δ 将影响工作台的定位精度，δ 的计算为

$$\delta = L_0 \frac{\theta}{360} = 6 \times \frac{0.013}{360} \mathrm{mm} = 0.0002\mathrm{mm} = 0.2\mu\mathrm{m}$$

2.8.10　确定滚珠丝杠副的精度等级和规格型号

1. 确定滚珠丝杠副的精度等级

本进给传动系统采用开环控制系统，应满足下列要求

$$e_{\mathrm{p}} + V_{300\mathrm{p}} \leqslant 0.8 \times \text{（定位精度} - \delta_{\mathrm{Kmax}} - \delta\text{）} = 0.8\text{（}40 - 1.32 - 0.2\text{）}\mu\mathrm{m} = 30.78\mu\mathrm{m}$$

$$e_{\mathrm{p}} + V_{\mathrm{up}} \leqslant 0.8 \times \text{（定位精度} - \delta_{\mathrm{Kmax}} - \delta\text{）} = 30.78\mu\mathrm{m}$$

取滚珠丝杠副的精度等级为 3 级，查表得 $V_{300\mathrm{p}} = 12\mu\mathrm{m}$，当螺纹长度为 400mm 时，查表得 $e_{\mathrm{p}} = 13\mu\mathrm{m}$，$V_{\mathrm{up}} = 12\mu\mathrm{m}$。

$$e_{\mathrm{p}} + V_{300\mathrm{p}} = \text{（}13 + 12\text{）}\mu\mathrm{m} = 25\mu\mathrm{m} < 30.78\mu\mathrm{m}$$

$$e_{\mathrm{p}} + V_{\mathrm{up}} = \text{（}13 + 12\text{）}\mu\mathrm{m} = 25\mu\mathrm{m} < 30.78\mu\mathrm{m}$$

故满足设计要求。

2. 确定滚珠丝杠副的规格型号

滚珠丝杠副的规格型号为：FFZL2506-3-P3/585×400，其具体参数如下。公称直径与导程：25mm，6mm；螺纹长度：400mm；丝杠长度：585mm；类型与精度：P 类，3 级精度。

思考与练习题

2.1　围绕“爬行”回答以下问题：①产生爬行的原因和过程；②产生爬行的主要因素；③实际工作中消除爬行现象的途径。

2.2　各传动轴、件的转动惯量是如何折算的？

2.3　认真研究项目一，负载惯量的折算目的是为了什么？

2.4　结合项目一，解释惯量匹配原则。

2.5　一个工作台驱动系统如图 2-85 所示，已知参数见表 2-38，求折算到电动机轴上的等效转动惯量 J，按伺服电动机与进给系统负载惯量匹配原则 $1 < J_{电}/J_{负载} < 4$，问是否满足负载惯量匹配条件。

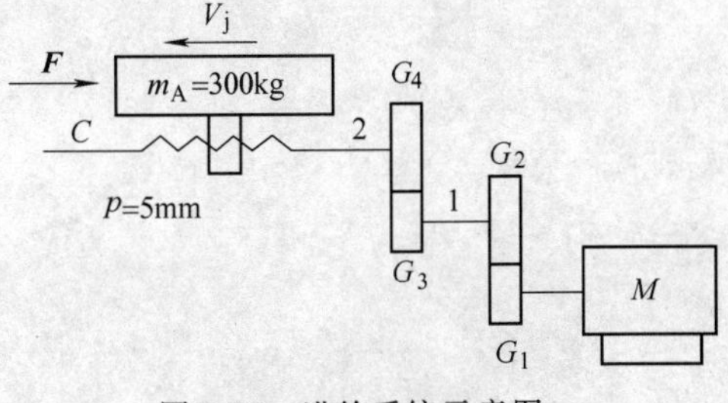

图 2-85　进给系统示意图

表 2-38 进给系统已知参数

	齿轮				轴		丝杠	电动机
	G_1	G_2	G_3	G_4	1	2	C	M
$n/$（r/min）	720	360	360	180	360	180	180	720
$J/\text{kg}\cdot\text{m}^2$	0.01	0.16	0.02	0.32	0.004	0.004	0.012	0.224

2.6 设某一机电一体化齿轮传动系统的总传动比为80，传动级数 $n=5$ 的小功率传动。根据等效转动惯量最小原则，按各级传动比“前小后大”的分配原则，分配各级传动比？

2.7 某大功率机械传动装置，①设传动级数 $n=2$，$i=50$，试按质量最小原则求出各级传动比；②已知总传动比 $i=100$，传动级数 $n=3$，试按最小等效传动惯量原则分配各级传动比。

2.8 本章对齿轮传动副分别进行了那些研究，与机械设计基础课程比较，研究的不同点有哪些？

2.9 本章机械传动机构中，最值得注意的是那些机构，按次序说明5例，并进行评论。

2.10 结合项目一，说明进给传动链线路，并说明进给传动链线路中各有哪些部件。

2.11 认真研究项目一，你认为再增加那些内容就形成完整的“普通车床机械系统的数控化改造”。

2.12 通过本章学习，进行总结：机电一体化机械传动系统比普通机械传动系统增加了哪些要求？

第 3 章　机电一体化控制系统的组成与接口

3.1　控制系统的设计思路

3.1.1　专用与通用、硬件与软件的抉择与权衡

控制系统的设计是综合运用各种知识的过程。不同产品所需要的控制功能、控制形式和动作控制方式也不尽相同。控制系统的设计就是解决选用微型计算机、设计接口、选用控制形式和动作控制方式的问题，这不仅需要计算机控制理论、数字电路、软件设计等方面的知识，也需要一定的生活和生产工艺知识。通常由机电一体化设计人员首先提出总的设计要求，然后由各专业人员通力协作完成。在设计中，首先会遇到的问题有以下几种。

1. 专用与通用的抉择

专用控制系统适合于大批量生产的机电一体化产品。在开发新产品时，如果要求具有机械与电子有机结合的紧凑结构，也只有专用控制系统才能做到。专用控制系统的设计问题，实际上就是选用适当的通用 IC 芯片来组成控制系统，以便与执行元件和检测传感器相匹配，或重新设计制作专用集成电路，把整个控制系统集成在一块或几块芯片上。对于多品种、中小批量生产的机电一体化产品来说，由于还在不断改进，结构还不十分稳定，特别是对现有设备进行改造时，采用通用控制系统比较合理。通用控制系统的设计，主要是合理选择主控制微型计算机机型，设计与其执行元件和检测传感器之间的接口，并在此基础上编制应用软件的过程。这实质上就是通过接口设计和软件编制来解决通用微机专用化的问题。

2. 硬件与软件的权衡

无论是采用通用控制系统还是专用控制系统，都存在硬件和软件的权衡问题。有些功能，例如运算与判断处理等，适宜用软件来实现，而在其余大多数情况下，对于某种功能来说，既可用硬件来实现，又可用软件来实现。因此，控制系统中硬件和软件的合理组成，通常要根据经济性和可靠性的标准权衡决定。在用分立元件组成硬件的情况下，不如采用软件；如果能用通用的 LSI 芯片（大规模集成电路）来组成所需的电路，则最好采用硬件。与采用分立元件组成的电路相比，采用软件不需要焊接，并且易于修改，所以采用软件有利；而在利用 LSI 芯片组成电路时，不仅价廉，而且可靠性高，处理速度快，因而采用硬件有利。

控制系统是一种电子装置，比起机械装置来，它的环境适应能力较差，并且存在电噪声干扰问题，例如在一般车间现场条件下使用就容易出故障，而且电子装置的维修需要专门的技术工具，一般机械操作人员不易掌握，因此在设计控制系统时，对于提高包括环境适应性和抗干扰能力在内的可靠性时，必须特别注意采取必要的措施。

3.1.2 控制系统的一般设计思路

由于控制要求的不同，控制系统的设计方法和步骤也不相同，必需根据具体情况而定。就采用微机的控制系统而言，其一般设计步骤为：确定系统整体控制方案，确定控制算法，选择微型计算机，系统总体设计，软件设计等。

1. 确定系统整体控制方案

1）应了解被控对象的控制要求，构思控制系统的整体方案。通常，先从系统构成上考虑是采用开环控制还是闭环控制，当采用闭环控制时，应考虑采用何种检测传感元件，检测精度要求如何。

2）考虑执行元件采用何种方式。是电动、气动还是液压传动，比较其答案的优缺点，择优而选。

3）要考虑是否有特殊控制要求，对于具有高可靠性、高精度和快速性要求的系统，应采取哪些措施。

4）考虑微机在整个控制系统中的作用，是设定计算、直接控制还是数据处理，微机应承担哪些任务，为完成这些任务，微机应具备哪些功能，需要哪些输入/输出通道、配备哪些外围设备。

5）应初步估算其成本。通过整体方案考虑，最后画出系统组成的初步框图，附以说明，以此作为下一步设计的基础和依据。

2. 确定控制算法

对任何一个具体控制系统进行分析或综合设计，首先应建立该系统的数学模型，确定其控制算法。所谓数学模型就是系统动态特性的数学表达式。它反映了系统输入、内部状态和输出之间的数量和逻辑关系。这些关系式为计算机进行运算处理提供了依据，即由数学模型推出控制算法。所谓计算机控制，就是按照规定的控制算法进行控制，因此，控制算法的正确与否直接影响控制系统的品质，甚至决定整个系统的成败。

每个控制系统都有一个特定的控制规律，因此，每个控制系统都有一套与此控制规律相对应的控制算法。由于控制系统种类繁多，控制算法也很多，随着控制理论和计算机控制技术的不断发展，控制算法更是越来越多。例如，机床控制中常使用的逐点比较法和数字积分法；直接数字控制系统中常用的 PID 算法；位置数字伺服系统中常用的实现最少拍控制法；另外，还有各种最优控制算法、随机控制算法和自适应控制算法。在系统设计时，按所设计的具体控制对象和不同的控制性能指标要求，以及所选用的微型机的处理能力选定一种控制算法。在选择控制算法时，应注意控制算法对系统的性能指标有直接影响，因此，应考虑所选定的算法是否能满足控制速度、控制精度和系统稳定性的要求，就是说，应根据不同的控制对象、不同的控制指标要求选择不同的控制算法。例如，要求快速跟随的系统可选用达到最少拍的直接控制算法；对于具有纯滞后的系统最好选用达林算法或施密斯补偿算法；对于随机控制系统应选用随机控制算法。

各种控制算法提供了一套通用的计算公式，但具体到一个控制对象上，必须有分析地选用，在某些情况下可能还要进行某些修改与补充。例如，对某一控制对象选用 PID 调节规律数字化的方法设计数字控制器，在某些情况下，可对其作适当改进，就能使系统得到更好的快速性。

当控制系统比较复杂时，控制算法也比较复杂，整个控制系统的实现就比较困难，为设计、调试方便，可将控制算法作某些合理的简化，忽略某些因素的影响（如非线性、小延时、小惯性等），在取得初步控制成果后，再逐步将控制算法完善，直到获得最好的控制效果。

例如，数控插补运算偏差函数式：$F = |yx_a| - |xy_a|$、$F_{i+1} = F_i + 2X_i\Delta X + 1$、$F_{i+1} = F_i + 2Y_i\Delta Y + 1$ 都属于具体的控制算法。

3. 选择微型计算机

对于给定的任务，选择微型计算机的方案不是唯一的，从控制的角度出发，微型计算机应能满足具有较完善的中断系统、足够的存储容量、完善的 I/O 通道和实时时钟等要求。

（1）较完善的中断系统　微型计算机控制系统必须具有实时控制性能。实时控制包含两个意思，一是系统正常运行时的实时控制能力；二是在发生故障时紧急处理的能力。系统运行时往往需要修改某些参数、改变某个工作程序或指出规定的时间间隔、在输入输出异常或出现紧急情况时应报警和处理，处理这些问题一般都采用中断控制方式。CPU 应及时接收中断请求，暂停原来执行的程序，转而执行相应的中断服务程序，待中断处理完毕，再返回原程序继续执行。因此，要求微型计算机的 CPU 具有较完善的中断系统，选用的接口芯片也应有中断工作方式，保证控制系统能满足生产中提出的各种控制要求。

（2）足够的存储容量　由于微型计算机内存的容量有限，当内存容量不足以存放程序和数据时，应扩充内存，有时还应配备适当的外存储器。微型计算机系统通常有 32 ~ 64KB 以上的内存，一般配备磁盘（硬盘）作为外存储器，系统程序和应用程序可保存在磁盘内，运行时由操作系统随时从磁盘调入内存。系统亦可扩充 2 ~ 8KB 以上的只读存储器，调试成功的应用程序同样可写入只读存储器内，这样使用方便、可靠性高。

（3）完备的输入/输出通道和实时时钟　输入/输出通道是外部过程和主机交换信息的通道。根据控制系统不同，有的要求有开关量输入/输出通道；有的要求有模拟量输入/输出通道；有的则同时要求有开关量输入/输出通道和模拟量输入/输出通道。对于需要实现外部设备和内存之间快速、批量交换信息的，还应有直接数据通道 DMA。

实时时钟在过程控制中给出时间参数，记下某事件发生的时刻，同时使系统能按规定的时间顺序完成各种操作。

选择微型计算机除应满足上述几点要求外，从不同的被控对象角度考虑，还应有以下几个特殊要求。

1）字长。微处理器的字长定义为并行数据总线的线数。字长直接影响数据的精度、寻址的能力、指令的数目和执行操作的时间。对于通常的顺序控制、程序控制可选用 1 位微处理器。对于计算量小，计算精度和速度要求不高的系统可选用 4 位微处理器（如计算器、家用电器、及简单控制等）。对于计算精度要求较高、处理速度较快的系统可选用 8 位微处理器（如线切割机床等普通机床的控制、温度控制等）。对于计算精度高、处理速度快的系统可选用 16 位微处理器（如控制算法复杂的生产过程控制、要求高速运行的机床控制、特别是大量的数据处理等）。

2）速度。速度的选择与字长的选择可一并考虑。对于同一算法、同一精度要求，当机器的字长短时，就要采用多字节运算，完成计算和控制的时间就会增长。为保证实时控制，就必须选用执行速度快的机器。同理，当机器的字长足够保证精度要求时，不必用多字节运算，完成计算和控制的时间短，就可选用执行速度较慢的机器。

通常，微处理器的速度选择可根据不同的被控对象而定，例如，对于反应缓慢的化工生产过程的控制，可选用慢速的微处理器；对于高速运行的加工机床、连轧轧机的实时控制等，必须选用高速的微处理器。

3）指令。一般说来，指令条数越多，针对待定操作的指令就越多，这样会使程序量减少，处理速度加快。对于控制系统来说，尤其要求较丰富的逻辑判断指令和外围设备控制指令，通常8位微处理器都具有足够的指令种类和数量，一般能够满足控制要求。

选择微机时，还应考虑成本高低、程序编制难易以及扩充输入/输出接口是否方便等因素，从而确定是选用单片机、还是选用其他微型计算机系统。

单片机是在一个双列直插式集成电路中包括了数字计算机的四个基本组成部分（CPU、EPROM、RAM和I/O接口）的系统，具有价格低、体积小等特点，可满足很多场合的应用。缺点是需要开发系统对其软硬件进行开发。

其他微型计算机系统有丰富的系统软件，可用高级语言、汇编语言编程，程序编制和调试都很方便；系统内存容量大且有磁盘等大容量的外存储器；通常都有数据通道，可实现内外存储器之间的快速批量信息交换。缺点是成本较高，当用来控制一个小系统时，往往不能充分利用系统的全部功能，抗干扰能力差。

4. 系统总体设计

系统总体设计主要是对系统控制方案进行具体实施步骤的设计，其主要依据是上述的整体方案框图、设计要求及所选用的微机类型。通过设计要求画出系统的具体构成框图。一个正在运行的完整的微型计算机控制系统，需要在微型机、被控制对象和操作者之间适时的、不断的交换数据信息和控制信息。在总体设计时，要综合考虑硬件和软件措施，解决三者之间可靠的、适时进行信息交换的通路和分时控制的时序安排问题，保证系统能正常地运行。设计中主要考虑硬件与软件功能的分配与协调、接口设计、通道设计、操作控制台设计、可靠性设计等问题。其中硬件与软件功能的分配与协调要根据经济性和可靠性标准进行权衡，可靠性问题主要是制定可靠性设计方案，采取可行的可靠性措施。

（1）接口设计　通常选用的微型计算机都已配备有相当数量的可编程序的输入/输出通用接口电路，如并行接口（8255A）、串行接口（8251A）及计数器/定时器（8253/8254）等。在进行接口设计时，首先要合理地使用这些接口，当通用接口不够时，应进行接口的扩展。扩展接口的方案较多，要根据控制要求及能够得到何种元件和扩展接口的方便程度来确定，通常有下述三种方法可供选用。

1）选用功能接口板。在功能接口板上，有多组并（串）行数字量输入/输出通道，或多组模拟量输入/输出通道。采用选配功能插板扩展接口方案的最大优点是硬件工作量小，可靠性高，但功能插板价格较贵，一般只用来组成较大的系统。

2）选用通用接口电路。在组成一个较小的控制系统时，有时采用通用接口电路来扩展接口。由于通用接口电路是标准化的，只要了解其外部特性与CPU的连接方法、编程控制方法就可进行任意扩展。

3）用集成电路自行设计接口电路。在某些情况下，不采用通用接口电路，而采用其他中小规模集成电路扩充接口更方便、价廉。例如，一个控制系统需要输入多组数据或开关量，可用74LS138（译码器）和74LS244（三态缓冲器）等组成输入接口，也可用74LS138

和 74LS373（锁存器）等组成输出多组数据的输出接口。

接口设计包括两个方面的内容，一是扩展接口；二是安排通过各接口电路输入/输出端的输入/输出信号，选定各信号输入/输出时采用何种控制方式。如果要采用程序中断方式，就要考虑中断申请输入、中断优先级排队等问题；若要采用直接存储器存取方式，则要增加直接存储器存取（DMA）控制器作为辅助电路加到接口上。

（2）通道设计　输入/输出通道是计算机与被控对象相互交换信息的部件。每个控制系统都要有输入/输出通道。一个系统中可能要有开关量的输入/输出通道、数字量的输入/输出通道或模拟量的输入/输出通道。在总体设计中就应确定本系统应设置什么通道，每个通道由几部分组成，各部分选用什么元器件等。

开关量、数字量的输入/输出比较简单。开关量输入要解决电平转换、去抖动及抗干扰等问题。开关量输出要解决功率驱动问题等。开关量和数字量的输入/输出都要通过前面设计的接口电路。

模拟量输入/输出通道比较复杂。模拟量输入通道主要由信号处理装置（标度变换、滤波、隔离、电平转换、线性化处理等）、采样单元、采样保持器、放大器、A/D 变换器等组成。模拟量输出通道主要由 D/A 转换、放大器等组成。

（3）操作控制台设计　微型计算机控制系统必须便于人机交互。通常都要设计一个现场操作人员使用的控制台，这个控制台一般都不能用微机所带的键盘代替，因为现场操作人员不了解计算机的硬件和软件，假若操作失误可能发生事故，所以一般要单独设计一个操作员控制台。操作员控制台一般应有下列一些功能。

1）有一组或几组数据输入键（数字键或拔码开关等），用于输入或更新给定值、修改控制器参数或其他必要的数据。

2）有一组或几组功能键或转换开关，用于转换工作方式，起动、停止或完成某种指定的功能。

3）有一个数字显示装置或显示屏，用于显示各状态参数及故障指示等。

4）控制板上应有一个“急停”按钮，用于在出现事故时停止系统运行，转入故障处理。

应当指出，控制台上每一数字信号或控制信号都与系统的工作息息相关，设计时必须明确这些转换开关、按钮、键盘、数字显示器和状态、故障指示灯等的作用和意义，仔细设计控制台的硬件及其相应的控制台管理程序，使设计的操作员控制台既方便操作又安全可靠，即使操作失误也不会引起严重后果。

对于比较小的控制系统，也可不另外设计操作员控制台，而将原单片机所带的输入键盘改成方便于操作员输入数据和发出各种操作命令的键盘，但要重新设计一个键盘管理程序，按照便于输入数据、修改系统参数和发出各操作命令的要求，将各键赋予新的功能。在原有的键盘监控程序运行时，该键盘可供程序员用来输入和调试程序，在新编键盘管理程序运行时，此键盘则可供操作员输入、修改有关参数和数据并发出各种操作命令。

单独设计一台操作员控制台，成本较高，且要占用输入/输出接口，但实用性、可靠性好，操作方便。

5. 软件设计

微机控制系统的软件主要分两大类，即系统软件和应用软件。系统软件包括操作系统、诊断系统、开发系统和信息处理系统，通常这些软件一般不需用户设计，对用户来说，基本上只须了解其大致原理和使用方法就行了。而应用软件都要由用户自行编写，所以软件设计主要是应用软件设计。

控制系统对应用软件的要求是实时性、针对性、灵活性和通用性。对于工业控制系统来说，由于是实时控制系统，所以要求应用软件能够在对象允许的时间间隔内进行控制、运算和处理。应用软件的最大特点是具有较强的针对性，即每个应用程序都是根据一个具体系统的要求设计的，如对控制算法的选用，必须具有针对性，这样才能保证系统具有较好的调节品质。灵活性、通用性是指不但针对性要强也要具有一定的通用性，这样可以适应不同系统的要求，为此，应采用模块式结构，尽量把共用的程序编写成具有不同功能的子程序，如算术和逻辑运算程序，A/D、D/A 转换程序，PID 算法程序等。设计者的任务主要是把这些具有一定功能的子程序进行排列组合，使其成为一个完成特定功能的应用程序，这样可大大简化设计步骤和时间。

应用软件的设计方法有两种，即模块化程序和结构化程序。

（1）程序模块化设计方法　在微机控制系统中，大体上可以分为数据处理和过程控制两大基本类型。数据处理主要是数据的采集、数字滤波、标度变换以及数值计算等，过程控制程序主要是使微机按照一定的方法（如 PID 或直接数字控制）进行计算，然后再输出，以便控制生产过程。为了完成上述任务，在进行软件设计时，通常把整个程序分成若干部分，每一部分叫作一个模块。所谓“模块”，实质上就是能完成一定功能，相对独立的程序段。这种程序设计方法就叫作模块程序设计法。

（2）程序结构化设计方法　结构化程序设计方法给程序设计施加了一定的约束，它限定采用规定的结构类型和操作顺序，因此能编写出操作顺序分明，便于查找错误和纠正错误的程序。常用的结构有直线顺序结构、条件结构、循环结构和选择结构。其特点是程序本身易于用程序框图描述，易于构成模块，操作顺序易于跟踪，便于查找错误和便于测试。

（3）系统调试　微机控制系统设计完成以后，要对整个系统进行调试。调试步骤为硬件调试→软件调试→系统调试。

硬件调试包括对元件的筛选、老化、印制电路板制作、元器件的焊接及试验，安装完毕后要经过连续考机运行；软件调试主要是指在微机上把各模块分别进行调试，使其正确无误，然后固化在 EPROM 中；系统调试主要是指把硬件与软件组合起来，进行模拟实验，正确无误后进行现场试验，直至正常运行为止。

3.2 控制系统中的微型计算机

3.2.1 微型计算机概述

人们常用“微机”这个术语，该术语是三个概念的统称，即微处理机（微处理器）、微型计算机、微型计算机系统的统称。

微处理器（Microprocessor）简称 CPU，是一个大规模集成电路（LSI）器件，或超大规模集成电路（VLSI）器件，器件中有数据通道、多个寄存器、控制逻辑和运算逻辑部件，有的器件还含有时钟电路，为器件的工作提供定时信号。控制逻辑可以是组合逻辑，也可以是微程序的存储逻辑，可以执行机器语言描述的系统指令，是完成计算机对信息的处理与控制等的中央处理功能的器件，并非是完整的计算机。

微型计算机（Microcomputer）简称MC，是以微处理器为中心，加上只读存储器(ROM)、读写存储器（RAM)，输入/输出接口电路、系统总线及其他支持逻辑电路组成的计算机。

上述微处理器、微型计算机都是从硬件角度定义的，而计算机的使用离不开软件支持。一般将配有系统软件、外围设备、系统总线接口的微型计算机称为微型计算机系统（Microcomputer System)，简称MCS。图3-1所示为微处理器、微型计算机、微型计算机系统的相互关系。

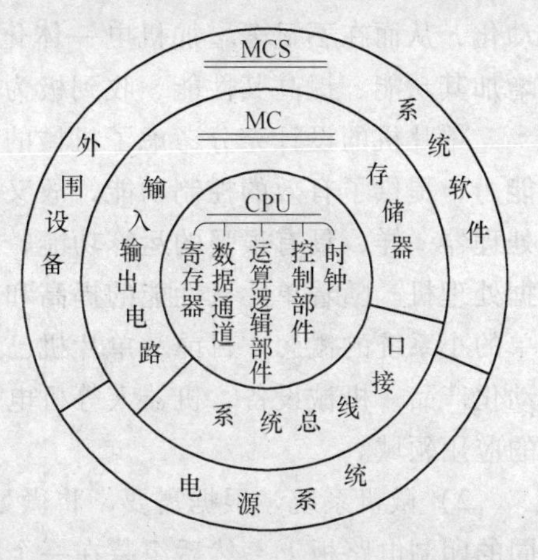

图3-1 CPU、MC与MCS的关系

微型计算机的基本硬件构成如图3-2所示，各组成部分由数据总线、地址总线和控制总线相连。主存储器又叫内部存储器，目前这些存储器均是大规模集成电路（LSI)，主要有RAM（Random Access Memory）和ROM（Read Only Memory)，通常ROM存储固定程序和数据，而输入/输出数据和作业领域的数据由RAM存储。输入/输出装置主要执行数据和程序的输入/输出，以及用于控制时输入检测传感元件的信息和输出控制执行元件的信息。辅助存储装置可作为存储器使用，操作面板或键盘也属于输入装置。在实际使用时，如图3-2所示的结构，一般取能够满足机械设备运转的最简形式需要，取其最低限。输入/输出装置和辅助存储装置等统称为计算机的外围设备。随着微型计算机的普及和机电一体化的需要，市场上出现了许多廉价、适用的外围设备，特别是输入/输出装置，当微机用于控制机械设备时，输入信息的传感器和信息出口的执行元件都可以认为是广义的输入/输出装置，此时一定要考虑与此相联系的A/D、D/A变换器。

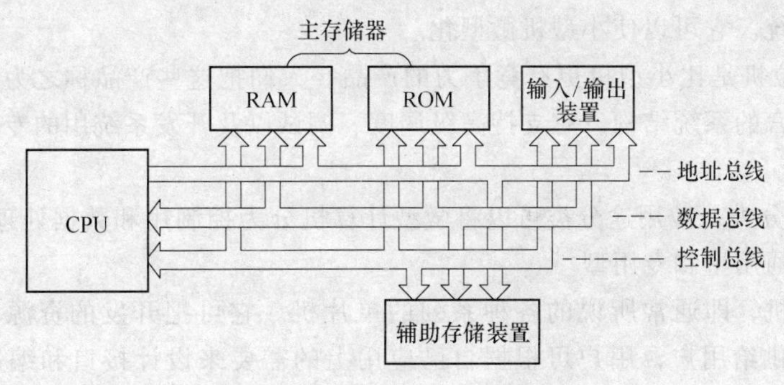

图3-2 微型计算机的基本构成

1. 微型计算机的分类

微型计算机可以按组装形式、微处理器位数、微处理器的制造工艺或封装芯片数以及用途范围进行分类。

(1) 按组装形式分类 按组装形式可将微型计算机分为单片机和微机系统等。

1) 单片机。在一块集成电路芯片上装有CPU、ROM、RAM以及输入/输出端口电路，该芯片就被称为单片微型计算机（SCM-Single-Chip Microcomputer），简称单片机，例如Intel公司的MCS-48系列、MCS-51系列、MCS-96系列等。这样的单片机具有一般微型计算机的基本功能。除此之外，为了增强实时控制能力，绝大多数单片机的芯片上还集成有定时器/计数器，部分单片机还集成有A/D、D/A转换器和PWM等功能部件。由于单片机的集成度高、功能强、通用性好，特别是体积小、重量轻、能耗低、价格便宜，而且可靠性高，抗干扰能力强和使用方便等独特优点很容易使各种机电、家电产品智能化、小型化、过程控制自动化，从而在不显著增加机电一体化系统（或产品）的体积、能耗及成本的情况下，大大增加其功能、提高其性能，收到极为显著的经济效果。

单片机的设计充分考虑了机械的控制需要，它独有的硬件结构、指令系统和输入/输出能力，提供了有效的控制功能，故又被称为微控制器（Microcontroller）。同时，它与通用微处理器一样，具有很强的运算功能，因而它不但是一种高效能的过程控制机，也是有效的数据处理机。随着单片机性能的提高和功能的增强，单片机的应用打破了原来认为只能用于简单的小系统的概念。目前，单片机已广泛应用于家用电器、机电产品、仪器仪表、办公室自动化产品、机械设备、机器人等机电一体化产品，上至航天器、下至儿童玩具，均是单片机的应用领域。

2）微机系统。根据需要，将微处理器、ROM、RAM、I/O接口电路、电源等组装在不同的印制电路板上，然后组装在一个机箱内，再配上键盘、显示器、打印机、硬盘等多种外围设备和足够的系统软件，就构成了一个完整的微机系统。

（2）按微处理器位数分类　按微处理器位数可将微型计算机分为1位、4位、8位、16位、32位和64位等几种。所谓位数是指微处理器并行处理的数据位数，即可同时传送数据的总线宽度。

4位机目前多做成单片机，即把微处理器、1~2KB的ROM、64~128KB的RAM、I/O接口做在一个芯片上，主要用于单机控制、仪器仪表、家用电器等。

8位机有单片和多片之分，主要用于控制和计算。16位机功能更强、性能更好，用于比较复杂的控制系统。它可以使小型机微型化。

32位和64位机是比小型机更有竞争力的产品。人们把这些产品称之为超级微型机。它具有面向高级语言的系统结构，有支持高级调度、调试以及开发系统用的专用指令，大大提高了编程效率。

（3）按用途分类　按用途分类可以将微型计算机分为控制用和数据处理用微型计算机。对单片机来说为通用型和专用型。

通用型单片机，即通常所说的各种系列的单片机。它可把开发的资源（如ROM、I/O接口等）全部提供给用户，用户可根据自己应用上的需要来设计接口和编制程序，因此通用型单片机可作为系统或产品的微控制器，适用于各种应用领域。

专用型单片机或称专用微控制器，是专门为某一应用领域或某一特定产品而开发的一类单片机。为满足某一领域应用的特殊要求而开发的单片机，其内部系统结构或指令系统都是特殊设计的（甚至内部已固化好程序）。

2. 程序设计语言与微机软件

软件是比程序意义更广的一个概念，内含极其丰富，现将其主要内容概述如下。

（1）程序设计语言　程序设计语言是编写计算机程序所使用的语言，是人机对话的工具。

目前使用的程序设计语言大致有三大类，即“机器语言”（machine language）、“汇编语言”（assembly language）、“高级语言”（high level language）。

机器语言是设计计算机时所定义的、能够直接解释与执行的指令体系，其指令用“0”、“1”符号所组成的代码表示。一般的微型计算机有数十种到数百种指令，这些指令是程序员向计算机发指示、并让计算机产生动作的最小单位。机器语言与计算机硬件密切相关，随硬件的不同而不同，不同机种之间一般没有互换件。又因为它是用“0”、“1”符号构成的代码，所以极不易掌握。

汇编语言比机器语言容易掌握和使用，但是，这种语言基本上是与机器语言一一对应的。虽然远比机器语言编程容易、出错也少，但还是不易掌握，必须在一定程度上掌握计算机硬件知识的基础上才可使用，且其同样没有互换性。

高级语言比汇编语言更容易掌握和使用，即使不了解计算机的硬件知识的人、仅凭日常知识也可以进行编程。高级语言虽容易理解、掌握和使用，具有一定的通用性，但用高级语言或汇编语言编制的程序，计算机不能直接执行，必须先由计算机厂家提供的编译程序将它们转换成机器语言之后，计算机才可以执行。通常，将用高级语言或汇编语言编制的源程序转换成计算机可执行的机器语言表示的目标程序的转换叫语言处理，一般的计算机均具有这种处理功能。

另外，用高级语言比用汇编语言编制程序省时、省工，但编译后的目标程序占用的容量大、执行速度慢，而且，有时某些机械操作和控制的微动作过程仅用高级语言不能进行描述，所以目前常将高级语言与汇编语言在机械的微机控制中混合使用。

（2）操作系统　所谓操作系统（Operating System），就是计算机系统的管理程序库。它是用于提高计算机利用率、方便用户使用及提高计算机响应速度而配备的一种软件。操作系统可以看成是用户与计算机的接口，用户通过它使用计算机。它属于在数据处理监控程序控制之下工作的一组基本程序，或者是用于计算机管理程序操作及处理操作的一组服务程序集合。微型计算机的磁盘操作系统（DOS）的主要功能有管理中央处理器（CPU）、控制任务运行、调度、调试、输入/输出控制、汇编、编译、存储器分配、数据处理、中断服务等。典型的磁盘操作系统还具有扩充文件管理、程序链接、页面装配及处理不同计算机语言的混合程序等功能。典型的磁盘操作系统包括软盘控制器、驱动系统和软件系统。软件系统是指存储在磁盘上的汇编程序和实用程序、BASIC、FORTRAN 等高级语言的解释程序或编译程序、宏汇编程序以及文本编辑程序等系统程序。操作人员通过磁盘驱动器将所需要的程序调入内存，就可以通过键盘编辑源程序并存入磁盘。

（3）程序库　计算机的可用程序和子程序的集合就是程序库（或软件包）。目前，微型计算机积累的程序非常丰富，而且可以通用。而在机械控制领域，由于被控对象（产品）的特殊性较强，其程序库的形成较难。但是，随着微型计算机的普及与应用，其应用程序将不断丰富，也将会形成各式各样的程序库。

3.2.2　微型计算机在机电一体化系统中的核心地位

1. 所起的核心作用

计算机性能的大幅度提高，高速、大内存、强功能，使之能够适应不同对象的应用要求，具有解决各种复杂的信息处理和适时控制问题的能力，大型计算机的小型化、微型化，使得计算机走出实验室、机房，得以应用于各种产品和生产、办公、生活现场，大规模集成电路的批量生产和技术进步，使得计算机的成本大幅度下降，从而大大拓宽了计算机的应用范围。

微型化、低价、高功能——计算机技术的巨大进步，促进了工厂自动化，办公室自动化，家庭自动化进程，导致了制造工业机电一体化变革，机电一体化技术已从早期的机械电子化转变为机械微电子化和机械计算机化。在机电一体化系统中，微型计算机收集和分析处理信息，发出各种指令去指挥和控制系统的运行，还提供多种人机接口，以便观测结果，监视运行状态和实现人对系统的控制和调整。微型计算机成为整个机电一体化系统的核心。

微型计算机在机电一体化系统中的功用，大致归纳有如下几个方面：

1）对机械工业生产过程的直接控制。其中包括顺序控制，数字程序控制，直接数字控制。

2）对机械生产过程的监督和控制。如根据生产过程的状态、原料和环境因素，按照预定的生产过程数学模型，计算出最优参数，作为给定值，以指导生产的进行，或直接将给定值送给模拟调节器，自动地进行整定、调整，传送至下一级计算机进行直接数字控制。

3）在机械工业生产的过程中，对各物理参数进行周期性或随机性的自动测量，并显示、打印和记录结果供操作人员观测，对间接测量的参数或指标进行计算、存储、分析判断和处理，并将信息反馈到控制中心，制定新的对策。

在具体的生产过程中对加工零件的尺寸，刀具磨损情况进行测量，并对刀具补偿量进行修正，以保证加工的精度要求。

4）对车间或全厂自动生产线的生产过程进行调度和管理。

5）直接渗透到产品中形成带有智能性的机电一体化新产品，如机器人、智能仪器等。

机电一体化系统的微型化、多功能化、柔性化、智能化、安全、可靠、低价、易于操作的特性都是采用微型计算机技术的结果，微型计算机技术是机电一体化中最活跃、影响最大的关键技术。

2. 微机应用领域、选用要点及应注意的问题

微型计算机的基本特点是小型化、超小型化，具有一般计算机的信息处理、计测、控制和记忆功能，价格低廉，且可靠性高、耗电少，故用微机构成机电一体化系统（或产品）具有以下效果。①小型化——应用 LSI 技术减少了元件数量，简化了装配、缩小了体积；②多功能化——利用了微机以信息处理能力、控制能力为代表的智能；③通用性增大——容易用软件更改和扩展设计；④提高了可靠性——用 LSI 技术减少了元件、焊点及接线点的数量，增加了用软件进行检测的功能；⑤提高了设计效率——将硬件标准化，用软件适应产品规格的变化，能大大缩短产品开发周期；⑥经济效果好——降低了零件费、装配成本、电源能耗，通过硬件标准化易于实现批量生产、进一步降低成本；⑦产品（或系统）标准化——硬件易于标准化；⑧提高了维修保养性能——产品的标准化使维修保养人员易于掌握维修保养规则，易于运用故障自诊断功能。

因此，微机的应用领域越来越广，特别是超小型单片机，在逻辑控制和运算处理方面具有很强的能力，具有优异的性能价格比。

（1）应用领域　微机的应用范围十分广泛，下面仅列举一些典型应用领域。

1）工业控制和机电产品的机电一体化。包括生产系统自动化、机床自动化、数控与数显、测温及控温、可编程逻辑控制器（PLC）、电动缝纫机、编织机、升降机、纺织机械、电机控制、工业机器人、智能传感器、智能定时器等。

2）交通与能源设备的机电一体化。包括汽车发动机点火控制、汽车变速器控制、交通灯控制、炉温控制等。

3）家用电器的机电一体化。包括洗衣机、电冰箱、微波炉、录像机、摄像机、电饭锅、电风扇、照相机、电视机、立体声音响设备等。

4）商用产品机电一体化。包括电子秤、自动售货（票）机、电子收款机、银行自动化系统等。

5）仪器、仪表机电一体化。包括三坐标测量仪、医疗电子设备、测长仪、测温仪、测速仪、机电测试设备等。

6）办公自动化设备的机电一体化。包括复印机、打印机、传真机、绘图仪等。

7）信息处理自动化设备。包括语音处理、语音识别、语音分析、语言合成设备；图像分析设备；气象资料分析处理、地震波分析处理设备等。

8）导航与控制。导弹控制、鱼雷制导、航空航天系统、智能武器装置等。

（2）选用要点　不同领域可选用不同品种、不同档次的微机。生产系统自动化、机床自动化、数控机床一般应用8位或16位微机，特别是控制系统与被控对象分离时，可使用单板机、多板机微机系统。对于家用电器、商用产品，计算机一般装在产品内，故应采用单片机或微处理器，然而，这类产品处理速度不高、处理数据量不大、处理过程又不太复杂，故主要采用4位或8位微机。在要求很高的实时控制及复杂的过程控制、高速运算及大量数据处理等场合，如智能机器人、导航系统、信号处理系统应主要使用16位与32位微机。对一般的工业控制设备及机电产品、汽车机电一体化控制、智能仪表、计算机外设控制、磅秤自动化、交通与能源管理等，多采用8位机。换句话说，4位机常用于较简单、规模较小的系统（或产品），16位、32位及64位微机主要用于较复杂的大系统，8位机则用于中等规模的系统。由于单片机的迅速发展，它的功能更强、性能更完善，逐渐满足各种应用领域的要求，应用范围不断扩大，不但用于简单小系统，而且不断被复杂大系统所采用。

（3）机电一体化中使用计算机应注意的问题　当前影响计算机发展与应用的主要问题有以下三个方面：

1）计算机系统的存储器和通信部件性能价格比的发展跟不上处理器的发展，其结果是快速的运算系统与慢速的外部设备的矛盾。

2）人机接口已成为计算机技术应用的主要问题，开发图形窗口软件的人机接口技术是当前计算机软件发展的重要趋势。

3）软件的开发仍然是计算机应用的巨大工作量所在。软件工程与计算机辅助软件工程（CASE）旨在解决软件开发的工程问题。

在机电一体化技术的推广中，如何选择计算机、如何进行硬件系统的设计、如何组织软件的开发，如何维护和使用已有的计算机系统，这些都要求机电一体化技术人员对计算机技术有比较正确的认识。例如，对上述三个方面来讲，选择微机时不能单纯追求微处理器的速度，而应根据具体的应用环境和用途来选择整个计算机系统的性能和指标，在编制应用程序时，设计一个好的人机接口界面应该在软件设计的初期就加以考虑并作为一项重要的技术指标来考核，大型软件的开发必须按照软件工程的规范进行，这是提高软件编制的质量、效率的主要保障，也是软件开发后期和使用期中测试、维护的标准和手段。目前国际和国内都在探讨软件设计的标准问题。

3. 未来计算机的发展对机电一体化技术的影响

世界正在进入第六代计算机——神经网络与光电子技术结合的计算机时代。未来的第六代计算机是能够处理不完整信息的自适应信息处理技术系统，是可进行并行处理的神经网络与光电子计算机。它的研制是计算机领域发展的热点，目前已有较大突破。其中光电子技术作为当代信息技术的最前沿、最活跃的重要组成部分，为超高速、大容量、高密度的信息传输、处理与存储开拓了一条新的发展道路。

集成电路的集成度进一步提高是受物理极限的限制的，它无法达到人脑这样精巧的思维机器的程度，因此在20世纪80年代，人们开始采用生物微电子学和分子微电子学技术，进行第七代计算机的理论和实验研究。

微型计算机在它30多年的发展中，已形成了几个方向的发展趋势。一是向功能近似大型主机但价格低廉的工作站发展，另一个是向工业控制机发展。

未来计算机技术与微型计算机技术的发展都将对机电一体化技术的发展产生影响。这些影响有些是现在已经认识到的，而有些现在还无法预见。

微处理器和微型计算机是使机电一体化产品产生结构上、原理上变革的主要动力因素，是满足社会不断增长的机电产品需要的唯一途径。未来计算机技术发展必将引导机电一体化进一步向信息化、智能化方向迈进。

3.3 基于单片机的控制系统设计

前面已对机电一体化产品的微控制器进行了介绍，有基于PC的、有基于单片机的、有基于PLC的，也有基于越来越多的可以编程的其他微电子芯片，涉及面之广可以说是百花齐放，对于职业技术教育来讲最典型的而且最易于掌握和发展的还是基于单片机的控制系统。

3.3.1 单片机控制系统的结构形式

单片机控制系统结构紧凑，硬件设计简单灵活，特别是MCS-51系列单片机，以其构成系统的成本低及不需要特殊的开发手段等优点，在机电一体化系统中得到广泛应用。单片机控制系统的结构如图3-3所示。单片机控制系统分为两种基本形式，一种称为最小应用系统，另一种称为扩展应用系统。

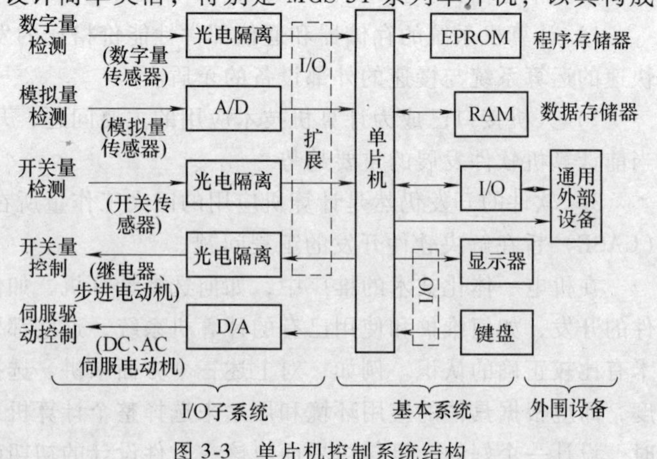

图3-3 单片机控制系统结构

1. 最小应用系统

最小应用系统是指用一片单片机，加上晶振电路、复位电路、电源与外设驱动电路组配成的控制系统。这种系统往往使用片内带有 ROM 或 EPROM 作程序存储器的单片机。图 3-4 所示为注塑机单片控制系统。

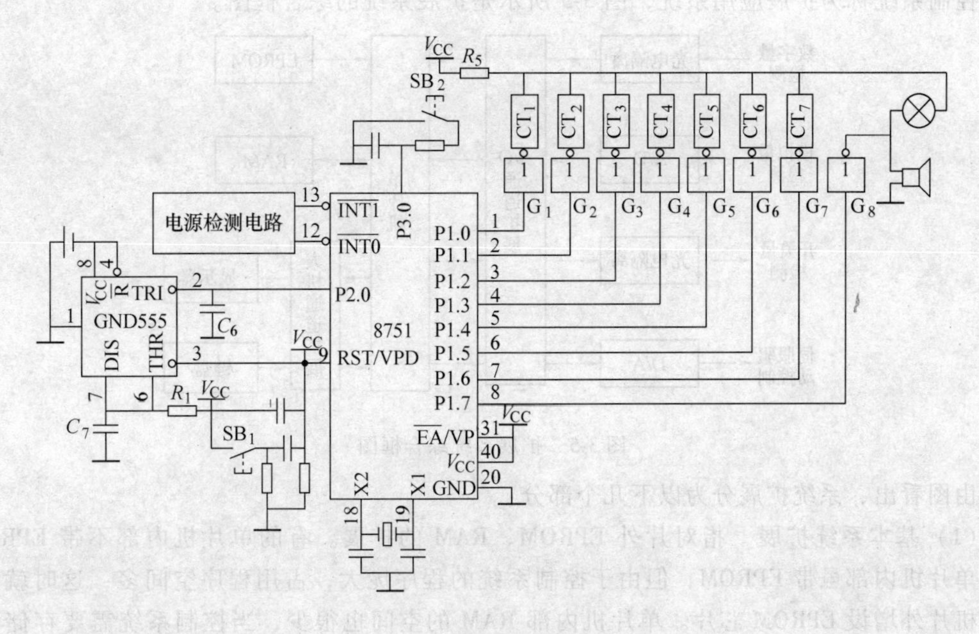

图 3-4　注塑机单片控制系统

该系统是由 8751 单片机组成的最小系统。系统按表 3-1 的顺序要求控制相应的电磁继电器动作，当电源掉电时，单片机将保护现场状态，当电源恢复时，注塑机能从掉电时的工序位置开始动作。

表 3-1　注塑机顺序控制步序表

步序	1	2	3	4	5	6	7
动作	合模	送料进	送料退	加热	开模	卸工件	退回
时间/s	1.5	4.5	2	5	1	3.5	1

如图 3-4 所示的 $CT_1 \sim CT_7$ 为控制注塑动作的电磁继电器组，$G_1 \sim G_8$ 为驱动器，R_5 为限流电阻，SB_1 为复位按钮，SB_2 作起动按钮。单片机的 P1.0 ~ P1.7 作为输出控制口，分别与 $G_1 \sim G_8$ 相连，P1.7 用作声光报警输出。

555 脉冲发生器接成一个输出脉冲取于 R_1 及 V_{CC}存在的单稳态触发电路。其输出端（脚 3）与单片机复位端脚（RST/VPD）相连，假如电源检测电路检测到电源故障信号并引起 INT0 中断请求，CPU 即进入中断服务程序，将现场的有关数据存入内部 RAM，然后由 P2.0 输出低电平触发 555 翻转；如果 555 定时结束，V_{CC}仍旧存在，则表明刚才检测到的掉电信号是伪信号，CPU 将从复位开始操作；如果在 555 定时结束，V_{CC}确实低于工作允许电压，则 555 在停止期间将保持复位引脚上的电压，直到 V_{CC}恢复后，在由 R_1、C_7 所决定的一段时间内，还一直保持 RST/VPD 上的高电平，使 CPU 获得可靠的上电复位。

由如图 3-4 所示可以看出，该微机系统提供了注塑机的顺序控制、掉电时的断点保护功能。硬件由单片机和辅助电路组成，程序固化在单片机片内 EPROM 中，数据存在单片机的内部 RAM 中，这种组配可使控制系统的硬件结构十分简单，而且价格低、可靠性高。

2. 扩展应用系统

在有些控制系统中，因单片机本身硬件资源的限制而需要对它进行扩展，经扩展后的单片机控制系统称为扩展应用系统，图 3-5 所示是扩展系统的综合框图。

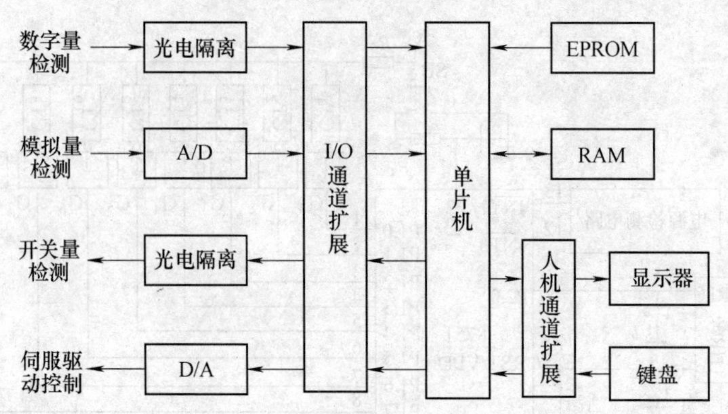

图 3-5 扩展系统综合框图

由图看出，系统扩展分为以下几个部分：

（1）基本系统扩展 指对片外 EPROM、RAM 的扩展。有的单片机内部不带 EPROM，有的单片机内部虽带 EPROM，但由于控制系统的程序庞大，占用程序空间多，这时就要在单片机片外增设 EPROM 芯片。单片机内部 RAM 的空间也很少，当控制系统需要存储大容量的过程控制数据时，就需要在片外增设 RAM 芯片。

（2）人机对话通道扩展 控制系统一般需要操作者对系统的工作状态进行干预，控制系统还需向操作者报告系统工作状态与运行结果，而单片机本身并不提供这种人机对话功能，这就需要对系统进行扩展。最常用的是键盘和显示器，其中显示器的种类主要有发光二极管显示器（LED）、液晶显示器（LCD）、阴极射线管（CRT）显示器。

（3）前向通道扩展 在单片机系统中，对被控对象进行数据采集或现场参数监视的信息通道称为前向通道。在前向通道设计中会遇到两个问题：第一，被测参数（如位置、位移、速度、加速度、压力、温度等）被传感器检测转换成电量后，还需要将其转换成数字量，才能被单片机接受；有的虽已被转换成数字量，如开关信号、频率信号等，但与单片机的数字电平不匹配，需进一步转换成单片机能接受的 TTL 数字信号。第二，被测参数较多时，单片机 I/O 接口在数量上有时不够用。因此，前向通道的扩展包括：输入信号通道数目的扩展和信号转换两个技术处理问题。

（4）后向通道扩展 在单片机系统中，对控制对象输出控制信息的通道称为后向通道。在后向通道设计中，必须解决单片机与执行机构（如电磁铁、步进电动机、伺服电功机、直流电动机等）功率驱动模块的接口问题，这时也会遇到信号转换、隔离及输出通道数的扩展等技术问题。

实际的机电一体化系统有时并不需要微机系统具有如图 3-5 所示的完整性，而是应根据需要作合理的扩展。上述三个通道的扩展在设计上包含两个方面的内容：一是单片机 I/O 接口数目的扩展，即扩展设计；二是外部 I/O 信号与单片机 I/O 信号的转换，即接口设计。

3.3.2　单片机控制系统的设计要点

单片机控制系统的设计内容主要包括硬件设计、应用软件设计和系统仿真调试三个部分。其设计步骤可按如图3-6所示进行。

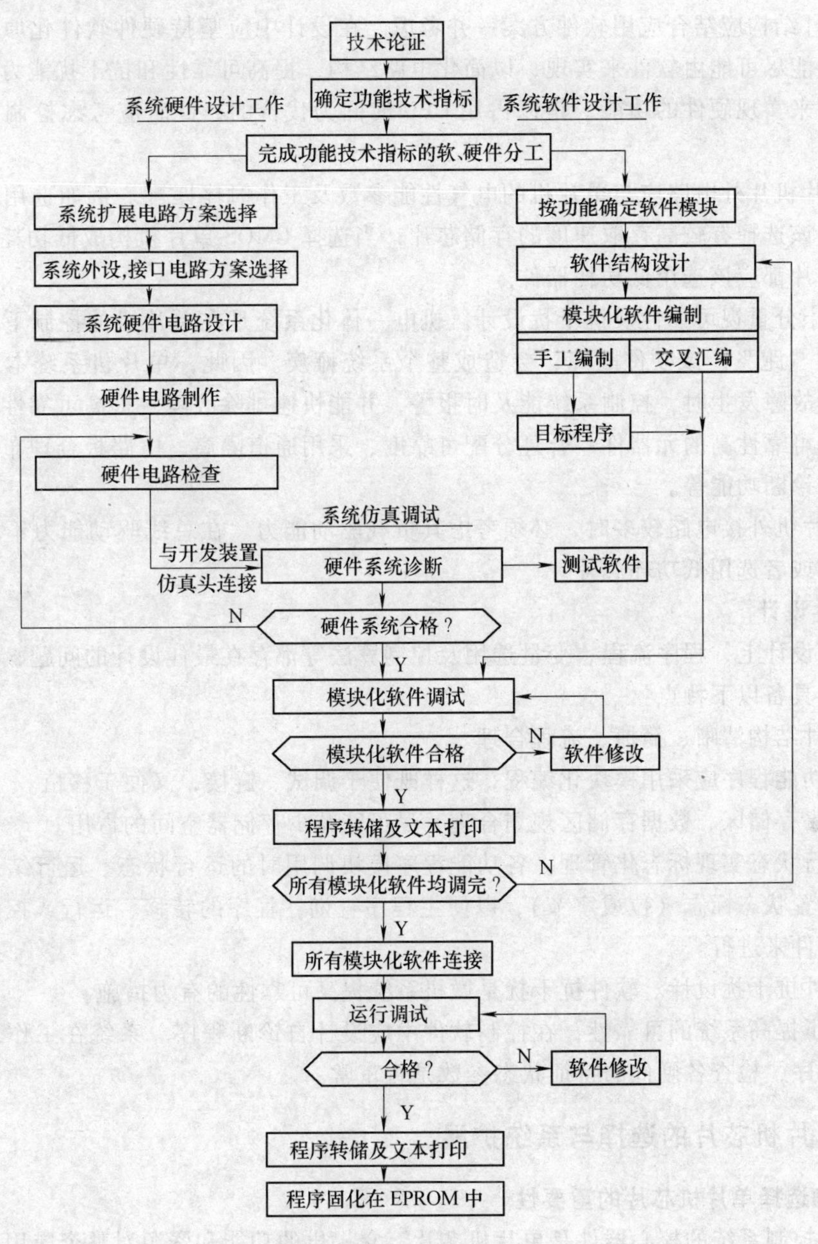

图3-6　单片机控制系统设计步骤

1. 硬件设计

单片机控制系统的硬件设计包括：单片机选型、基本系统扩展设计、I/O接口扩展设计、人机通道设计、前向通道接口设计和后向通道接口设计等。在扩展和通道接口设计中应遵循如下原则：

1）尽可能选择典型电路，并且要符合常规用法。单片机控制系统的硬件结构具有三种模式：专用模式、总线模式和单板机模式，设计者可参照这三种模式的特点和规模进行系统设计。

2）系统扩展、I/O接口扩展要留有一定的余量，以备样机调试时修改和二次开发。

3）硬件结构应结合应用软件方案一并考虑。在设计中应坚持硬件软件化原则，即软件能实现的功能尽可能由软件来实现，以简化电路结构，提高可靠性和抗干扰能力。但必须注意，由软件来实现硬件的功能，是以占用CPU时间为代价的，此时应考虑控制系统的实时性。

4）单片机片外电路应与单片机的电气性能参数及工作时序匹配。例如选用的晶振频率较高时，应该选择有较高存取速度的存储芯片；当选择CMOS单片机构成低功耗系统时，系统中所有芯片都应该选用低功耗器件。

5）应十分重视可靠性及抗干扰设计。机电一体化系统是在单片机的控制下运行的，一旦发生软件“跑飞”或硬件故障，会造成整个系统瘫痪。因此，单片机系统本身不能发生故障，或者故障发生时，控制系统能及时报警，并能快速排除故障。提高可靠性的方法有多种，如选择可靠性高的元器件、合理分配可靠度、采用通道隔离、电路板合理布局及去耦滤波、设计自诊断功能等。

6）单片机外接电路较多时，必须考虑其负载驱动能力。在总线驱动能力不足时应增设线路驱动器或者选用低功耗芯片。

2. 软件设计

在软件设计上，程序流程、变量选用及控制算法等都存在最佳设计的问题，一个优良的控制软件应具备以下特点：

1）软件结构清晰、简捷、流程合理。

2）各功能程序应采用模块化编程，这样既便于调试、链接，又便于移植。

3）程序存储区、数据存储区规划合理，尽可能减少存储器空间的占用。

4）运行状态实现标志化管理。各功能程序模块调用时的运行状态、运行结果以及运行要求都应设置状态标志（位或字节），以便主程序查询，程序的转移、运行或控制都可通过状态标志条件来进行。

5）软件抗干扰设计。软件抗干扰是微机系统提高可靠性的有力措施。

6）为了提高系统的可靠性，在控制软件中应设计自诊断程序。系统在工作运行前先运行自诊断程序，检查各硬件的特征状态参数是否正常。

3.3.3 单片机芯片的选择与系统扩展

1. 正确选择单片机芯片的重要性

单片机控制系统的核心器件是单片机芯片，它提供的功能和资源对整个应用系统所需要的支持电路、接口硬件设计以及软件程序设计起着关键性的作用。

单片机硬件资源极大地影响着整个应用系统的成本和复杂程度。资源丰富的单片机可以大大地减少硬件外围接口芯片与存储器扩展芯片的数量，使成本降低，结构简单，目前单片机的价格与外围接口芯片的价格已相差无几，比如选择片内带EPROM的单片机可以减少外部扩展EPROM的芯片及电路面积。

不同的系统，要选用不同的单片机。有些场合，如控制系统中需要断电数据保存、智能仪表、野外设备等，就要求单片机具有最小的功耗，此时，应选用低功耗 CHMOS 单片机，这种单片机具有保护和冻结两种特殊的运行方式，目的就是为了降低单片机的功耗。

又如，在很简单的特定控制应用中（如全自动洗衣机）若不选用功能、结构简单的 4 位或 8 位单片机，而选择高性能的 16 位单片机，就会使后者有许多功能无用武之地，造成资源浪费。反过来，在比较复杂的控制应用中，不选用 16 位单片机而采用 4 位或 8 位单片机，结果增加了支持电路和硬件的复杂性，整个系统的性能价格比反而下降。

2. 建议选择单片机芯片时考虑以下因素

1）要尽可能选择设计者较为熟悉，曾经接触过的单片机系列。单片机发展至今已有三十余年的历史，形成约 50 个系列四百余种机型。设计者不可能对每一种芯片都熟悉，因此，在选择芯片时切勿追赶时髦，使用从未接触过的新芯片。如果你本来就非常熟悉 MC6800 指令系统，那么选择 MC6801/05 对你就有利，因为 MC6801/05 单片机片内 CPU 是一个增强的 MC6800，指令与 MC6800 兼容。再比如，如果你对 MCS-51 系列的应用已积累了丰富的经验，选择 8031、8051、8751 可能会使你的开发时间大大缩短，因为它们的结构相当，而且指令系统相近。

当然，随着单片机技术的发展，单片机性能不断提高，新的芯片层出不穷，所以，设计者在从事设计的过程中，还需要学习新推出的芯片，通过实验，变陌生为熟悉，再将其设计到自己的应用系统中。

2）要选择有丰富的应用软件、开发工具及成熟辅助电路支持的单片机系列。设计者应尽量利用已有的软硬件成果，这样可将自己的产品推上新台阶，同时加快开发速度。单片机本身无监控程序，不具有自开发能力，因此，选择单片机芯片时，还应考虑手头上的开发工具，如在线仿真器、交叉汇编程序及动态仿真程序包等。

3）根据系统性能要求选择合适的单片机。各种单片机性能差异很大，要根据系统对硬件资源的需要确定是否需要片内 A/D、D/A、串行口、EPROM，是否要选用具有加密位的单片机。要根据需要选择单片机的数据处理能力（4 位、8 位、16 位）、寻址方式及指令系统。

目前单片机的产量占全部微机产量的 70% 以上，其中 8 位单片机产量占整个单片机的 60% 以上，而 Intel 公司的 MCS-48 和 MCS-51 在 8 位单片机市场所占的份额最大，达 50% 左右。除 Intel 公司的 MCS-48、MCS-51、MCS-96 系列单片机外，目前被采用的还有 Motorola 公司的 6801/05 系列，Zilog 公司的 Z8 系列，Fairchild（仙童）公司的 F8 系列，TI 公司（Texas Instrument Inc）的 TMS70 × ×系列，GI 公司的 PIC 系列，NS（美同国家半导体公司）的 NS8070，ROCKWELL 公司的 R6500/1，NEC 公司的 UPD78 × ×系列等。

3. 单片机系统扩展方法

对单片机的资源扩展（如 EPROM、RAM、I/O 接口、中断源、定时/计数器等）应解决三个问题：①选择何种芯片进行扩展；②扩展芯片的片选信号线如何获得；③单片机能否驱动扩展芯片。

根据单片机控制系统扩展的内容，芯片扩展分为存储器芯片扩展与可编程 I/O 接口扩展两类。

（1）存储器芯片扩展　存储器芯片扩展分为两类：一类是程序存储器芯片扩展，另一类是数据存储器芯片扩展。程序存储器芯片一般选用 EPROM，即紫外线可擦除只读存储器，EPROM 芯片一般为双列直插式封装（DIP）形式。数据存储器芯片主要用于存放过程控制参数、采样数据及数字控制中的工艺数据等。数据存储器一般采用 MOS 型 RAM（速度要求特别高的系统要采用双极型 RAM）。MOS 型 RAM 分为静态 RAM 和动态 RAM。在单片机系统中一般采用静态 RAM，目前静态 RAM 的容量不断扩大，功耗和价格也越来越低。图 3-7 所示为 8031 同时扩展外 ROM 和外 RAM 典型连接电路。有关 EPROM、RAM 操作时序及编程方法，可参阅有关单片机原理与接口技术的资料，这里不再赘述。

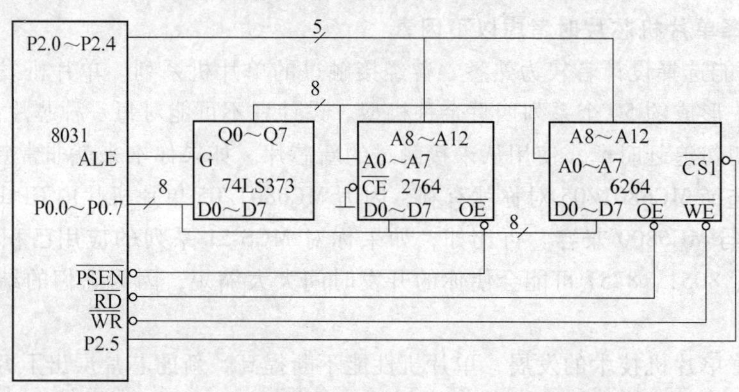

图 3-7　8031 同时扩展片外 ROM 和片外 RAM 典型电路

对于如图 3-7 所示电路，关键必须能确定 2764 和 6264 的容量和地址。其中 27 是 EPROM 芯片的代号，62 是 RAM 芯片的代号，64 代表 64K 位（bit），按字节计算，每字节 8 位，存储容量为 8K×8 位，即 8KB（Byte）。对于 2764 芯片由于 P2. 5 ~ P2. 7 没接入芯片，故地址为“×××0000000000000 ~ ×××1111111111111”，“×××”以“000”计地址为“0000H ~ 1FFFH”。对于 6264 芯片由于 P2. 6 ~ P2. 7 没接入芯片，故地址为“××0000000000000 ~ ××01111111111111”，“××”以“00”计地址为“0000H ~ 1FFFH”，虽然两芯片地址都为“0000H ~ 1FFFH”，但概念是完全不一样的，如不接引脚以“1”计地址，2764 芯片的地址就为“E000H ~ FFFFH”，6264 芯片的地址就为“C000H ~ DFFFH”。必须特别强调硬件线路的不同接法要影响软件的编程地址。

（2）可编程 I/O 口扩展　Intel 公司生产的 CPU 外围接口电路芯片一般都可以作为 Intel 单片机 I/O 接口扩展芯片。常用的器件有：

8255：可编程通用并行接口电路，可扩展 3×8 位并行 I/O 口。

8243：可编程通用并行接口电路，可扩展 4×4 位并行 I/O 口。

8155：可编程 RAM 及 I/O 扩展电路，可扩展 2×8 位并行口、6 位并行口、256×8 位静态 RAM 和 14 位定时/计数器。

8755：可编程 EPROM/IO 扩展电路，可扩展 2×8 位并行 I/O 口和 2K×8 位 EPROM。

8253：可编程定时/计数器，可扩展 3 个 16 位定时/计数器。

8251：可编程串行口电路。

8279：可编程键盘、显示器接口电路，可扩展 64 个键（或开关点）和 16 位七段数码显示器。

I/O 口扩展可以用许多种芯片来实现，实际应用中究竟选用何种芯片，根据具体需要而定。但它们在设计应用上有许多相似之处。

以下归纳出通用可编 I/O 扩展芯片的应用方法：

1）在选用 I/O 扩展芯片时，必须对该芯片提供的资源及各引脚的含义正确地理解，如 8155 提供了 256B 的 RAM，3 个并行 I/O 口及 1 个定时/计数器资源。

2）可编程 I/O 芯片各资源都有地址编码，这些地址编码一般采用单片机低 8 位地址，如 8155 中 PA、PB、PC、计数器及 RAM 均有地址定义。对于有复合功能的芯片，其功能选择引脚也需进行地址编码，如 8155 的 $IO/\overline{M}$ 引脚。

3）各资源均有若干种工作方式，如 8155 并行口有两种工作方式，定时/计数器有 4 种工作方式，并行口还需定义数据输入/输出的方向等。各资源在某一时刻只能有一种工作方式，并行口的数据只有一种流向。各口的工作方式及数据流向在进行输入/输出前，必须事先通过对命令寄存器写入“命令字”进行定义，命令寄存器也占用一个地址单元。

4）在应用定时/计数器时，既要向其写入定时/计数常数，又要定义工作方式，然后，再通过命令寄存器启动定时/计数。

尽管各扩展芯片功能各异，但硬件的实现和软件编程一般都有上述的规律，有关这类 I/O 扩展芯片的工作原理及各芯片的电参数可参阅相关手册。

4. 单片机系统扩展地址译码

在单片机系统扩展中，所有扩展芯片都是通过总线与单片机相连，单片机数据总线分时与外围各芯片进行数据传输，即某一个时刻一般只与一片扩展芯片进行数据传递，所以需要对扩展芯片进行片选控制，片内有多个地址单元时（如 RAM 芯片，8155 等），还要进行片内地址选择。地址译码就是将地址总线进行编排或逻辑处理以产生片选信号。

（1）单片机扩展系统地址译码规则

1）单片机一般采用哈佛（Haward）结构，它把程序存储器与数据存储器的地址空间完全分开，采用不同的寻址方式。例如 MCS-51 系列，PC 指针总是指向程序存储器的单元，而用 DPTR 指针指向数据存储器单元。

2）外围芯片与数据存储器统一编址，而且必须使用读、写控制线。

3）8 位单片机的地址总线宽度为 16 位，也就是说片外程序存储器和数据存储器均可直接寻址 64KB。

（2）地址译码方法　地址译码的方法有线选法和全地址译码法两种。

1）线选法：把地址线直接接到外围扩展芯片的片选端上，只要该地址线为低电平，相应的芯片就被选中。未用到的地址线均设成“1”状态，将它们推向高位。这种译码方法的优点是硬件电路简单，但由于片选所用的地址线均为高位地址线，它们的权值较大，地址空间没有得到充分的利用，芯片之间的地址也不连续。

2）全地址译码：当扩展芯片所需的片选线要比可提供的地址线多时，要采用全地址译码方式产生片选信号。这种方法将低位地址线作为扩展芯片的片内地址线，而用译码电路对高位地址线进行译码。译码电路一般用 LSTTL。

5. 总线驱动与总线负载

当系统扩展所用的外围芯片较多时，就需要在单片机相应的总线上设计总线驱动器，使单片机的总线与外围扩展芯片通过驱动器连接起来，而不是直接相连，因为单片机总线的驱动能力总是有限的，如 MCS-51 作为数据总线和低 8 位地址总线的 P0 口只能驱动 8 个 74LS

系列的 TTL 门电路，而其他 I/O 口仅能驱动 4 个 74LS 系列的 TTL 电路。另一方面，外围芯片工作时有一个输入电流，不工作时也有漏电流存在，因此，过多的外围芯片可能会加重总线负载，致使系统因驱动能力不足而不能可靠地工作。

采用总线驱动器后，不管驱动器后面接多少个集成电路芯片，对单片机来讲，相当于每条线只带动一个 TTL 门电路的负载，而驱动器在高电平时能驱动 100 多个 74LS 系列的 TTL 门电路，这就提高了单片机总线的驱动能力。图 3-8 所示为单片机总线驱动扩展原理图，74LS244 是单向线路驱动器，74LS245 是双向驱动器。

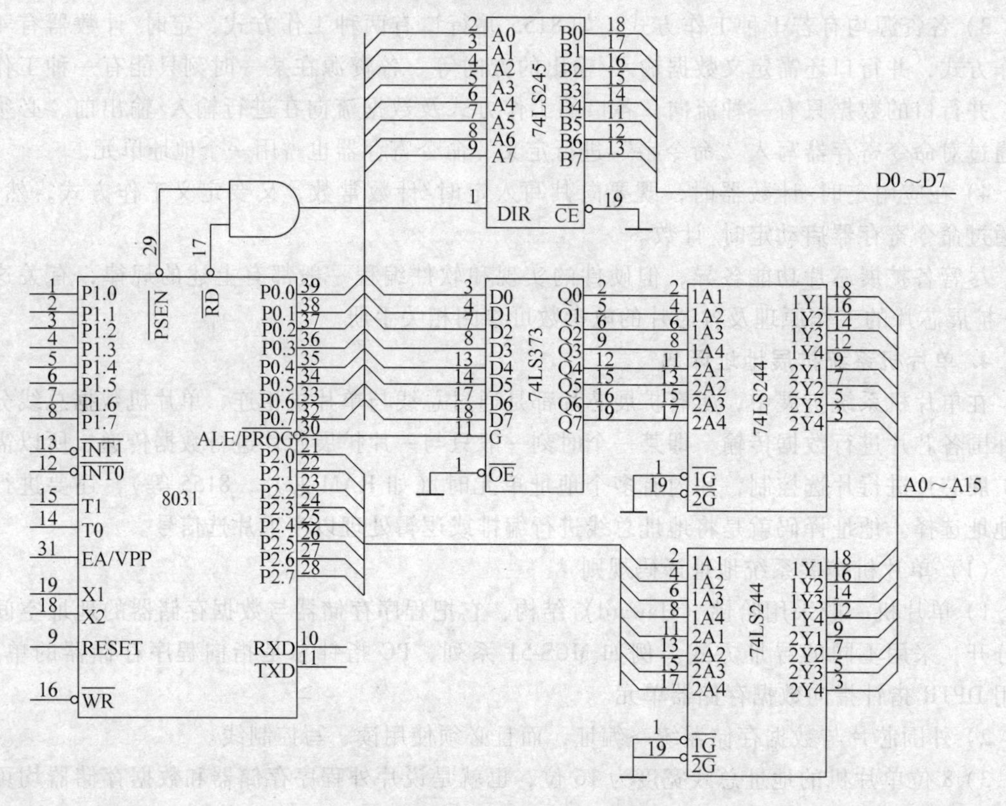

图 3-8 单片机总线驱动扩展原理图

3.3.4 前向通道接口

将传感器测量的被测对象信号输入到单片机数据总线的通道称为前向通道。单片机控制系统常用的前向通道结构类型如图 3-9 所示。前向通道在单片机一侧有三种类型：数据总线、并行 I/O 口和定时/计数器口。具体应用系统采用何种类型的数据通道，取决于被测对象的环境、传感器输出信号的类型和数量。

在设计数据采集系统、测控系统和智能仪器仪表时，首先碰到的问题就是如何选择合适的 A/D 转换器以满足应用系统的设计要求。

1. A/D 转换器选择要点

（1）如何确定 A/D 转换器的位数　A/D 转换器位数的确定与整个测量控制系统所要测量控制的范围和精度有关，但又不能唯一确定系统的精度，因为系统精度涉及的环节较多，包括传感器变换精度、信号预处理电路精度和 A/D 转换器及输出电路、伺服机构精度，甚至还包括软件控制算法。然而估算时，A/D转换器的位数至少要比总精度要求的最低分辨率高一位（虽然分辨率与转换精度是不同的概念，但没有基本的分辨率就谈不上转换精度，精度是在分辨率的基础上反映的）。实际选取的 A/D 转换器的位数应与其他环节所能达到的精度相适应，只要不低于它们就行，选得太高没有实用价值，而且价格还要高得多。

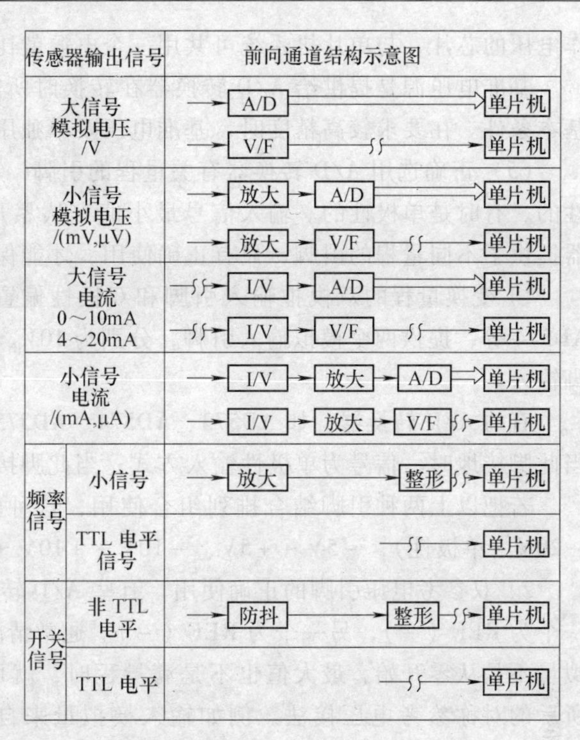

图 3-9　前向通道结构示意图

对 A/D 转换器位数的另一点考虑是如果微处理器是 8 位的（如 MCS-51 单片机），采用 8 位以下的 A/D 转换器，其接口电路最简单。因为绝大部分集成 A/D 转换器的数据输出都具有 TTL 电平，而且数据输出寄存器具有可控三态输出功能，可直接挂在数据总线上。当采用 8 位以上的 A/D 转换器时，就要加缓冲器接口，数据要分两次读出。假如微处理器是 16 位的，采用多少位（一般不超过 16 位）的 A/D 转换器都一样。

一般把 8 位以下的 A/D 转换器归为低分辨率 A/D 转换器，9～12 位的称为中分辨率，13 位以上的为高分辨率。

（2）如何确定 A/D 转换器的转换速率　A/D 转换器从启动转换到转换结束，输出稳定的数字量，需要一定的时间，这就是 A/D 转换器的转换时间；其倒数就是每秒钟能完成的转换次数，称为转换速率。用不同原理实现的 A/D 转换器其转换时间是大不相同的。总的来说，积分型、电荷平衡型和跟踪比较型 A/D 转换器转换速度较慢，转换时间从几毫秒到几十毫秒不等，只能构成低速 A/D 转换器，一般适用于对温度、压力、流量等缓变参量的检测。逐次比较型的 A/D 转换器的转换时间可从几微秒到 100μs 左右，属于中速 A/D 转换器，常用于工业多通道单片机控制系统和声频数字转换系统等。转换时间最短的高速 A/D 转换器是那些用双极型或 CMOS 工艺制成的全并行型、串并行型和电压转移函数型的 A/D 转换器，转换时间仅 20～100ns。高速 A/D 转换器适用于雷达、数字通信、实时光谱分析、实时瞬态记录、视频数字转换系统等。

（3）如何决定是否要加采样保持器　原则上直流和变化非常缓慢的信号可不用采样保持器，其他情况都要加采样保持器。根据分辨率、转换时间、信号带宽关系式可得到如下数据作为是否要加采样保持器的参考：如果 A/D 转换器的转换时间是 100ms，转换位数是 8 位，没有采样保持器时，信号的允许频率是 0. 12Hz；如果 A/D 转换器是 12 位的，该频率为 0. 0077Hz。如转换时间是 100μs，ADC 是 8 位时，该频率为 12Hz，12 位时是 0. 77Hz。

（4）工作电压和基准电压　有些早期设计的集成 A/D 转换器需要 ±15V 的工作电压，最近开发的产品可在 +12～+15V 范围内工作，这就需多种电源。如果选择使用单 +5V 工作电压的芯片，与单片机系统可共用一个电源就比较方便。

基准电压源是提供给 A/D 转换器在转换时所需要的参考电压，这是为保证转换精度的基本条件。在要求较高精度时，基准电压要单独用高精度稳压电源供给。

（5）正确选用 A/D 转换器有关量程的引脚　A/D 转换器的模拟量输入有时需要是双极性的，有时是单极性的。输入信号最小值有从零开始，也有从非零开始的。有的 A/D 转换器提供了不同量程的引脚，只有正确使用，才能保证转换精度。

1）变换量程的双模拟输入引脚和双极性偏置引脚的正确使用。有的 A/D 转换器，如 AD574 等，提供两个模拟输入引脚，分别为 $10V_{IN}$ 和 $20V_{IN}$，不同量程的输入电压可从不同引脚输入。

有的 A/D 转换器，如 AD573、AD574、AD575 等，还提供了双极性偏置控制引脚 BOC，当此脚接地时，信号为单极性输入方式；当此脚接参考电压时，信号输入为双极性方式。

若把以上两种引脚结合排列组合使用，这种转换器可具有 4 种量程：0 ~ +10V、0 ~ +20V（单极性），-5V ~ +5V、-10V ~ +10V（双极性）。

2）双参考电压引脚的正确使用。有些 A/D 转换器如 AD0809 提供有两个参考电压引脚，一个为 REF（+），另一个为 REF（-）。通常情况下，可将 REF（-）接地。当输入的模拟量不是从零开始，最大值也不是满量程时，就可利用这两个参考电压引脚连成如图 3-10 所示的对称参考电压接法。例如输入模拟量来自压力传感器，压力为零时模拟量电压为 1.25V；压力为额定值时模拟电压值为 3.75V。使用对称参考电压接法，则可使压力为零时的 A/D 转换器的输出字为 00H，压力为额定值时输出字为 FFH。此种接法可提高测量精度。

3）A/D 转换器内部比较器反相输入端的正确使用。有的 A/D 转换器，如 AD1210，其模拟输入端有两个，分别接在内部比较器的同相和反相输入端。分别使用不同的输入端，输入信号将得到正逻辑和互补逻辑（输入满量程时输出为 000H，输入为 0 时输出为 FFFH）。

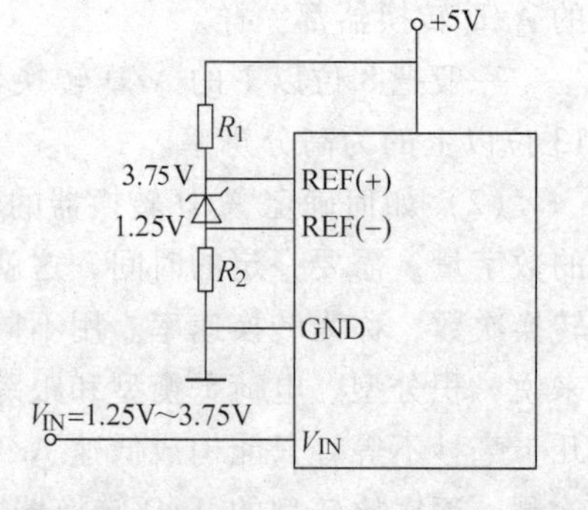

图 3-10　对称参考电压 ADC 的连线图

2. A/D 转换器与 MCS-51 单片机接口逻辑设计要点

各种型号的 A/D 转换器芯片均设有数据输出、启动转换、转换结束、控制等引脚。MCS-51 单片微机配置 A/D转换器的硬件逻辑设计，就是要处理好上述引脚与 MCS-51 主机的硬件连接。A/D 转换器的某些产品注明能直接和 CPU 配接，这是指 A/D 转换器的输出线可直接接到 CPU 的数据总线上，说明该转换器的数据输出寄存器具有可控的三态输出功能。转换结束，CPU 可用输入指令读入数据。一般 8 位 A/D 转换器均属此类，而 10 位以上的 A/D 转换器，为了能和 8 位字长的 CPU 直接配接，输出数据寄存器增加了读数控制逻辑电路，把 10 位以上的数据分时读出。对于内部不包含读数据控制逻辑电路的 A/D 转换器，在和 8 位字长的 CPU 相连接时，应增设三态门对转换后数据进行锁存，以便控制 10 位以上的数据分两次进行读取。

A/D 转换器需外部控制启动转换信号方能进行转换，这一启动信号可由 CPU 提供。不同型号的 A/D 转换器，对启动转换信号的要求也不同，分为脉冲启动和电平控制启动两种。脉冲启动转换，只需给 A/D 转换器的启动控制转换的输入引脚上，加一个符合要求的脉冲信号，即启动 A/D 转换器进行转换。例如，ADC0804、ADC0809、ADC1210 等均属此列。

电平控制转换的 A/D 转换器，当把符合要求的电平加到控制转换输入引脚上时，立即开始转换。此电平应保持在转换的全过程中，否则将会中止转换的进行。因此，该电平一般需由 D 触发器锁存供给，例如，AD570、AD571、AD574 等均是如此。

转换结束信号的处理方法是，由 A/D 转换器内部转换结束信号触发器置位，并输出转换结束标志电平，以通知主机读取转换结果的数字量。主机从 A/D 转换器读取转换结果数据的联络方式，可以是中断、查询或定时三种方式。这三种方式的选择往往取决于 A/D 转换的速度和应用系统总体设计要求以及程序的安排。

3. A/D 转换器接口

多数单片机教材都介绍 8 路 8 位 ADC0808/0809 转换器与单片机的接口，本书不再赘述，现介绍 ICL7109 双积分 12 位 A/D 转换器与单片机的接口设计。

ICL7109 是美国 Intersil 公司生产的一种高精度、低噪声、低漂移、价格低廉的双积分式 12 位 A/D 转换器。由于目前逐次比较式的高速 12 位 A/D 转换器一般价格都很高，在要求速度不太高的场合，如用于称重、测压力等各种高精度测量系统时，可以采用廉价的双积分式高精度 12 位 A/D 转换器 ICL7109。ICL7109 最大的特点是其数据输出为 12 位二进制数，并配有较强的接口功能，能方便地与各种微处理器相连。图 3-11 和图 3-12 所示分别是 ICL7109 的引脚图和 ICL7109 与 8031 单片机的硬件接口图。

如图 3-12 所示，将 ICL7109 的 MODE 引脚接地，使其工作于直接输出工作方式。将RUN/$\overline{\text{HOLD}}$接 +5V，这样 ICL7109 可进行连续转换。将 STATUS 线与 8031 的$\overline{\text{INT0}}$相连，这样每完成一次转换便向 8031 发一次中断请求。ICL7109 每完成一次所需的转换时间为 8192 个时钟周期，即 132.72ms。STATUS 下降沿对 8031 发出中断请求，在中断服务程序中只要控制高/低字节使能端$\overline{\text{HBEN}}$/$\overline{\text{LBEN}}$，就能在 P0 口上读出相应的转换结果数据（B1 ~ B12）和数据的极性、溢出标志。

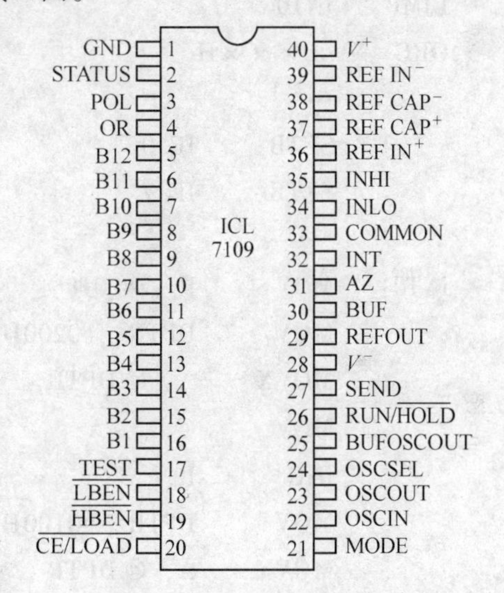

图 3-11　ICL7109 的引脚图

所用几个引脚的功能是：

MODE 引脚：方式选择。当输入为低电平时，转换器为直接输出方式，此时可在片选和数据使能的控制下直接读取数据。当输入为高电平时，转换器将在信号交换方式的每一转换周期的结尾输出数据。

RUN/$\overline{\text{HOLD}}$引脚：运行/保持输入。输入高电平时，每经 8192 个时钟脉冲完成一次转换。当输入低电平时，转换器将立即结束消除积分阶段并跳至自动调零阶段，从而缩短了消除积分阶段的时间，提高了转换速度。

STATUS 引脚：状态输出。ICL7109 转换结束时，该脚发出转换结束信号。

$\overline{\text{LBEN}}$引脚：低字节使能端。

$\overline{\text{HBEN}}$引脚：高字节使能端。

ICL7109 连续转换时的转换程序：

```
ORG     0003H
```

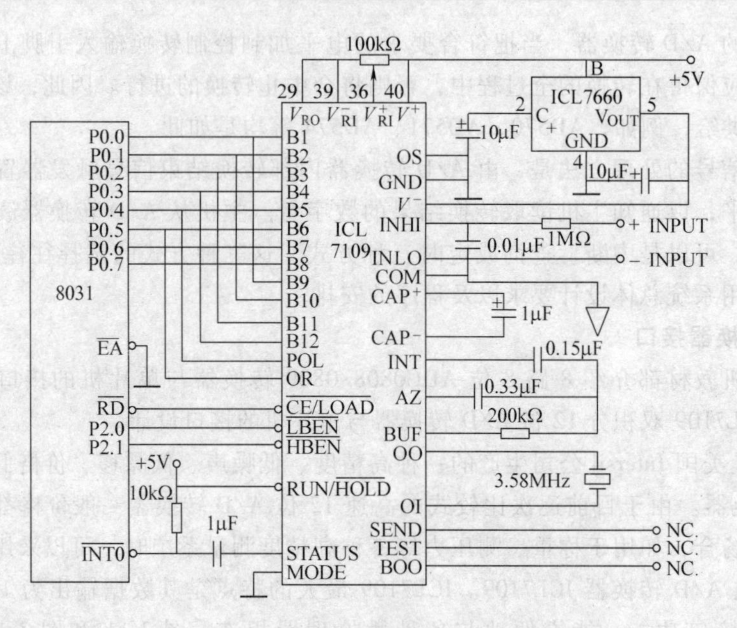

图 3-12 ICL7109 与 8031 单片机的硬件接口

```
        LJMP    INT0
        ORG     ××××H                 ；主程序
        …
        SETB    IE.0                  ；置允许外部中断0
        SETB    IE.7                  ；开中断
        …
INT0：  MOV     R0，#20H              ；缓冲器首址
        MOV     DPTR，#0200H          ；P2.0 = 0，P2.1 = 1
        MOVX    A，@DPTR              ；读低字节
        MOV     @R0，A
        INC     R0
        MOV     DPTR，#0100H          ；P2.0 = 1，P2.1 = 0
        MOVX    A，@DPTR              ；读高字节
        MOV     @R0，A
        RETI
```

4. V/F 转换器接口

目前 A/D 转换技术得到了广泛应用，特别是利用 A/D 转换技术制成的各种测量仪器因其使用灵活、操作简便、体积小、重量轻、便于携带、测量结果准确等特点而普遍受到欢迎。但在某些要求数据长距离传输，精度要求高，资金有限的场合，采用一般的 A/D 转换技术就有许多不便，这时可使用 V/F 转换器来代替 A/D 器件。

V/F 转换器是把电压信号转变为频率信号的器件，有良好的精度、线性和积分输入特点，此外，它的应用电路简单，外围元件性能要求不高，对环境适应能力强，转换速度不低于一般的双积分型 A/D 器件，且价格较低，因此在一些非快速 A/D 转换过程中，V/F 转换技术倍受青睐。

V/F 转换器与计算机接口有以下特点：①接口简单、占用计算机硬件资源少。频率信号可输入计算机的任一根 I/O 口线或作为中断源及计数输入等。②抗干扰性能好。V/F 转换本身是一个积分过程，且用 V/F 转换器实现 A/D 转换，就是频率计数过程，相当于在计数时间内对频率信号进行积分，因而有较强的抗干扰能力。另外可采用光电耦合器连接 V/F 转换器与计算机之间的通道，实现光电隔离。③便于远距离传输，可通过调制进行无线传输或光传输。

由于以上这些特点，V/F 转换器适用于一些非快速而需进行远距离信号传输的 A/D 转换过程。另外，还可以简化电路、降低成本、提高性价比。

被测量物理量转换为与其成比例的频率信号后，送入计算机需经过频率输入通道，而不同应用环境，频率输入通道的结构不尽相同，大致可分为以下几种：

1）V/F 转换器直接与 MCS-51 系列单片机相连。这种方式比较简单，把频率信号接入单片机的定时/计数器输入端即可，如图 3-13 所示。

2）在一些电源干扰大、模拟电路部分容易对单片机产生电气干扰等恶劣的环境中，为减少干扰可采用光电隔离的方法使 V/F 转换器与单片机无电路联系，电路示意如图 3-14 所示。

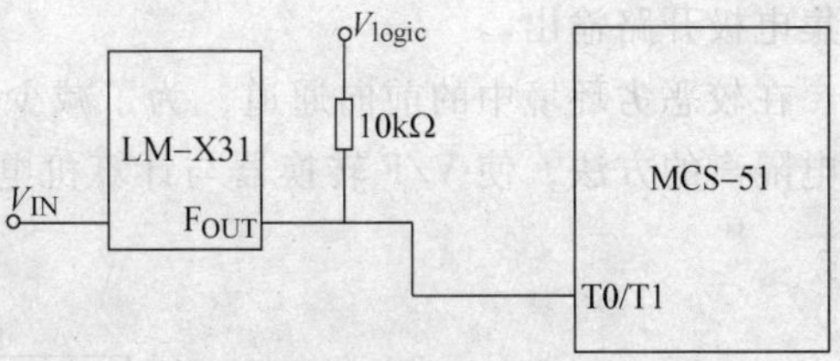

图 3-13　V/F 转换器与单片机直接相联

3）当 V/F 转换器与单片机之间距离较远时需要采用线路驱动以提高传输能力，一般可采用串行通信的驱动器和接收器来实现。例如使用 RS-422 的驱动器和接收器时，允许最大传输距离为 120m，如图 3-15 所示，其中 SN75174/75175 是 RS-422 标准的四差分线路驱动/接收器。

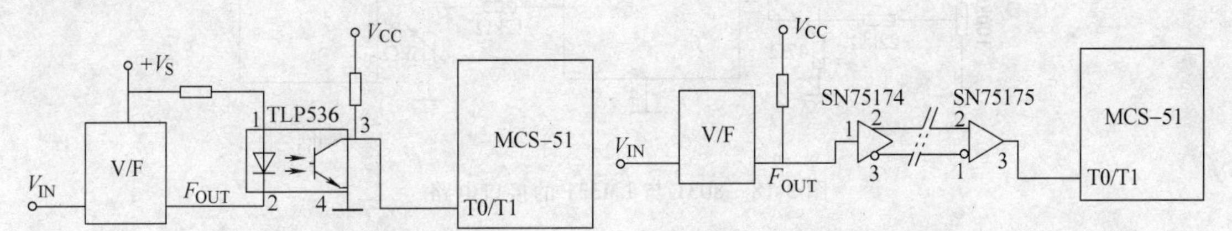

图 3-14　使用光电隔离器作为输入通道　　图 3-15　利用串行通信器件作为输入通道

4）使用隔离变压器转输，如图 3-16 所示。

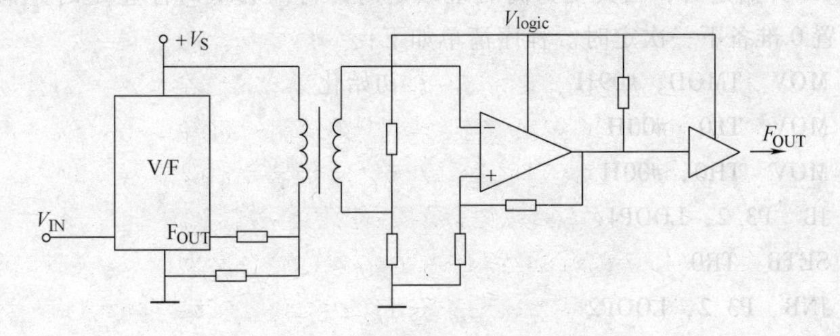

图 3-16　利用隔离变压器作为输入通道

5）采用光纤或无线传输时，需配发送、接收装置，如图 3-17 所示。

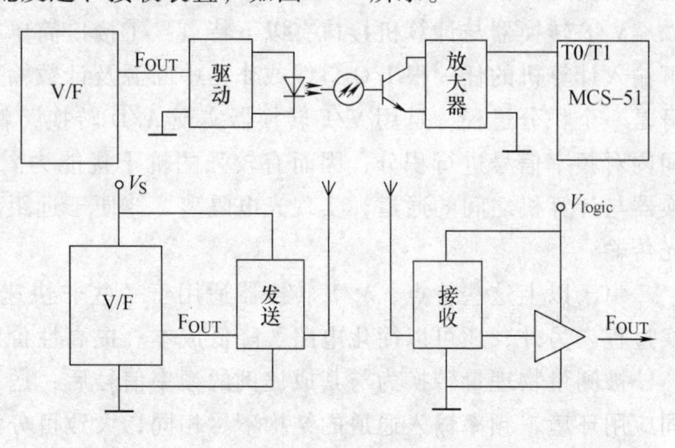

图 3-17 利用光纤或无线传输设备作为输入通道

图 3-18 所示为 8031 与 LM331 的接口电路，LM331V/F 转换器最大输出频率为 10kHz，输入电压范围是 0～10V。用 LM331 实现 V/F 转换的基本电路与 MCS-51 系列单片机的连接方法非常简单，只须接入定时/计数器输入端即可。LM331 的输入端引脚 7 上增加了由 R_1、C_1 组成的低通滤波电路；在 C_L、R_L 原接地端增加了偏移调节电路；在 2 脚上增加了一个可调电阻，用来对基准电流进行调节，以校正输出频率；在输出端 3 脚上接有一个上拉电阻，因为该输出端是集电极开路输出。

在较恶劣环境中的前向通道，为了减少通道及电压干扰，LM331 的频率输出电路可采用光电隔离的方法，使 V/F 转换器与计算机电路无直接联系。

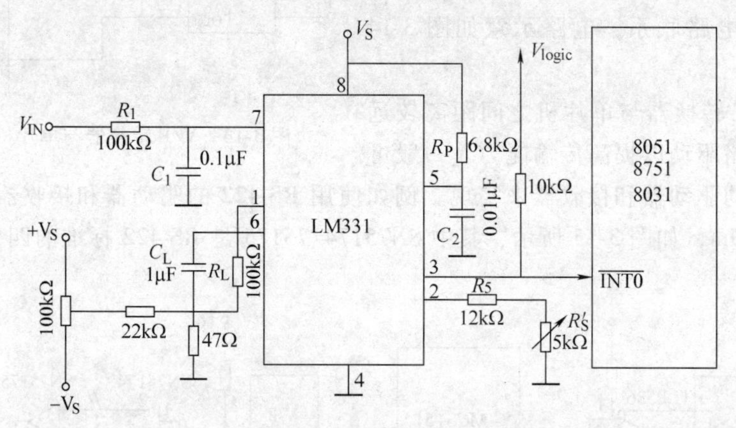

图 3-18 8031 与 LM331 的接口电路

程序包括初始化和定时两部分。初始化程序要对定时/计数器状态 0 进行设置，使其工作在定时状态，方式 1，置 $C/\overline{T}=0$，GATE = 1。定时程序首先需判断$\overline{INT0}$的电平，当其为低时，打开 TR0 开始定时，当其变为高时继续定时，再次为低时停止定时并清 TR0，取出数据，将 T0 置 0 准备下一次定时。程序清单如下：

```
BEGIN：MOV   TMOD，#09H              ；初始化
       MOV   TL0，#00H
       MOV   TH0，#00H
LOOP1：JB   P3.2，LOOP1
       SETB  TR0
LOOP2：JNB   P3.2，LOOP2
LOOP3：JB   P3.2，LOOP3
```

```
        CLR   TR0
        MOV   B, TH0              ; 高位存放 B 寄存器
        MOV   A, TL0              ; 低位存放 A 寄存器
        MOV   TL0, #00H
        MOV   TH0, #00H
        AJMP  LOOP1
        RET
```

本程序将计数器结果高位存入 B，低位存入 A，以便后期处理。

3.3.5　后向通道接口

后向通道在单片机一侧主要有两种类型，即数据总线及并行 I/O 口。信号形式主要有数字量、开关量和频率量三种，它们分别用于不同的被控对象，图 3-19 所示为后向通道的综合示意图。

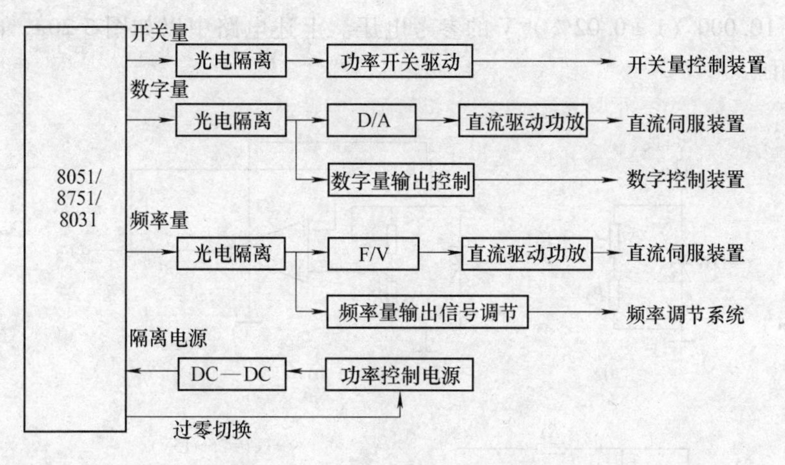

图 3-19　后向通道综合示意图

在单片机应用系统设计中，常要用到模拟输出，数模转换器 D/A 就是一种把数字信号转换成为模拟电信号的器件。实际上，D/A 转换器（简称 DAC）输出的电量并不真正能连续可调，而是以所用 D/A 转换器的绝对分辨率为单位增减，所以这实际上是准模拟量输出。

D/A 转换是单片机应用测控系统典型的接口技术内容。现阶段 D/A 转换接口设计的主要任务是选择 D/A 集成芯片，配置外围电路及器件，实现数字量到模拟量的线性转换。D/A转换器的接口设计不涉及 D/A 转换器的结构原理设计，也不必对其内部电路作详细分析。

1. D/A 转换器参考电源的配置

目前在 D/A 转换接口中常用到的 D/A 转换器大多不带有参考电压源。有时为了方便地改变输出模拟电压范围、极性，须要配置相应的参考电压源，故在 D/A 转换接口设计中经常要进行参考电压源的配置设计。

目前大多数参考电压源均由带温度补偿的齐纳二极管构成。所谓带温度补偿的齐纳二极管就是两个不同特性、相背串接的齐纳二极管，用具有负温度系数正向导通的二极管补偿正温度系数反向导通的稳压二极管，使温度系数近于零。这类稳压管的稳压值一般在 5.5 ~ 6.5V 间，温度系数为 $\pm 5\times10^{-6}$/℃，如国产的 2DW232（2DW7C）型温度补偿稳压二极管。

近年来又出现了一种新颖的精密参考电压源——能隙恒压源，这种集成化的精密稳压电源的特点是输出电压低，一般为 1.25V 或 2.5V，而输入电压为 5~15V，温度系数为 $\pm 20 \times 10^{-6}/℃$。目前的典型产品国产型号为 5G1403，国外型号有 MC1403（美国的 Motorola 公司）、LM185—1.2/2.5（美国的 National Semiconductor 公司）。

与齐纳二极管相比，能隙恒压源工作在正常线性区域，内部噪声小，而齐纳二极管工作在齐纳击穿区，内部噪声较大。

D/A 转换接口中的外接参考源电路有多种形式，如图 3-20 所示。外接参考电压源可以采用简单稳压电路形式，如图 3-20a 所示，也可以采用带运算放大器的稳压电路，如图 3-20b、c 所示。前者电路简单，但负载电流变化对电压稳定性有一定影响，而且所提供的参考电压为固定值。带运算放大器的参考电压源驱动能力强，负载变化对输出参考电压没有直接影响，所提供的参考电压可以调节。有些厂家已生产出带缓冲运算放大器的集成参考电压源，如 LH0070 系列精密参考源电路（美国的 National Semiconductor 公司），其内部电路结构与图 3-20c 所示结构相似，是一个三端器件，在 $+V_s$ 端加上 11.4~40V 的电源电压，就能从 V_R 端输出 10.000（1±0.02%）V 的参考电压。上述电路中以如图 3-20a、d 所示的二种方式最为常用。

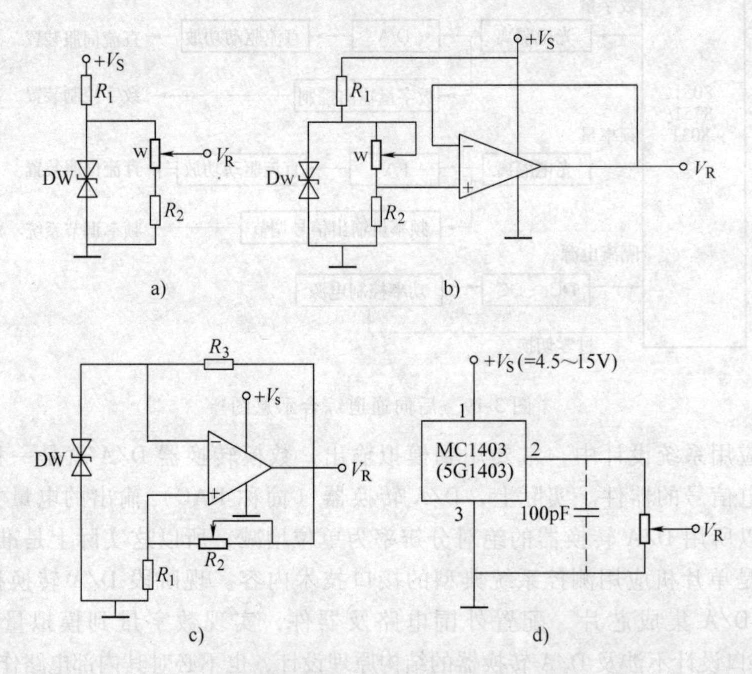

图 3-20　D/A 转换接口中常用的几种参考电压源电路

2. D/A 转换器模拟输出电压的极性

所有的 D/A 转换器件的输出模拟电压 V_0，都可以表达成为输入数字量 D（数字代码）和模拟参考电压 V_R 的乘积

$$V_0 = DV_R$$

二进制代码 D 可以表示为

$$D = a_1 \cdot 2^{-1} + a_2 \cdot 2^{-2} + a_3 \cdot 2^{-3} + \cdots + a_n \cdot a^{-n} \qquad (a_i = 0, 1)$$

式中　a_1——最高有效位（MSB）；

a_n——最低有效位（LSB）。

由于目前绝大多数 D/A 输出的模拟量均为电流量，这个电流量要通过一个反相输入的运算放大器才能转换成模拟电压输出，如图 3-21 所示（图中以 AD7520 为例）。

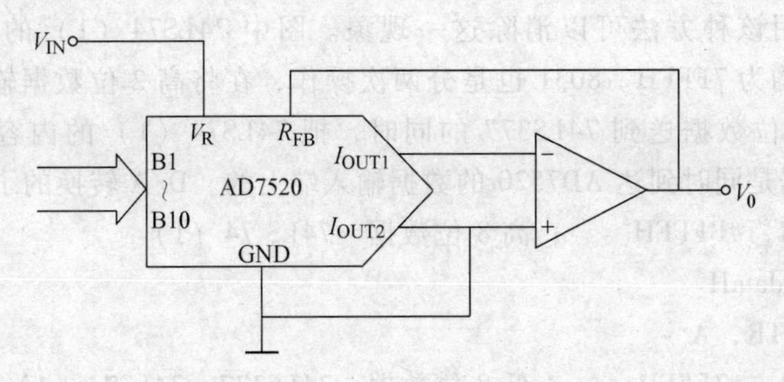

图 3-21　二象限工作的 D/A 转换器输出接口电路

在这种情况下，模拟输出电压 V_0 与输入数字量 D 和参考电压 V_R 的关系为

$$V_0 = -DV_R \qquad (0 \leqslant D < 1)$$

这是一种工作范围为二象限的 D/A 转换接口，即单值数字量 D 和正负参考电压 $\pm V_R$（模拟二象限），或者是单值模拟参考电压 V_R 和数字量 $\pm D$（数字二象限）。输出模拟电压 V_0 的极性完全取决于模拟参考电压的极性。当参考电压极性不变时，只能获得单极性的模拟电压输出。但是如果 V_R 是交流电压参考源时，可以实现数字量至交流输出模拟电压的 D/A转换。

当参考电压 V_R 极性不变时要想得到双极性的模拟电压输出，就必须采取图 3-22 所示的四象限工作的 D/A 接口电路（仍以 AD 7520 为例）。

该接口电路输出的模拟电压 V_0 为

$$V_0 = -(2D-1)V_R \qquad (0 \leqslant D < 1)$$

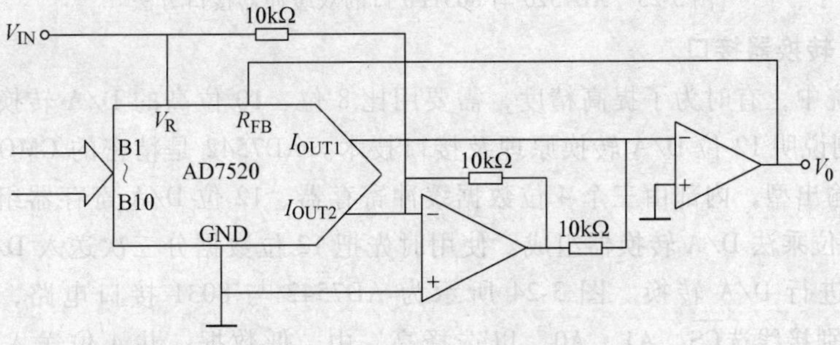

图 3-22　四象限工作的 D/A 转换器接口电路

不论参考电压 V_R 的极性如何，都可以获得双极性的模拟电压输出。在参考电压极性不变时，输出模拟电压的极性完全取决于输入数字量二进制码的最高位（MSB）。这样一来，对应 MSB 的 0 或 1 和模拟参考电压 V_R 的正或负，模拟输出电压对应有四种组合方式，故称为四象限工作方式接口电路。而如图 3-21 所示的二象限工作 D/A 接口只有对应于参考电压或正或负的两种模拟电压输出的组合方式。在二象限工作方式下的数字量码称为原码，在原码的全范围内对应于单极性的模拟电压输出；在四象限工作方式下的数字量码称为偏移码，在偏移码的全范围内对应于双极性的模拟电压输出。

3. AD7520 转换器接口

图 3-23 所示为采用双缓冲器的接口方法，因为 AD7520 是一个 10 位的 D/A 转换器，若采用单缓冲器输入方式，则会由于高 2 位与低 8 位数据不同时输出到 AD7520，而出现电压“毛刺”现象，采用该种方法可以消除这一现象。图中 74LS74（1）的口地址为 BFFFH，74LS377 的口地址均为 7FFFH。8031 也是分两次操作，在将高 2 位数据输出到 74LS74（1）后，接着在将低 8 位数据送到 74LS377 的同时，把 74LS74（1）的内容送到 74LS74（2）上，因此 10 位数据是同时到达 AD7520 的数据输入端上的。D/A 转换的子程序如下：

```
MOV     DPTR，#BFFFH    ；高 8 位数据→74LS 74（1）
MOV     A，#dataH
MOVX    @DPTR，A
MOV     DPTR，#7FFFH    ；低 8 位数据→74LS377，74LS74（1）→74LS74（2）
MOV     A，#dataL
MOVX    @DPTR，A
RET
```

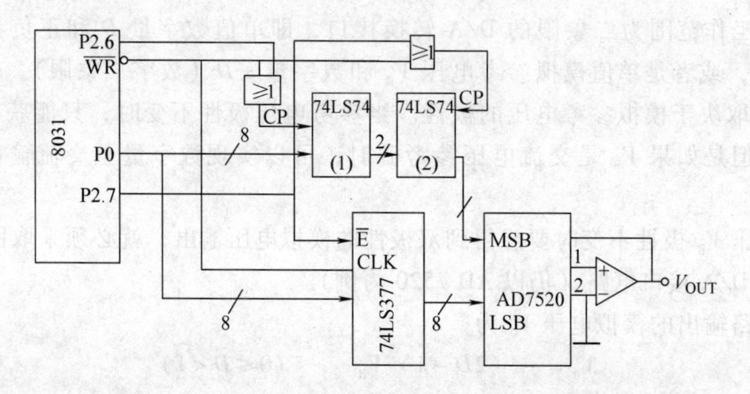

图 3-23　AD7520 与 8031P0 口的双缓冲器接口方法

4. AD7542 转换器接口

在控制系统中，有时为了提高精度，需要用比 8 位、10 位高的 D/A 转换芯片，这里仅以 AD7542 为例说明 12 位 D/A 转换原理及接口技术。AD7542 是精密的 CMOS 乘法 D/A 转换器，为电流输出型，内部由三个 4 位数据缓冲寄存器、12 位 D/A 寄存器组成，地址译码逻辑电路由 12 位乘法 D/A 转换器组成。使用时先把 12 位数据分三次送入 D/A 寄存器，在写信号控制下进行 D/A 转换。图 3-24 所示为 AD7542 与 8031 接口电路，图中用 P2. 7、P2. 1、P2. 0 分别接线选 $\overline{CS}$、A1、A0，以选择高、中、低数据，共 4 位送入数据缓冲寄存器。

例如要转换 12 位数据，低 8 位存在片内 RAM 的 50H 单元中，高 4 位数据存放在 51H 中，试编写 D/A 转换程序

```
MOV     A，50H          ；取低 8 位数据
MOV     DPTR，#7CFFH    ；指向低 4 位寄存器地址
MOVX    @DPTR，A        ；写低 4 位数据
SWAP    A               ；中 4 位数据移送至低 4 位
MOV     DPTR，#7DFFH    ；指向中 4 位寄存器地址
```

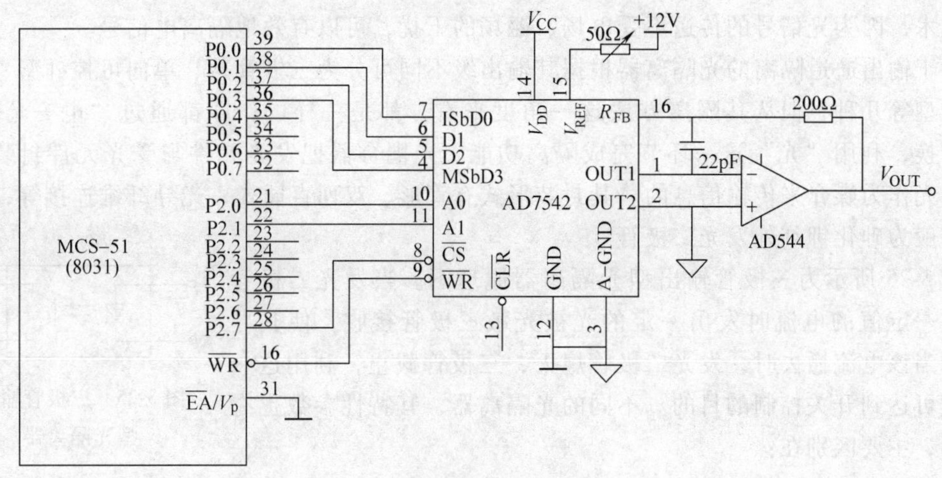

图 3-24　AD7542 与 8031 接口电路

```
MOVX    @DPTR, A          ; 写中 4 位数据
MOV     A, 51H            ; 取高 4 位数据
MOV     DPTR, #7EFFH      ; 指向 4 位数据寄存器
MOVX    @DPTR, A
MOV     DPTR, #7FFFH      ; 指向 12 位 D/A 寄存器地址
MOVX    @DPTR, A          ; 启动 AD7542 转换
RET
```

5. 开关量输出接口

在测控系统中，对被控设备的驱动常采用模拟量输出驱动和数字量（开关量）输出驱动两种形式，其中模拟量输出是指其输出信号幅度（电压，电流）可变；开关量输出则是利用控制设备处于“开”或“关”状态的时间来实现控制目的。

以前的控制方法常采用模拟量输出的方法，由于其输出受模拟器件的漂移等影响，很难达到较高的控制精度。随着电子技术的迅速发展，特别是计算机进入测控领域后，数字量输出控制已越来越广泛地被应用，由于采用数字电路和计算机技术，对时间控制可以达到很高精度，因此在许多场合，开关量输出控制精度比一般的模拟输出控制高，而且，利用开关量输出控制往往无须改动硬件，而只需改变程序就可用于不同的控制场合，如在 DDC（Direct Digital Control）直接数字控制系统中，利用微机代替模拟调节器，实现多路 PID 调节，只需在软件中每一路使用不同的参数运算输出即可。

由于开关量输出控制的上述特点，目前，除某些特殊场合外，这种方法已逐渐取代了传统的模拟量输出的控制方式。

微机测控系统的开关信号往往是通过芯片给出的低压直流信号，如 TTL 电平信号，这种电平信号一般不能直接驱动外设，而需经接口转换等手段处理后才能用于驱动设备开启或关闭。许多外设，如大功率交流接触器、制冷机等在开关过程中会产生强的电磁干扰信号，如不加隔离可能会串到测控系统中造成系统误动作或损坏，因此在接口处理中应包括隔离技术。下面针对上述问题，讨论开关量输出接口处理。

（1）输出接口隔离　在开关量输出通道中，为防止现场强电磁干扰或工频电压通过输出通道反串到测控系统，一般需采用通道隔离技术；在输出通道的隔离中，最常用的是光电隔离技术，因为光信号的传送不受电场、磁场的干扰，可以有效地隔离电信号。

用于输出通道隔离的光隔离器根据其输出级不同可分为三极管型、单向可控硅型、双向可控硅型等几种，但从其隔离方法这一角度来看，都是一样的，即都通过“电—光—电”这种转换，利用“光”这一环节完成隔离功能。光耦合器把发光元件与受光元件封装在一起，以光作为媒介来传输信息的。其封装形式有管形、双列直插式、光导纤维连接等，发光器件一般为砷化镓红外发光二极管。

图 3-25 所示为三极管输出型光隔离器原理图。当发光二极管中通过一定值的电流时发出一定的光被光敏三极管接收，使其导通，而当该电流撤去时，发光二极管熄灭，三极管截止，利用这一特性即可达到开关控制的目的。不同的光隔离器，其特性参数也有所不同，主要区别在：

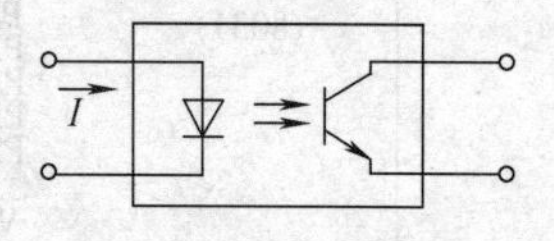

图 3-25 三极管输出型光隔离器

1）导通电流和截止电流：对于开关量输出的场合，光电隔离主要用其非线性输出特性。当发光二极管两端通以一定电流 I_r 时，光隔离器输出端处于导通状态；而当流过发光二极管的电流小于某一电流值时，光隔离器的输出端截止。不同的光隔离器通常有不同的导通电流，这也决定了需采取驱动的方式，一般典型的导通电流值 $I_r = 10\text{mA}$。

2）频率响应：由于发光二极管和光敏晶体管（二极管）响应时间的不同，开关信号传输速度和频率会受光隔离器频率特性的影响，因此，在高频信号传输中要考虑其频率特性。在开关量输出通道中，输出开关信号频率一般较低，不会因光隔离器的频率特性而受影响。

3）输出端工作电流：当光隔离器处于导通状态时，流过光敏晶体管（或可控硅）的电流若超过某个额定值，就可能使输出端击穿而导致光隔离的损坏，这个参数对输出接口设计极为重要，因为其工作电流值表示了该光隔离器的驱动能力，一般来讲，这个电流值在 mA 量级，即使使用达林管输出型，也不能直接驱动大型外设。因此，从光隔离器的输出端到外设之间通常还需要加若干级驱动电路。

4）输出端暗电流：指当光电开关处于截止状态时，流经开关的电流。对光隔离器来讲，此值应越小越好。为了防止由此引起输出端误触发，在接口电路设计时，应考虑该电流对输出驱动电路的影响。

5）输入输出压降：分别指发光二极管和光敏晶体管导通时两端的压降，在接口电路设计时，也需注意这种压降造成的影响。

6）隔离电压：这是光隔离器的一个重要参数，它表示了该光隔离器对电压的隔离能力。

利用光隔离器实现输出端的通道隔离时，还需注意：被隔离的通道两侧必须单独使用各自的电源，即用于驱动发光二极管的电源与驱动光敏晶体管的电源不应是共地的电源，对于隔离后的输出通道必须单独供电，如果使用同一电源，外部干扰信号可能通过电源串到系统中来。如图 3-26 所示，这样的结构就失去了隔离的意义。

当然，这里所讲的单独供电，可以是单独使用不同的电源，也可用 DC-DC 变换的方法为输出端提供一个与光隔离器输入端隔离的电源。

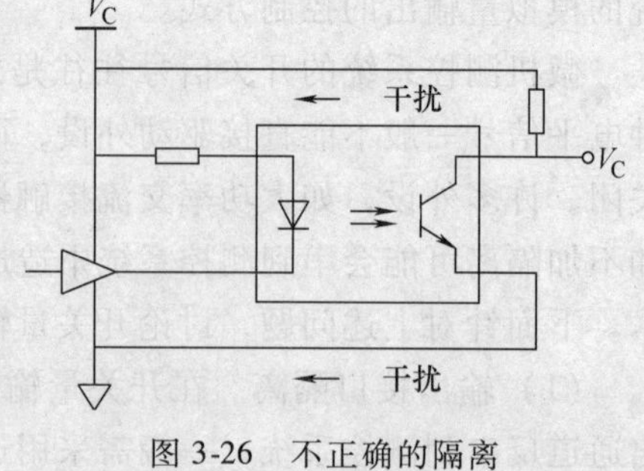

图 3-26 不正确的隔离

光隔离器具有如下特点：

1）信号采取光—电形式耦合，发光部分与受光部分无电气回路，绝缘电阻高达 10^{10} ~ $10^{12}\Omega$，绝缘电压为 1000 ~ 5000V，因而具有极高的电气隔离性能，避免输出端与输入端之间可能产生的反馈和干扰。

2）由于发光二极管是电流驱动器件，动态电阻很小，对系统内外的噪声干扰信号形成低阻抗旁路，因此抗干扰能力强，共模抑制比高，不受磁场影响，特别是用于长线传输时作为终端负载，可以大大提高信噪比。

3）光隔离器可以耦合零到数千赫的信号，且响应速度快（一般为几毫秒，甚至少于 10ns），可以用于高速信号的传输。

光隔离器的驱动可直接用门电路去驱动，由于一般的门电路驱动能力有限，常用集电集开路的门电路如 7406、7407 等去驱动光隔离器，如图 3-27 所示，当输出 TTL 电平为低电平时 7407 输出高电平，发光二极管截止，光隔离器处于截止状态，V_O 输出高电平；而当输出控制电平为高电平时，7407 输出低电平，发光二极管导通，光电隔离器处于导通状态，V_O 输出低电平。

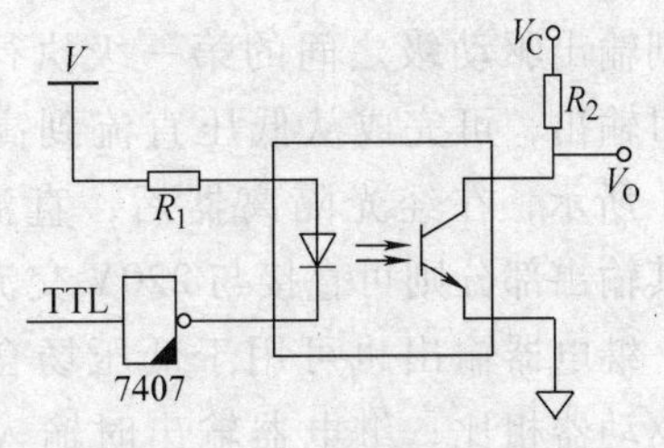

图 3-27　正确的隔离

由上述分析可知，如果从其通断功能来看，光隔离器其实是一隔离开关，利用光电隔离器也可完成电平转换，其转换后的输出电平与其供电电压值有关，而与光隔输入端无关。

有时为了供电方便，或者使用的是可控硅型光隔，其输出端有 380V 或 220V 交流电压，需将光隔离器安装于与测控系统有一定距离的控制柜中，此时对光隔离器的驱动可接成 20mA 电流环的形式，以增强驱动端抗干扰的能力，如图 3-28 所示。图中 R_1 和 R_4 为限流电阻，其作用是限制传输线上的电流为 20mA，由于有些光隔离器的导通电流较小，如 10mA，需用 R_3 分流一部分。为显示光隔离器的工作状态，可在回路上接一发光二极管，当光隔离器导通时，LED 亮，而当光隔离器截止时，LED 灭，利用该指示灯可以判别驱动不正常时，故障在光隔离器前还是光隔离器后，从而给维修带来方便。R_2 的作用是分流，以防 LED 过流。有时为防高频干扰对光隔离器输入端的影响，可在输入电路两端加一滤波电容。

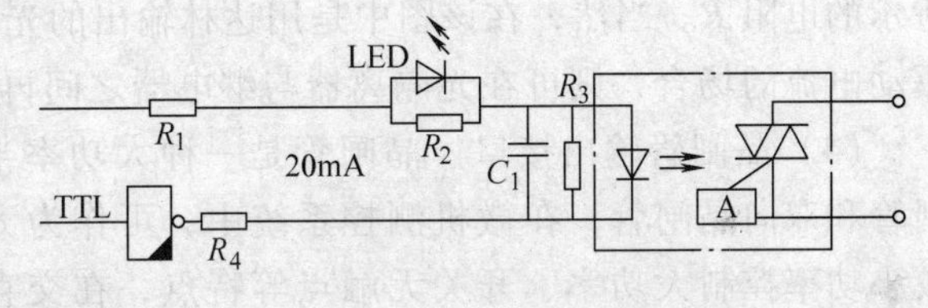

图 3-28　20mA 电流驱动的光隔离器

（2）低压开关量信号输出　对于低压情况下开关量控制输出，如图 3-29 所示，可采用晶体管、OC 门或运放等方式输出，如驱动低压电磁阀、指示灯、直流电动机等。需注意的是，在使用 OC 门时，由于其为集电极开路输出，在其输出为“高”电平状态时，实质只是一种高阻状态，必须外接上拉电阻，此时的输出驱动电流主要由 V_C 提供，只能直流驱动，并且 OC 门的驱动电流一般不大，在几十毫安量级，如果被驱动设备所需驱动电流较大，则可采用晶体管输出方式，如图 3-30 所示。

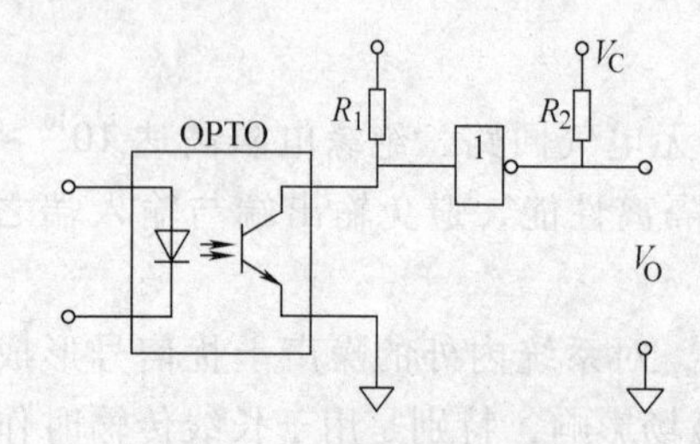

图 3-29　低压开关量输出

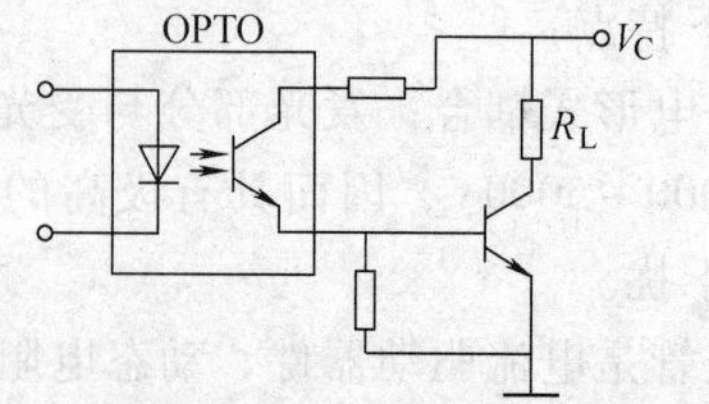

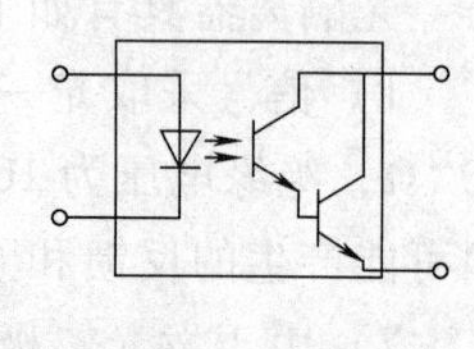

图 3-30　晶体管输出驱动

（3）继电器输出接口　继电器方式的开关量输出，是目前最常用的一种输出方式，一般在驱动大型设备时，往往利用继电器作为测控系统输出到输出驱动级之间的第一级执行机构，通过第一级继电口输出，可完成从低压直流到高压交流的过渡。如图3-31所示，在经光隔离器后，直流部分给继电器供电，而其输出部分则可直接与220V交流电相接。

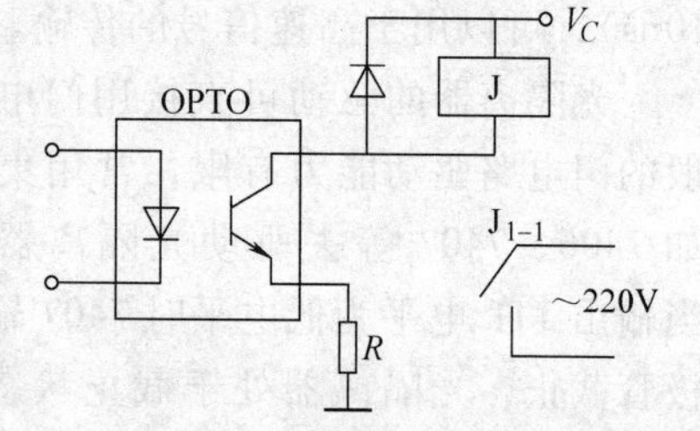

图 3-31　继电器输出接口

继电器输出也可用于低压场合，与晶体管等低压输出驱动器相比，继电器输出时输入端与输出端有一定的隔离功能，但由于采用电磁吸合方式，在开关瞬间，触点容易产生火花从而引起干扰。对于交流高压等场合使用时，触点容易氧化。由于继电器的驱动线圈有一定的电感，在关断瞬间可能会产生较大的电压，因此在继电器的驱动电路上常常反接一个保护二极管用于反向放电。

不同的继电器，允许驱动电流也不一样，在电路设计时可适当加一限流电阻，如图3-31所示的电阻 R。当然，在该图中是用达林输出的光隔离器直接驱动继电器，而在某些需较大驱动电流的场合，则可在光隔离器与继电器之间再接一级晶体管以增加驱动电流。

（4）晶闸管输出接口　晶闸管是一种大功率半导体器件，可分为单向晶闸管和双向晶闸管，在微机测控系统中，可作为大功率驱动器件，具有可用较小功率控制大功率、开关无触点等特点，在交直流电动机调速系统、调功系统、随动系统中有着广泛的应用。

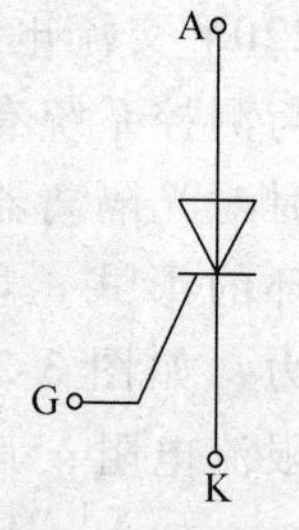

图 3-32　单向晶闸管符号

1）单向晶闸管（SCR）。单向晶闸管的表示符号如图3-32所示，它有三个引脚，其中A为阳极，K为阴极，G为控制极，通常大功率的单向晶闸管A和K极引脚较粗，对于螺旋式的封装，常用A脚与散热端固定，G引脚一般较细；更大容量的单向晶闸管一般采用平极式，可带风冷散热器或水冷散热器；小容量的单向晶闸管外形与大功率整流二极管相似，只是多一个引脚。

从单向晶闸管的结构看，它与二极管有些相似，但在其二端加以正向电压而控制极不加电压时，并不导通，正向电流很小，处于正向阻断状态，如果此时在控制极与阳极间加上正向电压，则晶闸管导通，正向压降很少，此时即使撤去控制电压，其仍能保持导通状态，因此，利用切断控制电压的办法不能关断负载电流。只有当阳极电压降到足够小，在一定值 I_H 以下时，负载回路才能阻断。若在交流回路中使用，如作大功率整流器件时，当电流过零进入负半周时，能自动关断，到正半周要再次导通，必须重新施加控制电压。

由于单向晶闸管具有单向导通功能，因此在控制中多使用于直流大电流场合，或作为双向晶闸管控制端输入器件。在交流场合一般用于大功率整流变送器等。

2）双向晶闸管（TRIAC）。如果将两个反向并联的单向晶闸管做在同一硅片上，则组成一个双向晶闸管，其图形符号如图 3-33 所示。这种可控硅具有双向导通功能，其通断情况由控制极 G 决定，当 G 上无信号时，MT_1 与 MT_2 间呈高阻状态，管截止；当 MT_1 与 MT_2 之间加一大于阈值的电压（一般大于 1.5V）时，就可利用控制 G 端电压来使管导通。但需注意的是，当双向晶闸管接有感性负载时，电流与电压间有一定的相位差，在电流为零时，反向电压可能不为零，且超过转换电压，使管子反向导通，故要管子能承受这种反向电压，并在回路中加 RC 网络加以吸收。

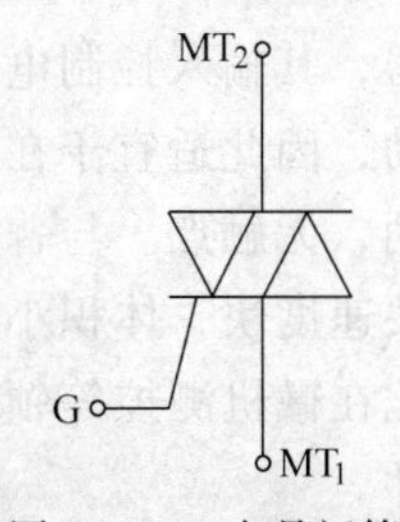

图 3-33　双向晶闸管

尽管双向晶闸管正、反相均能导通，但在实际使用时，不建议将其两端调换使用。

由于双向晶闸管具有双向导通功能，能在交流、大电流场合使用，且开关无触点，因此在工业控制领域有着极为广泛的应用，下面介绍这种器件的接口方法。

图 3-34 所示为一晶闸管温度控制器电路，从 S 端输入变换后的电压信号，利用比较器的输出端翻转来控制双向晶闸管的导通，从而达到温度控制的目的。

由于双向晶闸管的广泛应用，与之配套的光隔离器也已有产品，这种器件一般称为双向晶闸管输出型光隔离器，如图 3-35 所示，与一般的光隔离器不同在于其输出部分是硅光敏双向晶闸管，一般还带有过零触发检测器（如图 3-35 所示的 A），以保证在电压接近零时触发晶闸管。常用的有 MOC3000 系列等，运用于不同负载电压使用，如 MOC3011 用于 110V 交流电，而如图 3-35 所示的双向晶闸管输出型光隔离器 MOC3041 等可适用于 220V 交流电使用，图 3-36 所示为这两类光隔离器与双向晶闸管的典型接线图，下面通过分析该电路的工作原理来了解这种接口方法的应用。

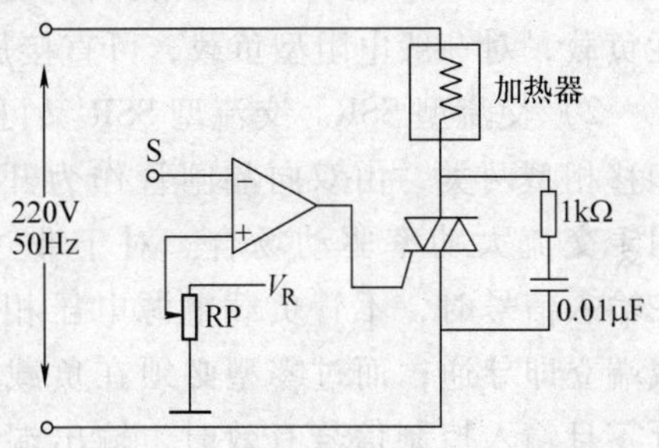

图 3-34　双向晶闸管输出驱动温控电路

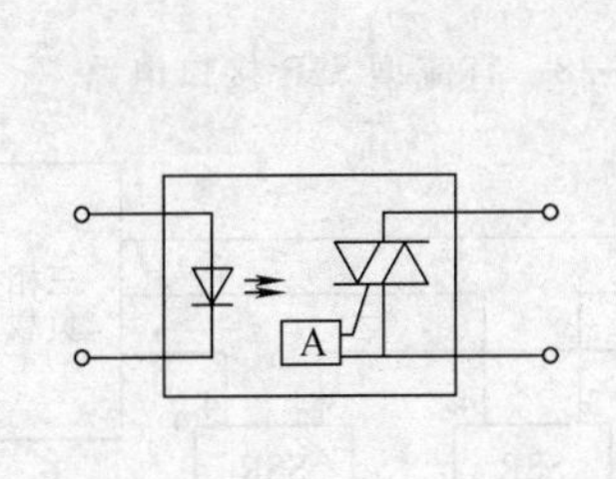

图 3-35　双向晶闸管输出型光隔

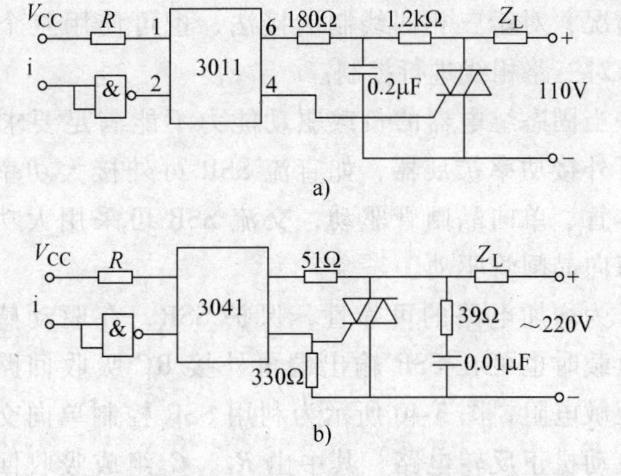

图 3-36　MOC3011/3041 接口电路

不同的光隔离器，其输入端驱动电流也不一样，如 MOC3041 为 15mA，3011 的驱动电流仅为 5mA，因此，在驱动回路中可加一限流电阻 R，一般在微机测控系统中，其输出可用 OC 门驱动，在光隔离器输出端，与双向晶闸管并联的 RC 是为了在使用感性负载时吸收与电流不同步的过压，而门极电阻则是为了提高抗干扰能力，以防误触发。

（5）固态继电器输出接口　固态继电器（SSR）是近年发展起来的一种新型电子继电

器，其输入控制电流小，用TTL、HTL、CMOS等集成电路或加简单的辅助电路就可直接驱动，因此适宜于在微机测控系统中作为输出通道的控制元件，其输出利用晶体管或晶闸管驱动，无触点。与普通的电磁式继电器和磁力开关相比，具有无机械噪声、无抖动和回跳、开关速度快、体积小、重量轻、寿命长、工作可靠等特点，并且耐冲击、抗潮湿、抗腐蚀，因此在微机测控等领域中，已逐渐取代传统的电磁式继电器和磁力开关作为开关量输出控制元件。

固态继电器按其负载类型分类，可分为直流型（DC-SSR）和交流型（AC-SSR）两类。

1）直流型SSR。直流型SSR又可分为三端型和二端型，其中二端型是近年发展起来的多用途开关，图3-37所示即为这种SSR的电原理及外引线图，这种SSR主要用于直流大功率控制场合。

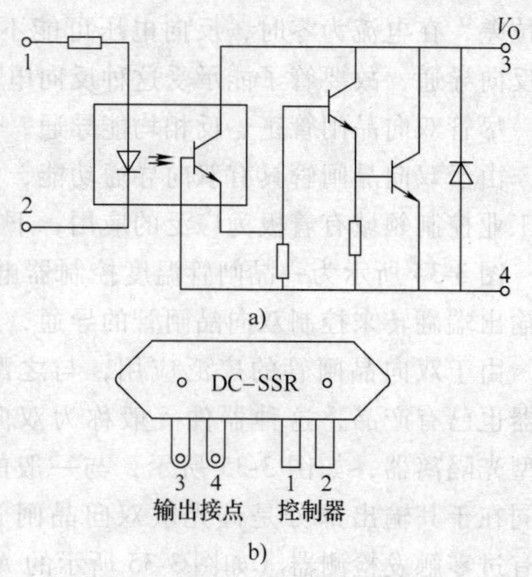

图3-37 直流SSR原理及外引脚图
a）原理图 b）外引线图

图3-38所示为一典型接线图，此处所接为感性负载，对一般电阻型负载，可直接加负载设备。

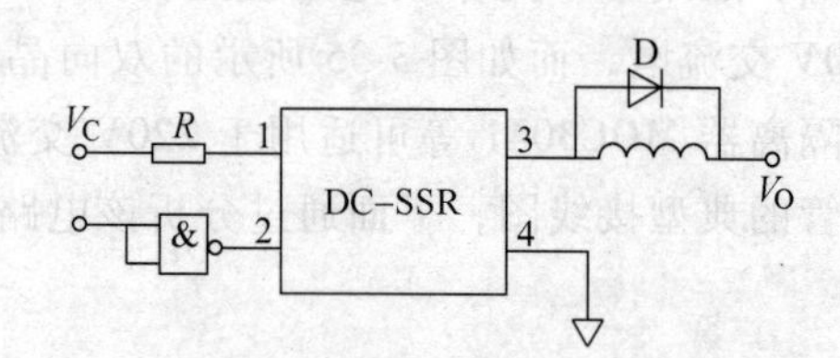

图3-38 直流型SSR接口电路

2）交流型SSR。交流型SSR又可分为过零型和移相型两类，由双向晶闸管作为开关器件，可用于交流大功率驱动场合。对于非过零型SSR，在输入信号时，不管负载电源电压相位如何，负载端立即导通；而过零型必须在负载电源电压接近零且输入控制信号有效时，输出端负载电源才导通，而当输入端的控制电压撤销后，流过双向晶闸管负载为零时才关断。

图3-39所示为利用交流型SSR控制三相负载的情况，对于三相四线制的接法，也可使用三个SSR对三路相线进行控制。

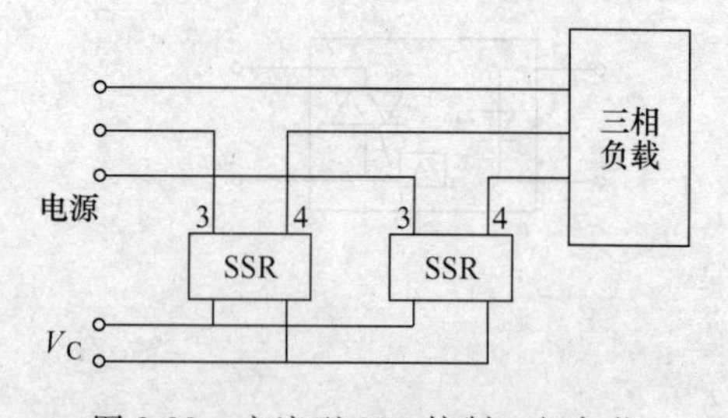

图3-39 交流型SSR控制三相负载

当固态继电器的负载驱动能力不能满足要求时可外接功率扩展器，如直流SSR可外接大功率晶体管、单向晶闸管驱动，交流SSR可采用大功率双向晶闸管驱动。

为增加电路的可靠性，保护SSR，在驱动感性负载时也可在SSR输出端再外接RC吸收回路和压敏电阻，图3-40所示为利用SSR控制单向交流电动机正反转电路，其中由R_P、C_P组成吸收回路，R_M为压敏电阻。

在具体进行电路设计时，可根据需要选择固态继电器的类型和参数，在参数选择时尤其要注意其输入电流和输出负载驱动能力。

（6）集成功率电子开关输出接口　这是一种可用TTL、HTL、DTL、CMOS等数字电路直接驱动的直流功率电子开关器件，具有开关速度快、无触点、无噪声、寿命长等特点，常用于微电动机控制，电磁阀驱动等场合，在微机测控系统中也用于取代机械触点或继电器作

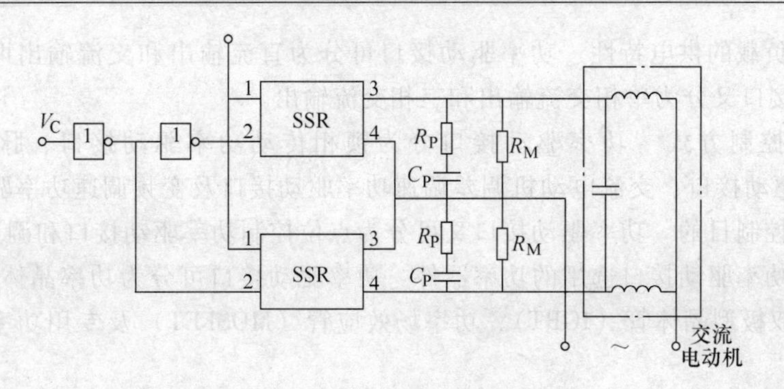

图 3-40　SSR 控制单向交流电动机

为开关量输出器件，常用的有 TWH8751、TWH8728 等，图 3-41 所示为 TWH8751 的外引脚图，在使用时需外接电源，其中 S_T 为控制端。

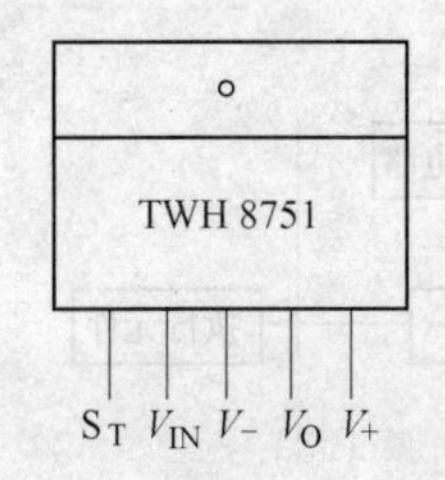

图 3-41　TWH8751 外引脚图

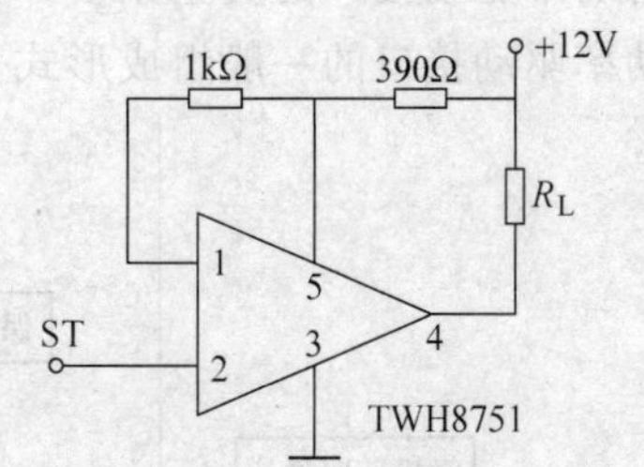

图 3-42　TWH8751 作直流开关接口

集成功率电子开关一般用于直流和电流不大（一般为几安或更小）场合，有时也可在交流场合使用。需要注意的是，这是一种逻辑开关，而不是模拟开关，其输出受控制端和输入端的限制，一般控制端为低电平时工作，此时输出极是否导通，受输入端控制。图 3-42 所示为利用 TWH8751 作为直流开关的输出接口。

3.4　执行元件的功率驱动接口

在机电一体化系统中，执行元件往往是功率较大的机电设备，如电磁铁、电磁阀、各类电动机、液压设备及气缸等。微机系统后向通道输出的控制信号（数字量或模拟量）需要通过与执行元件相关的功率放大器才能对执行元件进行驱动，进而实现对机电系统的控制。在机电一体化系统中，功率放大器被称为功率驱动接口，其主要功能是把微机系统后向通道的弱电控制信号转换成能驱动执行元件动作的具有一定电压和电流的强电功率信号或液压气动信号。

3.4.1　功率驱动接口的分类

功率驱动接口的组成原理、结构类型与控制方式、执行元件的机电特性及选用的电力电子器件密切相关，因此有不同的分类方式。

（1）根据执行元件的类型　功率驱动接口可分为开关功率接口、直流电动机功率驱动接口、交流电动机功率驱动接口、伺服电动机功率驱动接口及步进电动机功率驱动接口等。其中开关功率驱动接口又包括继电接触器、电磁铁及各类电磁阀等的驱动接口。

（2）根据负载的供电特性　功率驱动接口可分为直流输出和交流输出两类，其中交流输出功率驱动接口又分为单相交流输出和三相交流输出。

（3）根据控制方式　功率驱动接口分为锁相传动功率驱动接口、脉冲宽度调制型（PWM）功率驱动接口、交流电动机调差调速功率驱动接口及变频调速功率驱动接口等。

（4）根据控制目的　功率驱动接口又可分为点位控制功率驱动接口和调速功率接口。

（5）根据功率驱动接口选用的功率器件　功率驱动接口可分为功率晶体管（GTR）、晶闸管、绝缘栅双极型晶体管（IGBT）、功率场效应管（MOSFET）及专用功率驱动集成电路等多种类型。

3.4.2　功率驱动接口的一般组成形式

尽管功率驱动接口的类型繁多，特性各异，它们在组成形式上却有共同的持点，图3-43所示为功率驱动接口的一般组成形式。

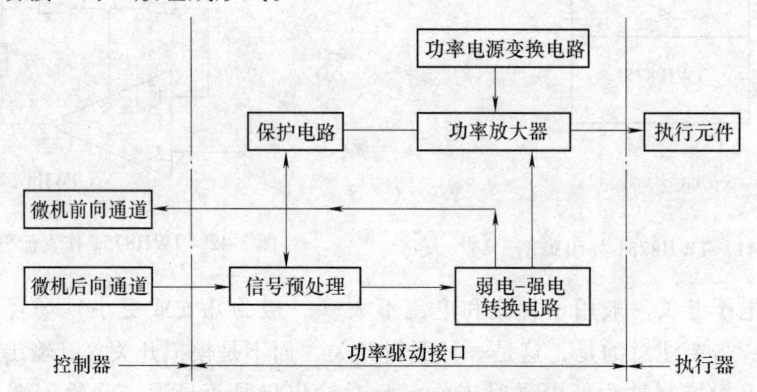

图3-43　功率驱动接口的一般组成形式

如图3-43所示，信号预处理部分直接接收控制器输出的控制信号，同时将控制信号进行调理变换、整形等处理生成符合控制要求的功率放大器控制信号。弱电—强电转换电路一般采用晶体管基极驱动电路。功率放大器按一定的控制形式直接驱动执行元件。功率放大电路的形式有多种，常用的有功率场效应管驱动电路及晶闸管驱动电路等，近年来绝缘栅场效应管（IGBT）及大功率集成电路也得到推广应用。功率电源变换电路为功率放大电路提供工作电源，其输出参数一般视执行元件参数而定。

由于功率接口的驱动级一般工作在高压大电流状态，当系统工作频率较大或失控时，大功率器件往往会烧毁而使系统失效，利用保护电路对大功率器件工作参数进行在线采样，并反馈给控制器或信号预处理电路，使功率器件不致产生过流或过压，并使功率输出波形的失真度减小到最低程度。

3.4.3　功率驱动接口的设计要点

功率驱动接口的设计是机电一体化系统设计中技术综合性较强的一项内容，既涉及微机控制的软硬件，又涉及执行元件、自动控制、电动机拖动、功率器件等多方面的技术领域，但从设计目标上看，功率驱动接口主要是解决与输入信号的信号匹配及与执行元件的功率匹配问题。

设计功率驱动接口时应考虑以下要点：

1）功率驱动接口的主电路是功率放大器，目前的功率放大电路的形式种类繁多，主要与采用的大功率器件及控制形式有关，设计者应掌握各种常用功率器件的使用特点及使用方法，熟悉常规实用电路的结构形式。随着电力电子技术快速发展，设计者应不断积累新型大功率器件（如 IGBT、MOSFET、大功率模块、厚膜驱动电路等）的技术资料。

2）由于大功率器件工作在高电压大电流状态，并有一定的功耗，在接口设计中不仅要对这些器件采取散热措施，还应设计电流/电压检测保护电路，以防功率器件烧毁。

3）功率驱动接口要有很好的抗干扰措施，防止功率系统通过信号通道、电源以及空间电磁场对微机控制器产生干扰。通常采用信号隔离、电源隔离相对大功率开关实现过零切换等方法。

4）功率驱动接口的形式必须满足执行元件要求的控制方案，有时还需要对输入的信号进行波形变换或调制。

5）功率驱动接口具有小信号输入、大功率输出的特点，输入的信号来自微机控制器的后向通道，大多为 TTL/CMOS 数字信号或 D/A 转换后的小电流/电压信号，这些输入信号一般不能直接驱动大功率器件，因此，在功率放大级之前需设计有驱动电路，这种驱动电路一般采用中小功率集成电路。

6）对于伺服驱动系统，一般需要有状态反馈环节，反馈电路虽不属于功率驱动接口，但在接口设计时，应留出采样节点的位置。

7）功率驱动接口一般采用模块化的设计思想。随着工业技术的发展，功率放大器的设计与制造已趋于专门化，人们针对不同的执行元件或不同的控制要求，设计生产出类型众多，特性各异的功率放大器，有些功率放大器自带微机控制系统，其本身可能就是一个机电一体化系统，例如，交流电动机速度控制的变频控制器、直流电动机速度控制的 PWM 功率放大器、步进电动机驱动器等，这些功率放大器目前已有系列化产品，因此，在机电一体化系统中，常把功率驱动接口看作为一个模块，在设计中要注重选用标准化的功率放大器或功率放大控制器，并设计出与它直接连接的接口电路。对于确实需要从细部结构上进行设计的功率驱动接口，则应该与电气自动控制方面的专业技术人员共同合作完成设计。

3.4.4　功率驱动接口实例

1. 晶闸管触发驱动电路

晶闸管是目前应用最广泛的半导体功率元件之一，具有弱电控制、强电输出的特点，它可用于电动机的开关控制，电磁阀控制以及大功率继电触发器的控制，具有开关无噪声，可靠性高，体积小等特点。采用晶闸管做成的各种固态继电器（SSR），已成为开关型功率接口优先选用的功率器件。晶闸管的型号和品种十分齐全，常用的有三种结构类型：单向晶闸管、双向晶闸管和门极关断晶闸管。

晶闸管功率接口电路的设计要点是触发电路的设计，微机输出的开关控制信号通常经脉冲变压器或光耦合器隔离后加到晶闸管上。

图 3-44 所示是单片机控制单向晶闸管实现 220V 交流开关的例子。当单片机 P1.0 输出为低电平时，光耦合器发光二极管截止，晶闸管门极不触发而断开。P1.0 输出为高电平时，经反相驱动器后，使光耦合器发光二极管导通，交流电的正负半周均以直流方式加在晶闸管的门极，触发晶闸管导通，这时整流桥路直流输出端被短路，负载即被接通。P1.0 回到低

电平时，晶闸管门极无触发信号，交流电在交变时使晶闸管关断，负载失电。

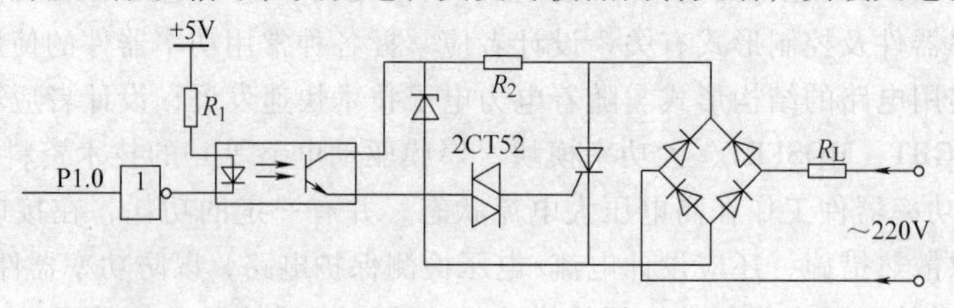

图 3-44　单片机控制单向晶闸管的接口电路

2. 继电器型驱动接口

继电器通过改变金属触点的位置，使动触点与定触点闭合或分开，具有接触电阻小，流过电流大及耐高压等优点，但在动作可靠性上不及晶闸管。继电器中，电流切换能力较强的电磁式继电器称为接触器。

继电器有电压线圈与电流线圈两种工作类型，它们在本质上是相同的，都是在电能的作用下产生一定的磁势。继电器/接触器的供电系统分为直流电磁系统和交流电磁系统，工作电压也较高，因此从微机输出的开关信号需经过驱动电路进行转换，使输出的电能能够适应其线圈的要求。继电器/接触器动作时，对电源有一定的干扰，为了提高微机系统的可靠性，在驱动电路与微机之间都用光耦合器隔离。

常用的继电器大部分属于直流电磁式继电器，一般用功率接口集成电路或晶体管驱动。在驱动多个继电器的系统中，宜采用功率驱动集成电路，例如使用 SN75468 等，这种集成电路可以驱动 7 个继电器，驱动电流可达 500mA，输出端最大工作电压为 100V。图 3-45 所示是典型的直流继电器接口电路。交流电磁式接触器通常用双向晶闸管驱动或一个直流继电器作为中间继电器控制。

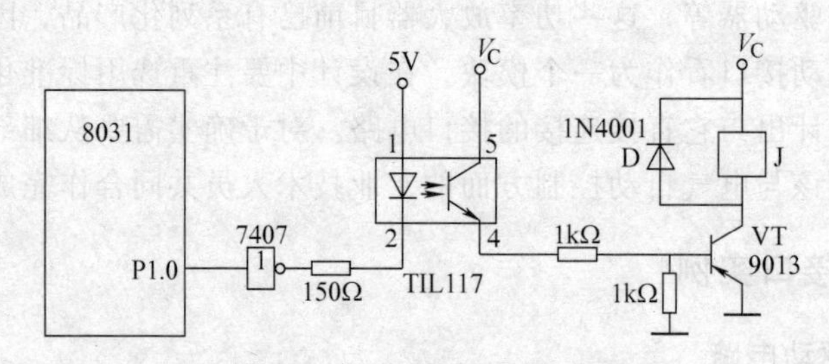

图 3-45　直流继电器接口电路

3. 直流电动机的功率驱动接口

直流电动机（包括直流伺服电动机）的控制方式有电枢控制和磁场控制两种。电枢控制是在励磁电压不变的条件下，把控制电压加在电动机的电枢上，以控制电动机的转速和转向；磁场控制是在电枢电压不变的条件下，把控制电压加在励磁绕组上实现电动机的转速控制。功率驱动接口的作用是将控制信号转变为一定幅值的电压驱动电动机运转。获得幅值可调的直流电压的途径有两种：一种是把交流电变成可控的直流电，其接口称为可控整流器；另一种是把固定幅值的直流电压变成幅值可调的直流电压，这种接口称为直流斩波器。

可控整流器又称直流变换器，采用晶闸管作为整流元件，其电路由整流变压器和晶闸管组成。根据交流供电方式，可控整流器有单相和三相之分，其工作原理如图 3-46 所示。

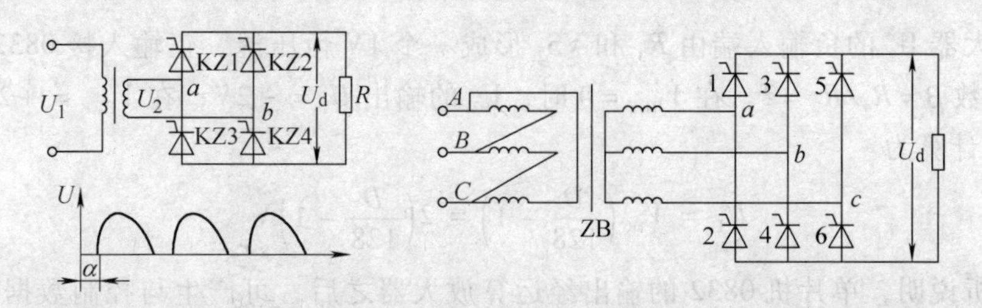

图 3-46　可控整流器原理图

电路中采用整流电路的原理，通过控制晶闸管开始导通的时间（即触发延迟角），便可改变负载上直流电压平均值 U_d 的大小，因此这种电路又称作交流—直流变流器。这种驱动接口的主要设计内容是晶闸管触发电路的设计，而触发延迟角 α 的数值一般由微机软件或脉冲发生器产生。

直流斩波器又称为直流断续器，是接在直流电源和负载之间的变流装置，它通过控制晶闸管或功率晶体管等大功率器件开关的频率参数来改变加到负载上的直流电压平均值，故直流斩波器又称为直流—直流变流器。目前，直流电动机的驱动控制一般采用 PWM，在大功率器件选用上，较多地使用 GTR，IGBT 及 MOSFET 也逐步得到了推广应用。图 3-47 所示是单片机与 PWM 功率放大器的接口。

如图 3-47 所示的单片机模拟量输出通道由 0832 型 D/A 转换器和 ADOP-07 运算放大器组成，它把数字量（00H ~ FFH）的控制信号转换成 -2.0 ~ +2.0V 模拟量控制信号 U_I。ADOP-07 与 0832 之间的连线是一种特殊的连接方法，通常，0832 以电流开关方式进行 D/A 转换后以电流形式从 I_1、I_2 端输出，I_1、I_2 两端脚与运放的两输入端相连，运放的输出再接反馈电阻端 R_{fb}，由运放器件把 0832 电流输出信号转换成电压信号输出。运放的输出电压为 $V_{OUT}=-V_{REF}D/256$，V_{REF}是接入 0832 的参考电压，D 为单片机输出的 8 位数据。而如图 3-47 所示，0832 接成电压开关方式进行 D/A 转换，此时将参考电压接 I_1、I_2 端，而且 I_2 端接地，I_1 接正电压 V_{DC}，0832 的 D/A 结果以电压形式从 V_{REF} 端输出，V_{REF}输出的电压为 $V_{REF}=V_{DC}D/256$（V），V_{DC}为 I_1、I_2 端的参考电压值，如图 3-47 所示 VS_1 为 2V 稳压管，所以 $V_{DC}=2V$。

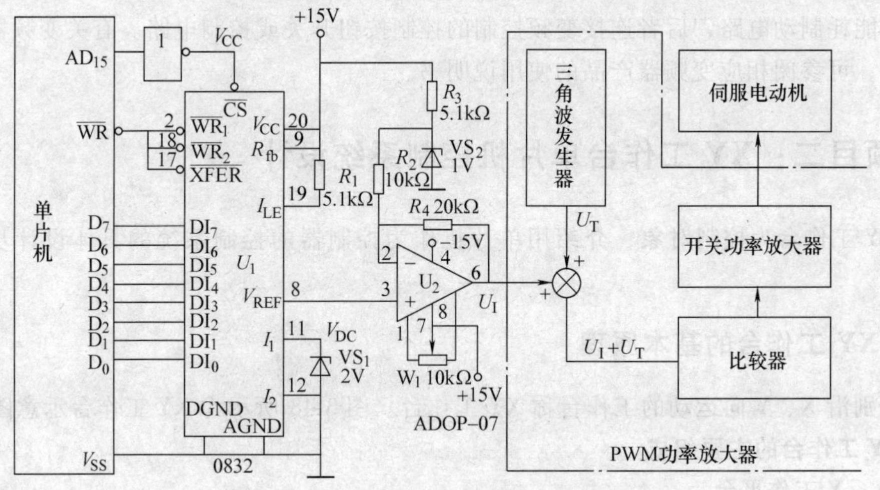

图 3-47　单片机与 PWM 功率放大器的接口

运算放大器 U_2 的负输入端由 R_3 和 VS_2 形成一个 1V 恒压源，正输入接 0832 的 V_{REF} 端，U_2 的放大倍数 $\beta = R_4/R_2 = 2$。在 $V_{REF} = 0$ 时，U_2 的输出 $U_I = -2V$；在 $V_{REF} = +2V$ 时，$U_I = +2V$，U_I 的计算为

$$U_I = V_{DC}\left(\frac{D}{128} - 1\right) = 2\left(\frac{D}{128} - 1\right)V$$

上述分析说明，单片机 0832 的输出经运算放大器之后，可产生与控制数据对应的控制电压 U_I 去控制 PWM 功率放大器工作，使被控直流电动机实现可逆变速转动。

4. 交流电动机变频调速功率接口

可调速的电动机传动系统分为直流调速与交流调速两大类（第 5 章将详细介绍）。过去，由于直流电动机传动系统的性能指标优于交流电动机传动系统，因此，凡是要求平滑起动与制动、可逆运行、可调速及高精度的位置和速度控制的调速系统，几乎都采用直流电动机传动，但由于直流电动机在结构上存在整流子和电刷，维护保养工作量大，不能在易燃气体及粉尘多的场合使用，体积和重量比同等容量的交流电动机大，难以实现高速、高电压、大容量传动。20 世纪 80 年代以来，随着微电子技术、电力电子技术以及电动机技术的发展，原来阻碍交流电动机传动发展的技术难题一一被克服，又由于交流电动机具有结构简单，坚固耐用，运行可靠，惯性小和节能高效等优点，交流电动机传动技术发展迅速，应用日益广泛。

根据交流电动机的转速公式 $n = 60f(1-s)/P$，交流电动机调速一般有变极调速、转差调速、变频调速三种方法。变频调速是交流电动机调速的发展方向，而且有的变频调速系统在动态性能及稳态性能的指标上已超过直流调速。因此在机电一体化系统设计时可优先选用交流电动机变频调速方案。

交流电动机变频调速系统中，变频器就是一个功率驱动接口，目前已形成了规格较为齐全的通用化、系列化产品，因此在系统设计时，主要是解决变频器的选用、与控制系统的连接及控制算法的实现等问题。变频器作为交流电动机变频调速的标准功率驱动接口，在使用上十分简便，它可以单独使用，也可以与外部控制器连接进行在线控制，通过装置上的接线端子与外部连接。接线端子分为主回路端子和控制回路端子，前者连接供电电源、交流电动机及外部能耗制动电路，后者连接变频控制的控制按钮开关或控制电路。有关变频器的功率驱动接口，可参阅相应变频器产品的使用说明书。

3.5 项目二：XY 工作台单片机控制系统设计

以 XY 工作台为控制对象，介绍用单片机作为控制器的控制系统的具体设计步骤和方法。

3.5.1 XY 工作台的基本原理

能分别沿 X、Y 向运动的工作台称 XY 工作台。图 3-48 所示为 XY 工作台示意图。

1. XY 工作台的主要组成

1）X、Y 工作平台。

2）传动机构。图 3-49 所示为 X 向齿轮减速和丝杠传动的传动方式示意图（Y 向与 X

向相同)，已在第 2 章项目一进行了设计分析。

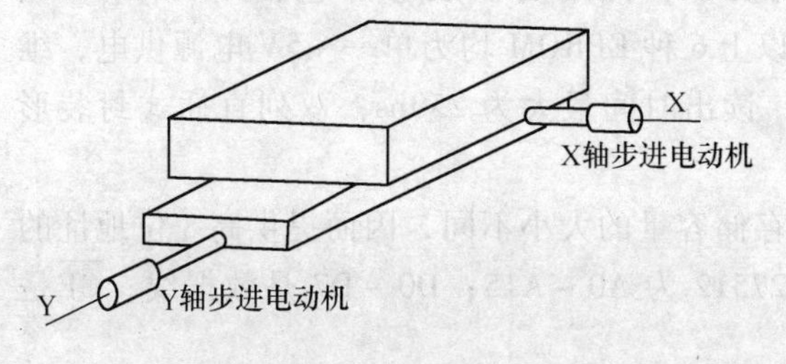

图 3-48　XY 工作台示意图

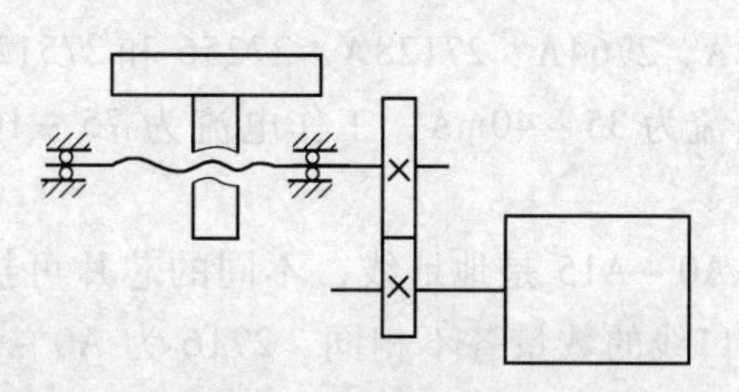

图 3-49　X 向传动简图

3）驱动机构。X、Y 向两个电动机。

XY 工作台的工作原理比较简单，即通过控制 X、Y 向步进电动机驱动传动机构，从而带动 X、Y 工作平台沿 X、Y 向运动。

2. XY 工作台控制要求

1）用步进电动机作驱动机构。

2）能用键盘输入命令，控制工作台沿 X、Y 向自由运动。

3）能实时显示工作台的当前运动位置。

4）当工作台超越边界时，能指示报警，并停止运动。

3. XY 工作台控制系统总体

根据要求设计如图 3-50 所示的控制系统。主控器选 MCS-51 系列单片机；存储器扩展 ROM2764 一片、RAM6264 一片；I/O 接口为设计键盘、显示及步进电动机。系统总体确定后，进行各部分具体设计。控制步进电动机用的脉冲发生器用硬件实现，字符发生及键盘扫描用软件实现。

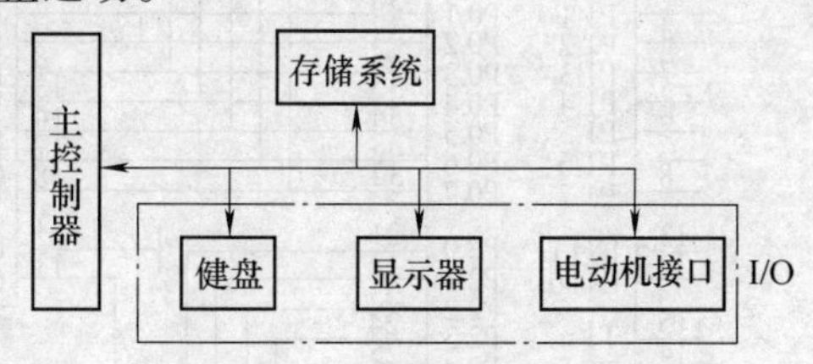

图 3-50　XY 控制系统框图

3.5.2　存储系统扩展设计

以 8031 单片机为核心的控制系统必须扩展程序存储器，用以存放程序。同时，单片机内部的数据存储器容量较小，不能满足实际需要，还要扩展数据存储器。这种扩展就是配置外部存储器（包括程序存储器和数据存储器）。另外，在单片机内部虽然设置了若干并行 I/O 接口电路，用来与外围设备连接，但当外围设备较多时，仅有几个内部 I/O 接口是不够的，因此，单片机还需要扩展 I/O 接口芯片。

1. 程序存储器的扩展

MCS-51 系列单片机的程序存储器空间和数据存储器空间是相互独立的。程序存储器寻址空间为 64 KB（0000H ~ FFFFH），其中 8051、8751 片内有 4 KB 的 ROM 或 EPROM，8031 片内不带 ROM。当片内 ROM 不够或采用 8031 芯片时，需扩展程序存储器。用做程序存储器的器件是 EPROM 和 EEPROM（电擦除可编程序只读存储器），常使用 EPROM。

由于 MCS-51 单片机的 P0 口是分时复用的地址/数据总线，因此在进行程序存储器扩展时，必须用地址锁存器锁存地址信号。通常地址锁存器可使用带三态缓冲输出的 8 位锁存器 74LS373，也可用带清除端的 8 位锁存器 74LS273。当用 74LS373 作为地址锁存器时，锁存端 G 可直接与单片机的锁存控制信号端 ALE 相连，在 ALE 下降沿进行地址锁存。

根据应用系统对程序存储器容量的不同要求，常用的扩展芯片包括 EPROM2716、2732A、2764A、27128A、27256 和 27512 等。以上 6 种 EPROM 均为单一 +5V 电源供电，维持电流为 35 ~ 40mA，工作电流为 75 ~ 100mA，读出时间最大为 250ns，双列直插式封装形式。

A0 ~ A15 是地址线，不同的芯片可扩展的存储容量的大小不同，因而提供高 8 位地址的 P 端口线的数量各不相同，2716 为 A0 ~ A10，27512 为 A0 ~ A15；D0 ~ D7 是数据线；$\overline{CE}$是片选线，低电平有效；$\overline{OE}$是数据输出选通线。

以 EPROM 2764A 和锁存器 74LS373 为例，对 8031 单片机进行程序存储器扩展，其连接图如图 3-51 所示。因为 2764A 是 8 KB 容量的 EPROM，故用到了 13 根地址线（A0 ~ A12）。由于系统中只扩展一片程序存储器 EPROM，故可将片选端$\overline{CE}$直接接地。同时，8031 运行所需的程序指令来自 2764A，要把其$\overline{EA}$端接地，否则，8031 将不会运行。

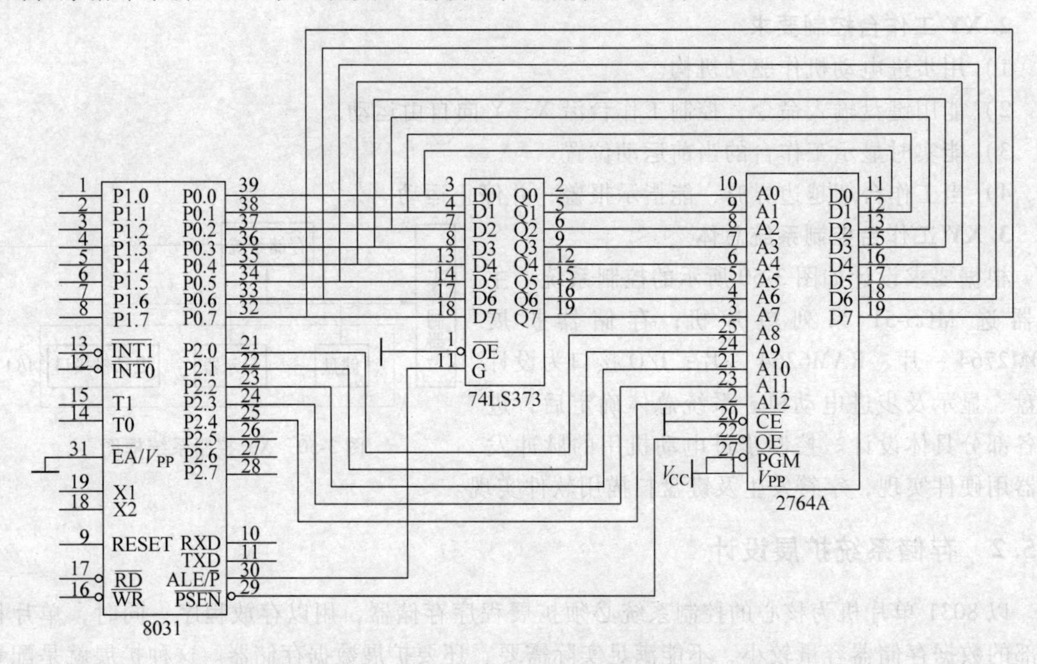

图 3-51　8031 扩展 EPROM2764A 的连接图

EEPROM 的主要特点是能在计算机系统中进行在线修改，并在断电的情况下保持修改结果，因此，自从 EEPROM 问世以来，在智能化仪器仪表、控制装置、开发系统中得到了广泛应用。常用的 EEPROM 有 2816A（2KB）、2864A（8KB），其与单片机的连接和编程请参考相关资料。

2. 数据存储器的扩展

8031 单片机内部有 128B 的 RAM 存储器，CPU 对内部 RAM 具有丰富的操作指令，但在用于实时数据采集和处理时，仅靠片内提供的 128B 的数据存储器是远远不够的，在这种情况下，可利用 MCS-51 的扩展功能扩展外部数据存储器。

数据存储器只使用$\overline{WR}$、$\overline{RD}$控制线而不用$\overline{PSEN}$。正因为如此，数据存储器与程序存储器地址可完全重叠，均为 0000H ~ FFFFH，但数据存储器与 I/O 口及外围设备是统一编址的，即任何扩展的 I/O 口及外围设备均占用数据存储器地址。P0 口为 RAM 的复用地址/数据线，P2 口用于对 RAM 进行页面寻址，在对外部 RAM 的读写期间，CPU 产生$\overline{\text{RD}}$、$\overline{\text{WR}}$信号。

在 8031 单片机应用系统中，静态 RAM 是最常用的，由于这种存储器的设计无须考虑刷新问题，因而它与微处理器的接口很简单。最常用的静态 RAM 芯片有 6116 和 6264。

图 3-52 所示为 6264 与 8031 的硬件连接图，从图中可知：6264 的片选$\overline{\text{CS1}}$接 8031 的 P2.7，第二片选 CS2 接高电平，保持一直有效状态。因 6264 是 8 KB 容量的 RAM，故用到了 13 根地址线。

对于如图 3-52 所示的线路，6264 的地址范围为 6000H ~ 7FFFH，共 8KB。

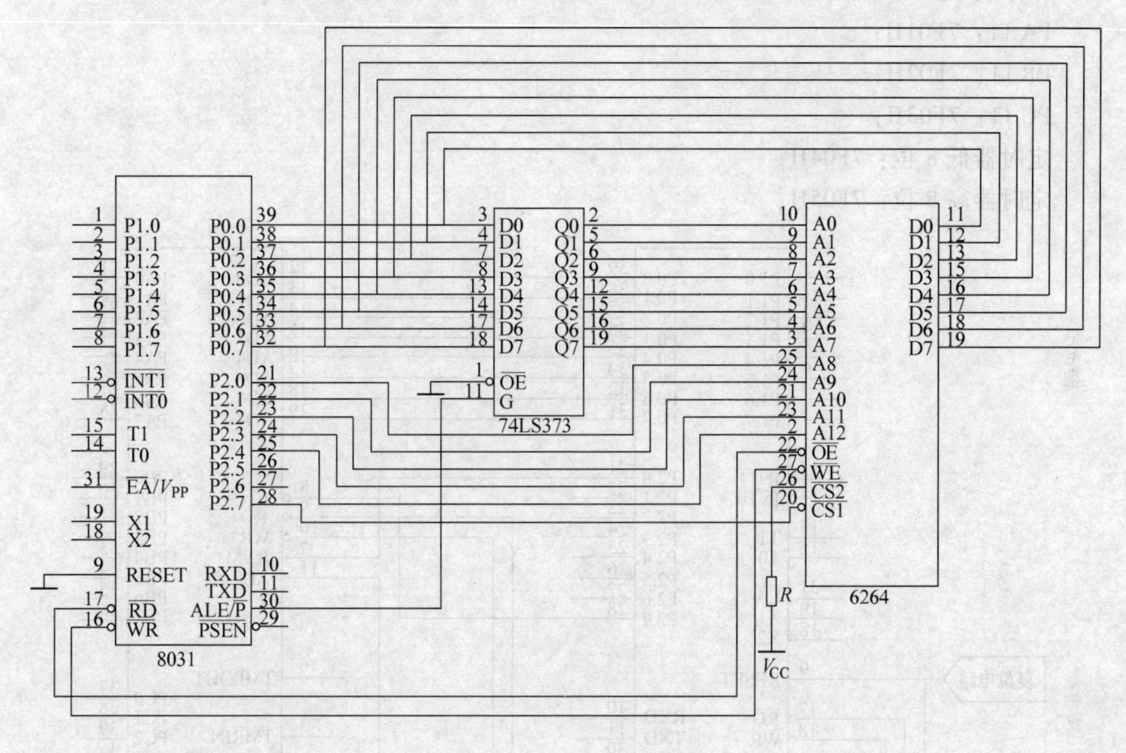

图 3-52　8031 扩展 6264 的连接图

3. I/O 口的扩展

在 MCS-51 应用系统中，单片机本身提供给用户使用的 I/O 口并不多，只有 P1 口和部分 P3 口，因此，在大部分单片机应用系统设计中都不可避免地要在单片机外部扩展 I/O 口。由于 MCS-51 的外部数据存储器 RAM 和 I/O 口是统一编址的，因此可以把外部 64KB 的数据存储器空间的一部分接口作为扩展外围 I/O 的地址空间。这样单片机就可以像访问外部数据存储器 RAM 一样访问外部接口芯片，对其进行读写操作。这里设计用于键盘与显示扩展的 8155 可编程外围并行 I/O 接口。

8155 芯片内包含有 256B 的 RAM，2 个 8 位和 1 个 6 位的可编程并行 I/O 口，1 个 14 位定时器/计数器。8155 可直接与 MCS-51 单片机连接，不需增加任何硬件逻辑。由于 8031 单片机外接一片 8155 后，就综合地扩展了数据 RAM、I/O 口和定时器/计数器，因而 8155 是 MCS-51 单片机系统中最常用的外围接口芯片之一。在 8155 的控制逻辑部件中，设置有一个控制命令寄存器和一个状态标志寄存器。8155 的工作方式由 CPU 写入控制命令寄存器中的控制字来确定。

如图 3-53 所示，8031 单片机 P0 口输出的低 8 位地址不需另加锁存器而直接与 8155 的 AD0～AD7 相连，既作为低 8 位地址总线又作为数据总线，地址锁存直接用 ALE 在 8155 中锁存。8155 的 $\overline{CE}$ 端接 P2.7，IO/$\overline{M}$ 端接 P2.0。当 P2.7 为低电平时，若 P2.0＝1，访问 8155 的 I/O 口；若 P2.0＝0，访问 8155 的 RAM 单元。由此得到如图 3-53 所示 8155 的地址编码如下：

RAM 字节地址：7E00H～7EFFH；

命令/状态口：7F00H；

PA 口：7F01H；

PB 口：7F02H；

PC 口：7F03H；

定时器低 8 位：7F04H；

定时器高 8 位：7F05H。

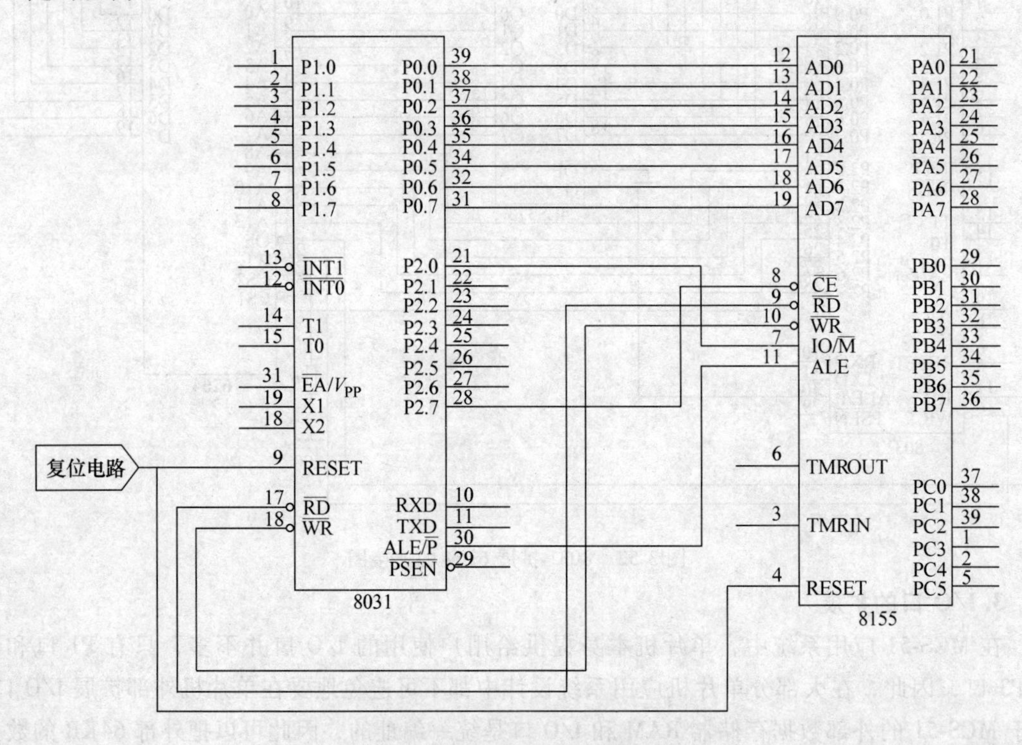

图 3-53　8031 扩展 8155 的连接图

3.5.3　键盘显示器接口设计

键盘在单片机应用系统中是一个很关键的部件，它能实现向计算机输入数据、传送命令等功能，是人工干预计算机的主要手段。键盘实质上是一组按键开关的集合。通常，按键所用开关为机械弹性开关，利用了机械触点的合、分作用。由于机械触点的弹性作用，一个按键开关在闭合或断开时都不会马上稳定地接通或断开，在闭合及断开的瞬间均伴有连串的抖动，抖动的时间长短由按键的机械特性决定，一般为 5～10ms，这是一个很重要的时间参数，在很多场合都要用到。

键的闭合与否，反映在电压上就是呈现出高电平或低电平。如果高电平表示断开，那么低电平则表示闭合，所以，通过电平的高低状态的检测，便可确认按键是否按下。为了确保CPU 对一次按键动作只确认一次，必须消除抖动的影响。

消除按键的抖动通常有硬件、软件两种方法：硬件消抖常用双稳态消抖和滤波消抖电路，在按键较少时用得较多；如果按键较多，硬件消抖将无法胜任，因此常采用软件的方法消抖，在第一次检测到有键按下时，执行一段延时 10ms 的子程序后再确认该键电平是否仍保持闭合状态，如果电平保持闭合状态，则确认真正有键按下，从而消除了抖动的影响。键盘可按独立式和矩阵式两种方法设计。

在单片机系统中，常用的显示器有：发光二极管显示器、液晶显示器、荧光屏显示器，近年来也开始使用阴极射线管接口，显示一些汉字和图形。前三种显示器都有两种显示结构：段显示（8 段和“米”字型等）和点阵显示（5×7、5×8、8×8 点阵）。三种显示器中，荧光屏显示器亮度最高，发光二极管次之，而液晶显示器最弱，且为被动显示器，必须有背光源。本设计采用 8 段 LED 显示器。图 3-54 所示为键盘显示器接口电路。

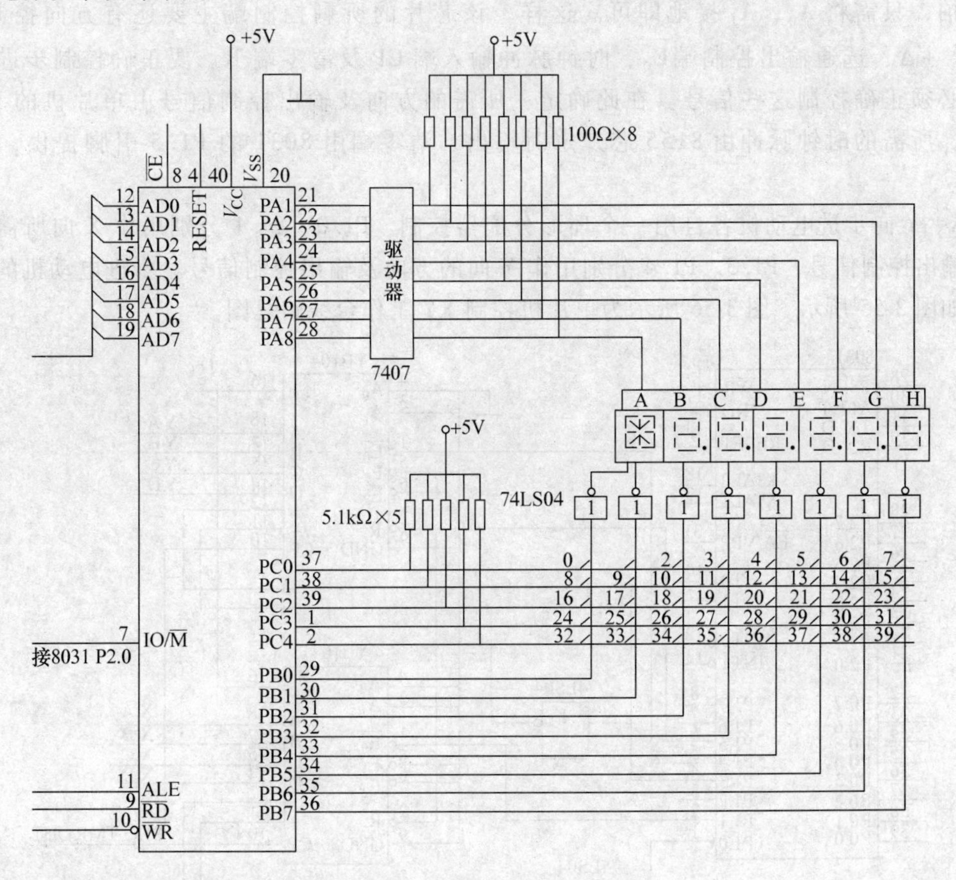

图 3-54　键盘显示器接口电路

3.5.4　步进电动机接口设计

用 8031 单片机的 P1 口控制步进电动机，由于步进电动机采用硬件实现，芯片采用

YB104，是一种4相4拍环形分配器，其引脚功能见表3-2。

表3-2 环形分配器引脚功能

引　脚	功　能	引　脚	功　能
$\overline{E_0}$	选通输出控制端	+Δ（+）	正转控制电位
$\overline{E_1}$	选通输入控制端	A	A相控制
$\overline{E_2}$	选通输入控制端	B	B相控制
A_0	励磁方式控制端	C	C相控制
A_1	励磁方式控制端	D	D相控制
CP	时钟脉冲输入端	$\overline{R}$	清零端
-Δ（-）	反转控制电位		

一般情况下，该芯片的两个输入控制端$\overline{E_1}$、$\overline{E_2}$，可直接接地，如工作方式设定在4相4拍，只需将A_0、A_1接地即可。这样，该芯片的所剩控制端主要还有方向控制端：-Δ、+Δ、选通输出控制端$\overline{E_0}$、时钟脉冲输入端CP及清零端$\overline{R}$。要正确控制步进电动机，必须正确控制这些信号。在此确定：所需的方向及输出控制信号由单片机的P1口控制，所需的时钟脉冲由8155芯片定时输出，清零端由8031的P1.5引脚提供，以防乱相。

X、Y向步进电动机各自用一个环形分配器控制。P1.0、P1.1分别用作X向所需的方向及输出控制信号，P1.3、P1.4分别用作Y向的方向及输出控制信号。步进电动机的接口线路如图3-55所示。图3-56所示为单片机控制XY工作台线路总图。

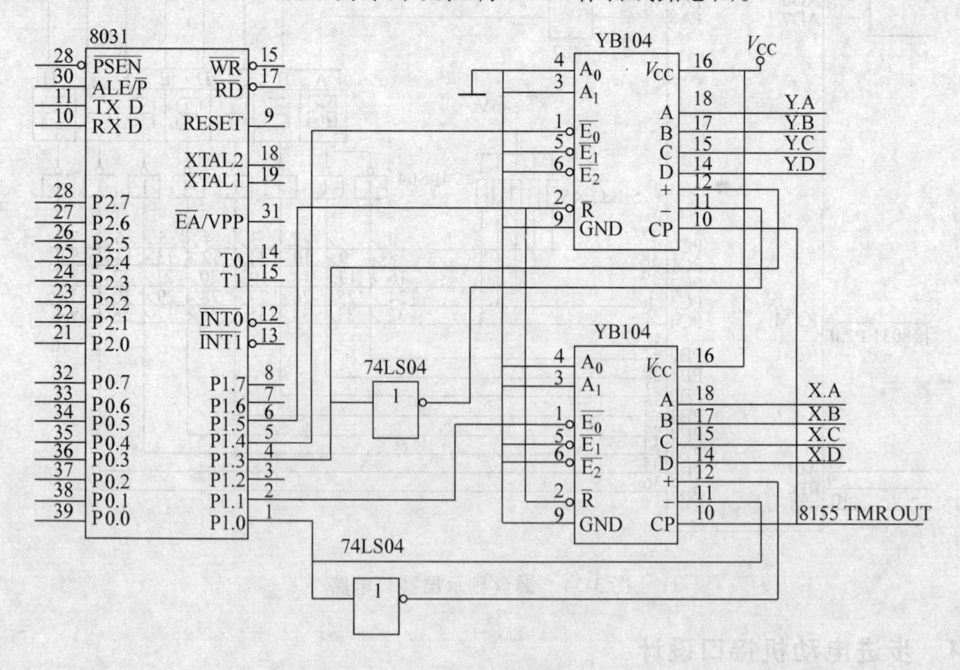

图3-55 步进电动机接口线路图

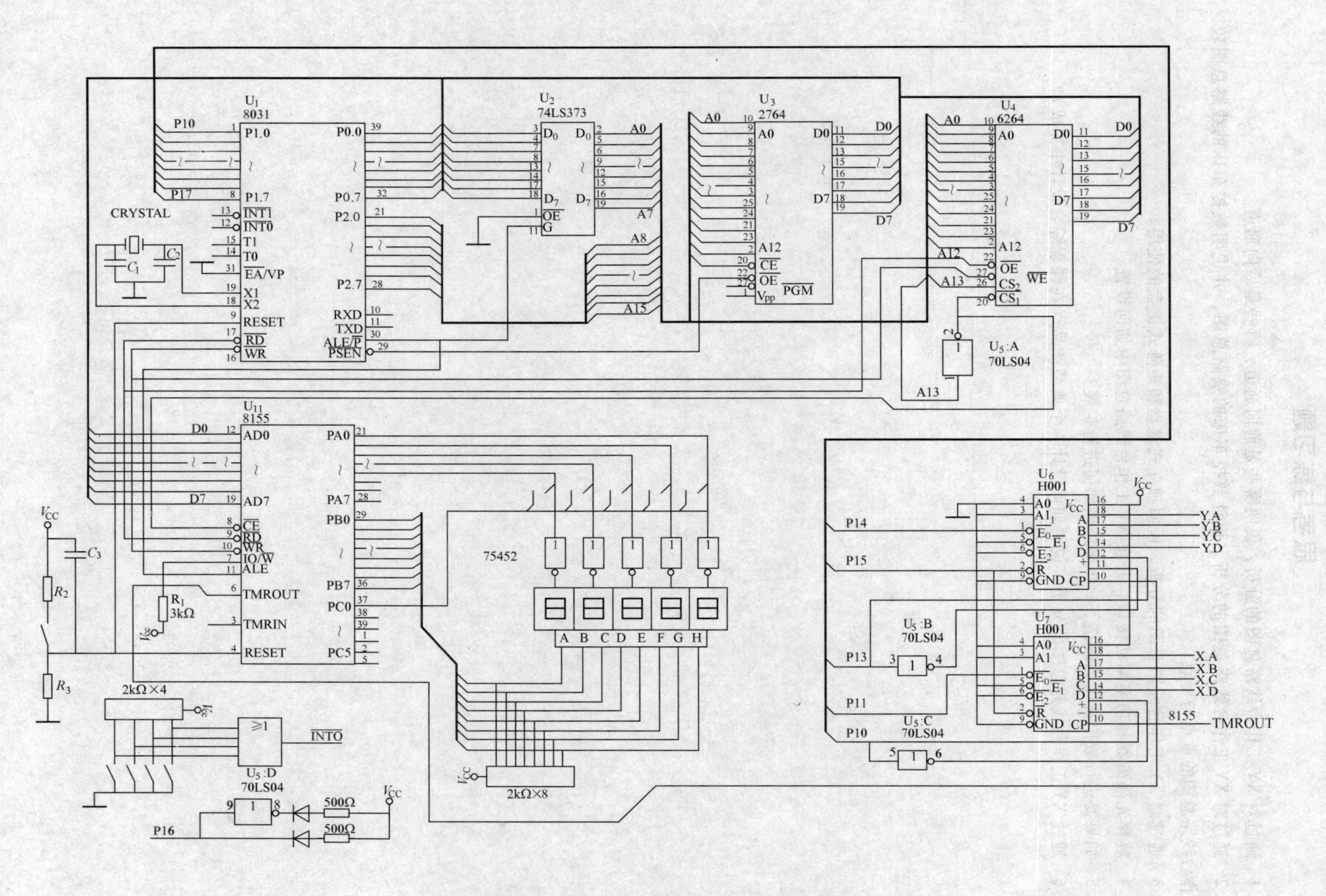

图 3-56　单片机控制 XY 工作台线路总图

思考与练习题

3.1 通过对 XY 工作台线路总图的分析，说明哪些是前向通道，哪些是后向通道。

3.2 通过对 XY 工作台线路总图的分析，设计数控车床的线路总图，并说明数控车床的线路总图较 XY 工作台线路总图的重点与要点。

3.3 通过对 XY 工作台线路总图的分析，说明独立式键盘和矩阵式键盘的使用。

3.4 解释光隔离器和功率驱动接口，并在 XY 工作台线路总图中如何设置。

3.5 如果要进行数控铣床的改造，I/O 接口该如何进行扩展？

3.6 通过 XY 工作台线路总图的分析，说明如何设计一个典型产品（在课程综合设计中完成）？

第4章　传感器信号处理及其与微机的接口

4.1　传感器前级信号的放大与隔离

传感器所感知、检测、转换和传递的信息为不同的电信号。传感器输出的电信号可分为电压输出、电流输出和频率输出，其中以电压输出为最多。在电流输出和频率输出传感器当中，除了少数直接利用其电流或频率输出信号外，大多数是分别配以电流/电压变换器或频率/电压变换器，从而将它们转换成电压输出型传感器。本节重点介绍电压输出型传感器的前级信号放大与隔离，在机电一体化系统中正确应用传感器前级信号的放大与隔离技术非常重要。

随着集成运算放大器的性能不断完善和价格不断下降，传感器的信号放大越来越多地采用集成运算放大器，由于其输入阻抗高，增益大，可靠性高，价格低廉，使用方便，因而得到广泛使用。随着半导体工艺的不断改进和完善，运算放大器的精度越来越高，品种也越来越多，现在已经生产出各种专用或通用运算放大器，以满足高精度机电一体化检测系统的需要，其中有测量放大器、可编程序放大器、隔离放大器等。本节重点讨论测量放大器、程控测量放大器PGA、隔离放大器。实际应用中，现场测量仪表的安装环境和输出特性千差万别，比较复杂，因此选用哪种类型的放大器应取决于应用场合和机电一体化系统的要求。

4.1.1　运算放大器

各种非电量的测量，通常由传感器将非电量转换成电压（或电流）信号，此电压（或电流）信号一般情况下属于微弱信号。对一个单纯的微弱信号，可采用运算放大器进行放大。

1. 反相放大器

用运算放大器构成的反相放大器电路如图4-1a所示。根据“虚地原理”，即 $U_\Sigma \approx 0$，反相放大器的传递函数为

$$G(s) = \frac{U_o(s)}{U_i(s)} = -\frac{Z_1}{Z_2}$$

由拉氏变换终值定理得，当 $s \to 0$ 时，反相放大器放大倍数为

$$A_V = \frac{U_o}{U_i} = -\frac{R_1}{R_2}$$

当 $R_1 = R_2$ 时，则为反相跟随器，$U_o = -U_i$。

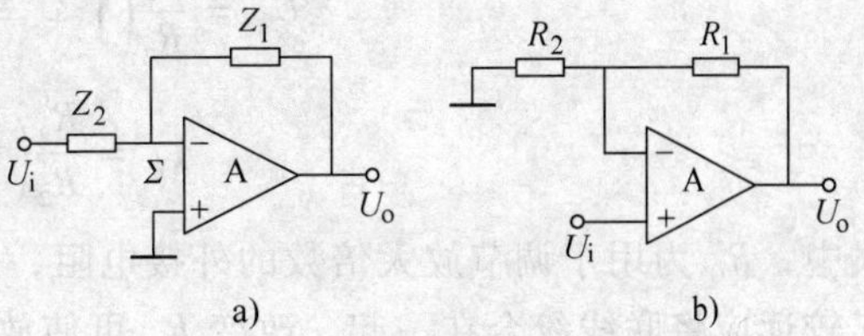

图4-1　运算放大器应用

a）反相放大器　b）同相放大器

2. 同相放大器

图 4-1b 所示为同相放大电路。根据“虚地原理”同相放大器的放大倍数为

$$A_V = \frac{U_o}{U_i} = \left(\frac{R_1}{R_2} + 1\right)$$

因此同相放大器的放大倍数≥1。

利用同相和反相放大器，可实现比例、加减、积分、微分等一系列运算。

4.1.2 测量放大器

1. 测量放大器的特点

运算放大器对微弱信号的放大，仅适用于信号回路不受干扰的情况，然而，传感器的工作环境往往比较恶劣，在传感器的两个输入端上经常产生较大的干扰信号，有时是完全相同的，其中就包含工频、静电和电磁耦合等共模干扰，完全相同的干扰信号称为共模干扰。虽然运算放大器对直接输入到差动端的共模信号有较强的抑制能力，但对简单的反相输入或同相输入接法，由于电路结构的不对称，抵御共模干扰的能力很差，故不能用在精密测量场合。因此，需要引入另一种形式的放大器，即测量放大器，又称仪用放大器、数据放大器，它广泛用于传感器的信号放大，特别是微弱信号及具有较大共模干扰的场合。

测量放大器除了对低电平信号进行线性放大外，还担负着阻抗匹配和抗共模干扰的任务，它具有高共模抑制比、高速度、高精度、宽频带、高稳定性、高输入阻抗、低输出阻抗、低噪声等特点。

2. 测量放大器的组成

测量放大器的基本电路如图 4-2 所示。测量放大器由三个运算放大器组成，其中 A_1、A_2 二个同相放大器组成前级，为对称结构，输入信号加在 A_1、A_2 的同相输入端，从而具有高抑制共模干扰的能力和高输入阻抗。差动放大器 A_3 为后级，它不仅切断共模干扰的传输，还将双端输入方式变换成单端输出方式，适应对地负载的需要。

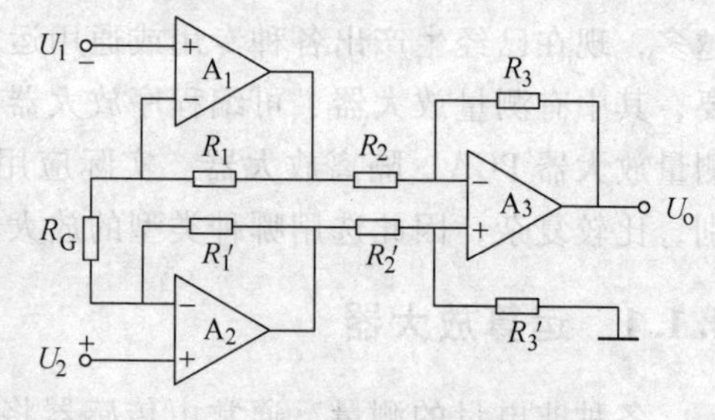

图 4-2 测量放大器基本电路

测量放大器的放大倍数计算

$$U_{o1} = \left(1 + \frac{R_1}{R_G}\right)U_1 - \frac{R_1}{R_G}U_2$$

$$U_{o2} = \left(1 + \frac{R_1'}{R_G}\right)U_2 - \frac{R_1'}{R_G}U_1$$

$$U_o = \frac{R_3}{R_2}\left(1 + \frac{R_1 + R_1'}{R_G}\right)(U_2 - U_1)$$

$$A_V = \frac{R_3}{R_2}\left(1 + \frac{R_1 + R_1'}{R_G}\right)$$

式中，R_G 为用于调节放大倍数的外接电阻，通常 R_G 采用多圈电位器，并应靠近组件，若距离较远应将联线绞合在一起。改变 R_G 可使放大倍数在 1 ~1000 范围内变化。

3. 实用测量放大器

在信号处理中需对微弱信号进行放大时，可以不必再用分立的通用运算放大器来构成测

量放大器，而采用单片测量放大器。目前，国内外已有不少厂家生产了不同型号的单片测量放大器芯片，供用户选择。美国公司提供的有 AD521、AD522、AD612、AD605 等。国内厂家生产的有 ZF605、ZF603、ZF604、ZF606 等。单片测量放大器芯片显然具有性能优异、体积小、电路结构简单、成本低等优点。下面介绍两种单片测量放大器。

（1）AD521　AD521 的引脚功能与基本接法如图 4-3 所示。

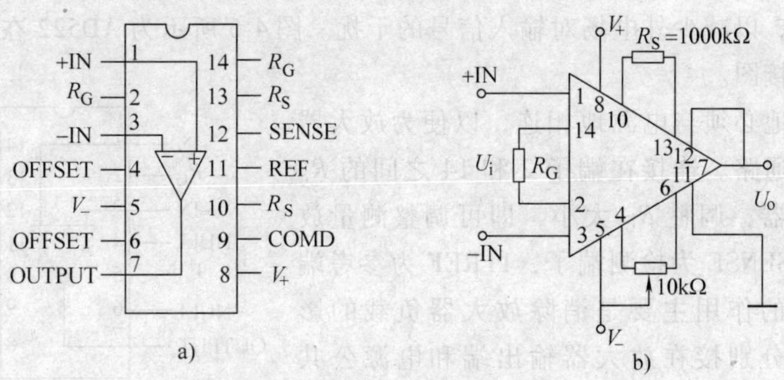

图 4-3　AD521 引脚功能与基本接法

a）引脚功能　b）基本接法

引脚 OFFSET（4，6）用来调节放大器零点，调节方法是将该端子接到 10kΩ 电位器的两固定端，滑动端接负电源端。测量放大器计算公式为

$$A_V = \frac{U_{OUT}}{U_{IN}} = \frac{R_S}{R_G}$$

放大倍数在 0.1 到 1000 范围内调整，选用 $R_S = 1000\text{k}\Omega$（1 ± 15%）时，可以得到较稳定的放大倍数。

在使用 AD521（或其他测量放大器）时，都要特别注意为偏置电流提供回路，为此，输入（1 或 3）端必须与电源的地线相连构成回路，可以直接相连，也可以通过电阻相连。

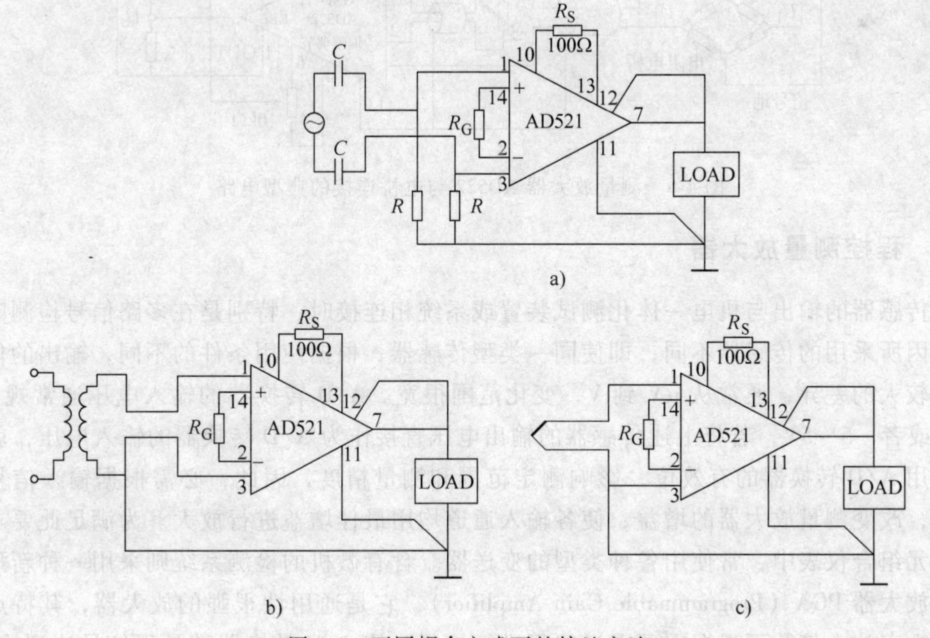

图 4-4　不同耦合方式下的接地方法

如图4-4所示的回路给出了信号处理电路中与传感器不同的耦合方式下的接地方法。

（2）AD522 AD522也是单芯片集成精密测量放大器，当放大倍数为100时，非线性仅为0.005%，在0.1～100Hz频带内噪声的峰值为1.5mV，共模抑制比CMRR大于120dB。

AD522的引脚功能如图4-5所示。引脚4、6是调零端，2和14端连接调整放大倍数的电阻。与AD521不同的是，该芯片引出了电源地9和数据屏蔽端13，该端用于连接输入信号引线的屏蔽网，以减少外电场对输入信号的干扰。图4-6所示为AD522在信号处理中与直流测量电桥的连接图。

图中的信号地必须与电源地相连，以便为放大器的偏置电流构成通路。连接在端子2和14之间的 R_G 是调整增益电位器，调整 R_G 大小，即可调整测量放大器的倍数。12SENSE为检测端子，11REF为参考端子，这两个端子的作用主要是消除放大器负载的影响，在该电路中分别接在放大器输出端和电源公共端。输出电压 U_o 计算如下：

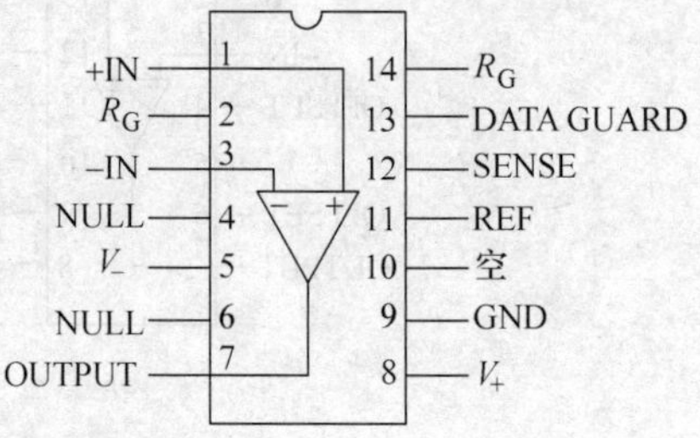

图4-5 AD522引脚功能

$$U_o = \left(1 + \frac{200\text{k}\Omega}{R_G}\right)\left[(U_1 - U_2) - \frac{U_1 + U_2}{2} \times \frac{1}{\text{CMRR}}\right]$$

当共模抑制比CMRR >> 1时，上式变为

$$U_o = \left(1 + \frac{200\text{k}\Omega}{R_G}\right)(U_1 - U_2)$$

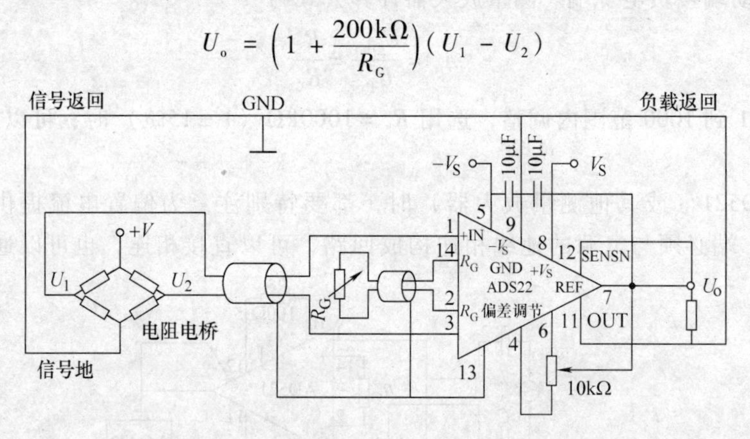

图4-6 测量放大器AD522与电桥连接的典型电路

4.1.3 程控测量放大器

当传感器的输出与机电一体化测试装置或系统相连接时，特别是在多路信号检测时，各检测点因所采用的传感器不同，即使同一类型传感器，根据使用条件的不同，输出的信号电平也有较大的差异，通常从μV到V，变化范围很宽。A/D转换器的输入电压通常规定为0～10V或者-5～5V，若将上述传感器的输出电压直接作为A/D转换器的输入电压，就不能充分利用A/D转换器的有效位，影响测定范围和测量精度，因此，必需根据输入信号电平的大小，改变测量放大器的增益，使各输入通道均用最佳增益进行放大。为满足此要求，在电动单元组合仪表中，常使用各种类型的变送器。含有微机的检测系统则采用一种新型的程控测量放大器PGA（Programmable Gain Amplifier），它是通用性很强的放大器，其特点是硬件设备少，放大倍数可根据需要通过编程进行控制，使A/D转换器满量程信号达到均一化。

例如工业中使用的各种类型的热电偶，它们的输出信号范围大致在 0～60mV，而每一个热电偶都有其最佳测温范围，通常可划为 0～10mV，0～20mV，0～40mV，0～80mV 四种量程，针对这四种量程，只需相应地把放大器设置为 500、250、125、62.5 四种增益，则可把各种热电偶输出信号都放大到 0～5V。

1. 程控测量放大器原理结构

图 4-7 所示为程控测量放大器的原理结构图，它是如图 4-2 所示电路的扩展，增加了模拟开关和驱动电路。增益选择开关 $S_1—S'_1$、$S_2-S'_2$、$S_3—S'_3$ 成对动作，每一时刻仅有一对开关闭合，当改变数字量输入编码，则可改变闭合的开关号，选择不同的反馈电阻，达到改变放大器增益的目的。

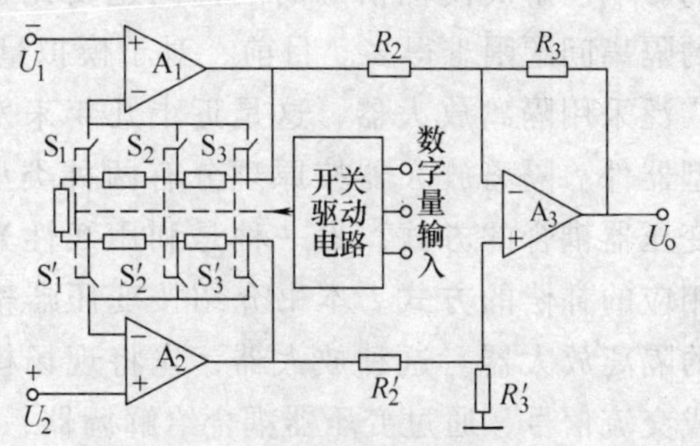

图 4-7　程控测量放大器

图 4-8 所示是一个实际的程控测量放大器原理结构图，是由美国 AD 公司生产的 LH0084。如图 4-8 所示，开关网络由译码-驱动器和双 4 通道模拟开关组成，开关网络的数字输入由 D0 和 D1 二位状态决定，经译码后可有四种状态输出，分别控制 $S_1—S'_1$、$S_2-S'_2$、$S_3—S'_3$、$S_4—S'_4$ 四组双向开关，从而获得不同的输入级增益。为保证线路正常工作，必须满足 $R_2=R_3$、$R_4=R_5$、$R_6=R_7$，另外，该模块也通过改变输出端的接线方式来改变后一级放大器 A3 的增益。当引脚 6 与 10 相连作为输出端，引脚 13 接地时，则放大器 A3 的增益 $A_V=1$。改变连线方式，即改变 A3 的输入电阻和反馈电阻，可分别得到 4～10 倍的增益，但这种改变的方法不能用程序实现。

2. 程控测量放大器的应用

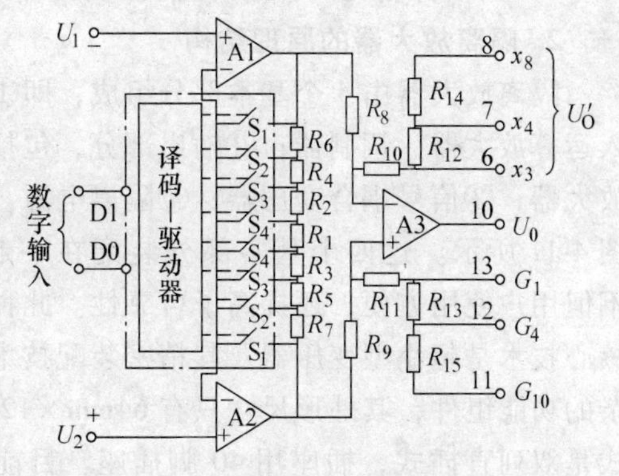

图 4-8　LH0084 程控测量放大器原理图

程控测量放大器 PGA 的优越性之一就是能进行量程自动切换。特别当被测参数动态范围比较宽时，采用程控测量放大器会更方便，更灵活。例如，数字电压表，其测量动态范围可以从几微伏到几百伏，过去是用手拨切换开关进行量程选择，现在，在智能化数字电压表中，采用程控放大器和微处理器，可以很容易实现量程自动切换，其原理如图 4-9 所示。

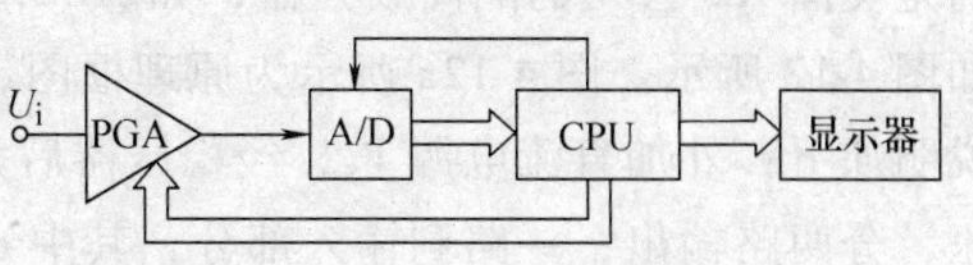

图 4-9　具有量程自动切换的数字电压表原理图

设 PGA 的增益为 1、10、100 三档，A/D 转换器为 12 位双积分式。用软件实现量程自动切换的框图如图 4-10 所示。自动切换量程的过程如下：当对被测信号进行检测，并进行 A/D 转换后，CPU 便判断是否超值，若超值，则说明被测量超过数字电压表的最大量程，需转入超量程处理；若未在最低档的位置，则把 PGA 的增益降一档，再重复前面的处理；若不超值，便判断最高位是否为零，如果是零，则再查增益是否为最高一档，如不是最高档，将增益升高一级再进行 A/D 转换及判断，如果是 1，或 PGA 已经升到最高档，则说明量程已经切换到最合适档，此时微处理器对所得的数据再进一步处理。因此智能化电压表可自动选取最合适的量程，提高了测量精度。

4.1.4 隔离放大器

在机电一体化检测系统中，都希望在输入通道中把工业现场传感器输出的模拟信号与检测系统的后续电路隔离开来，即无电的联系，这样可以避免工业现场送出的模拟信号带来的共模电压及各种干扰对系统的影响。解决模拟信号的隔离问题要比解决数字信号的隔离问题困难得多。目前，对于模拟量信号的隔离，广泛采用隔离放大器，这是近十几年来发展起来的新型器件。隔离放大器按原理分有两种类型，一种是按变压器耦合的方式，另一种是利用线性光耦合器再加相应的补偿的方式。本书介绍按变压器耦合方式工作的隔离放大器。这种放大器，先将现场模拟信号调制成交流信号，通过变压器耦合给解调器，输出的信号再送给后续电路，例如计算机的 A/D 转换器。

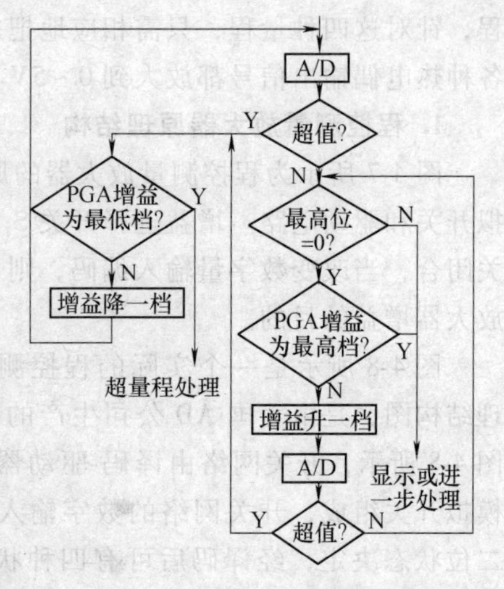

图 4-10 自动量程切换程序框图

1. 隔离放大器的特点

1）能保护系统元件不受高共模电压的损害，防止高压对低压信号系统的损坏。

2）漏电流低。

3）共模抑制比高，能对直流和低频信号（电压或电流）进行准确、安全的测量。

2. 隔离放大器的原理结构

隔离放大器由 4 个基本部分组成，即①输入部分，包括输入运算放大器、调制器；②输出部分，包括解调器、输出运算放大器；③信号耦合变压器；④隔离电源。隔离放大器结构如图 4-11 所示。这四个基本部分装配在一起，组成模块结构，不但用户使用方便，还提高了可靠性。此种隔离放大器组件的核心技术是超小型变压器及其精密装配技术。这样一个非常复杂的功能组件，其外形尺寸只有 64mm × 12mm × 9mm，安装形式是双列直插式，插座用 40 脚插座。目前，在国内应用较广的是美国 AD 公司的隔离放大器，如 AD293，AD294，GF289 等。典型的隔离放大器原理图如图 4-12 所示。图 4-12a 所示为原理框图，图 4-12b 所示为简化的功能图。对它的结构简要说明如下：外加直流电源 V_S，经稳压器后为电源振荡器提供电源，可产生 100kHz 的高频电压，分两路输出，一路到输入部分，其中 c 绕组作为调制器的交流电源，而 b 绕组提供给 1# 隔离电源形成 ±15V 的浮空电源，可作为前置放大器 A1 及外附加电路的直流电源；另一路到输出部分，e 绕组作为解调器的交流电源，而 d 绕组供给 2# 隔离电源形成 ±15V 直流电源，供给输出放大器 A2 等。

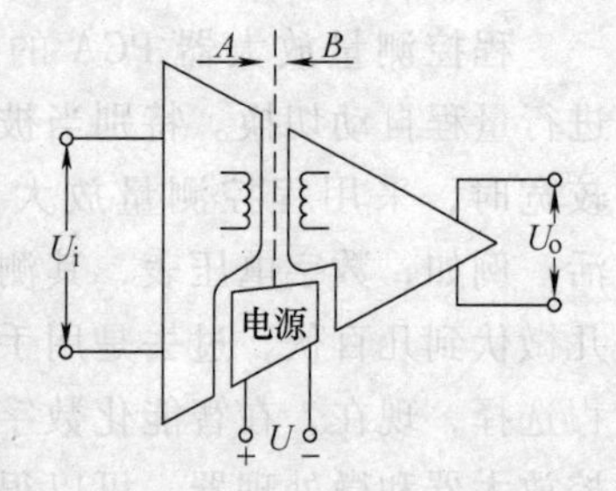

图 4-11 隔离放大器示意图

3. 隔离放大器工作原理

输入部分的作用是将传感器的信号滤波和放大，并调制成交流信号，通过隔离变压器耦

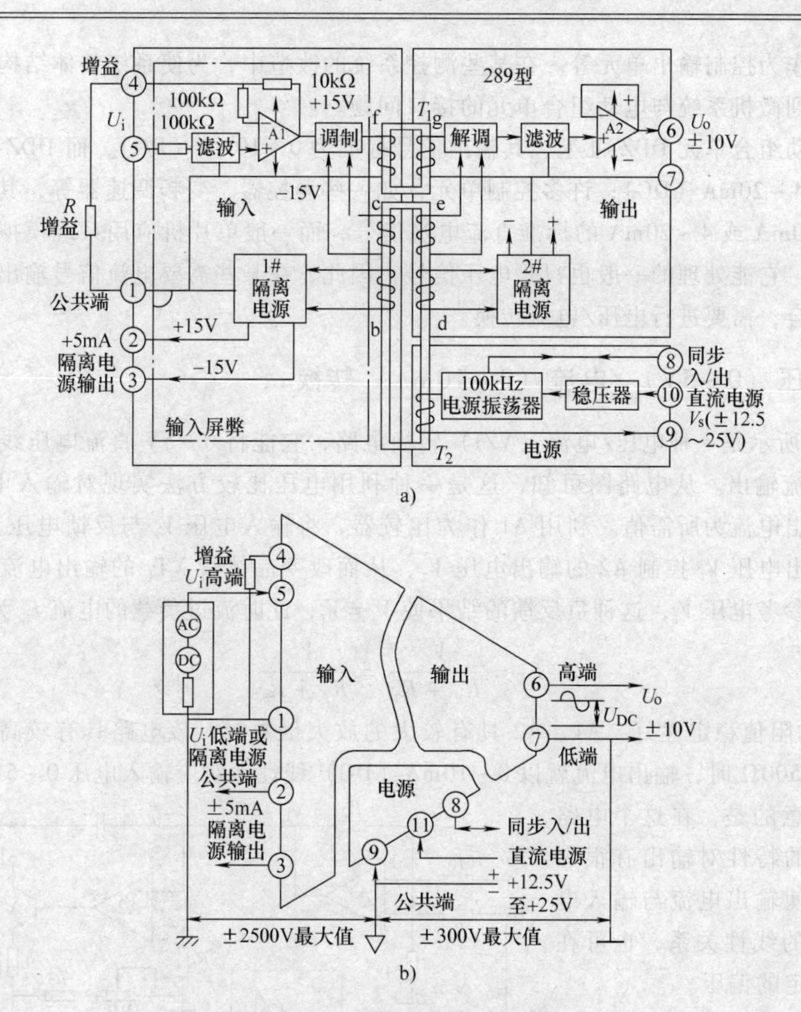

图 4-12　典型的隔离放大器原理

a）原理框图　b）简化的功能图

合到输出部分。而输出部分的作用是把交流信号解调成直流信号，再经滤波和放大，最后输出 -10 ~ +10V 的直流电压。

由于放大器的两个输入端都是浮空的，所以它能够有效地作为测量放大器，又因采用变压器耦合，所以输入部分和输出部分是隔离的。

隔离放大器总电压增益为

$$A = A_{in}A_{out} = 1 \sim 1000$$

式中　A_{in}——输入部分电压增益；

A_{out}——输出部分电压增益。

4.2　电压/电流转换

在机电一体化检测系统中，为增加系统的可靠性，加快研制速度，实现系统功能模块化，经常选用具有一定功能的电动组合单元作为系统的一部分，如在温度测量中，选择热电偶或热电阻温度变送器作为测量单元；在电动机控制中，利用输入为 4 ~ 20mA 或 0 ~ 5V 的变频调速器作为控制输出单元等。在某些测控系统的改造中，为使系统整体结构基本保持原状，也常遇到微机系统与电动组合单元的接口问题。

对于电动组合单元 DDZ-Ⅱ型，其输出信号标准为 0～10mA（DC），而 DDZ-Ⅲ型的输出信号标准为 4～20mA（DC）；许多控制单元，如一些温控器、变频调速器等，其输入信号也经常是 0～10mA 或 4～20mA 的标准直流电流信号，而一般单片机应用系统模拟信号输出只是电压信号，它能处理的一般也只是电压信号，因此，在某些需要电流信号输出或只提供电流信号的场合，需要进行电压/电流转换。

4.2.1 电压（0～5V）/电流（0～10mA）转换

图 4-13 所示是一种电压/电流（V/I）转换电路，它能将 0～5V 直流电压线性地转换成 0～10mA 电流输出。从电路图可知，这是一种利用电压比较方法实现对输入电压的跟踪，从而保证输出电流为所需值。利用 A1 作为比较器，将输入电压 V_i 与反馈电压 V_f 比较，通过比较器输出电压 V_1 控制 A2 的输出电压 V_2，从而改变晶体管 VT_1 的输出电流 I_L，I_L 的大小又影响到参考电压 V_f，这种负反馈的结果使 $V_i = V_f$，此时流过负载的电流 I_C 为

$$I_C = \frac{V_f}{R_P + R_7} = \frac{V_i}{R_P + R_7}$$

当 $R_7 + R_P$ 的阻值稳定性好，A1、A2 具有较大的放大倍数时，该电路具有较高的精度。当选 $R_7 + R_P = 500\Omega$ 时，输出电流就以 0～10mA（DC）线性地对应输入电压 0～5V（DC）。

需要注意的是，在这个电路中，晶体管的特性对输出有很大的影响，为使输出电流与输入电压具有更好的线性关系，也可在反馈端加一定的偏压。

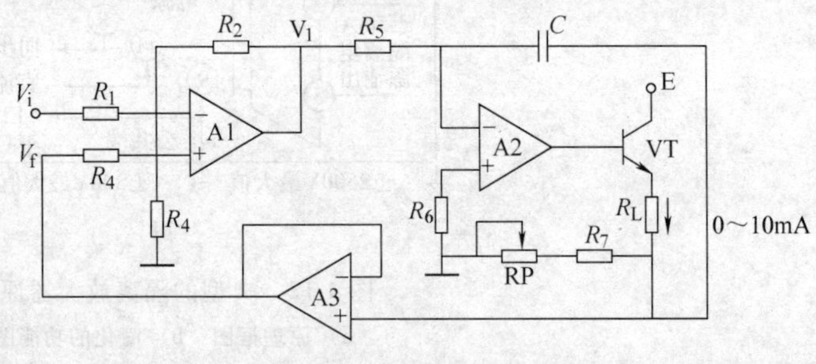

图 4-13　0～5V/0～10mA 转换

图 4-14 所示是 0～10V（DC）/0～10mA（DC）转换电路，在输出回路中，引入一个反馈电阻 R_f，输出电流 I_O 经反馈电阻 R_f 得到一个反馈电压 V_f，经电阻 R_3、R_4 加到运算放大器的输入端。由电路可知，其同相端和反相端的电压分别为

$$V_N = V_2 + \frac{(V_i - V_2)R_4}{R_1 + R_4}$$

$$V_P = \frac{V_1 R_2}{R_2 + R_3}$$

对于运放，有 $V_N \approx V_P$，故有

$$V_2\left(1 - \frac{R_4}{R_1 + R_4}\right) + \frac{V_i R_4}{R_1 + R_4} = V_1 R_2 (R_2 + R_3)$$

由于 $V_2 = V_1 - V_f$，则

$$\frac{V_1 R_1}{R_1 + R_4} + \frac{V_i R_4 - V_f R_1}{R_1 + R_4} = V_1 R_2 (R_2 + R_3)$$

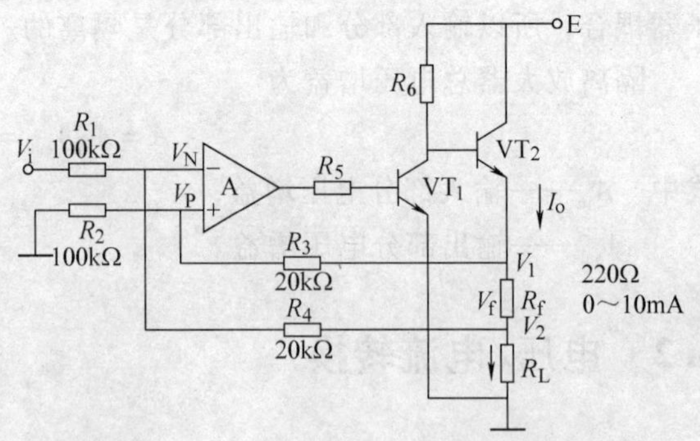

图 4-14　0～10V/0～10mA 的转换电路

若令 $R_1 = R_2 = 100\text{k}\Omega$，$R_3 = R_4 = 20\text{k}\Omega$，则有

$$V_f = \frac{V_i R_4}{R_1} = \frac{1}{5} V_i$$

略去反馈回路的电流，则有

$$I_o = \frac{V_f}{R_f} = \frac{V_i}{5R_f}$$

可见当运放开环增益足够大时，输出电流 I_o 与输入电压 V_i 的关系只与反馈电阻 R_f 有关，因而具有恒流性能。反馈电阻 R_f 的值由组件的量程决定，当 $R_f = 200\Omega$ 时，输出电流 I_o 在 0 ~ 10mA（DC）范围内线性地与 0 ~ 10V（DC）输入电压对应。

为了增加转换精度，也可在反馈电压输出端加电压跟随器。

4.2.2　电压（1 ~ 5V）/电流（4 ~ 20mA）转换

图 4-15 所示电路是将 1 ~ 5V（DC）转换成 4 ~ 20mA（DC）输出。其中基准电压 V_B = 10V，输入电压加在基准电压 V_B 上，从反相端输入。晶体管 VT_1、VT_2 组成复合管，作为射极跟随器并降低 VT_1 的基极电流，使 $I_o \approx I_1$。

从电路分析可知，使 $I_o = I_1 - I_2$，若取 $R_1 = R_2 = R$ 则有

$$V_N \approx V_P = V_B + \frac{24 - V_B}{(1+K)R} R = \frac{24 + KV_B}{1+K}$$

$$\frac{V_N - V_i - V_B}{R} = \frac{V_f - V_N}{KR} = I_2$$

$$I_1 = \frac{24 - V_f}{R_f}$$

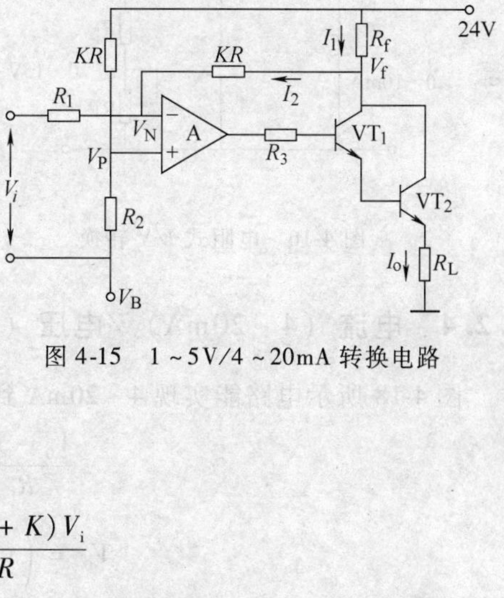

图 4-15　1 ~ 5V/4 ~ 20mA 转换电路

因而有

$$I_1 = \frac{KV_i}{R_f}$$

$$I_2 = \frac{24 - V_B - (1+K)V_i}{(1+K)R}$$

若取 $R_f = 62.5\Omega$，$K = 1/4$，则当 $V_i = 1 \sim 5\text{V}$ 时，$I_1 = 4 \sim 20\text{mA}$，但输出电流 I_o 比 I_1 小一个误差项 I_2，且该误差项为一变量，在输出电流为 4mA 时误差最大。为了减少转换误差，实际电路可取 $R_1 = 40.25\text{k}\Omega$，$R_2 = 40\text{k}\Omega$，$R_f = 62.5\Omega$，$KR = 10\text{k}\Omega$，可使误差降到最小。

采用上述电路时需要注意，在运放 A 两端有较高的共模电压，当电源电压为 24V 时，同相端和反相端的电压可高达 21.2V，因此，在运放的选用时要选取具有耐高共模电压的运放；同时由于 A 的最大输出电压接近电源电压，因此对该运放的最大输出电压亦有要求。

4.2.3　电流（0 ~ 10mA）/电压（0 ~ 5V）转换

当变送器的输出信号为电流信号时，要转化成可被单片机系统处理的电压信号，需经电流/电压（I/V）转换。最简单的 I/V 转换可以利用一个 500Ω 的精密电阻，将 0 ~ 10mA 的电流信号转换为 0 ~ 5V 的电压信号。

对于不存在共模干扰的0～10mA（DC）信号，如DDZ-Ⅱ型仪表的输出信号等，可用如图4-16所示的电阻式I/V转换，其中：R、C构成低通滤波网络，RP用于调整输出电压值。

对于存在共模干扰的情况，可采用隔离变压器耦合的方式，将其转换为0～5V电压信号输出，在输出端接负载时，要考虑转换器的输出驱动能力，一般在输出端可再接一个电压跟随器作为缓冲器。

图4-17所示为一实用的I/V转换电路，其实质是一同相放大器电路，利用0～10mA电流在电阻R上产生输入电压，若取$R=200\Omega$，则$I=10mA$时，产生2V的输入电压，该电路的放大倍数为

$$A = 1 + \frac{R_f}{R_1}$$

若取$R_1=100k\Omega$，$R_f=150k\Omega$，则0～10mA输入对应于0～5V的电压输出。

由于采用同相端输入，因此放大器A应选共模抑制比较高的运放，从电路结构可知，其输入阻抗较低。

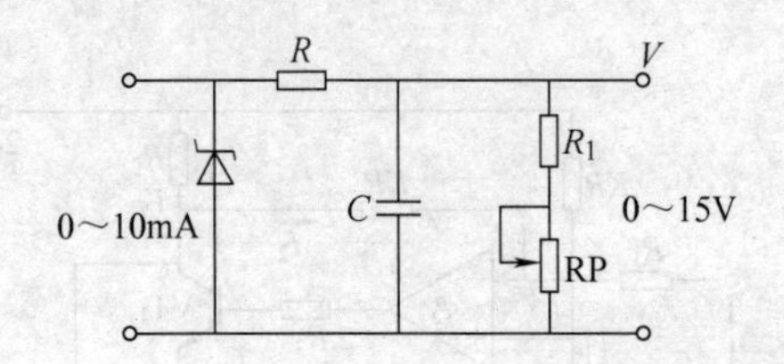

图4-16 电阻式I/V转换

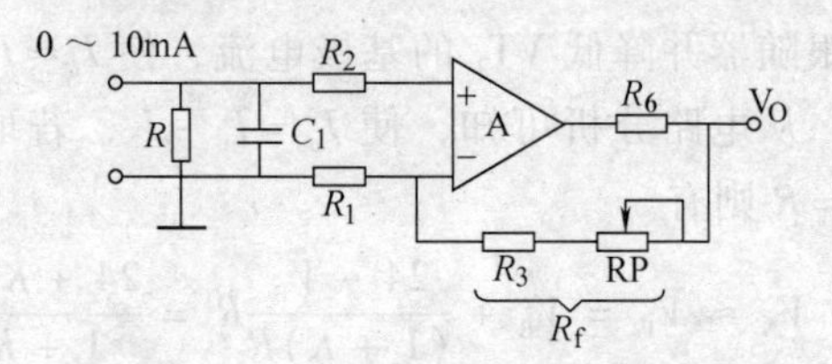

图4-17 0～10mA/0～5V转换电路

4.2.4 电流（4～20mA）/电压（1～5V）转换

图4-18所示电路能实现4～20mA到1～5V的转换，由节点方程可知

$$\frac{V_0 - V_N}{R_f} = \frac{V_N}{R_1} + \frac{V_N - V_f}{R_5}$$

$$V_0 = \left(1 + \frac{R_f}{R_1} + \frac{R_f}{R_5}\right)V_N - \frac{R_f}{R_5}V_f$$

若取$R=200\Omega$，$R_1=18k\Omega$，$R_5=43k\Omega$，$R_f=7.14k\Omega$，调整RP使$V_f=7.53V$，则有

$$V_o = (4 \sim 20mA) \times 200\Omega \times \left(1 + \frac{7.14}{18} + \frac{7.14}{43}\right) - 7.53V \times \frac{7.14}{43} = 0 \sim 5V(DC)$$

从电路结构可知，该电路也是一种同相放大器电路。

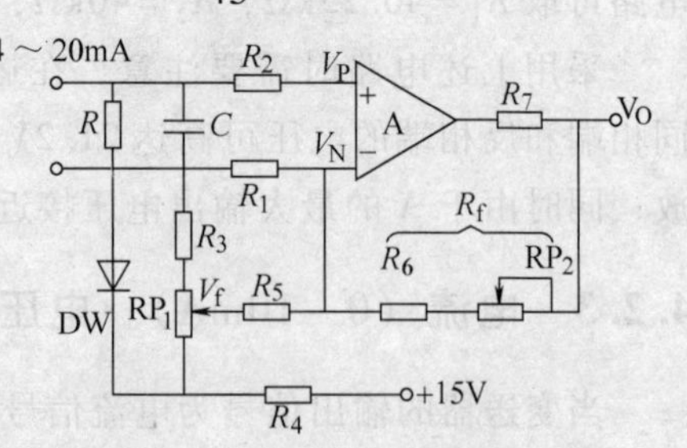

图4-18 4～20mA/1～5V转换电路

4.2.5 集成电压/电流转换电路

在实现0～10mA（DC），4～20mA（DC）与0～5V（DC），0～10V（DC）及1～5V（DC）转换时，也可直接采用集成电压/电流（V/I）转换电路来完成，下面以高精度电压/电流变换器ZF2B20为

例，来分析这种电路的使用。

ZF2B20 是通过 V/I 变换的方式产生一个与输入电压成比例的输出电流。它的输入电压范围是 0～10V，输出电流是 4～20mA（加接地负载），采用单正电源供电，电源电压范围为 10～32V，它的特点是低漂移，在工作温度为 －25～＋85℃范围内，最大漂移为 0.005%/℃，可用于控制和遥测系统，作为子系统或分系统之间的信息传送和传输连接。图 4-19 所示为 ZF2B20 的外引脚图。

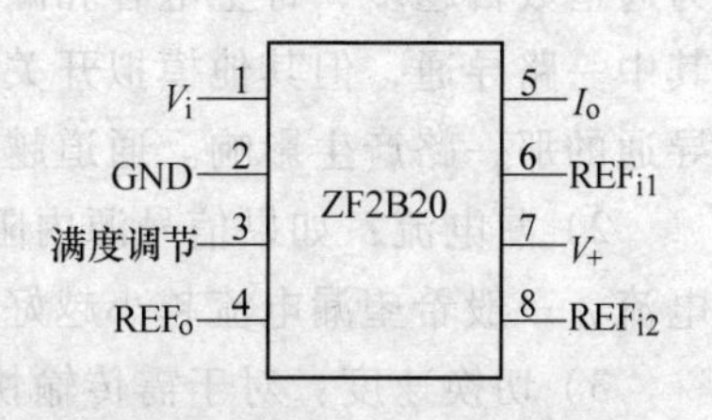

图 4-19　ZF2B20 外引脚图

ZF2B20 的输入电阻为 10kΩ，动态响应时间小于 25μs，非线性小于 ±0.025%。

利用 ZF2B20 实现 V/I 转换极为方便，图 4-20 所示电路是一种带初始校准的 0～10V 到 4～20mA 转换电路；图 4-21 所示电路则是一种带满度校准的 0～10V 到 0～10mA 转换电路。

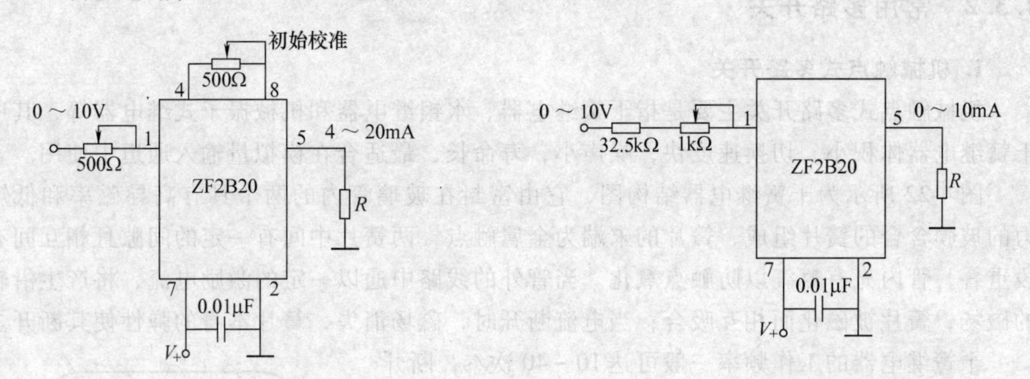

图 4-20　0～10V/4～20mA 转换　　图 4-21　0～10V/0～10mA 转换

另一种常用的 V/I 转换器是 AD 公司的 AD694。AD694 是一种 4～20mA 转换器，适当接线也可使其输出范围为 0～20mA。

4.3　多通道模拟信号输入

在用单片机进行测量和控制中，经常需要有多路和多参数的采集和控制，如果每一路都单独采用各自的输入回路，即每一路都采用放大、采样/保持，A/D 等环节，不仅成本比单路成倍增加，而且会导致系统体积庞大，且由于模拟器件、阻容元件参数特性不一致，对系统的校准带来很大困难，并且对于多路巡检，如 128 路信号采集情况，每路单独采用一个回路几乎是不可能的，因此，除特殊情况下采用多路独立的放大、A/D 和 D/A 外，通常采用公共的采样/保持及 A/D 转换电路（有时甚至可将某些放大电路共用），而要实现这种设计，往往采用多路模拟开关。

4.3.1　多路开关

多路开关的作用主要是用于信号切换，如在某一时刻接通某一路，让该路信号输入而让其他路断开，从而达到信号切换的目的。在多路开关选择时，常要考虑下列参数：

1）通道数量：通道数量对切换开关传输被测信号的精度和切换速度有直接的影响，因为通道数目越多，寄生电容和漏电流通常也越大，尤其是在使用集成模拟开关时，尽管只有其中一路导通，但其他模拟开关仅是处于高阻状态，而非真正切断，因此仍存在漏电流，对导通的那一路产生影响。通道越多，漏电流越大，通道间的干扰也越多。

2）漏电流：如果信号源内阻很大，传输的是个电流量，此时就更要考虑多路开关的漏电流，一般希望漏电流越小越好。

3）切换速度：对于需传输快速信号的场合，就要求多路开关的切换速度高，当然也要考虑后一段采样保持和 A/D 的速度，从而以最优的性价比来选取多路开关的切换速度。

4）开关电阻：理想状态的多路开关其导通电阻为零，断开电阻为无穷大，而实际的模拟开关无法达到这个要求，因此需考虑其开关电阻，尤其当与开关串联的负载为低阻抗时，应选择导通电阻足够低的多路开关。

4.3.2　常用多路开关

1. 机械触点式多路开关

机械触点式多路开关主要是指干簧继电器、水银继电器和机械振子式继电器等，其中以干簧继电器体积小，切换速度快，噪声小，寿命长，最适合在模拟量输入通道中使用。

图 4-22 所示为干簧继电器结构图，它由密封在玻璃管内的两个具有高导磁率和低矫顽力的玻膜含合的簧片组成，簧片的末端为金属触点，两簧片中间有一定的间隙且相互间有一段重叠，管内充有氮气以防触点氧化。当管外的线路中通以一定的激励电流，将产生沿轴向的磁场，簧片被磁化而相互吸合；当电流断开时，磁场消失，簧片本身的弹性使其断开。

干簧继电器的工作频率一般可达 10 ~ 40 次/s，断开电阻大于 1MΩ，导通电阻小于 50mΩ，寿命可达 10^8 次，吸合和释放时间约 1ms，不受环境温度影响，而且输入电压，电流容量大，动态范围宽；其缺点是体积大（与电子开关相比），工作频率低，在通断时存在抖动现象，因此一般用于低速高精度检测系统中。

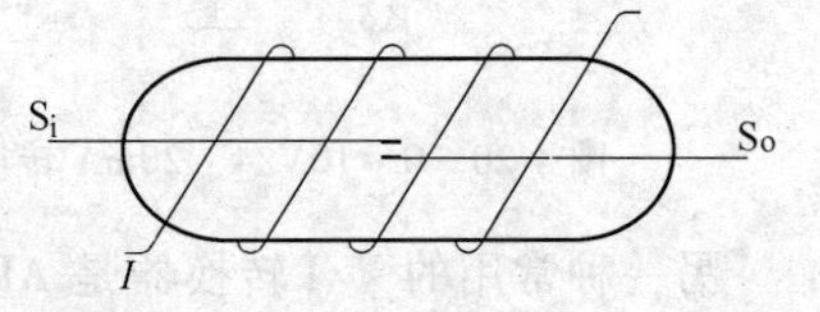

图 4-22　干簧继电器

2. 模拟电子开关

与机械触点式模拟开关相比，模拟电子开关具有切换速度高、无抖动、易于集成等特点，但其导通电阻一般较大，输入电压、电流容量较小，动态范围很有限，常用于高速且要系统体积小的场合。常用的模拟电子开关有：

（1）晶体管开关　图 4-23a 所示为晶体管开关。当控制端加导通电压，晶体管导通，相当于将信号对地短路，V_0 应无输出（晶体管压降可忽略）；而当控制导通电压撤除，晶体管截止，相当于开关闭合，$V_0 = V_1$；这种开关的特点是速度快，工作频率高（1MHz 以上）。尤其在采用双极型晶体管开关时，导通电阻小（最小可到 1Ω），但缺点是存在残余电压，且控制电流要流入信号通道，不能隔离。

（2）光耦合器开关　图 4-23b 所示为光耦合器开关。将发光二极管与

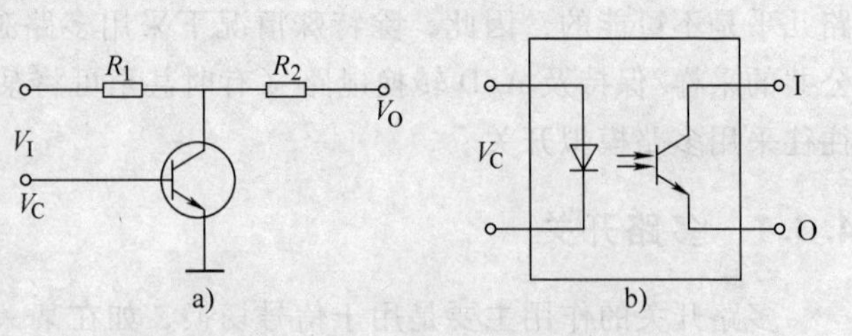

图 4-23　模拟电子开关

a）并联式晶体管开关　b）光耦合器开关

光敏晶体管或光敏电阻封在一起即可构成光耦合器开关，又叫最佳隔离开关。这种开关由于采用光电转换方式进行开关信号传送，故速度和工作频率属中等，但其控制端与信号通道的隔离较好，耐压高。由于其利用晶体管的导通和截止来实现开关的通和断，因此也存在残留失调电压和单向导电情况；如果以光敏电阻代替光敏晶体管，则可实现双向传送，但光敏电阻的阻值分散性大，反应速度也较慢，因此这类开关多用于要求隔离情况良好但传输精度不高的场合，也常用于输出通道中需通道隔离的场合。

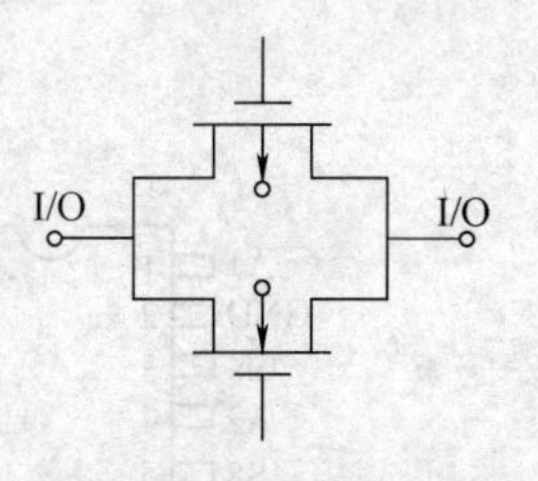

图 4-24 并联结构 CMOS 开关

(3) 结型场效应晶体管开关 这是一种使用较普遍的开关，由于场效应晶体管是一种电压控制电流型器件，一般无失调电压，开启电阻约为 10～100Ω，断开电阻一般为 10mΩ 以上，且具有双向导通的功能，但这种场效应晶体管一般不易集成。

(4) CMOS 场效应晶体管开关 这是一种应用最普遍的模拟开关，它能克服单沟道场效应晶体管开启电阻随输入电压变化而变化的缺点，如图 4-24 所示，采用并联结构的 CMOS 开关，其通道电阻基本不随输入电压变化而变化。CMOS 开关具有较其他电子开关明显的特性好、成本低等优点，目前常用的集成模拟开关大多采用了 CMOS 器件。

4.3.3 集成模拟多路开关

集成模拟多路开关是指在一个单片上包含多路开关的集成开关。随着半导体技术的发展，目前已研制出各种类型的模拟开关，其中采用 CMOS 工艺的集成模拟多路开关应用最为广泛。尽管各种模拟开关种类很多，其功能基本相同，只是通道数、开关电阻、漏电流、输入电压及方向切换等性能参数有所不同。

一般来讲，CMOS 模拟开关的导通电阻、切换速度与其电源电压有关，在允许范围内，电源电压越高，其导通电阻越小，切换速度也越快，但相应的控制电平也应提高，而这又可能对控制产生不便。因此，在设计时，可参考不同电源电压下的电阻情况，再选择适当的电源电压。

由于模拟开关在接通时，有一定的导通电阻，在某些情况下，可能会对信号的传递精度带来较大的影响。作为一种补救，一般应尽可能使负载阻抗大一些，必要时可在负载前加缓冲器。

另外，为了防止两个通道在切换瞬时同时导通的情况，往往在某一通道断开到后一通道闭合之间加一延时，当然，这会影响到模拟开关的切换速度。

多路模拟开关主要有 4 选 1、8 选 1、双 4 选 1、双 8 选 1 和 16 选 1 五种，它们之间除通道和外部引脚排列有些不同外，其电路结构、电源组成及工作原理基本相同。

1. 单端 8 通道

AD7501 是单片集成的 CMOS 8 选 1 多路模拟开关，每次只选中 8 个输入端中的一路与公共端接通，选通通道是根据输入地址编码而得，所有数字量输入均可用 TTL/DTL 或 CMOS 电平。图 4-25 所示是 AD7501 的引脚图和原理图。

2. 单端 16 通道

AD7506 为单端 16 选 1 多路模拟开关，图 4-26 所示为 AD7506 的引脚图和原理图。

3. 差动 4 通道

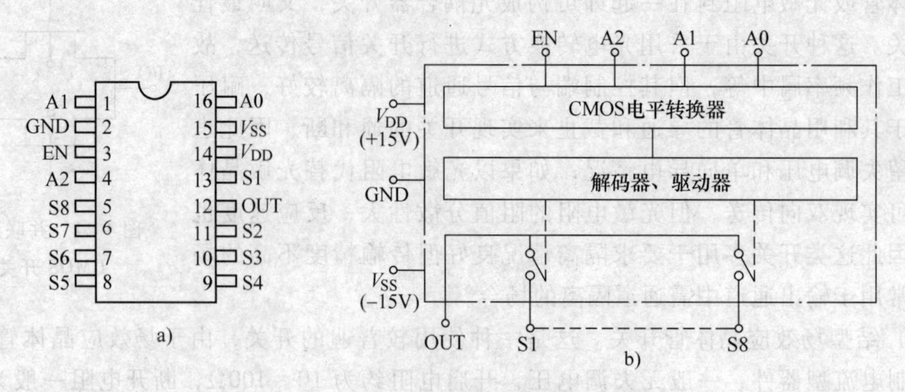

图 4-25 AD7501 的引脚图和原理图

a）引脚图 b）原理图

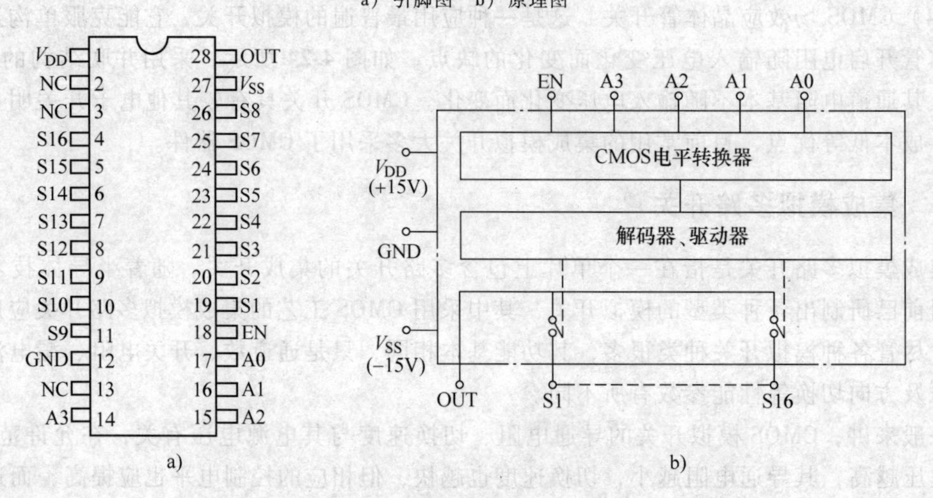

图 4-26 AD7506 的引脚图和原理图

a）引脚图 b）原理图

AD7502 是差动 4 通道多路模拟开关，其主要特性参数与 AD7501 基本相同，但在同选通地址情况下有两路同时选通，共有 2 个输出端，8 个输入端，EN 高电平时模拟开关工作。图 4-27 所示为 AD7502 的引脚图和原理图。

4. 差动 8 通道

AD7507 是差动 8 通道多路模拟开关，在同选通地址情况下有两路同时选通，共有 2 个输出端，16 个输入端，EN 高电平时模拟开关工作。图 4-28 所示为 AD7507 的引脚图和原理图。

5. 多路模拟开关应用举例

许多测控场合都需要用到多路模拟量输入，此时可采用多路模拟开关来实现，图 4-29 所示为利用 CD4051 组成的 8 路模拟量输入通道，当然，对于这种特殊情况，如果精度要求不高可直接用 AD0808/0809 系列产品。

对于 16 路输入情况，可使用两片 CD4051 组合而成，如图 4-30 所示，当然也可采用单片 AD7506 等，但对于更多输入情况，如 64 路、128 路输入，则只能使用多个多路模拟开关组合的方式。

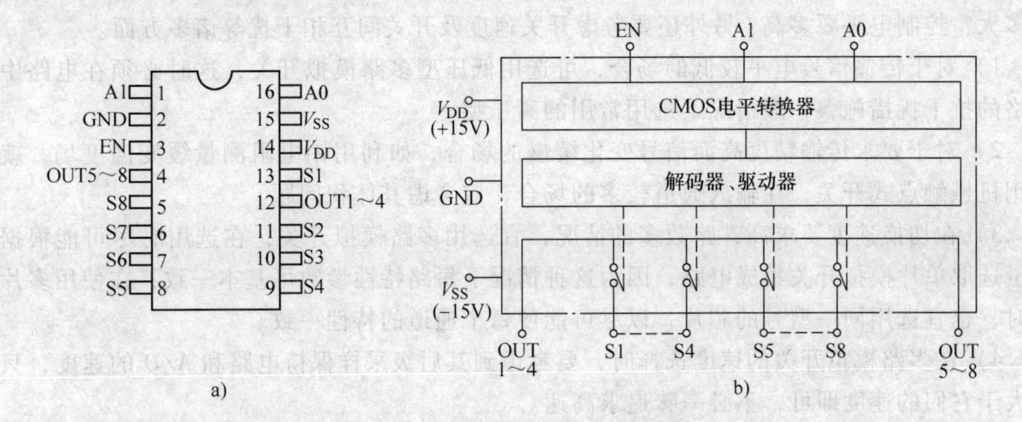

图 4-27　AD7502 的引脚图和原理图

a）引脚图　b）原理图

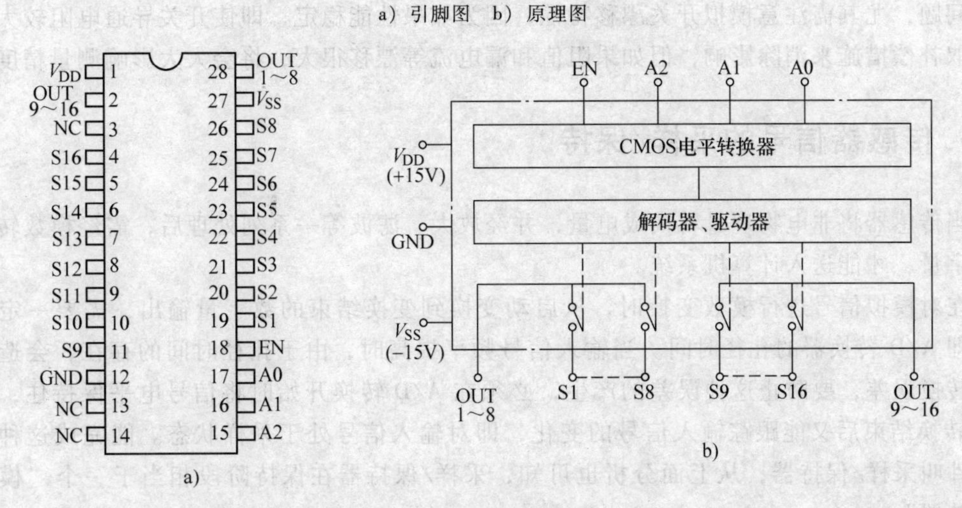

图 4-28　AD7507 的引脚图和原理图

a）引脚图　b）原理图

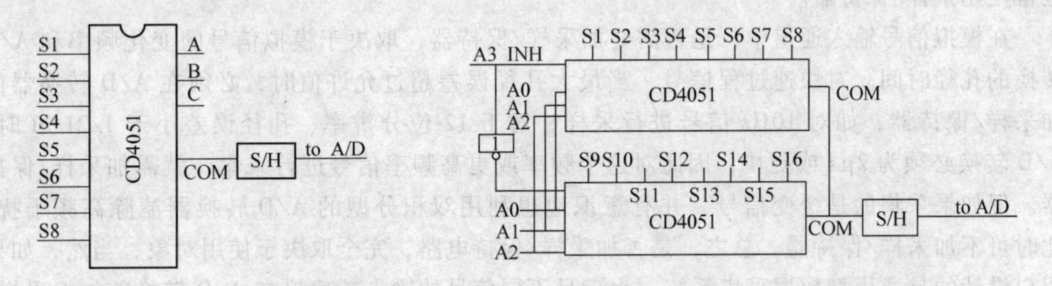

图 4-29　CD4051 组成的 8 路模拟量输入　　　　图 4-30　两片 4051 组成 16 路模拟量输入

在有些情况下，模拟量输入往往需双端输入，如后接测量放大器或从热电偶获取信号等情况，此时可选用差动 4 通道、差动 8 通道模拟开关，也可用多片模拟开关组合而成，尤其对多输入通道的情况，只能采用多片组合的方法。

6. 多路开关选用注意事项

在选用多路开关时，常要考虑许多因素，如需多少倍？要单端型还是差动型？开关电阻要多大？控制电平要多高？另外还要考虑开关速度及开关间互相干扰等诸多方面。

1）对于传输信号电平较低的场合，可选用低压型多路模拟开关，这时必须在电路中有严格的抗干扰措施，一般情况下选用常用的高压型。

2）对于要求传输精度高而信号变化缓慢的场合，如利用铂电阻测量缓变温度场，就可选用机械触点式开关，在输入通道较多的场合，应考虑其体积问题。

3）在切换速度要求高，路数多的情况，宜选用多路模拟开关；在选用时尽可能根据通道量选取单片模拟开关集成电路，因为这种情况下每路特性参数可基本一致；在使用多片组合时，也宜选用同一型号的芯片，以尽可能使每个通道的特性一致。

4）在多路模拟开关的速度选择时，要考虑到其后级采样保持电路和A/D的速度，只需略大于它们的速度即可，不必一味追求高速。

5）在使用高精度采样、保持A/D进行精密数据采集和测量时，需考虑模拟开关的传输精度问题，尤其需注意模拟开关漂移特性，因为如果性能稳定，即使开关导通电阻较大，也可采取补偿措施来消除影响，但如果阻值和漏电流等漂移很大，将会大大影响测量精度。

4.4　传感器信号的采样/保持

当传感器将非电物理量转换成电量，并经放大、滤波等一系列处理后，需经模数转换变成数字量，才能送入计算机系统。

在对模拟信号进行模数变换时，从启动变换到变换结束的数字量输出，需要一定的时间，即A/D转换器的孔径时间。当输入信号频率提高时，由于孔径时间的存在，会造成较大的转换误差，要防止这种误差的产生，必须在A/D转换开始时将信号电平保持住，而在A/D转换结束后又能跟踪输入信号的变化，即对输入信号处于采样状态。能完成这种功能的器件叫采样/保持器，从上面分析也可知，采样/保持器在保持阶段相当于一个“模拟信号存储器”。

在模拟量输出通道，为使输出得到一个平滑的模拟信号，或对多通道进行分时控制时，也常使用采样/保持器。

在模拟信号输入通道中，是否需要加采样/保持器，取决于模拟信号的变化频率和A/D转换的孔径时间。对快速过程信号，当最大孔径误差超过允许值时，必须在A/D转换器前加采样/保持器，如对10Hz信号进行采样，对于12位分辨率、孔径误差小于1/2LSB时，A/D转换必须为2μs或更快，因此对这个频率或更高频率信号进行采集，就需加采样/保持器。但如果采集的是缓变信号，并有意识地想利用双积分型的A/D转换器滤除高频干扰，此时可不加采样/保持器。总之，是否加采样/保持电路，完全取决于使用对象，当然，如果用户设计的是通用型数据采集系统，为满足不同信号的输入，建议在A/D转换前加上采样/保持电路。

4.4.1　采样/保持原理

采样保持器的作用是：在采样期间，其输出能跟随输入的变化而变化；而在保持状态，能使其输出值保持不变。如图4-31所示，在t_1时刻前，处于采样状态，此时开关S为闭合状态，输出信号U_o跟输入U_i保持同步变化；而在时间t_1，S断开，此时处于保持状态，如

图4-32所示，输出电压恒值保持在U_{A1}不变；而在t_2时刻，保持结束，新一个采样时刻到来，此时相当于S重新闭合，U_o又随U_1同步变化，直至时刻t_3，S断开，U_o保持U_{A3}的电位不变。

因此，利用采样/保持器，在启动A/D变换时，保持住输入信号，从而可避免A/D转换孔径时间带来转换误差。在进行多路信号瞬态采集时，可利用多个采样/保持器并联，在同一时刻发出一个保持信号，则能得到某一瞬时各路信号的瞬态值，然后再分时对各路保持信号进行转换，得到所需的值。

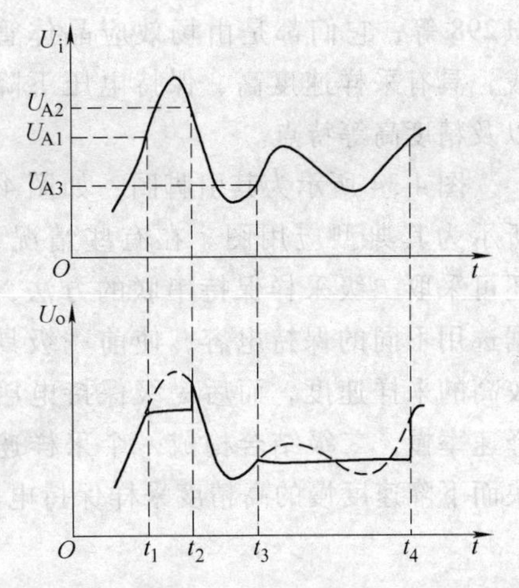

图4-31　采样/保持原理

图4-32所示为最简单的采样保持电路，当S接通时，输出信号跟踪输入信号，称为采样阶段；当S断开时，电容C的两端一直保持断开的电压，称保持阶段，由此构成一个简单的采样/保持器。实际上为使采样/保持器具有足够的精度，一般在输入级和输出级均采用缓冲器，以减少信号源的输出阻抗，增加负载的输入阻抗。在电容选择时，应使其大小适宜，以保证其时间常数适中，并选用漏电流小的电容C。

由上述分析可知，电容C对采样保持的精度有很大影响，如果电容值过大，则其时间常数大，当信号变化频率高时由于电容充放电时间大，将会影响输出信号对输入信号的跟随特性，而且在采样的瞬间电容两端的电压会与输入信号电压有一定的误差；而当处于保持状态时，如果电容的漏电流太大，负载的内阻太小，都会引起保持信号电平的变化。

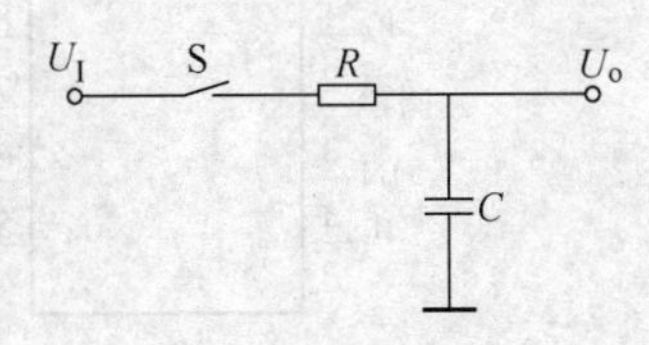

图4-32　采样/保持原理电路

4.4.2　集成采样/保持器

随着大规模集成电路技术的发展，目前已生产出多种集成采样/保持器，如可用于一般目的的AD582、AD583、LF198系列等；用于高速场合的HTS－0025、HTS－0010、HTC－0300等。为了使用方便，有些采样/保持器的内部还设置保持电容，如AD389、AD585等。

集成采样/保持器的特点是：

1）采样速度快、精度高，一般在2～2.5μs，即达到 ±0.01% ～ ±0.003%精度；

2）下降速率慢，如AD585，AD348为0.5mV/ms，AD389为0.1μV/ms 。

正因为集成采样/保持器有许多优点，所以得到了极为广泛的应用，下面以LF398为例，介绍集成采样/保持器的原理，如图4-33所示。

图4-33所示为LF398原理图。从图可知，其内部由输入缓冲级、输出驱动级和控制电路三部分组成。控制电路中A3主要起到比较器的作用，其中7脚为参考电压，当输入控制逻辑电平高于参考端电压时，A3输出一个低电平信号驱动开关S闭合，此时输入经A1后跟随输出到A2，再由A2的输出端跟随输出，同时向保持电容（接6端）充电；而当控制端逻辑电平低于参考端电压时，A3输出一个正电平信号使开关S断开，以达到非采样时间内保持器仍保持原来输入的信号。因此，A1、A2是跟随器，其作用主要是对保待电容输入和

输出端进行阻抗变换，以提高采样/保持器的性能。

与 LF398 结构相同的还有 LF198、LF298 等，它们都是由场效应晶体管构成，具有采样速度高、保持电压下降慢以及精度高等特点。

图 4-34 所示为其引脚图，如图 4-35 所示为其典型应用图。在有些情况下，还可采取二级采样保持串联的方法，根据选用不同的保持电容，使前一级具有较高的采样速度，而后一级保持电压下降速率慢，二级结合构成一个采样速度快而下降速度慢的高精度采样保持电路，此时的采样总时间为两个采样保持电路时间之和。

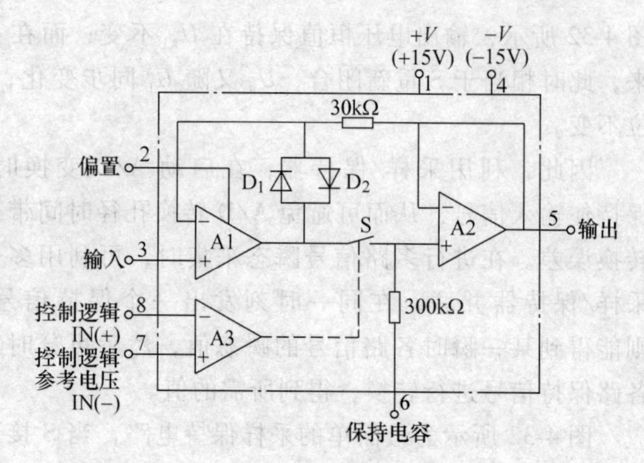

图 4-33　LF398 采样/保持器原理图

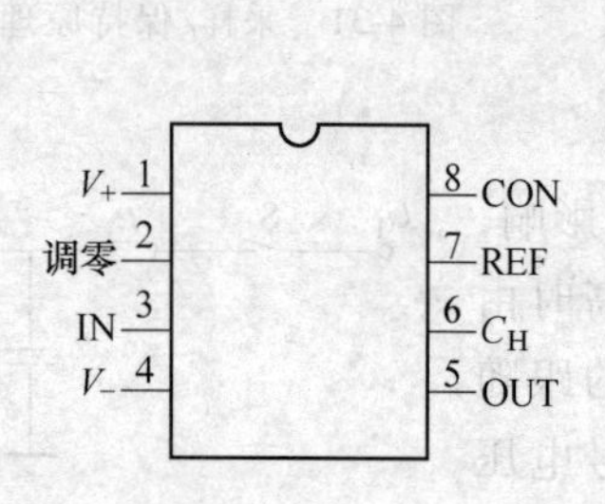

图 4-34　LF398 引脚图

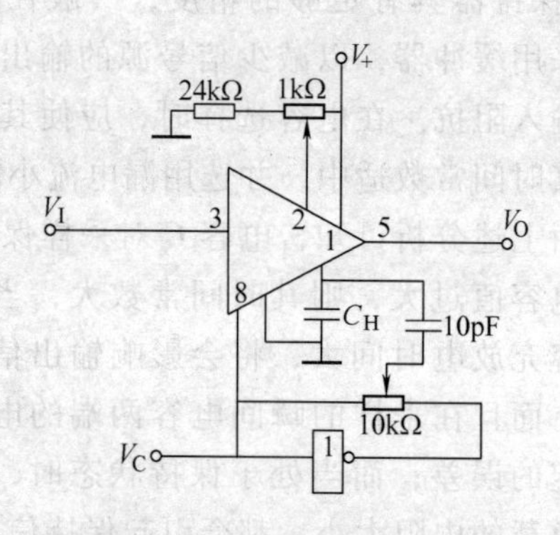

图 4-35　LF398 典型应用图

4.5　传感器与微机的接口

输入到微机的信息必须是微机能够处理的数字量信息。传感器的输出形式可分为模拟量、数字量和开关量，与此相应的有三种基本接口方式，见表 4-1。

表 4-1　传感器与微机的基本接口

接口方式	基 本 方 法
模拟量接口方式	传感器输出信号→放大→采样/保持→模拟多路开关→A/D 转换→I/O 接口→微机
数字量接口方式	数字型传感器输出数字量（二进制代码、BCD 码、脉冲序列等）→计数器→三态缓冲器→微机
开关量接口方式	开关型传感器输出二值式信号（逻辑 1 或 0）→三态缓冲器→微机

根据模拟量转换输入的精度、速度与通道等因素有表 4-2 所列的四种转换输入方式。在这四种方式中，基本的组成元件相同。

表 4-2　模拟量转换输入方式

类　型	组成原理框图	特　点
单通道直接型	传感器 → A/D → 三态缓冲器 → 总线	最简单的形式。只用一个 A/D 转换器及缓冲器将模拟量转换为数字量，并输入微机。受转换电压幅度与速度的限制，应用范围窄
多通道一般型	传感器 → 放大 → 模拟多路开关 → 采样/保持 → A/D → 总线；控制器	依次对每个模拟通道进行采样保持和转换，节省元器件，速度低，不能获得同一瞬时各通道的模拟信号
多通道同步型	传感器 → 采样/保持 → 模拟多路开关 → A/D → 缓冲器 → 总线；控制器	各采样/保持同时动作，可测得在同一瞬时各传感器输出的模拟信号
多通道并行输入型	传感器输入 → 采样/保持 → A/D → 模拟多路开关 → 总线	各通道直接进行转换，送入微机或信号通道。灵活性大，抗干扰能力强。根据传感器输出信号的特点可采用采样/保持或不同精度的 ADC

图 4-36 所示是典型 A/D 转换芯片 0809 与 8031 的接线图，芯片脚 V_{REF}（-）接 -5V，V_{REF}（+）接 +5V，此时输入电压可在 ±5V 范围之内变动。A/D 转换器的位数可以根据检测精度要求来选择，0809 是 8 位 A/D 转换器，它的分辨率为满刻度值的 0.4%。ALE 是地址锁存端，高电平时将 A、B、C 锁存。A、B、C 全为 1 时，选输入端 IN。START 是重新启动的转换端，高电平有效，由低电平向高电平转换时，将已选通的输入端开始转换成数字量，转换结束后引脚 EOC 发出高电平，表示转换结束。OE 是允许输出端，高电平有效。高电平时将 A/D 转换器中的三态缓冲器打开，将转换后的数字量送到 D0 ~ D7 数据线上。

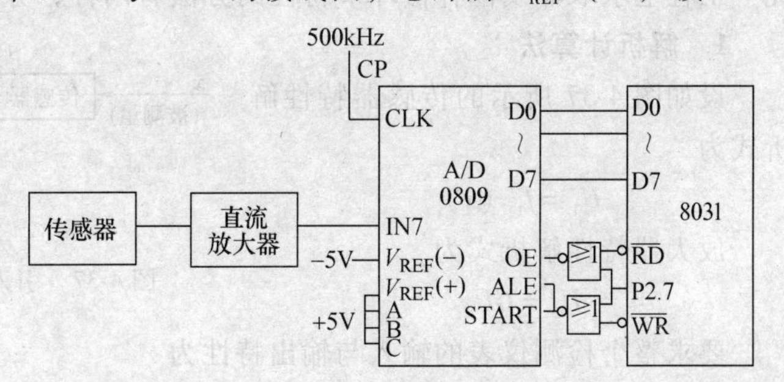

图 4-36　传感器与 8031 的连接

在 8031 接口中接地址线 P2.7，低电平有效，$\overline{WR}$是 I/O 设备“写”信号线。8031 从外部设备接收信息时，该信号线有效。在这里，$\overline{WR}$和 P2.7“或非”用以启动 A/D 转换器。$\overline{RD}$是 I/O 设备“读”信号线，8031 向外部设备输出信息时，该信号线有效。在这里，$\overline{RD}$和 P2.7“或非”用以从 A/D 转换器读入数据。

4.6 传感器的非线性补偿

在机电一体化测控系统中，往往存在非线性环节，特别是传感器的输出量与被测物理量之间的关系，绝大部分是非线性的。造成非线性的原因主要有两个：

1）许多传感器的转换原理并非线性，例如温度测量时，热电阻的阻值与温度、热电偶的电动势与温度都是非线性关系；流量测量时，孔板输出的差压信号与流量输入信号之间也是非线性关系。

2）采用的测量电路也是非线性的，例如，测量热电阻用四臂电桥，电阻的变化引起电桥失去平衡，此时输出电压与电阻之间的关系为非线性。

对于这类问题的解决，在模拟量自动检测系统中，一般采用三种方法：①缩小测量范围，并取近似值。②采用非线性的指示刻度。③增加非线性补偿环节（亦称线性化器）。显然前两种方法的局限性和缺点比较明显，我们着重介绍增加非线性补偿环节的方法。常用的增加非线性补偿环节的方法有：①硬件电路的补偿方法，通常是采用模拟电路、数字电路，如二极管阵列开方器，各种对数、指数、三角函数运算放大器等数字控制分段校正、非线性 A/D 转换等。②微机软件的补偿方法，利用微机的运算功能可以很方便地对一个自动检测系统的非线性进行补偿。

4.6.1 非线性补偿环节特性的获取方法

在一个自动检测系统中，由于存在着传感器等非线性环节，因此从系统的输入到系统的输出就是非线性的，引入非线性补偿环节的作用就是利用其本身的非线性补偿系统中的非线性环节，保证系统的输入输出具有线性关系。如何获得非线性补偿环节的输入输出的关系呢？工程上求取非线性补偿环节特性的方法有两种，分别叙述如下。

1. 解析计算法

设如图 4-37 所示的传感器特性解析式为

$$U_1 = f_1(x)$$

放大器特性解析式为

$$U_2 = GU_1$$

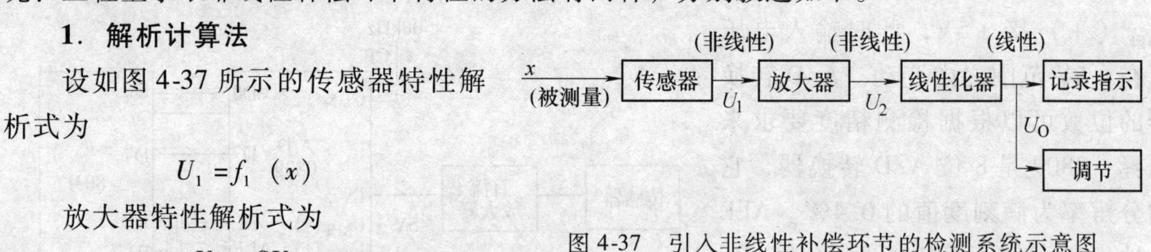

图 4-37 引入非线性补偿环节的检测系统示意图

要求整个检测仪表的输入与输出特性为

$$U_O = kx$$

为了求出非线性补偿环节的输入与输出关系表达式，将以上三式联立求解消去中间变量 U_1 和 x 可得

$$U_2 = Gf_1\left(\frac{U_O}{k}\right)$$

2．图解法

当传感器等环节的非线性特性用解析式表示比较复杂或比较困难时，可用图解法求取非线性补偿环节的输入—输出特性曲线。图解法的步骤如下（图4-38）：

1）将传感器的输入与输出特性曲线 $U_1=f_1(x)$ 画在直角坐标的第一象限，横坐标表示被测量 x，纵坐标为放大器的输出 U_1。

2）将放大器的输入与输出特性 $U_2=GU_1$ 画在第二象限，横坐标为放大器的输出 U_2，纵坐标为放大器的输入 U_1。

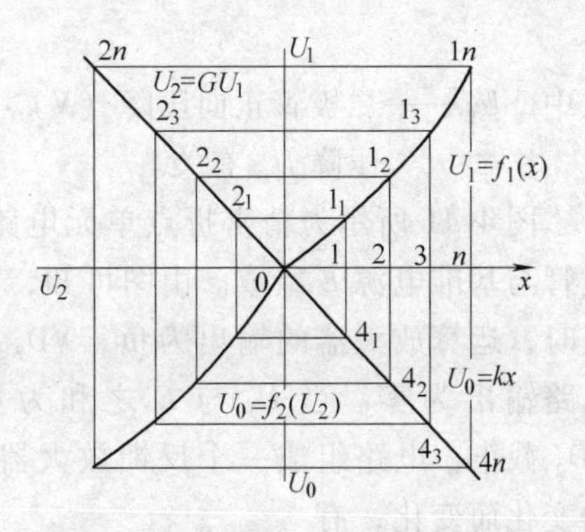

图4-38 图解法求非线性补偿环节特性

3）将整台测量仪表的线性画在第四象限，纵坐标为输出 U_0，横坐标为输入 x。

4）将 x 轴分成 n 段，段数 n 由精度要求决定。由点1、2、…、n 各作 x 轴垂线，分别与 $U_1=f_1(x)$ 曲线及第四象限中 $U_0=kx$ 直线交于 1_1，1_2，1_3，…，1_n 及 4_1，4_2，4_3，…，4_n 各点，而后以第一象限中这些点作 x 轴平行线与第二象限 $U_2=GU_1$ 直线交于 2_1，2_2，2_3，…，2_n 各点。

5）由第二象限各点作 x 轴垂线，再由第四象限各点作 x 轴平行线，两者在第三象限的交点连线即为校正曲线 $U_0=f_2(U_2)$。这也就是非线性补偿环节的非线性特性曲线。

4.6.2 非线性补偿环节的实现办法

1．硬件电路的实现方法

当用解析或图解法求出非线性补偿环节的输入—输出特性曲线之后，就要研究如何用适当的电路来实现。显然在这类电路中需要有非线性元件或利用某种元件的非线性区域。目前最常用的是利用二极管组成非线性电阻网络，配合运算放大器产生折线形式的输入—输出特性曲线。由于折线可以分段逼近任意曲线，从而就可以得到非线性补偿环节所需要的特性曲线。

折线逼近法如图4-39所示，将非线性补偿环节所需要的特性曲线用若干有限的线段代替，然后根据各折点 x_i 和各段折线的斜率 k_i 来设计电路。转折点越多，折线越逼近曲线，精度也越高，但折点太多则会因电路本身误差而影响精度。图4-40所示是一个最简单的折点电路，其中 E 决定了转折点偏置电压，二极管VD作开关用，其转折电压为

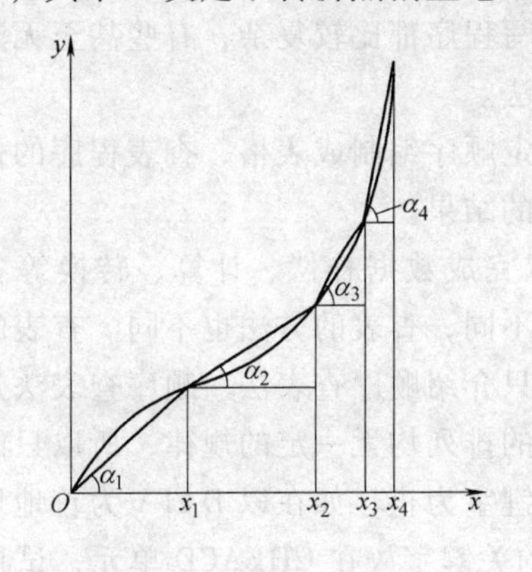

图4-39 折线逼近法

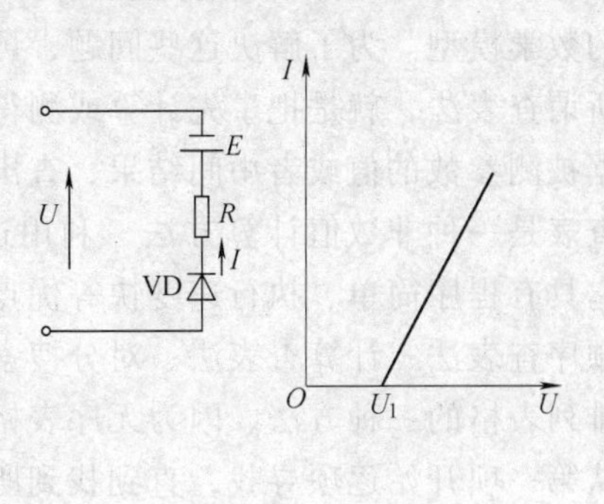

图4-40 简单的折点电路

$$U_1 = E + U_D$$

式中 U_D——二极管正向压降（V）。由上式可知转折电压不仅与 E 有关，还与二极管正向压降 U_D 有关。

图 4-41 所示为精密折点单元电路，它是由理想二极管与基准电源 E 组成。由图可知，当 U_1 与 E 之和为正时，运算放大器的输出为负，VD_2 导通，VD_1 截止，电路输出为零。当 U_1 与 E 之和为负时，VD_1 导通，VD_2 截止，电路组成一个反馈放大器，输出电压随 U_1 的变化而变化，有

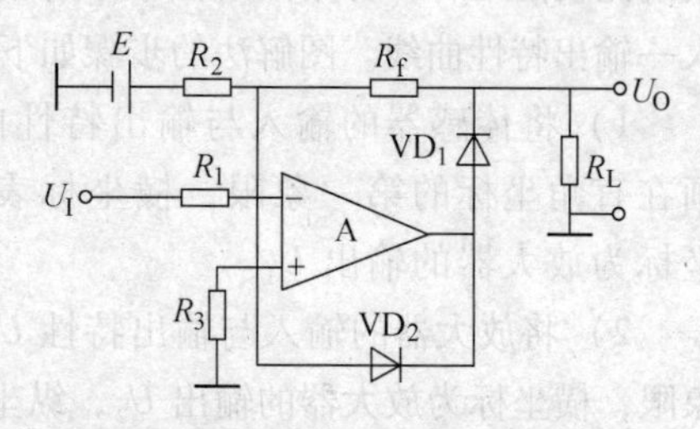

图 4-41 精密折点单元电路

$$U_O = \frac{R_f}{R_1}U_1 + \frac{R_f}{R_2}E$$

在这种电路中，折点电压只取决于基准电压 E，避免了二极管正向电压 U_D 的影响，在这种精密折点单元电路组成的线性化电路中，各折点的电压是稳定的。

2. 微机软件的实现方法

采用硬件电路虽然可以补偿测量系统的非线性，但由于硬件电路复杂，调试困难，精度低，通用性差，很难达到理想效果。在机电一体化检测系统中利用软件功能可方便地实现系统的非线性补偿，这种方法实现线性化的精度高、成本低、通用性强。下面介绍非线性软件处理方法。

用软件进行“线性化”处理，方法有三种：计算法、查表法和插值法。

（1）计算法　当输出电信号与传感器的参数之间有确定的数字表达式时，就可采用计算法进行非线性补偿，即在软件中编制一段完成数字表达式计算的程序，被测参数经过采样、滤波和标度变换后直接进入计算机程序进行计算，计算后的数值即为经过线性化处理的输出参数。

在实际工程上，被测参数和输出电压常常有一组测定的数据，这时如仍想采用计算法进行线性化处理，则可应用数学上曲线拟合的方法对被测参数和输出电压进行拟合，得出误差最小的近似表达式。

（2）查表法　在机电一体化测控系统中，有些参数的计算是非常复杂的，如一些非线性参数，它们不是用一般算术运算就可以算出来的，而需要涉及到指数、对数、三角函数，以及积分、微分等运算，所有这些运算用汇编语言编写程序都比较复杂，有些甚至无法建立相应的数学模型。为了解决这些问题，可以采用查表法。

所谓查表法，就是把事先计算或测得的数据按一定顺序编制成表格，查表程序的任务就是根据被测参数的值或者中间结果，查出最终所需要的结果。

查表是一种非数值计算方法，利用这种方法可以完成数据补偿、计算、转换等各种工作，它具有程序简单、执行速度快等优点。表的排列不同，查表的方法也不同。查表的方法有：顺序查表法、计算查表法、对分搜索法等。下面只介绍顺序查表法。顺序查表法是针对无序排列表格的一种方法，因为无序表格中所有各项的排列均无一定的规律，所以只能按照顺序从第一项开始逐项寻找，直到找到所要查找的关键字为止，如在以 DATA 为首地址的存储单元中，有一长度为 100B 的无序表格，设要查找的关键字放在 CHEACD 单元，试用软件进行查找，若找到，则将关键字所在的内存单元地址存于 R2、R3 寄存器中，如未找到，将

R2、R3 寄存器清零。

由于待查找的是无序表格，所以只能按单元逐个搜索，根据题意可画出程序流程图，如图 4-42 所示。

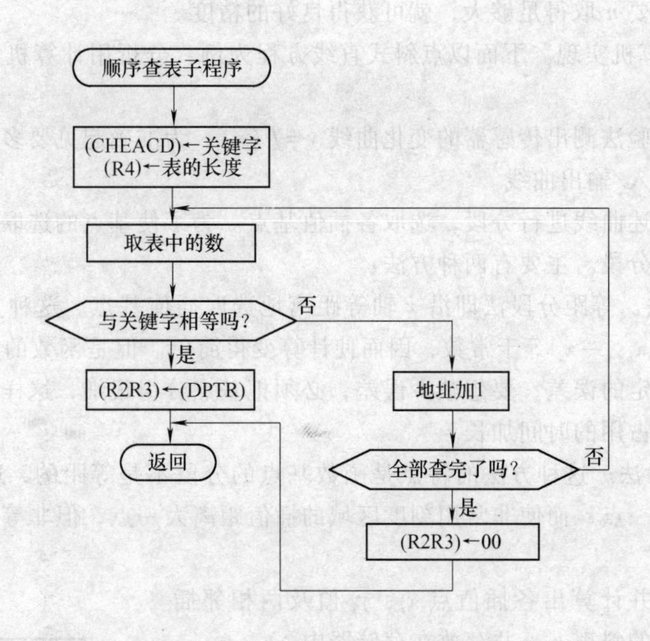

图 4-42　顺序查表法子程序流程图

顺序查表法虽然比较“笨”，但对于无序表格和较短的表而言，仍是一种比较常用的方法。

(3) 插值法　查表法占用的内存单元较多，表格的编制比较麻烦，所以在机电一体化测试系统中，也常利用微机的运算能力，使用插值计算法来减少列表点和测量次数。

1) 插值原理。设某传感器的输出特性曲线（例如电阻—温度特性曲线）如图 4-43 所示，可以看出，当已知某一输入 x_i 值以后，要想求输出值 y_i 并非易事，因为其函数关系式 $y=f(x)$ 并不是简单的线性方程。为使问题简化，可以把该曲线按一定要求分成若干段，然后把相邻两分段点用直线连起来（如图中虚线所示），用此直线代替相应的各段曲线，即可求出输入值 x 所对应的输出值 y，例如，设 x 在 (x_i, x_{i+1}) 之间，则其对应的逼近值为

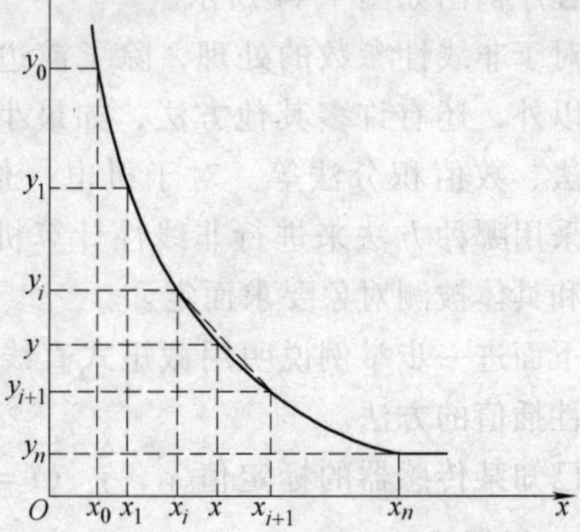

图 4-43　分段线性插值原理

$$y=y_i+\frac{y_{i+1}-y_i}{x_{i+1}-x_i}\ (x-x_i)$$

将上式化简得点斜式直线方程

$$y=y_i+k_i\ (x-x_i)$$

和截矩式直线方程

$$y = y_{i0} + k_i x$$

其中：$y_{i0} = y_i - k_i x_i$，$k_i = \dfrac{y_{i+1} - y_i}{x_{i+1} - x_i}$为第 i 段直线的斜率。

上两式中，只要 n 取得足够大，就可获得良好的精度。

2）插值的计算机实现。下面以点斜式直线方程为例，分析用计算机实现线性插值的方法。

第一步，用实验法测出传感器的变化曲线 $y = f(x)$。为准确起见要多测几次，以便求出一个比较精确的输入/输出曲线。

第二步，将上述曲线进行分段，选取各插值基点。为了使基点的选取更合理，不同的曲线采用不同的方法分段。主要有两种方法：

① 等距分段法。等距分段法即沿 x 轴等距离地选取插值基点。这种方法的主要优点是使直线方程式中的 $x_{i+1} - x_i$ 等于常数，因而使计算变得简单。但是函数的曲率和斜率变化比较大时，会产生一定的误差，要想减少误差，必须把基点分得很细，这样势必占用较多的内存，并使计算机所占用的时间加长。

② 非等距分段法。这种方法的特点是函数基点的分段不是等距的，通常将常用刻度范围插值距离划分小一点，而使非常用刻度区域的插值距离大一点，但非等值插值点的选取比较麻烦。

第三步，确定并计算出各插值点 x_i、y_i 值及两相邻插值点间的拟合直线的斜率 k_i，并存放在存储器中。

第四步，计算 $x - x_i$。

第五步，找出 x 所在的区域（x_i，x_{i+1}），并取出该段的斜率 k_i。

第六步，计算 k_i（$x - x_i$）。

第七步，计算结果 $y = y_i + k_i$（$x - x_i$）。

程序框图如图 4-44 所示。

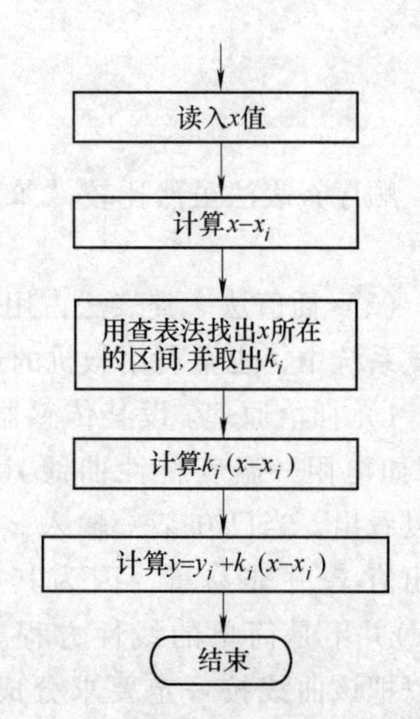

图 4-44 线性插值计算机程序流程框图

对于非线性参数的处理，除了前边讲过的查表法和插值法以外，还有许多其他方法，如最小二乘拟合法、函数逼近法、数值积分法等。对于机电一体化测控系统来说，具体采用哪种方法来进行非线性计算机处理，应根据实际情况和具体被测对象要求而定。

下面进一步举例说明用截矩式直线方程 $y = y_{i0} + k_i x$ 实现线性插值的方法。

已知某传感器的标定值 x_i，y_i（$i = 0, 1, \cdots, 4$），见表4-3，根据式

$$y_{i0} = y_i - k_i x_i$$

$$k_i = \frac{y_{i+1} - y_i}{x_{i+1} - x_i}$$

求出系数 k_i和 y_{i0}，列入表4-3 中。按线性插值法所设计的求取被测量 $y = f(x)$ 的程序如下：

表 4-3　某传感器标定值及线性插值系数

i	x_i	y_i	k_i（10 进制）	k_i（16 进制）	y_{i0}（10 进制）	y_{i0}（16 进制）
0	0	2				
1	64	65	0.984375	0.FC	2	02H
2	128	124	0.921875	0.EC	6	06H
3	192	180	0.875	0.E0	12	0CH
4	256	230	0.78125	0.C8	30	1EH

```
LINEAR：  ACALL SAMP          ；  调用采样子程序
          MOV A，R2           ；  采样值在 R 2 中
          MOV B，A            ；  采样值 xi 暂存于 B
          ANL A，#0C0H        ；  求取区间号
          RL A
          RL A
          RL A                ；  区间号乘以 2
          MOV R7，A
          ADD A，#0DH         ；  加偏移量
          MOVC A，@ A + PC    ；  查表取 yi0
          MOV R2，A           ；  暂存 yi0
          MOV A，R7
          ADD A，#09H         ；  加偏移量
          MOVC A，@ A + PC    ；  查表取 ki
          MUL AB              ；  计算 kixi
          ADD A，#80H         ；  四舍五入
          MOV A，B
          ADDC A，R2          ；  计算 kixi + yi0
          MOV R2，A           ；  结果存于 R2 中
          RET
TAB：     DB 02H，0FCH，06H，0ECH
          DB 0CH，0E0H，1EH，0C8H
```

在该程序中，SAMP 是采样子程序，它将采样值 x_i 置于 R2 中，线性插值补偿结果按四舍五入取整数，并存于 R2 中。

4.7　传感器的干扰抑制与数字滤波

在机电一体化测控系统的输入信号中，一般都含各种噪声和干扰，它们主要来自被测信号本身、传感器或者外界的干扰。为了进行准确测量和控制，必须消除被测信号中的噪声和干扰。干扰信号有周期性干扰和随机性干扰两类。典型的周期性干扰是 50Hz 的工频干扰，对于这类信号，采用积分时间为 20ms 整数倍的双积分型 A/D 转换器，可有效地消除其影

响。对于随机性干扰，可采用数字滤波的方法予以削弱或消除。所谓数字滤波，就是通过一定的计算或判断程序减少干扰信号在有用信号中的比重，故实质上是一种程序滤波，是通过一定的计算或判断来提高信噪比，它与硬件 RC 模拟滤波器相比具有以下优点：

1）数字滤波是用程序实现的，不需要增加任何硬件设备，也不存在阻抗匹配问题，可以多个通道共用，不但节约投资，还可提高可靠性、稳定性。

2）可以对频率很低（如0.01Hz）或很高的信号实现滤波，而模拟 RC 滤波器由于受电容容量的限制，频率不可能太低。

3）灵活性好，可以用不同的滤波程序实现不同的滤波方法，或改变滤波器的参数。

正因为用软件实现的数字滤波具有上述持点，所以在机电一体化测控系统中得到越来越广泛的应用。

数字滤波的方法有很多种，可以根据不同的测量参数进行选择。下面介绍几种常用的数字滤波方法及相应的用 MCS-51 指令系统编写的程序介绍。

4.7.1 中值滤波

中值滤波法的工作原理是：对信号连续进行 n 次采样，然后对采样值排序，并取序列中位值作为采样有效值，采样次数 n 一般取大于3的奇数。

例如，在三个采样周期内，连续采样读入三个检测信号 X1、X2、X3，从中选择一个居中的数据作为有效信号。三次采样输入中有一次发生干扰，则不管这个干扰发生在什么位置，都将被剔除掉；若发生的两次干扰是异向作用，则同样可以滤去；若发生的两次干扰是同向作用或三次都发生干扰，则中值滤波无能为力。

中值滤波能有效地滤去由于偶然因素引起的波动或采样器的不稳定造成的误码等引起的脉冲干扰。对缓慢变化的过程变量采用中值滤波有效果。中值滤波不宜用于快速变化的过程参数。下面的程序是仅当 $n=3$ 时的中值滤波程序：

```
FILTER：MOV A，R2        ；  判断是否 R2 < R3
        CLR C
        SUBB A，R3
        JC FILT1         ；  R2≤R3 时，转 FILT1，保持原顺序不变
        MOV A，R2        ；  R2 > R3 时，交换 R2、R3
        XCH A，R3
        MOV R2，A
FILT1： MOV A，R3        ；  判断是否 R3 < R4
        CLR C
        SUBB A，R 4
        JC FILT2         ；  R3≤R4，转 FILT2，排序结束
        MOV A，R4        ；  R3 > R4，交换 R3、R4
        XCH A，R3
        XCH A，R4
        CLR C            ；  判断是否 R3 > R2
        SUBB A，R 2
```

```
        JNC FILT2               ;  R3 > R2，排序结束
        XCH A，R2               ;  R3 < R2，以 R2 为中值
        MOV R3，A               ;  中值送 R3
FILT2：RET
```

在该程序中，连续三次采样值分别存放在 R2、R3、R4 中，排序结束后，三个寄存器中数值的大小顺序为 R2 < R3 < R4，中位值在 R3 中。

若连续采样次数 $n>5$，则排序过程比较复杂，可采用“冒泡”算法等通用的排序方法。

4.7.2　算术平均滤波

算术平均滤波适用于对一般的具有随机干扰的信号滤波，它特别适用于信号本身在某一数值范围附近上下波动的情况，如流量、液平面等信号的测量。

算术平均滤波方法的原理是：寻找一个 Y 值，使该 Y 值与各采样值间误差的平方和为最小，即

$$E=\min\left[\sum_{i=1}^{M} e_i^2\right]=\min\left[\sum_{1}^{N}(Y-X_i)^2\right]$$

由 $\mathrm{d}E/\mathrm{d}Y=0$ 得算术平均值法的算式

$$Y=\frac{1}{N}\sum_{i=1}^{N}X_i$$

式中　X_i——第 i 次采样值；

Y——数字滤波的输出；

N——采样次数。

N 的选取应按具体情况决定。若 N 大，则平滑度高，滤波效果好，但灵敏度低，计算量大。一般为便于运算处理，对于流量信号，推荐取 $N=8\sim16$，压力信号取 $N=4$，对信号连续进行 N 次采样，以其算术平均值作为有效采样值。该方法对压力、流量等具有周期脉动特点的信号具有良好的滤波效果。下面是一个采样次数 $n=8$ 的算术平均滤波程序清单。

```
FILTER：CLR A                    ;  清累加器
        MOV R2，A
        MOV R3，A
        MOV R0，# 30H             ;  指向第一个采样值
FILT1： MOV A，@ R0               ;  取一个采样值
        ADD A，R3                 ;  累加到 R2、R3 中
        MOV R3，A
        CLR A
        ADDC A，R2
        MOV R2，A
        INC R0
        CJNE R0，#38H，FILT1      ;  判断是否累加 8 次
        SWAP A                    ;  累加完，求平均值
        RL A
```

```
        MOV B, A
        ANL A, #1FH
        XCH A, R3
        SWAP A
        RL A
        ANL A, #1FH
        XCH A, B
        ANL A, #0E0H
        ADD A, B
        XCH A, R3
        XCH A, R2
        RET
```

本程序，采样值在 30H ~ 37H 中，算术平均滤波的结果存在 R2、R3 中，R2 存放高 8 位，R3 存放低 8 位。

4.7.3 滑动平均滤波

在中值滤波和算术平均滤波方法中，每获得一个有效的采样数据，必须连续进行 n 次采样，当采样速度较慢或信号变化较快时，系统的实时性往往得不到保证。例如 A/D数据采样速率为每秒 10 次，而要求每秒输入 4 次数据时，则 N 不能大于 2。下面介绍一种只需进行一次测量，就能得到一个新的算术平均值的方法——滑动平均值滤波方法。

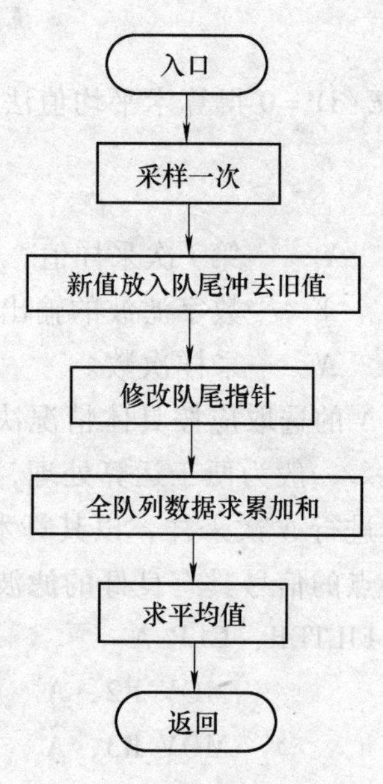

图 4-45 滑动平均滤波程序流程图

滑动平均值滤波方法采用循环队列作为采样数据存储器，队列长度固定为 n，每进行一次新的采样，把采样数据放入队尾，扔掉原来队首的一个数据，这样，在队列中始终有 n 个最新的数据。对这 n 个最新数据求取平均值，作为此次采样的有效值。这种方法每采样一次，便可得到一个有效采样值，因而速度快，实时性好，对周期性干扰具有良好的抑制作用。图4-45 所示为滑动平均滤波程序流程图。

如果取 $n=16$，以 40H ~ 4FH 共 16 个单元作为环形队列存储器，用 R0 作为队尾（在环形队列里同时也是队首）指针，则可设计相应的滑动滤波程序如下：

```
FILTER: MOV A, 30H        ; 新的采样数据在 30H 中
        MOV @R0, A        ; 以 R0 间址将新数据排入队尾，同时冲掉原队首数据
        INC R0            ; 修改队尾指针
        MOV A, R0
        ANL A, #4FH       ; 对指针作循环处理
        MOV R0, A
```

```
        MOV R1, #40H          ; 设置数据地址指针
        MOV R2, #00H          ; 清累加和寄存器
        MOV R3, #00H
FILT1:  MOV A, @R1            ; 取队列中一采样值
        ADD A, R3             ; 求累加和
        MOV R3, A
        CLR A
        ADDC A, R2
        MOV R2, A
        INC R1
        CJNE R1, #50H, FILT1  ; 判断是否已累加 16 次
        SWAP A                ; 累加完，求平均值
        MOV B, A
        ANL A, #0FH
        XCH A, R3
        SWAP A
        ANL A, #0FH
        XCH A, B
        ANL A, #0F0H
        ADD A, B
        XCH A, R3
        XCH A, R2
        RET                   ; 结果在 R2、R3 中
```

4.7.4　低通滤波

当被测信号缓慢变化时，可采用数字低通滤波的方法去除干扰。数字低通滤波器是用软件算法来模拟硬件低通滤波器的功能。如下所表达的低通滤波器微分方程中

$$u_i = iR + u_o = RC\frac{du_o}{dt} + u_o = \tau\frac{du_o}{dt} + u_o$$

用 x 替换 u_i，y 替换 u_o，并将微分方程转换成差分方程，得

$$X(n) = \tau\frac{Y(n) - Y(n-1)}{\Delta t} + Y(n)$$

整理后得

$$Y(n) = \frac{\Delta t}{\tau + \Delta t}X(n) + \frac{\tau}{\tau + \Delta t}Y(n-1)$$

式中　τ——滤波器的时间常数；

Δt——采样周期；

$X(n)$——本次采样值；

$Y(n)$、$Y(n-1)$——本次和上次的滤波器输出值。取

$$a=\frac{\Delta t}{\tau+\Delta t}$$

则上式可改写成

$$Y(n)=aX(n)+(1-a)Y(n-1)$$

式中 a——滤波平滑系数，通常取 $a \ll 1$。

由上式可知，滤波器的本次输出值主要取决于其上次输出值，本次采样值对滤波输出仅有较小的修正作用，因此该滤波算法相当于一个具有较大惯性的一阶惯性环节，模拟了低通滤波器的功能，其截止频率为

$$f_c=\frac{1}{2\pi\tau}=\frac{a}{2\pi\Delta t(1-a)}\approx\frac{a}{2\pi\Delta t}$$

如取 $a=1/32$，$\Delta t=0.5\text{s}$，即每秒采样两次，则 $f_c\approx0.01\text{Hz}$，可用于频率相当低的信号的滤波。

图 4-46 所示是按照式 $Y(n)=aX(n)+(1-a)Y(n-1)$所设计的低通数字滤波器的程序流程图，其对应的程序清单如下：

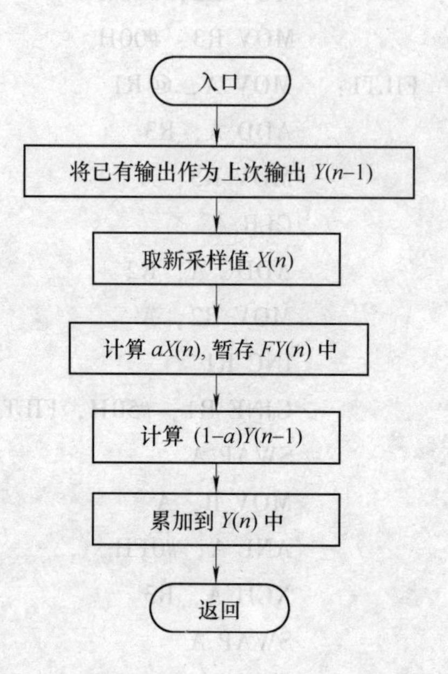

图 4-46 低通数字滤波器的程序流程图

```
FILTER: MOV 30H, 32H      ; 更新 Y (n-1), 30H 高字节, 31H 低字节
        MOV 31H, 33H
        MOV A, 40H        ; 采样值 X (n) 在 40H 中
        MOV B, #8         ; 取 a = 8/256
        MUL AB            ; 计算 aX (n)
        RLC A             ; 将 aX (n) 临时存入 Y (n)
        MOV A, B
        ADDC A, #00H
        MOV 33H, A
        CLR A
        ADDC A, #00H
        MOV 32H, A
        MOV B, #248       ; 1 - a = 248/256
        MOV A, 31H
        MUL AB            ; 计算 (1 - a) Y (n - 1) 的低位
        RLC A             ; 四舍五入
        MOV A, B
        ADDC A, 33H       ; 累加到 Y (n) 中
        MOV 33H, A
        JNC FILT1
```

```
          INC 32H
FILT1：   MOV B，#248
          MOV A，30H
          MUL AB                  ；计算（1-a）Y（n-1）的高位
          ADD A，33H
          MOV 33H，A
          MOV A，B
          ADDC A，32H
          MOV 32H，A
          RET                     ；Y（n）存于 32H、33H 中
```

程序中，采样数据为单字节，滤波输出值用双字节。为计算方便，取 $a=8/256$，$1-a=248/256$，运算时分别用 8 和 248 代入相乘，然后在积中将小数点左移 8 位。

4.7.5　防脉冲干扰平均值法

在工业控制等应用场合中，经常会遇到尖脉冲干扰的现象。干扰通常只影响个别采样点的数据，此数据与其他采样点的数据相差比较大。如果采用一般的平均值法，则干扰将“平均”到计算结果上去，故平均值法不易消除由于脉冲干扰而引起的采样值的偏差。为此，可采取先对 N 个数据进行比较，去掉其中最大值和最小值，然后计算余下的 $N-2$ 个数据的算术平均值。这个方法类似于体操比赛等采用的评分方法，它即可以滤去脉冲干扰又可滤去小的随机干扰。

在实际应用中，N 可取任何值，但为了加快测量计算速度，一般 N 不能太大，常取为 4，即为四取二再取平均值法。它具有计算方便、速度快、需存储容量小等特点，故得到了广泛应用。

如下为防脉冲干扰平均值子程序，连续进行 4 次数据采样，去掉最大值和最小值，计算中间两个数据的平均值送到 R6、R7 中。本程序调用 A/D 测量输入子程序 RDAD，它测量输入一个数据，送到寄存器 B 和累加器 A 中，输入数据的字长小于等于 14 位二进制数。计算时，使用 R0 作为计数器，R2、R3 中存放最大值，R4 、R5 中存放最小值，R6、R7 中存放累加值和最后结果。具体程序为：

```
DAVE：  CLR A
        MOV R2，A              ；最大值初态
        MOV R3，A
        MOV R6，A              ；累加和初态
        MOV R7，A
        MOV R4，#3FH           ；最小值初态
        MOV R5，#0FFH
        MOV R0，#4             ；N=4
DAV1：  LCALL RDAD             ；A/D 输入值送寄存器 B、A 中
        MOV R1，A              ；保存输入值低位
        ADD A，R7              ；累加输入值
```

```
        MOV R7, A
        MOV A, B
        ADDC A, R6
        MOV R6, A
        CLR C               ; 输入值与最大值作比较
        MOV A, R3
        SUBB A, R1
        MOV A, R2
        SUBB A, B
        JNC DAV2
        MOV A, R1           ; 输入值大于最大值
        MOV R3, A
        MOV R2, B
DAV2:   CLR C               ; 输入值与最小值作比较
        MOV A, R1
        SUBB A, R5
        MOV A, B
        SUBB A, R4
        JNC DAV3
        MOV A, R1           ; 输入值小于最小值
        MOV R5, A
        MOV R4, B
DAV3:   DJNZ R0, DAV1
        CLR C
        MOV A, R7           ; 累加和中减去最大值
        SUBB A, R3
        XCH A, R6
        SUBB A, R2
        XCH A, R6
        SUBB A, R5          ; 累加和中减去最小值
        XCH A, R6
        SUBB A, R4
        CLR C               ; 除以2
        RRC A
        XCH A, R6
        RRC A
        MOV R7, A           ; R6、R7中为平均值
```

RET

除以上介绍的五种数字滤波外，还有一些其他方法，如程序判断滤波法等，现简要介绍以下两种。

1. 限幅滤波（上、下限滤波）法

若 $|X_k - X_{k-1}| \leqslant \Delta X_0$，则以本次采样值 X_k 为真实信号；若 $|X_k - X_{k-1}| > \Delta X_0$，则以上次采样值 X_{k-1} 为真实信号。

其中，ΔX_0 表示误差上、下限的允许值，ΔX_0 的选择取决于采样周期 T 及信号 X 的动态响应。

2. 限速滤波法

设采样时刻 t_1、t_2、t_3 的采样值为 X_1、X_2、X_3。若 $|X_2 - X_1| < \Delta X_0$，则取 X_2 为真实信号；若 $|X_2 - X_1| \geqslant \Delta X_0$，则先保留 X_2，再与 X_3 进行比较。若 $|X_3 - X_2| < \Delta X_0$，则取 X_2 为真实信号；若 $|X_3 - X_2| \geqslant \Delta X_0$，则取 $(X_2 + X_3)/2$ 为真实信号。

实用中，常取 $\Delta X_0 = (|X_2 - X_1| + |X_3 - X_2|)/2$。

限速滤波法较为折中，既照顾了采样的实时性，也照顾了采样值变化的连续件。

4.8 项目三：数据采集系统设计

数据采集是机电一体化系统中最为普遍的应用需求。数据采集的对象可以是温度、压力、流量等各种物理量。数据采集系统可以是复杂控制系统的一部分，也可以是配备显示（或打印）输出的独立系统（或仪表）。

4.8.1 模拟输入通道的组成

模拟输入通道的一般构成如图4-47所示。

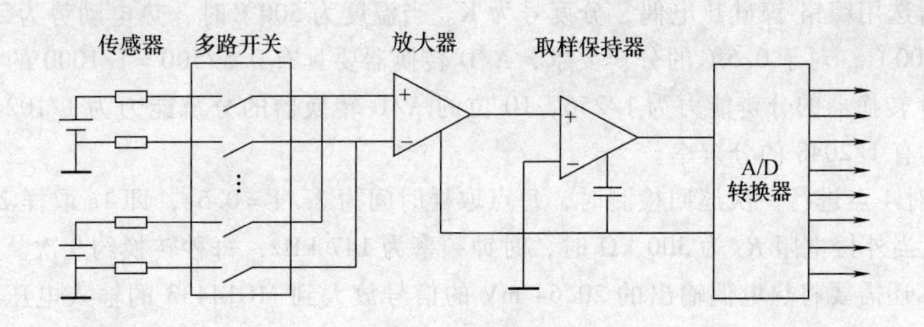

图4-47　模拟输入通道的一般构成

1. 传感器

传感器把被测的物理量（如温度、压力等）作为输入参数，转换为电量（电流、电压、电阻等）输出。因物理量性质和测量范围的不同，传感器的工作机理和结构也不同。通常传感器输出的电信号是模拟信号（已有许多新型传感器采用数字量输出）。当信号的数值符合A/D转换器的输入等级时，可以不用放大器放大；当信号的数值不符合A/D转换器的输入等级时，就需要放大器放大。

2. 多路开关

多路开关的作用是利用一个 A/D 转换器进行多路模拟量的转换。利用多路开关轮流切换各被测回路与 A/D 转换器间的通路，以达到分时享用 A/D 转换器的目的。常用的多路开关有 CD4051/CD4052 和 AD7501/AD7502 等。

3. 放大器

放大器通常采用集成运算放大器，常用的集成运算放大器有 OP-07、5G7650 等。在环境条件较差时，可以采用数据放大器（也称为精密测量放大器）或传感器接口专用模块。

4. 采样/保持器

采样/保持器具有采样和保持两个状态。在采样状态时，电路的输出跟随输入模拟信号变化；在保持状态时，电路的输出保持着前一次采样结束前瞬间的模拟量值。使用采样/保持器的目的是使 A/D 转换器转换期间输入的模拟量数值不变，从而提高 A/D 转换的精度。常用的采样/保持器芯片有 LF398、AD582 等。

当输入信号的变化比 A/D 转换器的转换时间慢得多时，可以不用采样保持器。

5. A/D 转换器

A/D 转换器的主要指标是分辨率。A/D 转换器的位数与其分辨率有直接的关系，8 位的 A/D 转换器可以对满量程的 1/256 进行分辨。A/D 转换器的另一重要指标是转换时间。选择 A/D 转换器时必须满足采样分辨率和速度的要求。

4.8.2 设计示例

1. 设计要求

设计一个温度数据采集系统，被测温度范围是 0～500℃，被测点为 4 个。要求测量的温度分辨率为 0.5℃，每 2s 测量一次。

2. 器件选择

传感器选用镍铬-镍硅热电偶，分度号为 K。当温度为 500℃时，热电动势为 20.64 mV。满量程为 500℃，对于 0.5℃的分辨要求，A/D 转换器要具有 0.5/500 = 1/1000 的分辨能力。8 位的 A/D 转换器的分辨能力为 1/256，10 位的 A/D 转换器的分辨能力为 1/1024。常用的 5G14433 具有 1/2048 的分辨率。

每 2s 对 4 点进行一次巡回检测时，每点取样时间为 2s/4 = 0.5s，即 1s 取样 2 次。对于 MC14433，当外接电阻 R_c 为 300 kΩ 时，时钟频率为 147 kHz，每秒转换约 9 次。

另外，还需要将热电偶输出的 20.64 mV 的信号放大到 MC14433 的输入电压为 2V，放大器的增益为 2000/20.64 = 96.9。

为了提高放大器的抑制共模干扰的能力，多路开关选用差动多路转换器 CD4052。

由于温度信号变化缓慢，可不用采样/保持器。

3. 硬件电路

数据采集系统的模拟输入通道电路如图 4-48 所示。

图中未画出显示及输出部分电路，可参见有关资料。数据放大器可以选用单片高性能数据放大器芯片，也可以采用普通运算放大器组合而成。

4. 软件流程（图 4-49）

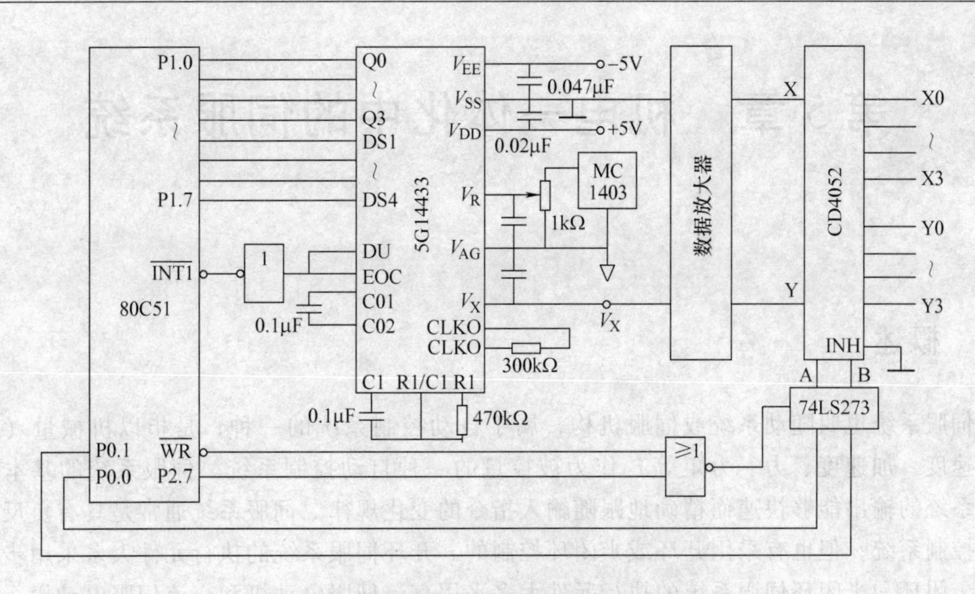

图 4-48　数据采集系统的模拟输入通道电路图

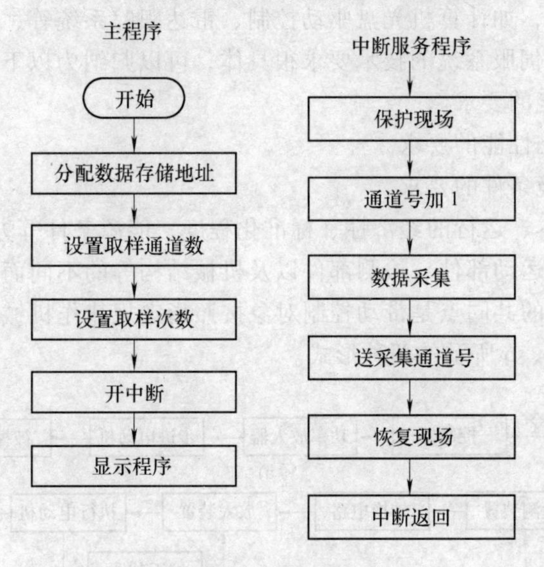

图 4-49　软件流程图

思考与练习题

4.1　通过对项目三的分析，说明本章教学的重点。

4.2　本章介绍了哪些重要放大器？

4.3　为什么要对电压电流信号进行转换？

4.4　举例说明多路开关？

4.5　如何理解采样/保持器在保持阶段相当于一个“模拟信号存储器”？

4.6　五种数字滤波中，你认为评价最高的是哪一种？并说明原因。

第5章　机电一体化中的伺服系统

5.1　概述

伺服系统也叫随动系统或伺服机构，属于自动控制系统的一种，是指以机械量（如位移、速度、加速度、力、力矩等）作为被控量的一种自动控制系统。伺服系统的基本要求是使系统的输出能够快速而精确地跟随输入指令的变化规律。伺服系统通常是具有负反馈的闭环控制系统，但也有采用开环或半闭环控制的。开环伺服系统的执行元件大多采用步进电动机，闭环和半闭环伺服系统的执行元件大多采用直流伺服电动机和交流伺服电动机。由于伺服系统服务对象很多，如计算机光盘驱动控制、雷达跟踪系统等，因而对伺服系统的要求也有所差别。工程上对伺服系统的技术要求很具体，可以归纳为以下几个方面：

1）对系统稳态性能的要求。

2）对伺服系统动态性能的要求。

3）对系统工作环境条件的要求。

4）对系统制造成本、运行的经济性、标准化程度、能源条件等方面的要求。

虽然因服务对象的运动部件、检测部件以及机械结构等的不同而对伺服系统的要求也有差异，但所有伺服系统的共同点是带动控制对象按照指定规律作机械运动。伺服系统的一般组成可描述成如图5-1a、b所示的两种形式。

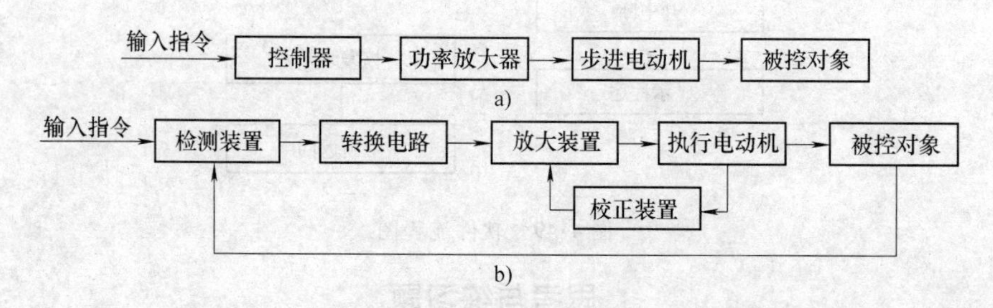

图5-1　伺服系统

伺服系统通常用经典控制理论来分析和设计。建立伺服系统数学模型的方法一般分为分析法和实验法两种。分析法利用稳态设计计算所获得的数据和经验公式，从理论上进行分析、推导，建立系统的数学模型。实验法则以实物测试为基础来建立数学模型。在大多数情况下，设计伺服系统时并不具备完整的实物系统，常需先通过理论分析计算，提供初步方案，然后进行局部试验或试制样机，进一步形成一个切实可行的设计方法。伺服系统设计的主要内容和步骤可分为以下几点：

1）制定系统总体设计方案。

2）系统的动力学参数设计。

3）系统动态参数设计。

4）系统的仿真与试验。

伺服系统是构成机电一体化产品的主要部分之一，如数控机床是由控制系统、伺服系统、机床等部分组成。伺服系统接受控制系统来的指令信息，并严格按照指令要求带动机床移动部件进行运动，它相当于人的手，使工作台能按规定的轨迹作相对运动，最后加工出符合图纸要求的零件。

伺服系统的执行元件是机械部件和电子装置的接口，它的功能就是根据控制器发出的控制指令，将能量转换为机械部件运动的机械能。目前多数伺服系统采用电动机作为伺服系统的执行元件。

5.2 步进电动机驱动及控制

步进电动机常作为开环控制系统的执行驱动元件，这样的系统称为开环控制系统。由于这种控制系统不使用位置、速度检测和反馈装置，没有闭环控制系统中的稳定性问题，因此具有结构简单、使用维护方便、可靠性高、制造成本低等一系列优点，适用于精度要求不太高的中小型数控设备及机电一体化产品。目前一般数控机械和普通机床的微机改造中大多数均采用开环步进驱动系统。图 5-2 所示是开环控制系统的原理图，主要由脉冲环形分配器、驱动电源、步进电动机组成。

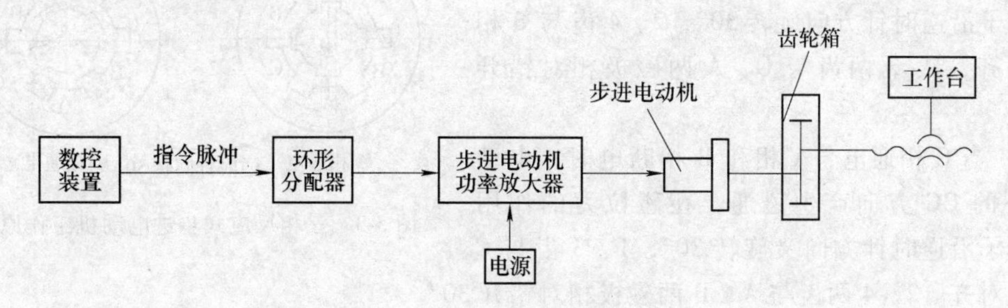

图 5-2　开环进给伺服控制系统

5.2.1 步进电动机

步进电动机是一种将电脉冲信号转换成机械角位移（或线位移）的电磁机械装置。由于所用电源是脉冲电源，所以也称为脉冲马达。

步进电动机是一种特殊的电动机，一般电动机通电后连续旋转，而步进电动机则跟随输入脉冲按节拍一步一步地转动。对步进电动机施加一个电脉冲信号时，步进电动机就旋转一个固定的角度，称为一步，每一步所转过的角度叫做步距角。步进电动机的角位移量和输入脉冲的个数严格地成正比例，在时间上与输入脉冲同步，因此，只需控制输入脉冲的数量、频率及电动机绕组通电相序，便可获得所需的转角、转速及旋转方向。在无脉冲输入时，在绕组电源激励下，气隙磁场能使转子保持原有位置而处于定位状态。

1. 步进电动机的分类

按步进电动机输出转矩的大小，可分为快速步进电动机和功率步进电动机。快速步进电动机连续工作频率高，而输出转矩较小，可用于控制小型精密机床的工作台（例如线切割机），可以和液压伺服阀、液压马达一起组成电液脉冲马达，驱动数控机床工作台。功率步进电动机的输出转矩比较大，可直接驱动数控机床的工作台。

按励磁组数可分为三相、四相、五相、六相甚至八相步进电动机。

按转矩产生的原理可分为电磁式、反应式以及混合式步进电动机。数控机床上常用3～6相反应式步进电动机，这种步进电动机的转子无绕组，当定子绕组通电励磁后，转子产生力矩使步进电动机实现步进。

2. 步进电动机的工作原理

图5-3所示是三相反应式步进电动机的工作原理图。步进电动机由转子和定子组成。定子上有A、B、C三对绕组磁极，分别称为A相、B相、C相。转子是硅钢片等软磁材料迭合成的带齿廓形状的铁心。这种步进电动机称为三相步进电动机。如果在定子的三对绕组中通直流电流，就会产生磁场，当A、B、C三对磁极的绕组依次轮流通电，则A、B、C三对磁极依次产生磁场吸引转子转动。

1）当A相通电，B相和C相不通电时，电动机铁心的AA方向产生磁通，在磁拉力的作用下，转子1、3齿与A相磁极对齐，2、4两齿与B、C两磁极相对错开30°。

2）当B相通电，C相和A相断电时，电动机铁心的BB方向产生磁通，在磁拉力的作用下，转子沿逆时针方向旋转30°，2、4齿与B相磁极对齐，1、3两齿与C、A两磁极相对错开30°。

3）当C相通电，A相和B相断电时，电动机铁心的CC方向产生磁通，在磁拉力的作用下，转子沿逆时针方向又旋转30°，1、3齿与C相磁极对齐。2、4两齿与A、B两磁极相对错开30°。

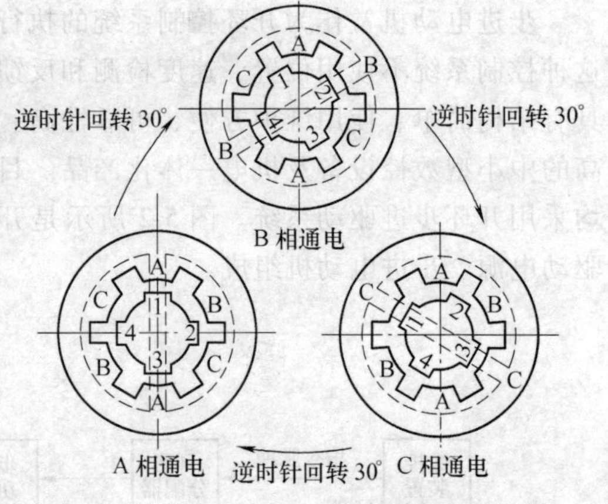

图5-3 三相反应式步进电动机工作原理

若按A→B→C…通电相序连续通电，则步进电动机就连续地沿逆时针方向旋动，每换接一次通电相序，步进电动机沿逆时针方向转过30°，即步距角为30°。如果步进电动机定子磁极通电相序按A→C→B…进行，则转子沿顺时针方向旋转。上述通电方式称为三相单三拍通电方式，所谓“单”是指每次只有一相绕组通电的意思。从一相通电换接到另一相通电称为一拍，每一拍转子转动一个步距角，故所谓“三拍”是指通电换接三次后完成一个通电周期。

还有一种通电方式称为三相六拍通电方式，即按照A→AB→B→BC→C→CA…相序通电，工作原理如图5-4所示。如果A相通电，1、3齿与A相磁极对齐。当A、B两相同时通电，因A极吸引1、3齿，B极吸引2、4齿，转子逆时旋转15°。随后A相断电，只有B相通电，转子又逆时旋转15°，2、4齿与B相磁极对齐。如果继续按BC→C→CA→A…的相序通电，步进电动机就沿逆时针方向，以15°的步距角一步一步移动。这种通电方式采用单、双相轮流通电，在通电换接时，总有一相通电，所以工作比较平稳。

步进电动机还可用双三拍通电方式，导通的顺序依次为AB→BC→CA→AB…，每拍都由两相导通。它与单、双拍通电方式时两个绕组通电的情况相同，由于总有一相持续导通，也具有阻尼作用，工作比较平稳。表 5-1 是三相单三拍、三相双三拍、三相单双六拍通电方式表，由于硬件驱动电路存在电路的竞争与冒险，如三相单三拍从序号 1 切换到 2，易出现“断、断、断”现象；三相双三拍从序号 1 切换到 2，易出现“通、通、通”现象，由此产生步进电动机的振荡，故实际使用当中多采用三相单双六拍通电方式。

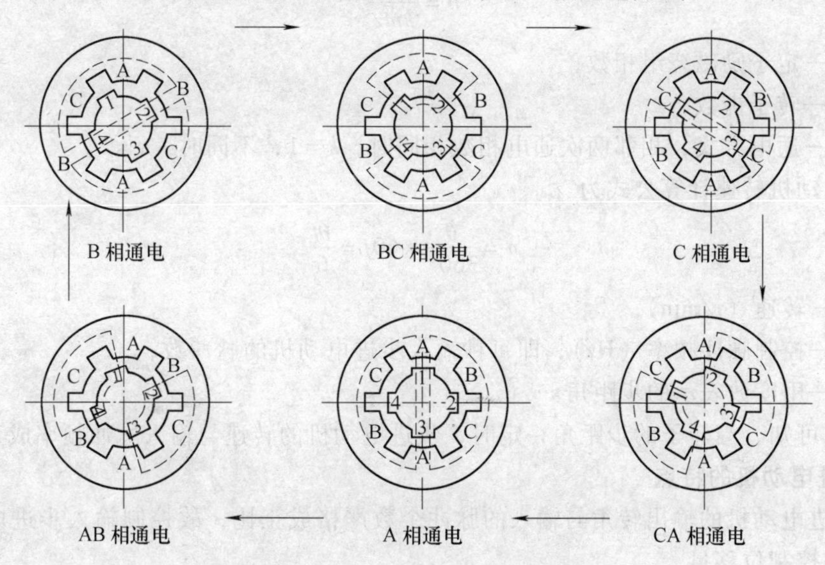

图 5-4　三相六拍通电方式工作原理

表 5-1　步进电动机的通电方式

切换	三相单三拍			三相双三拍			三相单双六拍		
序号	A 相	B 相	C 相	A 相	B 相	C 相	A 相	B 相	C 相
1	通	断	断	通	通	断	通	断	断
2	断	通	断	断	通	通	通	通	断
3	断	断	通	通	断	通	断	通	断
4	通	断	断	通	通	断	断	通	通
5	断	通	断	断	通	通	断	断	通
6	断	断	通	通	断	通	通	断	通

实际使用的步进电动机，一般都要求有较小的步距角，因为步距角越小它所达到的位置精度越高。图 5-5 所示是步进电动机实例，图中转子上有 40 个齿，相邻两个齿的齿距角 $360°/40=9°$。三对定子磁极均匀分布在圆周上，相邻磁极间的夹角为 60°。定子的每个磁极上有 5 个齿，相邻两个齿的齿距角也是 9°。因为相邻磁极夹角（60°）比 7 个齿的齿距角总和（$9°\times 7=63°$）小 3°，而 120°比 14 个齿的齿距角总和（$9°\times 14=126°$）小 6°，这样当转子齿和 A 相定子齿对齐时，B 相齿相对转子齿逆时针方向错过 3°，而 C 相齿相对转子齿逆时针方向错过 6°。按照此结构，采用三相单三拍通电方式时，转子沿逆时针方向，以 3°步距角转动。采用三相六拍通电方式时，则步距角减为 1.5°。如通电相序相反，则步进电动机将沿着顺时针

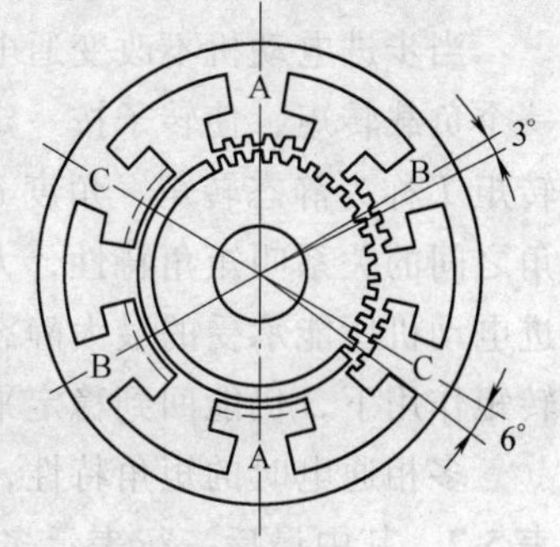

图 5-5　步进电动机实例

方向转动。

如上所述，步进电动机的步距角大小不仅与通电方式有关，而且还与转子的齿数有关，计算公式为

$$\theta = \frac{360°}{kmz}$$

式中 m——定子励磁绕组相数；

z——转子齿数；

k——通电方式，相邻两次通电相数相同时，$k=1$，不同时，$k=2$。

步进电动机转速计算公式为

$$n = \frac{\theta}{360°} \times 60f = \frac{\theta f}{6}$$

式中 n——转速（r/min）；

f——控制脉冲频率（Hz），即每秒输入步进电动机的脉冲数；

θ——用度数表示的步距角。

由上式可知，当转子的步距角一定时，步进电动机的转速与输入脉冲频率成正比。

3. 步进电动机的特点

1）步进电动机的输出转角与输入的脉冲个数严格成正比，故控制输入步进电动机的脉冲个数就能控制位移量。

2）步进电动机的转速与输入的脉冲频率成正比，只要控制脉冲频率就能调节步进电动机的转速。

3）当停止送入脉冲时，只要维持绕组内电流不变，电动机轴可以保持在某固定位置上，不需要机械制动装置。

4）改变通电相序即可改变电动机转向。

5）步进电动机存在齿间相邻误差，但是不会产生累积误差（即整周累积误差自动消除）。

6）步进电动机转动惯量小，起动、停止迅速。

由于步进电动机有这些特点，所以在开环数控系统中应用广泛。

5.2.2 步进电动机的性能指标

1. 单向通电的矩角特性

当步进电动机不改变通电状态时，转子处在不动状态，即静态。如果在电动机轴上外加一个负载转矩，使转子按一定方向（如顺时针）转过一个角度 θ_e，此时，转子所受的电磁转矩 T 称为静态转矩，角度 θ_e 称为失调角，如图 5-6a 所示。步进电动机的静态转矩和失调角之间的关系叫矩角特性，大致上是一条正弦曲线，如图 5-6b 所示。此曲线的峰值表示步进电动机所能承受的最大静态负载转矩。在静态稳定区内，当外加转矩消除后，转子在电磁转矩作用下，仍能回到稳定平衡点。

多相通电时的矩角特性，可根据单相通电的矩角特性以向量和的方式算出，计算结果见表 5-2，其中最后一行表示多相通电时的合成转矩与单相通电时最大静态转矩 M_{jmax} 的比值。

由表 5-2 可知，当步进电动机励磁绕组相数大于 3 时，多相通电方式能提高输出转矩，

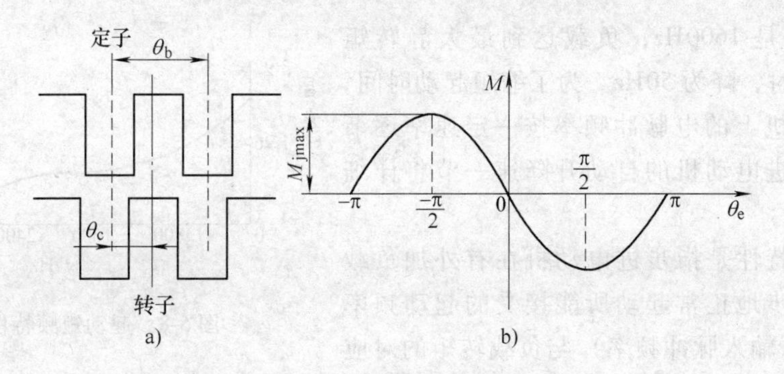

图 5-6　步进电动机的失调角和矩角特性

a）失调角　b）矩角特性

所以功率较大的步进电动机多数采用多于三相的励磁绕组，且多相通电。

表 5-2　步进电动机多相通电时的转矩

步进电动机相数	3		4			5				6				
同时通电相数	1	2	1	2	3	1	2	3	4	1	2	3	4	5
合成转矩/M_{jmax}	1	1	1	1.414	1	1	1.618	1.618	1	1	1.732	2	1.732	1

2. 起动转矩

图 5-7 所示为三相步进电动机的矩角特性曲线，A 相和 B 相的矩角特性交点的纵坐标值 M_q 称为起动转矩，它表示步进电动机单相励磁时所能带动的极限负载转矩。

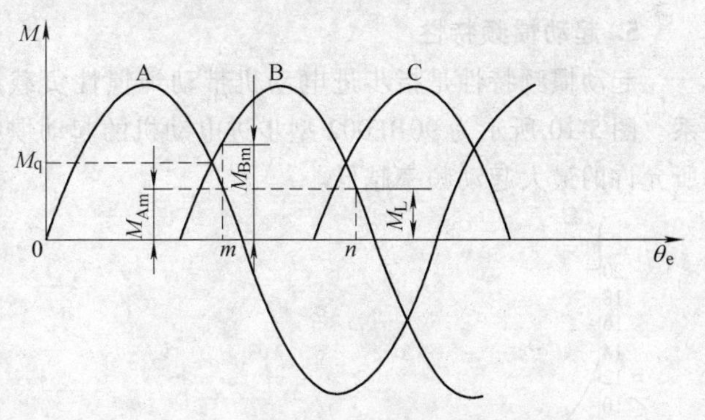

图 5-7　步进电动机的矩角特性曲线

当电动机所带负载 $M_L < M_q$ 时，A 相通电，工作点在 m 点，在此点 $M_{Am} = M_L$。当励磁电流从 A 相切换到 B 相，而转子在 m 点位置时，B 相励磁绕组产生的电磁转矩是 $M_{Bm} > M_L$，转子被加速旋转，前进到 n 点时，$M_{Bm} = M_L$，转子到达新的平衡位置。显然，负载转矩不可能大于 A、B 两交点的转矩 M_q，否则转子无法转动，产生“失步”现象。不同相数的步进电动机的起动转矩不同，起动转矩见表 5-3。

表 5-3　步进电动机起动转矩

步进电动机	相数	3		4		5		6	
	拍数	3	6	4	8	5	10	6	12
M_q/M_{jmax}		0.5	0.866	0.707	0.707	0.809	0.951	0.866	0.866

3. 空载起动频率 f_q 与起动矩频特性

步进电动机在空载情况下，不失步起动所能允许的最高频率称为空载起动频率，它是反映步进电动机动态响应性能的重要指标。起动频率与负载转矩、系统转动惯量及电动机最大静转矩等有关。最大静转矩越大，系统转动惯量越小，步距角越小，起动频率就越高。在有负载情况下，不失步起动所能允许的最高频率将大大降低。例如 70BF003 型步进电动机的空载起动频率是 1600Hz，负载达到最大静转矩 M_{jmax} 的 0.5 倍时，降为 50Hz。为了缩短起动时间，可使加到电动机上的电脉冲频率按一定速率逐渐增加，本章步进电动机的自动升降速一节将详细介绍。

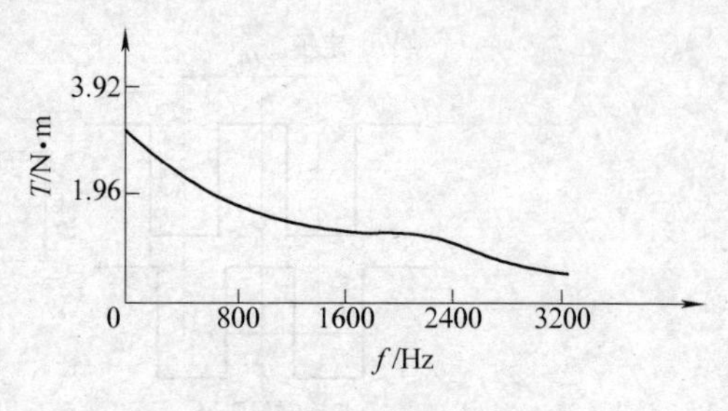

图 5-8 起动矩频特性曲线

起动矩频特性是指步进电动机在有外加负载转矩时，不失步地正常起动所能接受的起动频率（又称最大阶跃输入脉冲频率）与负载转矩的对应关系。图 5-8 所示为 90BF002 型步进电动机的起动矩频特性曲线。可见，负载转矩越大，所允许的最大起动频率越小。选用步进电动机时，应该使实际应用的起动频率与负载转矩所对应的起动工作点位于该曲线之下，才能保证步进电动机不失步地正常起动。

4. 运行矩频特性与动态转矩

在步进电动机正常运转时，若输入脉冲的频率逐渐增加，则电动机所能带动的负载转矩将逐渐下降，如图 5-9 所示，图中的曲线为定子静态电流为 9A（两相通电）、80V/12V 双电压供电的步进电动机矩频特性曲线。可见，矩频特性曲线是描述步进电动机连续稳定运行时输出转矩与运行频率之间的关系。在不同频率下步进电动机产生的转矩称为动态转矩。

5. 起动惯频特性

起动惯频特性是指步进电动机带动纯惯性负载起动时，起动频率与转动惯量之间的关系。图 5-10 所示为 90BF002 型步进电动机的起动惯频特性曲线。可见，负载转动惯量越大，所允许的最大起动频率越低。

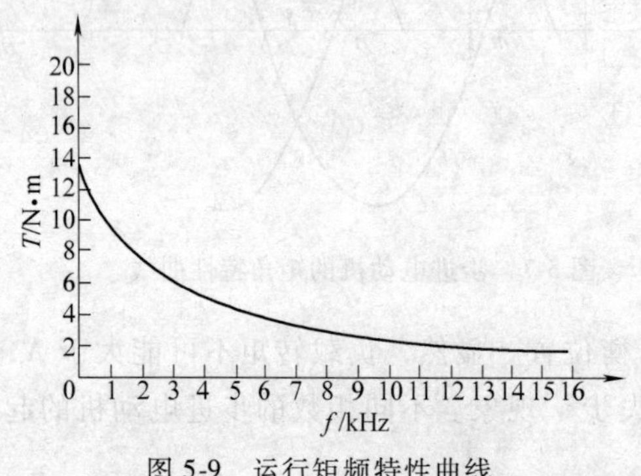

图 5-9 运行矩频特性曲线

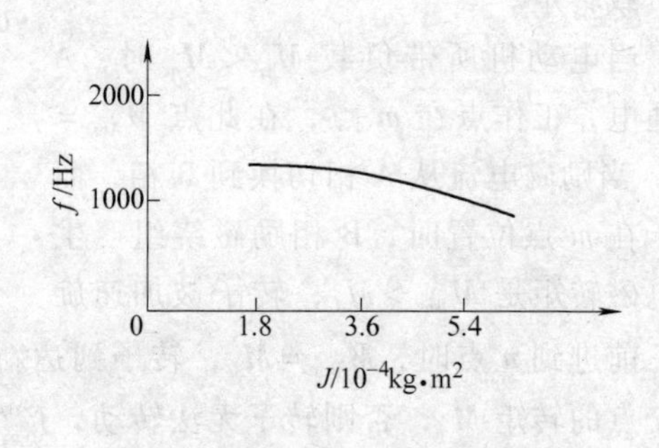

图 5-10 起动惯频特性曲线

5.2.3 步进电动机的选用

一般情况下，对于步进电动机的选型，主要考虑三方面的问题，按以下步骤来选取：

第一：步进电动机的步距角要满足进给传动系统脉冲当量的要求。

第二：步进电动机的最大静转矩要满足进给传动系统的空载快速起动力矩要求。

第三：步进电动机的起动矩频特性和工作矩频特性必须满足进给传动系统对起动转矩与起动频率、工作运行转矩与运行频率的要求。

1. 确定脉冲当量，初选步进电动机

脉冲当量应该根据进给传动系统的精度要求来确定。对于开环控制的伺服系统来说，一般取为0.005～0.01mm/step。如果取得太大，无法满足系统精度要求；如果取得太小，或者机械系统难以实现，或者对系统的精度和动态特性提出过高要求，使经济性降低。

初选步进电动机主要是选择电动机的类型和步距角。目前，步进电动机有三种类型可供选择：一是反应式步进电动机，步距角小，运行频率高，价格较低，但功耗较大；二是永磁式步进电动机，功耗较小，断电后仍有制动力矩，但步距角较大，起动和运行频率较低；三是混合式步进电动机，它具备上述两种电机的优点，但价格较高。

2. 计算减速器的传动比

减速器一般采用降速传动，其传动比可按下式计算

$$i = \frac{\theta L_0}{360°\delta}$$

式中　θ——步进电动机的步距角（°）；

L_0——滚珠丝杠的基本导程（mm）；

δ——机床执行部件的脉冲当量（mm）。

上式中，一般来说步进电动机的步距角θ、滚珠丝杠的基本导程L_0和脉冲当量δ都是给定的。一般情况下传动比i不等于1，这表明在采用步进电动机作为驱动装置的进给传动系统中，电动机轴与滚珠丝杠轴不能直接连接，必须有一个减速装置过渡。当传动比i不大时，可以采用同步齿形带或一级齿轮传动，当传动比i较大时可以采用多级齿轮副传动。

3. 最大静转矩的确定

步进电动机最大静转矩M_{jmax}的确定分三步进行。

1）根据由图5-7所确定的负载转矩不可能大于起动转矩M_q的原则，再根据表5-3步进电动机起动转矩与所需步进电动机的最大静转矩M_{jmax}的关系，计算系统空载起动时所需的步进电动机的最大静转矩M_{jmax1}。

2）根据进给传动系统在切削状态下的负载力矩$M_{负载}$，采用下式计算系统在切削状态下，所需的步进电动机的最大静转矩M_{jmax2}

$$M_{jmax2} = \frac{M_{负载}}{0.3 \sim 0.5}$$

3）根据M_{jmax1}和M_{jmax2}中的较大者选取步进电动机的最大静转矩M_{jmax}，要求

$$M_{jmax} \geqslant \max\{M_{jmax1}, M_{jmax2}\}$$

4. 最大起动频率的确定

步进电动机在不同的机械系统空载起动转矩M_q下所允许的起动频率也不同，因此，应该根据所计算出的系统空载起动力矩M_q，按步进电动机的起动转矩—频率特性曲线来确定最大起动频率（该频率也称为允许的最大起动频率，用f_y表示）实际使用的最大起动频率f_q应低于这一允许的最大起动频率，即$f_q \leqslant f_y$。

确定步骤如下：

首先根据机械系统的空载起动转矩M_q值，在所选步进电动机的起动转矩—频率特性曲线上找出与之对应的允许的最大起动频率f_y。例如，75BF003型步进电动机，当机械系统要求的空载起动力矩M_q值为0.33N·m时，对应的允许的最大起动频率f_y为700Hz（或步/s）。实际使用的最大起动频率f_q应低于这一频率，才能保证起动时不丢步。如果$f_q > f_y$，步进电动机在起动时就会丢步，这时，必须采取适当的升（降）速控制措施，比如适当延长

升速时间，直到满足要求。

然后确定实际使用的最大起动频率f_q，该频率是一个范围值，在$0 \sim f_{max}$中选取，当起动过程结束时，$f_q = f_{max}$（f_{max}为最大运行频率）。

5. 最大运行频率的确定

步进电动机的运行状态有两种，即快进和工进。由于步进电动机在运行时，电动机的输出转矩随着运行频率增加而下降，因此，为了保证步进电动机在快进和工进两种状态下工作时不丢步，必须对步进电动机的快进运行频率和工进运行频率进行校核。

快进运行频率的校核步骤如下：

1）根据运动部件的最大进给速度V_{max}和脉冲当量δ，按下式确定实际使用的最大运行频率f_{max}

$$f_{max} = \frac{1000 V_{max}}{60\delta}$$

2）根据所计算出的机械系统在不切削状态（空载）下的负载力矩M_1，按步进电动机的运行转矩—频率特性曲线，来确定与之对应的，所允许的最大运行频率，用f_{yKj}表示，并要求实际使用的最大运行频率低于这一允许的最大运行频率，即$f_{max} \leqslant f_{yKj}$。

只有当这一条件得到满足时，步进电动机在快进时才不会丢步。此时，通过降低运动部件的最大进给速度V_{max}或重选转矩更大的步进电动机直到满足运行矩频特性的要求。在这里应注意，步进电动机的运行矩频特性曲线与起动矩频特性曲线是不同的。

同理，进行工进运行频率的校核，步骤如下：

1）根据运动部件工进时的最大工作进给速度V_{Gmax}和脉冲当量δ，按下式确定工进时步进电动机的实际使用的运行频率f_{Gmax}

$$f_{Gmax} = \frac{1000 V_{Gmax}}{60\delta}$$

2）根据所计算出的机械系统在切削状态下的负载力矩M_2，按步进电动机的运行力矩—频率特性曲线，来确定与之对应的，所允许的最大运行频率，用f_{yGj}表示，并要求实际使用的最大运行频率低于这一允许的最大运行频率，即$f_{max} \leqslant f_{yGj}$。

只有当这一条件得到满足时，步进电动机在工进时才不会丢步。此时，通过降低运动部件工进时的最大进给速度V_{Gmax}或重新选取转矩更大的步进电动机直到满足运行矩频特性的要求。

5.2.4　步进电动机的脉冲驱动电源

1. 设计步进电动机驱动电源应考虑的基本问题

步进电动机驱动电源的主要作用是对控制脉冲进行功率放大，以使步进电动机获得足够大的功率驱动负载运行。设计步进电动机驱动电源需作如下考虑。

1）步进电动机采用脉冲方式供电，且按一定的工作方式轮流作用于各相励磁线圈上（例如，三相反应式步进电动机按单三拍工作方式的励磁电压波形如图 5-11 所示），因此要求采用开关元件来实现对各相绕组的通、断电。一般采用晶闸管和功率晶体管作开关元件。

2）步进电动机的正反转是靠给各相励磁线圈通电顺序的变化来实现的，因此不管是正转，还是反转，步进电动机中各相的电流方向是不变化的。

3）步进电动机的速度控制是靠改变控制脉冲的频率来实现的，不像一般伺服电动机是靠控制励磁线圈的电流大小来实现。

上述两条原因使得步进电动机要求的功率驱动电路比一般直流伺服电动机要简单。尽管如此，步进电动机仍要求有高质量的驱动电源。

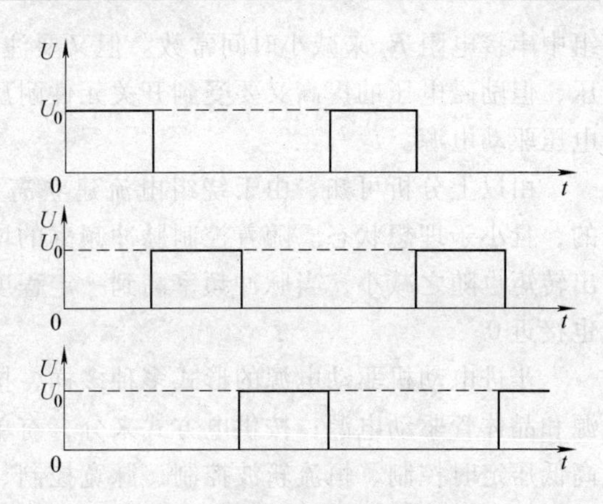

图 5-11　三相反应式步进电动机单三拍工作方式的励磁电压波形

4）设计步进电动机的驱动电源，要解决的一个关键问题是在通电脉冲内使励磁线圈的电流能快速地建立，而在断电时，电流又能快速地消失。在理想情况下，流过各相励磁绕组的电流波形和加在其上的电压波形相同，都是矩形波。如果步进电动机各相绕组结构及电气参数完全一样，加在其上的矩形脉冲电压大小一样，则这时步进电动机的输出转矩是恒定不变的，步进电动机的输出功率则随着励磁脉冲频率的增加而线性地增加，如图 5-12 所示。

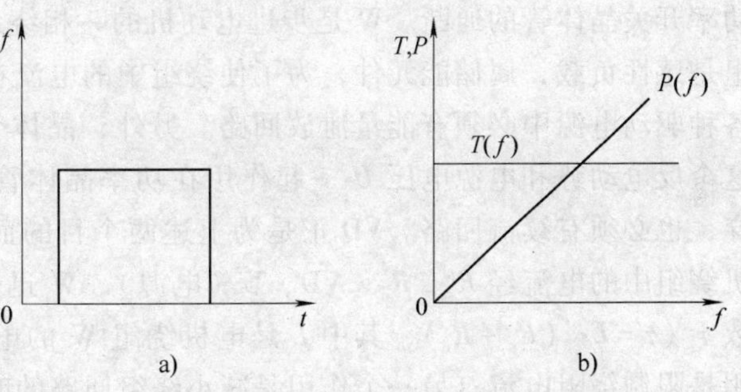

图 5-12　步进电动机理想条件下的控制电流与输出特性

a）理想电流波形　b）输出转矩与功率

实际上，步进电动机绕组对电源来说是感性负载，由于反电动势的存在，其电流的建立和消失总是落后于电压。电流建立和消失的快慢取决于步进电动机绕组回路的自感和直流电阻及各相绕组的互感等，电流的大小取决于励磁电压。如果不考虑互感等因素的影响，当给绕组施以矩形脉冲电压时，绕组中的电流按指数规律上升，电压去除时，电流又按指数规律下降，如图 5-13 所示。

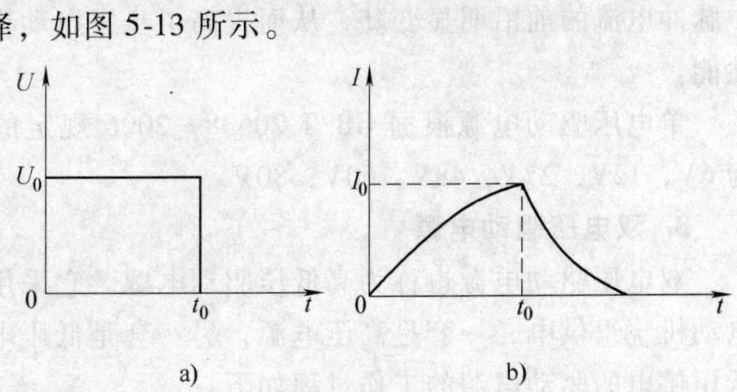

在 $0 \sim t_0$ 时间内

$$I = \frac{U_0}{R_s + R}\left(1 - e^{-\frac{t}{\tau}}\right)$$

式中　U_0——电动机绕组励磁电压（V）；

R_s——外接电阻（Ω）；

R——绕组电阻（Ω）；

τ——时间常数，$\tau = L/(R_s + R)$；

L——绕组电感（H）。

图 5-13　步进电动机绕组实际电压和电流波形

a）电压波形　b）电流波形

电流的稳态值 $I_0 = U_0/(R_s + R)$。由公式可知，当 $t = 3\tau$ 时，$I/I_0 = 1 - e^{-3} = 95\%$；当 $t = 4\tau$ 时，$I/I_0 = 98\%$。可以认为，当经过 $3\tau \sim 4\tau$ 时间，绕组的电流近似达到稳态值。由此可知，为保证电流快速建立和消失，要尽量减小时间常数 τ。对用户来讲，可采用在电机绕

组中串接电阻 R_s 来减小时间常数。但又要注意，太大的 R_s 会使电流减小，故需提高励磁电压，但励磁电压的提高又要受到开关元件耐压程度的限制，故步进电动机常采用高、低压双电压驱动电源。

由以上分析可知，由于绕组电流建立需要时间，所以步进电动机的输出转矩也是变化的，且小于理想状态。随着控制脉冲频率的增加，各绕组电流所达到的值也将减少，使得输出转矩也随之减小，当脉冲频率高到一定程度，绕组中的脉冲电流来不及建立，故输出转矩也接近 0。

步进电动机驱动电源的形式多种多样，按所使用的功率开关元件来分，有晶闸管驱动电源和晶体管驱动电源；按供电方式来分，有单电压供电和双电压供电；按控制方式来分，有高低压定时控制、恒流斩波控制、脉宽控制、调频调压控制及细分、平滑控制等，下面将分别介绍它们的控制原理。

2. 单电压驱动电源

单电压驱动电源的基本形式如图 5-14 所示。U_{cp} 是步进电动机的控制脉冲信号，控制着功率开关晶体管的通断。W 是步进电动机的一相绕组，VD 是续流二极管。由于电动机的绕组是感性负载，属储能元件，为了使绕组中的电流在晶体管关断时能迅速消失，在电动机的各种驱动电源中必须有能量泄放回路。另外，晶体管截止时，绕组将产生很大的反电动势，这个反电动势和电源电压 U 一起作用在功率晶体管 VT 上。为了防止功率晶体管被高压击穿，也必须有续流回路。VD 正是为上述两个目的而设的续流二极管。在 VT 关断时，电动机绕组中的电流经 R_s、R_d、VD、U（电源）、W 迅速泄放。R_d 用来减小泄放回路的时间常数 τ（$\tau = L/(R_s + R_d)$，其中 L 是电机绕组 W 的电感），提高电流泄放速度。R_s 的一个作用是限制绕阻电流；另一个作用是减小绕组回路的时间常数，使绕组中的电流能快速地建立起来，提高电动机的工作频率。但 R_s 太大，会因消耗太多功率而发热，且降低了绕组中的电压，需提高电源电压来补偿，所以单电压驱动电源一般用于小功率步进电动机的驱动。

电容 C 用来提高绕组脉冲电流的前沿。当功率晶体管导通瞬间，电容相当于短路，使瞬间的冲击电流流过绕组，因此，绕组中脉冲电流的前沿明显变陡，从而提高了步进电动机的高频响应性能。

单电压驱动电源根据 GB/T 20638—2006 规定的额定电压应为 6V，12V，27V，48V，60V，80V。

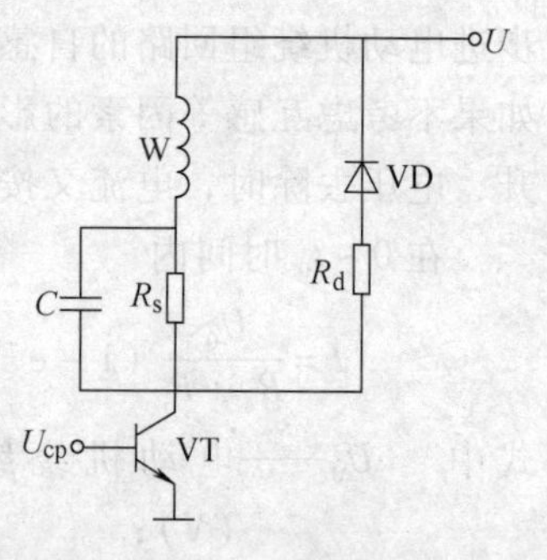

图 5-14 晶体管单电压驱动电源

3. 双电压驱动电源

双电压驱动电源也称为高低压驱动电源。它采用两套电源给电动机绕组供电，一套是高压电源，另一套是低压电源。采用高低压供电的驱动电源的工作过程如下：

在功率晶体管导通时，采用高压供电，维持一段时间，断掉高压后，采用低压供电，一直到步进控制脉冲结束，使功率晶体管截止为止。由于高压供电时间很短，故可以采用较高的电压，而低压可采用较低的电压。由于对高压脉宽控制方式的不同，便产生了如高压定时控制、斩波恒流控制、电流前沿控制、斩波平滑控制等各种派生电路。

（1）高压定时控制驱动电源　这种控制电源如图 5-15a 所示。U_g 是高压电源电压，U_d 是低压电源电压，VT_g 是高压控制晶体管，VT_d 是低压控制晶体管，VD_1 是续流二极管，

VD_2 是阻断二极管，U_{cp}是步进控制脉冲，U_{cg}是高压控制脉冲。

这种驱动电源的工作原理是：当步进控制脉冲 U_{cp}到来时，经驱动电路放大，控制高、低压功率晶体管 VT_g 和 VT_d 同时导通，由于 VD_2 的作用，阻断了高压 U_g 到低压 U_d 的通路。使高压 U_g 作用在电动机绕组上。高压脉冲信号 U_{cg}在高压脉宽定时电路的控制下，经过一定的时间（小于 U_{cp}的宽度时）便消失，使高压管 VT_g 截止。这时，由于低压管 VT_d 仍导通，低压电源 U_d 便经二极管 VD_2 向绕组供电，一直维持到步进脉冲 U_{cp}的结束。U_{cp}结束时，VT_d 关断，绕组中的续流经 VD_1 泄放。整个工作过程各控制信号及绕组的电压、电流波形如图 5-15b 所示。

这种控制电路的特点是：由于绕组通电时，先采用高压供电，提高了绕组的电流上升率。可通过调整 VT_g 的开通时间（由 U_{cg}控制）来调整电流的上冲。高压脉宽不能太长，以免由于电流上冲值过大而损坏功率晶体管或引起电机的低频振荡。在 VT_d 截止时，绕组中续流的泄放回路为 $W \rightarrow R_s \rightarrow VD_1 \rightarrow U_{g+} \rightarrow U_{g-} \rightarrow U_{d+} \rightarrow VD_2 \rightarrow W$。在泄放过程中，由于 $U_g > U_d$，绕组上承受和开通时相反的电压，从而加速了泄放过程，使绕组电流脉冲有较陡的下降沿。由此可知，采用高低压供电的驱动电源，绕组电流的建立和消失都比较快，从而改善了步进电动机的高频性能。

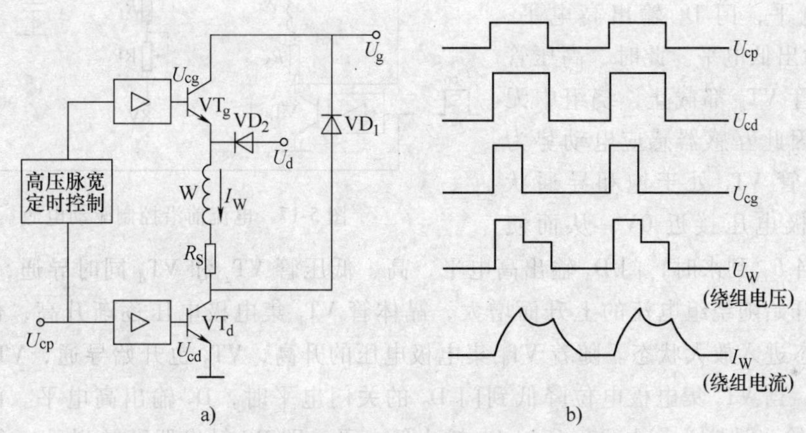

图 5-15　高压定时控制驱动电源

a）电路图　b）波形图

高压定时控制中，在每一个步进脉冲到来时，高压脉宽由定时电路控制，是一定的，故称作高压定时控制驱动电源。高压脉冲的定时可由单稳态触发器或脉冲变压器等控制。在 CNC 系统中，也可由软件完成。图 5-16 所示是单稳态触发器脉宽定时控制电路，利用 RC 电路产生延时，通过调整电阻 R 和电容 C 的参数可改变高压脉冲的宽度，二极管 VD 是为了加速电容 C 的充电过程。

（2）电流前沿控制驱动电源　前文所述的高压定时控制驱动电源由于高压脉宽是一定的，因此在高频时，如果绕组中前一个脉冲电流没有泄放完，当再一次开通高压时则会导致电流上冲过大，而危害大功率管，而低频时又可能由于输入能量过多而使电动机低频振荡加剧。为解决上述问题，便产生了很多改进电路，电流前沿控制便是其中的一种。

电流前沿控制驱动电源中高压脉宽不是由时间来控制的，而由绕组电流上冲值来控制，即当绕组电流上冲值达到设定值时，便关断高压管，因此，这种驱动电源中需要电流反馈元

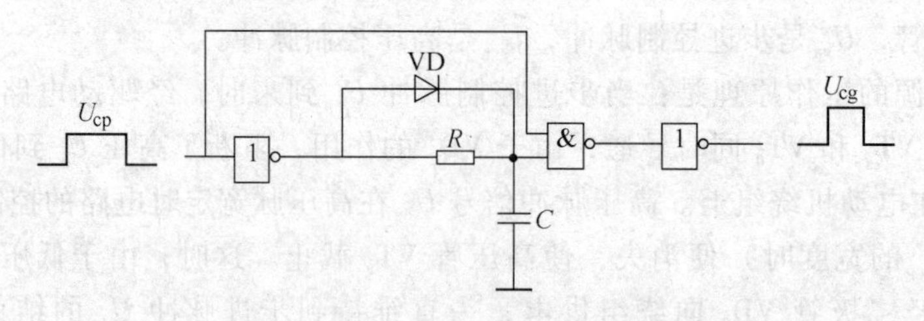

图 5-16　单稳态触发器脉宽定时控制电路

件对绕组电流进行检测，用检测到的信号控制高压管的开通时间，使绕组中既有足够的电流上升值，又不致于上冲过大。

实现电流前沿控制的方法很多，图 5-17 所示是其中的一例。图中采用电流互感器 TA 作为绕组电流检测反馈元件。两个与非门 D_1 和 D_2 构成 RS 触发器。该电路的工作过程如下所述。

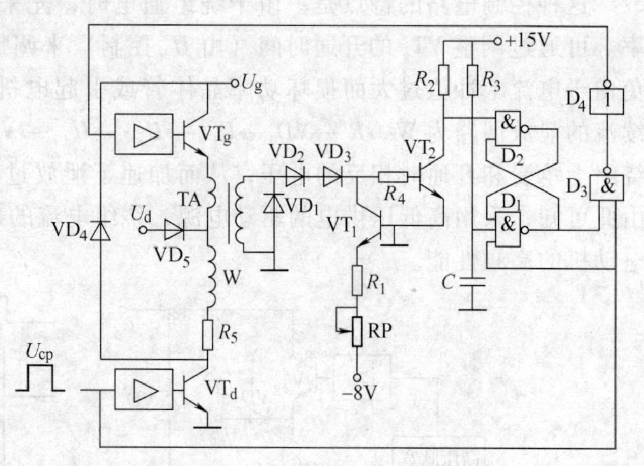

图 5-17　电流前沿控制驱动电源

在步进控制脉冲 U_{cp} 到来之前，门 D_2 输出低电平，门 D_1 输出高电平，反相门 D_4 输出低电平。此时，高压管 VT_g 和低压管 VT_d 都截止，绕组中无电流通过，因此互感器感应电动势为 0V，使晶体管 VT_1 处于饱和导通状态，其集电极电压接近 0V，从而使 VT_2 截止。当 U_{cp} 到来时，门 D_4 输出高电平，高、低压管 VT_g 和 VT_d 同时导通，互感器 TA 感应电动势开始随绕组电流的上升而增大，晶体管 VT_1 集电极电压逐渐升高，使其逐渐从饱和导通状态进入放大状态。随着 VT_1 集电极电压的升高，VT_2 也开始导通，VT_2 集电极电位开始降低。当 VT_2 集电极电位降低到门 D_2 的关门电平时，D_2 输出高电平。由于此时门 D_1 的另两个输入端皆为高电平，所以 D_1 输出低电平，即 RS 触发器翻转到另一个稳定状态，使门 D_3 输出高电平，经反相门 D_4 输出低电平，这个低电平经驱动器放大后使高压管 VT_g 截止，改由低压管 VT_d 供电。

电流互感器 RP 用以调节 VT_1 的发射极电流，以改变 VT_1 进入放大区的集电极电压，即改变 VT_2 的导通时间，以整定电动机绕组电流前沿峰值。VT_1、R_1 及 RP 组成了恒流源电路。

（3）恒流斩波驱动电源　步进电动机在运转过程中，由于旋转电动势的影响，电动机绕组电流波形的波顶下凹，电流的平均值降低，使电动机的输出转矩减小。高压定时控制和前沿控制都是在一个步进脉冲内，高压功率晶体管导通一次，很难避免绕组电流的下凹。为了补偿这一下凹，可采用恒流斩波驱动电源。

这种驱动电源的控制原理是随时检测绕组的电流值，当绕组电流值降到下限设定值时，便使高压功率管导通，使绕组电流上升，上升到上限设定值时，便关断高压管。这样，在一个步进周期内，高压管多次通断，使绕组电流在上、下限之间波动，接近恒定值，提高了绕组电流的平均值，有效地抑制了电动机输出转矩的降低。实现这种控制的一个驱动电源的例子如图 5-18 所示，图中，R_f 为取样反馈电阻，运算放大器 N 的反相输入端接反馈电阻，同相输入端输入电压固定，由 R_2 和 RP 对 +5V 分压得到。

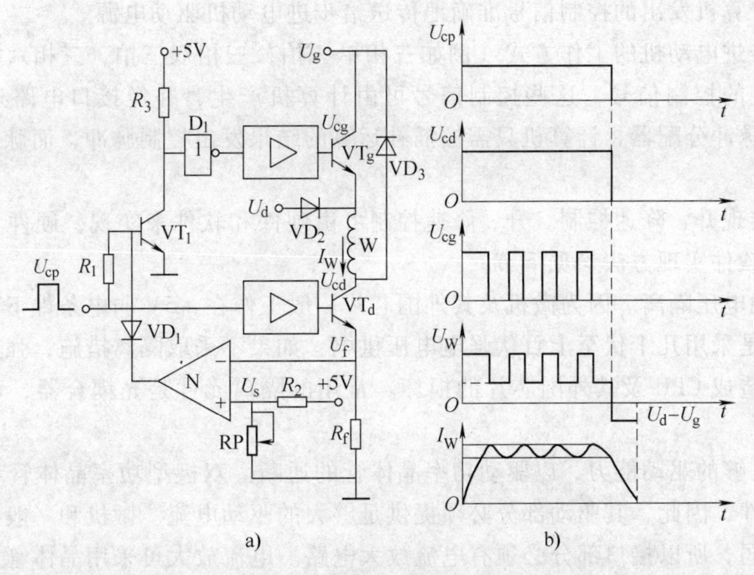

图 5-18　恒流斩波驱动电源

a）电路图　b）波形图

这个电路中，高压功率管 VT_g 的通断同时受到步进脉冲信号 U_{cp} 和运算放大器 N 的控制。在步进脉冲信号 U_{cp} 到来时，一路经驱动电路驱动低压管 VT_d 导通，另一路通过 VT_1 和反相器 D_1 及驱动电路驱动高压管 VT_g 导通。这时绕组由高压电源 U_g 供电。随着绕组电流的增加，反馈电阻 R_f 上的电压 U_f 不断升高，当升高到比 N 同相输入电压 U_s 高时，N 输出低电平，使晶体管 VT_1 的基极通过二极管 VD_1 接低电平，VT_1 截止，门 D_1 输出低电平，这样，高压管 VT_g 关断高压，绕组继续由低压 U_d 供电。当绕组电流下降时，U_f 下降，当 $U_f < U_s$ 时，运算放大器 N 又输出高电平使二极管 VD_1 截止，VT_1 又导通，再次开通高压管 VT_g。这个过程在步进脉冲有效期间不断重复，使电动机绕组中电流的波顶波动呈锯齿形变化，并限制在一定范围内。

调节电流互感器 RP，可改变运算放大器 N 的翻转电压，即改变绕组中电流的限定值。运算放大器的增益越大，绕组的电流波动越小，电动机运转越平稳，电噪声也越小。

这种恒流斩波驱动电源，在运行频率不太高时，补偿效果明显，但运行频率升高时，因电动机绕组的通电周期缩短，高压管开通时绕组电流来不及升到整定值，所以波顶补偿作用就不明显了。通过提高高压电源的电压 U_g，可以使补偿频段提高，例如，当 $U_g = 80V$ 时，160BF01 电动机补偿的频段在 4kHz 以内。

双电压驱动电源根据 GB/T 20638—2006 规定的额定电压应为 60/12V、80/12V。

前面介绍了步进电动机晶体管驱动电源的各种实现方法。关于晶闸管驱动电源，这里就不作介绍了，读者可参考有关资料。

5.2.5　步进电机与微机的接口

步进电动机与微机的接口，包括硬件接口和相应的软件接口，这里只介绍硬件接口。

微机与步进电动机的接口实际上是微机与步进电动机驱动电源的接口，接口电路应具有下列功能：

1）能将计算机发出的控制信号准确地传送给步进电动机驱动电源。

2）能按步进电动机的工作方式（例如三相单三拍，三相双三拍，三相六拍，五相十拍等），产生相应的控制信号，这些控制信号可由计算机产生，并经接口电路送给步进电动机。如果使用脉冲分配器，计算机只需按插补运算的结果发出控制脉冲，而脉冲分配由脉冲分配器完成。

3）能够实现升、降速控制。升、降速控制可由硬件和软件来实现，硬件实现的方法这里不作介绍，软件实现方法参见下节。

4）能实现电压隔离。因为微机及其外围芯片一般工作在 +5V 弱电条件下，而步进电动机驱动器电源是采用几十伏至上百伏强电电压供电，如果不采取隔离措施，强电部分会耦合到弱电部分，造成 CPU 及其外围芯片的损坏。常用的隔离元件是光耦合器，可以隔离上千伏的电压。

5）应有足够的驱动能力，以驱动功率晶体管的通断。双极型功率晶体管和晶闸管都是电流控制型器件，因此，其驱动部分必须提供足够大的驱动电流。微机和一般的逻辑部件带载能力都比较弱，所以接口部分必须有电流放大电路。电流放大可采用晶体管及脉冲变压器等来完成。

6）能根据不同型式的驱动电源，提供各种所需的控制信号。

步进电动机虽然有三相、四相、五相及六相等，但各相的控制驱动电源都是一样的，所以下述的内容和前述的各种驱动电源都是对一相而言的。

图 5-19 所示是 8031 单片机和步进电动机的接口，采用高低压供电恒流斩波驱动电源。

图中，光耦合器 VL_1 ~ VL_3 起隔离驱动作用，VT_2 ~ VT_5 是功率晶体管，VT_2 和 VT_3、VT_4 和 VT_5 接成达林顿管形式，提高了放大倍数和驱动能力。R_f 为反馈信号取样电阻，W 是步进电动机的一相绕组，VD_3 是续流二极管。74LS373 是 8 路三态输出触发器，一路输出信号控制一相绕组，可控制两台三相步进电动机或两台四相步进电动机。Q 输出高电平，将使其所控制的相绕组通电。74LS373 的 LE 是锁存允许端，高电平有效。下面来分析一下该接口电路的工作过程。

设绕组初始状态无电流流过，R_f 上的压降为零，即 $U_f=0$，因此光耦合器 VL_3 的发光二极管熄灭，其中的光敏晶体管截止，使与非门 D_5 的一个输入端为高电平。这时，如果 8031 通过 P0 口输出 01H 时，$\overline{WR}$有效，并通过反相器作用于 74LS373 的 LE 端，使 74LS373 将单片机输出的信号锁存到输出端，即 1Q 输出高电平信号。这个步进信号一方面通过与非门 D_2 使 VL_2 的发光二极管发光，使其光敏晶体管导通，反相器 D_4 输出高电平，使功率晶体管 VT_4 和 VT_5 导通；另一方面信号作用于门 D_5，使 D_5 输出低电平，经反相器 D_6 输出高电平，和 1Q 一起作用于 D_1，D_1 输出低电平，因此光耦合器 VL_1 发光二极管发光，使其中的光敏晶体管导通。这样 D_3 输出高电平，VT_1 截止，使高压功率晶体管 VT_2 和 VT_3 导通，高电压 U_g 作用于电动机绕组，使步进电动机的一相通电。

随着绕组电流的上升，R_f 的压降 U_f 增加，当 U_f 增加到一定程度时，使 VL_3 的发光二极管发光，从而使其中的光敏晶体管导通。导通后，D_5 输出高电平，反相器 D_6 输出低电平，但不是立即关闭门 D_1 使高压管 VT_2、VT_3 截止，而是要延时一段时间，这是因为 R_d、C_d 的

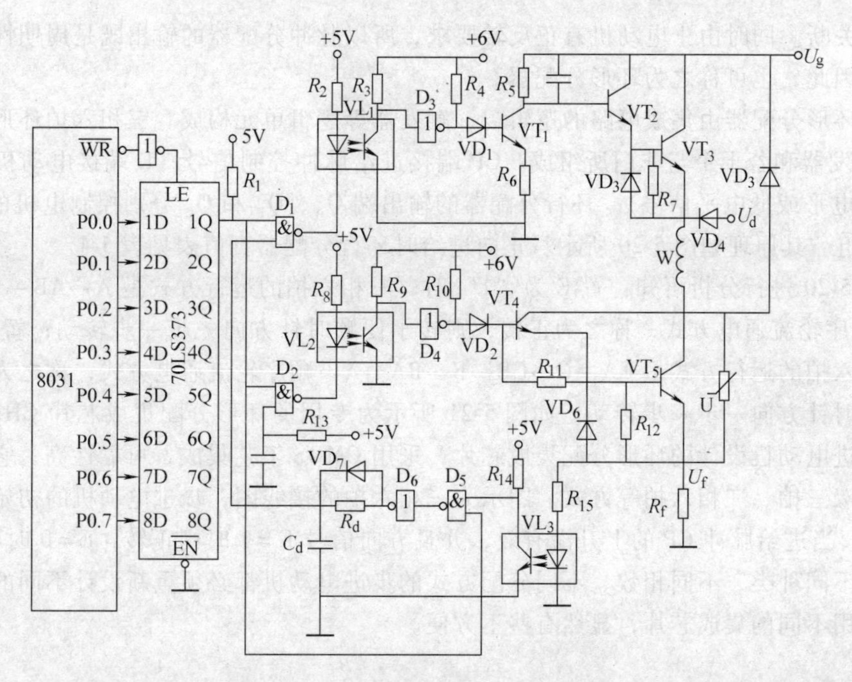

图5-19　8031单片机与步进电动机的接口

存在。R_d 和 C_d 组成了延时电路，其目的就是延时关闭 VT_2 和 VT_3，这样可避免由于绕组电流的波动而使 VT_2、VT_3 通断次数太多，以致于造成太多的开关损耗。

高压晶体管 VT_2、VT_3 关断后，便由低压电源 U_d 给绕组供电。当绕组电流下降，U_f 下降，VL_3 发光二极管熄灭，光敏晶体管截止，若这时1Q仍为高电平，则又使高压晶体管 VT_2、VT_3 导通，高压电源再次作用在绕组上，使绕组中电流上升。上升到设定值后，U_f 又使 VT_2、VT_3 截止。VT_2、VT_3 的反复通断，实现了绕组电流的恒流斩波控制。

1Q输出低电平后，VT_2 ~ VT_5 皆截止，绕组电流经 $VD_3 \rightarrow U_g \rightarrow$ 地 $\rightarrow U_d \rightarrow VD_4 \rightarrow$ L回路泄放。

由上述过程可知，只要8031按照步进电动机工作方式和工作频率向接口输出相应的信号，便可实现对步进电动机的速度和转向控制。

5.3　项目四：步进电动机的环形分配系统

步进电动机的控制主要由脉冲分配和驱动电路两部分组成，脉冲分配可以用硬件电路实现，也可以用软件程序实现。

5.3.1　步进电动机的硬件环形分配系统

步进电动机脉冲控制的任务有三点：控制电动机的转向、控制电动机的转速、控制电动机的转角。控制输送给电动机的脉冲数就可以控制电动机相应的转角数；控制输送给电动机的脉冲频率就可以控制电动机的转速；控制电动机的转向，实际就是控制脉冲输送给电动机绕组的顺序分配，这种分配称为环形分配。在数控系统中，脉冲分配器是将插补输出脉冲，按步进电动机所要求的规律分配给步进电动机驱动电路的各相输入端，用以控制绕组中电流的开通和关断。同时由于电动机有正反转要求，所以脉冲分配器的输出既是周期性的，又是可逆的，因此，也可称之为环形分配器。

硬件环形分配器由集成电路的逻辑门、触发器等逻辑单元构成。三相六拍环形分配器由三个D触发器和若干个与非门所组成。CP端接进给脉冲控制信号，E端接电动机方向控制信号（高电平或低电平信号）。环行分配器的输出端 Q_A、Q_B 和 Q_C 分别控制电机的A、B和C三相绕组。其原理如图5-20所示。正向进给时环行分配器真值表见表5-4。

对图5-20进行分析可知：置E为“1”时，三相六拍的运行方式是A→AB→B→BC→C→CA…顺序轮流通电方式，称之为正转，则转子便顺时针方向一步一步转动；置E为“0”时，三相六拍的运行方式是CA→C→CB→B→BA→A…顺序轮流通电方式，称之为反转，则转子便逆时针方向一步一步转动。如图5-21所示为专用的环形分配集成芯片CH250，是专为三相步进电动机设计的环形分配集成芯片，采用CMOS工艺集成，可靠性高，它可工作于单三拍、双三拍、三相六拍等方式。图示为三相六拍的接线图，步进电动机的初始励磁状态为AB相，当进给脉冲CP的上升沿有效，并且方向信号E=1时则正转，E=0时则反转。

对于不同种类、不同相数、不同分配方式的步进电动机都必须重新设计不同的硬件分配电路或选用不同的集成芯片，显然有些不方便。

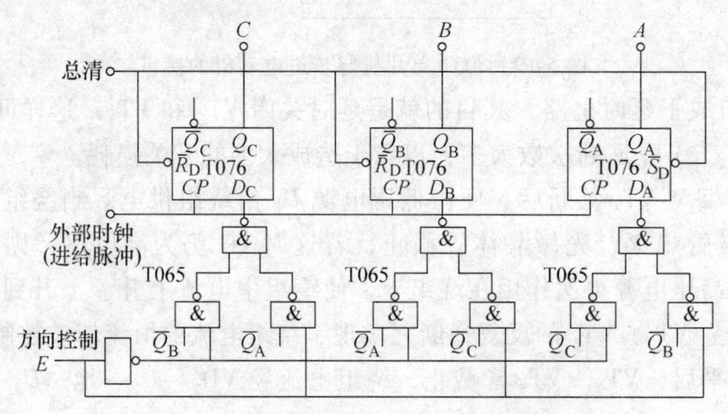

图5-20 正、反向进给的环形分配器原理图

表5-4 正、反向进给时环形分配器真值表

CP	D_A	D_B	D_C	Q_A	Q_B	Q_C	通电相
0	1	1	0	1	0	0	A
1	0	1	0	1	1	0	AB
2	0	1	1	0	1	0	B
3	0	0	1	0	1	1	BC
4	1	0	1	0	0	1	C
5	1	0	0	1	0	1	CA
6	1	1	0	1	0	0	A

5.3.2 步进电动机的软件环形分配系统

这里采用MCS-51系列单片机介绍步进电动机的软件程序控制方法，以控制两只四相八拍电动机的环形分配程序为例。

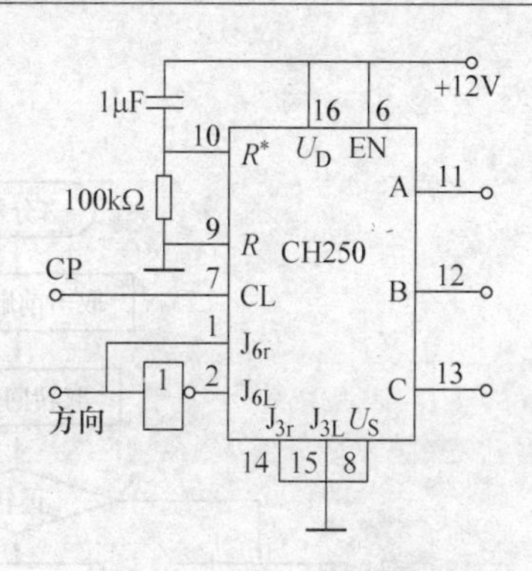

图 5-21　CH250 实现的三相六拍脉冲分配电路

设有 X 向四相步进电动机，以四相八拍方式运行。按照四相八拍方式运行时的通电顺序为：

正转：A→AB→B→BC→C→CD→D→DA→…

反转：A→AD→D→DC→C→CB→B→BA→…

设以 8031 的 P1 口作为两只电动机的输出口，其对应关系见表 5-5。

由于控制口的输出信号一般须经驱动电路进行反向放大，故当某 P1 口输出为“0”时即接通某相电动机绕组，当某 P1 口输出为“1”时即表示不接通某相电动机绕组。表 5-6 为 X 向电动机的通电顺序，设 X 向电动机以通电状态的顺序号作为地址，并记忆在内部 RAM 的 52H 中，把 X 的状态记忆在 55H 中，与 P1 口相对应，55H 的低四位放 X 向电动机的状态，当电动机正转时，通电顺序号加 1 增大；当电动机反转时，通电顺序号减 1 减小。把 X 向电动机的进给方向符号放在位地址 02H 中，“0”表示正，“1”表示负，同时设计 Y 向电动机的通电状态顺序号记忆在内部 RAM 的 53H 中，Y 向电动机的进给方向符号放在位地址 03H 中，55H 的高四位放 Y 向电动机的状态。

表 5-5　两只四相电动机输出口对应关系

Y 电机				X 电机			
P1. 7	P1. 6	P1. 5	P1. 4	P1. 3	P1. 2	P1. 1	P1. 0
D	C	B	A	D	C	B	A

环形分配时，先从 52H 或 53H 中查得当时的通电顺序号，根据相应电动机在插补过程中是正向进给还是负向进给，决定通电顺序号加 1 还是减 1 运算。加 1 后若地址超过 8 则赋顺序号为 1，减 1 后若地址小于 1 则赋顺序号为 8。根据加 1、减 1 得到的新地址查表取得新的通电状态，再把新的通电状态在适当时机送向输出口 P1，完成步进电动机行走一步。环形分配流程图如图 5-22 所示，环形分配程序图如图 5-23 所示。

表 5-6　X 向电动机的通电顺序

通电顺序号	输出口				16 进制状态	通电相数
	P1. 3	P1. 2	P1. 1	P1. 0		
	D	C	B	A		
1	1	1	1	0	E	A
2	1	1	0	0	C	AB
3	1	1	0	1	D	B
4	1	0	0	1	9	BC
5	1	0	1	1	B	C
6	0	0	1	1	3	CD
7	0	1	1	1	7	D
8	0	1	1	0	6	DA

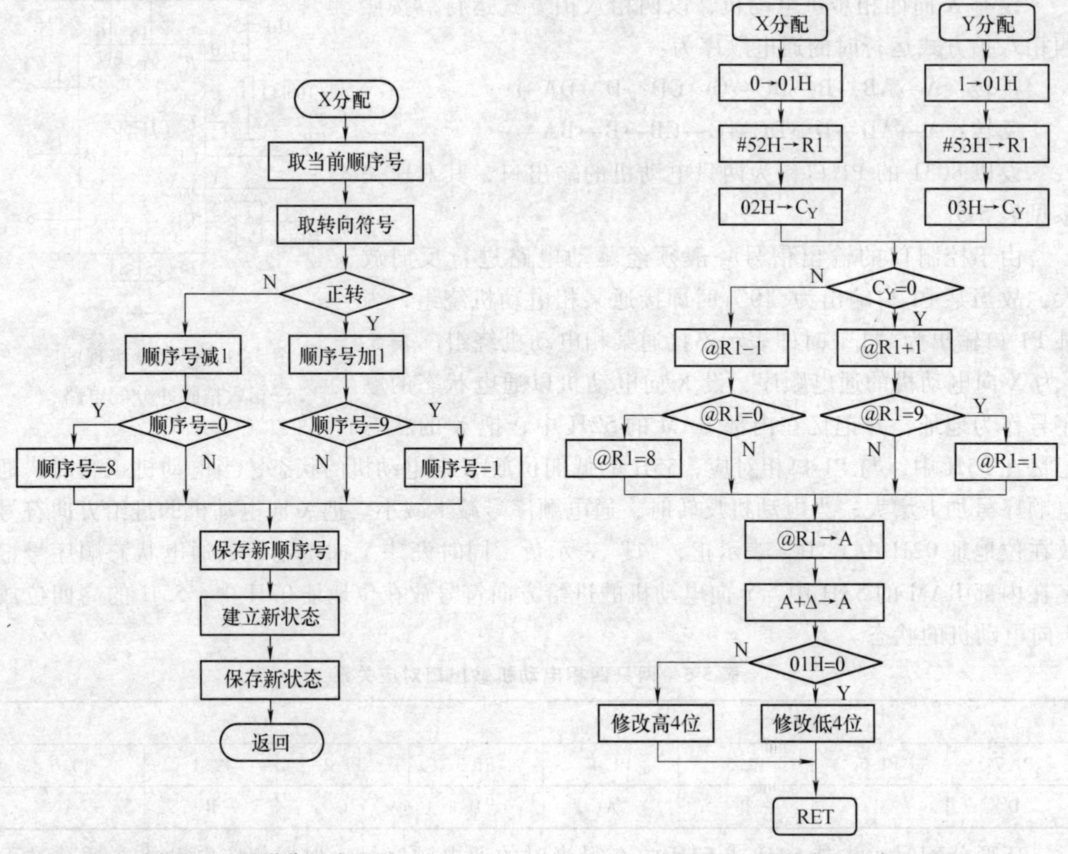

图 5-22 环形分配流程图　　　　图 5-23 环形分配程序流程图

两只电动机环形分配程序如下：

```
XPD：CLR 01H                 ；设标志位，X 分配时清 01H 位
     MOV R1，#52H            ；52H 中为 X 状态顺序号，R1 作间址处理
     MOV C，02H              ；X 符号送 C_Y
     AJMP PPD
YPD：SETB 01H                ；当 01H = 1 时为 Y 分配
     MOV R1，#53H            ；53H 中为 Y 状态顺序号
     MOV C，03H              ；Y 符号送 C_Y
PPD：JC PPD2
     INC @ R1                ；正转加 1 寻址，因顺序号加 1
     CJNE @ R1，#09H，PPD3   ；若顺序号为 9 > 8 时，执行下条，否则跳转
     MOV @ R1，#01H          ；修改顺序号为“1”
     AJMP PPD3
PPD2：DEC @ R1               ；反转减 1 寻址
     CJNE @ R1，#00H，PPD3   ；若顺序号为 0，接着修改，否则跳转
     MOV @ R1，#08H          ；顺序号为 0，修改成 8
PPD3：MOV A，@ R1
```

```
        ADD A, #01H              ；当前顺序号+偏移量，偏移为当前地址+中间
        MOVC A, @A+PC            ；间隔指令的字节总数
        AJMP PPD5                ；查表后跳到处理入口 PPD5
        DB: 0EEH, 0CCH, 0DDH, 99H ；DB 中每一个数占一个字节，高四位为 Y 状态，低四位为 X 状态
        DB: 0BBH, 33H, 77H, 66H
PPD5: JB 01H, PPD6               ；是 Y 轴分配跳转
        ANL A, #0FH              ；保留低位，因 A 中低四位是 X 新状态
        ANL 55H, #0F0H           ；保留高位 Y 状态
        ORL 55H, A               ；合并一字节，修改了 55H 中 X 新状态
        RET
PPD6: ANL A, #0F0H               ；Y 轴分配，取高四位
        ANL 55H, #0FH            ；保留低四位 X 状态
        ORL 55H, A               ；合并一字节，修改了 55H 中 Y 新状态
        RET
```

程序中的 PPD3 是一个查表程序，用 MOVC A，@A+PC 指令来查表，表长不能超过 256B（每个数据占一个字节）。指令中@A 为当前指针到表首的偏移量，由于序号@R1 从 01 开始，PC 中间间隔字数为 1，所以 A=1，这样处理后，当@R=1 时，则偏移量@A=1+1=2，将查得第一组数为#0EEH。

两只电动机的输出口为 8031 的 P1 口，则只需使用 MOV P1，55H 指令，就可以将电动机最新的通电状态输出给步进电动机的驱动电路，实现步进电动机的步进工作。

环形分配程序作为数控系统程序的一个子程序，所处的地位非常高，将在后续各程序中使用，需加深理解。

步进电动机在运行前应置初值，一般在主程序的初始化工作中设置。步进电动机的初始状态是无法查询的，因此所设置初值不一定符合起动时电动机的转角相位，这对于精密加工是不允许的，解决的办法是用机械“零点”来消除，在数控编程时首先让刀具到达机械零点，再由零点趋向工件。然后进行加工，进入程序后任何情况下均应记忆住当时步进电动机的相位。

5.3.3　提高开环进给伺服系统精度的措施

在开环进给系统中，步进电动机的步距角精度，齿轮传动部件的精度，丝杠、离合器、联轴器、键与轴、键与轮毂、支承的传动间隙及传动和支承件的变形等将直接影响进给位移的精度。综合从电动机到终端执行件运动中的全部传动间隙和传动误差，必需予以机械消除或软件补偿。通常的做法是先用机械消除方法解决大部分间隙与误差，然后对机械消除不了的间隙与误差进行软件补偿。

1. 传动间隙补偿

在进给传动机构中，提高传动元件的制造精度并采取消除传动间隙的措施（参见参考文献［4］《机电一体化技术与系统》齿轮传动间隙的硬件补偿相关章节），可以减小但不能

完全消除传动间隙。由于间隙的存在，接受反向进给指令后，最初的若干个指令脉冲只能起到消除间隙的作用，因此产生了传动误差。传动间隙补偿的基本方法是：当接受反向位移指令后，首先不向步进电动机输送反向位移脉冲，而是由间隙补偿电路或补偿软件发出一定数量的补偿脉冲，使步进电动机转动越过传动间隙，然后再按指令脉冲使执行部件作准确的位移。间隙补偿脉冲的数目由实测决定，并作为参数存储起来，接受反向指令信号后，每向步进电动机输送一个补偿脉冲的同时，将所存的补偿脉冲数减1，直至存数为零时，发出补偿完成信号。

(1) 传动间隙补偿的软件流程设计　传动间隙仅产生在运动反向的时候，用计算机软件补偿的方法简单方便，一般不需追究间隙产生的原因。传动间隙事先用高精度测量仪器测出，补偿的办法是每次进行反向运动时在反向后多走若干个脉冲，多走的脉冲称为补偿脉冲，补偿脉冲不参与插补运算。

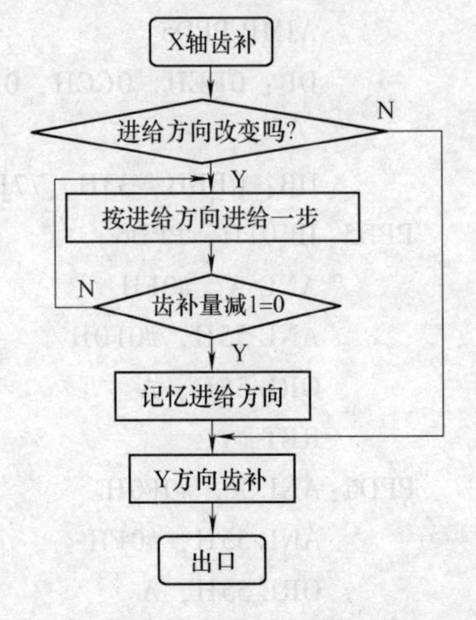

图 5-24　间隙补偿功能框图

例如当 $(\Delta X_{i-1})_f \oplus (\Delta X_i)_f = 1$ 时，表示原 X 行走方向与现 X 行走方向相反，需调用传动间隙的补偿程序。直线插补一开始或圆弧插补过象限时均需要间隙补偿。

图 5-24 所示是间隙补偿的功能框图，在两坐标插补中进行间隙补偿。

(2) 传动间隙的子程序　位地址及字节地址的分配如下：

1) 位地址 02H (20H. 2)：存放 X 进给方向符号 $(\Delta X)_f$。

2) 位地址 03H (20H. 3)：存放 Y 进给方向符号 $(\Delta Y)_f$。

3) 位地址 5FH. 2、5FH. 3：分别存放 X、Y 进给方向上一次符号 $(\Delta X)'_f$、$(\Delta Y)'_f$。

4) 字节地址 5DH：存放 X 进给方向间隙补偿脉冲数。

5) 字节地址 5EH：存放 Y 进给方向间隙补偿脉冲数。

间隙补偿程序如下：

```
ZB:    MOV A, 5FH          ; 调出上次 (ΔX)'f、(ΔY)'f的进给符号
       XRL A, 20H          ; 查 (ΔX)f = (ΔX)'f, (ΔY)f = (ΔY)'f
       MOV C, ACC.3        ; 5FH, 20H 的第三位分别为 (ΔY)f和 (ΔY)'f
       MOV 00H, C          ; 若 (ΔY)f = (ΔY)'f, 00H 置 0, 不等则置 1
       JNB ACC.2, ZBYY     ; 判断 X 方向是否反向, ACC.2 中为 (ΔX)'f ⊕
                           ;   (ΔX)f的结果
       ACALL ZBX           ; 调 X 方向齿补
ZBYY:  JNB 00H, NZB
       ACALL ZBY           ; 调 Y 方向齿补
NZB:   MOV A, 5FH          ; 无齿补或齿补结束处理
       MOV C, 02H          ; 修改进给符号, 保存在 5FH 中, 供下次使用
       MOV ACC.2, C
       MOV C, 03H
       MOV ACC.3, C
```

```
        MOV 5FH, A
        RET              ; RET 为 ZB 的 RET
ZBX:    MOV R5, 5DH      ; X 齿补子程序，齿补量在 5DH 中
ZBX1:   LCALL XPD        ; 调 X 环形分配子程序
        LCALL STXY       ; 调定时速度进给一步（速度控制）
        DJNE R5, ZBX1    ; 走完间隙补偿量返回
        RET              ; RET 为 ACALL ZBX 的 RET
ZBY:    MOV R5, 5EH      ; 置 Y 齿补量
ZBY1:   LCALL YPD        ; Y 轴间隙补偿
        LCALL STXY
        DJNE R5, ZBY1
        RET              ; RET 为 ACALL ZBY 的 RET
```

间隙补偿子程序本身能判别某个运动是否补偿及补偿进给方向，而且用指令设定的速度进行补偿进给。

2. 螺距误差补偿

用螺距误差补偿电路或软件补偿的方法，可以补偿滚珠丝杠的螺距累积误差，以提高进给位移精度。实测执行部件全行程的位移误差曲线，在累积误差值达到一个脉冲当量处安装一个挡块。由于全长上的累积误差有正、有负，所以要有正、负两种误差补偿挡块，补偿挡块一般安装在移动的执行部件上，在与之相配的固定部件上，安装有正、负补偿微动开关，当运动部件移动时，挡块与微动开关每接触一次就发出一个补偿脉冲，正补偿脉冲使步进电动机少走一步，负补偿脉冲使步进电动机多走一步，从而校正了位移误差。

上述方法是在老式数控机床上采取的办法，在使用计算机数控装置的机床上，可用软件方法进行补偿，即根据位移的误差曲线，按绝对坐标系确定误差的位置和数量，存储在控制系统的内存中，当运动部件移动到所定的绝对坐标位置时，补偿相应数量的脉冲，这样便可以省去补偿挡块和微动开关等硬件。

有关螺距误差补偿软件程序这里不作讨论。

5.4 直流伺服驱动系统

5.4.1 直流伺服电动机

1. 直流伺服电动机的结构

直流伺服电动机的控制电源为直流电压。根据其功能可分为普通型直流伺服电动机、盘形电枢直流伺服电动机、空心杯直流伺服电动机和无槽直流伺服电动机等几种。

（1）普通型直流伺服电动机　普通型直流伺服电动机的结构与他励直流电动机的结构相同，由定子和转子两大部分组成。根据励磁方式又可分为电磁式和永磁式两种，电磁式伺服电动机的定子磁极上装有励磁绕组，励磁绕组接励磁控制电压产生磁通；永磁式伺服电动机的磁极是永磁铁，其磁通是不可控的。与普通直流电动机相同，直流伺服电动机的转子一般由硅钢片叠压而成，转子外圆有槽，槽内装有电枢绕组，绕组通过换向器和电刷与外边电

枢控制电路相连接。为提高控制精度和响应速度，伺服电动机的电枢铁心长度与直径之比比普通直流电动机要大，气隙也较小。

当定子中的励磁磁通和转子中的电流相互作用时，就会产生电磁转矩驱动电枢转动，若控制转子中电枢电流的方向和大小，就可以控制伺服电动机的转动方向和转动速度。普通的电磁式和永磁式直流伺服电动机性能接近，它们的惯性较其他类型伺服电动机大。

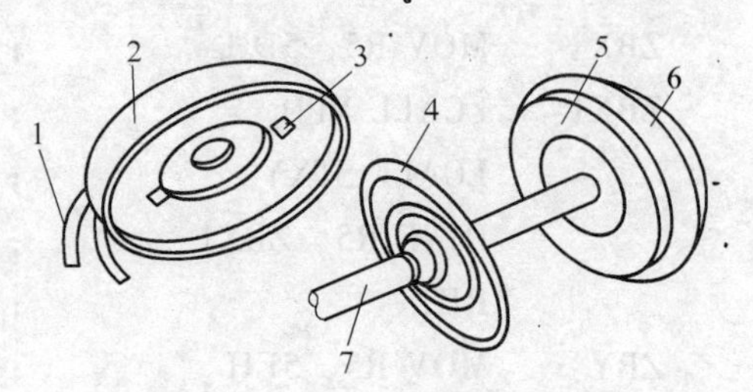

图 5-25　盘形伺服电动机结构

1—引线　2—前盖　3—电刷　4—盘形电枢　5—磁钢　6—后盖　7—轴

（2）盘形电枢直流伺服电动机　盘形电枢直流伺服电动机的定子由永久磁铁和前后铁轭共同组成，磁铁可以在圆盘电枢的一侧，也可在其两侧。盘形伺服电动机转子电枢由线圈沿转轴的径向圆周排列，并用环氧树脂浇注成圆盘形。盘形绕组通过的电流是径向电流，而磁通为轴向的，径向电流与轴向磁通相互作用产生电磁转矩，使伺服电动机旋转。图 5-25 所示为盘形伺服电动机的结构示意图。

（3）空心杯电枢直流伺服电动机　空心杯电枢直流伺服电动机有两个定子，一个由软磁材料构成的内定子和一个由永磁材料构成的外定子，外定子产生磁通，内定子主要起导磁作用。空心杯伺服电动机的转子由单个成型线圈沿轴向排列成空心杯形，并用环氧树脂浇注成型。空心杯电枢直接装在转轴上，在内、外定子间的气隙中旋转。图 5-26 所示为空心杯电枢直流伺服电动机的结构图。

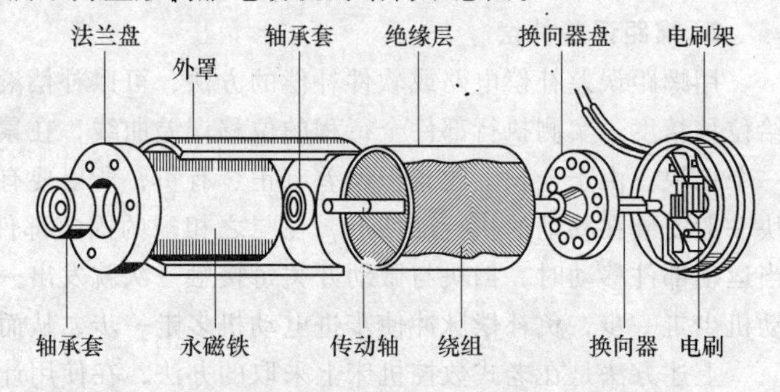

图 5-26　空心杯永磁直流伺服电机结构

（4）无槽直流伺服电动机　无槽直流伺服电动机与普通伺服电动机的区别是：无槽直流伺服电动机的转子铁心上不开元件槽，电枢绕组元件直接放置在铁心的外表面，然后用环氧树脂浇注成型。图 5-27 所示为无槽直流伺服电动机的结构图。

后 3 种伺服电动机与普通伺服电动机相比，由于转动惯量小，电枢等效电感小，因此动态特性较好，适用于快速系统。

2. 直流伺服电动机的运行特性

在忽略电枢反应的情况下，直流伺服电动机的电压平衡方程如下

$$U = E_a + R_a I_a$$

式中　U——电枢电压（V）；

E_a——电枢电动势（V）；

R_a——电枢电阻（Ω）；

I_a——电枢电流（A）。

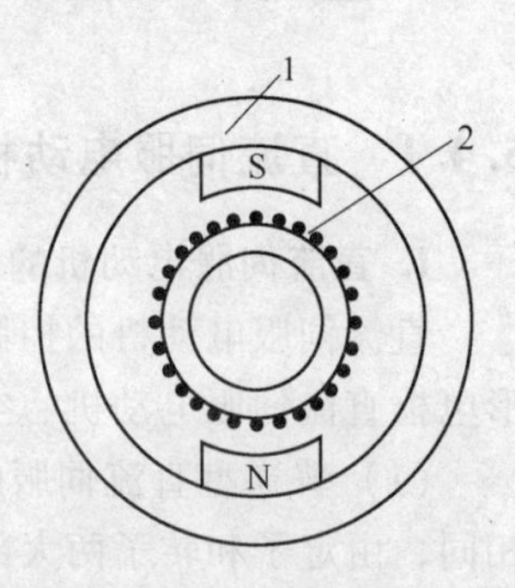

图 5-27　无槽直流伺服电动机结构

1—定子　2—转子电枢

当磁通恒定时，电枢反电动势为

$$E_a = C_e \Phi n$$

式中　C_e——电动势常数；

Φ——每极磁通量（Wb）；

n——电动机转速（r/min）。

直流伺服电动机的电磁转矩为

$$T_{em} = C_T \Phi I_a$$

式中　T_{em}——电磁转矩（N·m）；

C_T——电磁转矩常数。

将上述 3 式联立求解可得直流伺服电动机的转速关系式

$$n = \frac{U}{k_e} - \frac{R_a}{k_e k_t} T_{em}$$

式中　$k_e = C_e \Phi$，$k_t = C_t \Phi$。

根据上式可得直流伺服电动机的机械特性和调节特性。

（1）机械特性　机械特性是指在控制电枢电压保持不变的情况下，直流伺服电动机的转速随转矩变化的关系。当电枢电压为常值时，上式可写成

$$n = n_0 - kT_{em}$$

式中　$n_0 = \frac{U}{k_e}$，$k = \frac{R_a}{k_e k_t}$。

对上式应考虑两种特殊情况：

当转矩为零时，电动机的转速仅与电枢电压有关，此时的转速为直流伺服电动机的理想空载转速，理想空载转速与电枢电压成正比，即

$$n = n_0 = \frac{U}{k_e}$$

当转速为零时，电动机的转矩仅与电枢电压有关，此时的转矩称为堵转转矩，堵转转矩与电枢电压成正比，即

$$T_D = \frac{U}{R_a} k_t$$

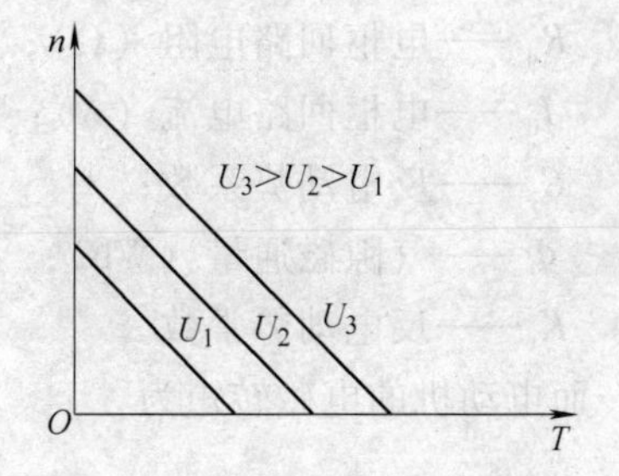

图 5-28　电枢控制的直流伺服电动机机械特性

图 5-28 所示为给定不同的电枢电压得到的直流伺服电动机的机械特性。从机械特性曲线上看，不同电枢电压下的机械特性曲线为一组平行线，其斜率为 k。从图中可以看出，当控制电压一定时，不同的负载转矩对应不同的机械转速。

（2）调节特性　直流伺服电动机的调节特性是指负载转矩恒定时，电动机转速与电枢电压的关系。当转矩一定时，转速与电压的关系也为一组平行线，如图 5-29 所示，其斜率为 $1/k_e$。当转速为零时，对应不同的负载转矩可得到不同的起动电压 U。当电枢电压小于起动电压时，伺服电动机将不能起动。

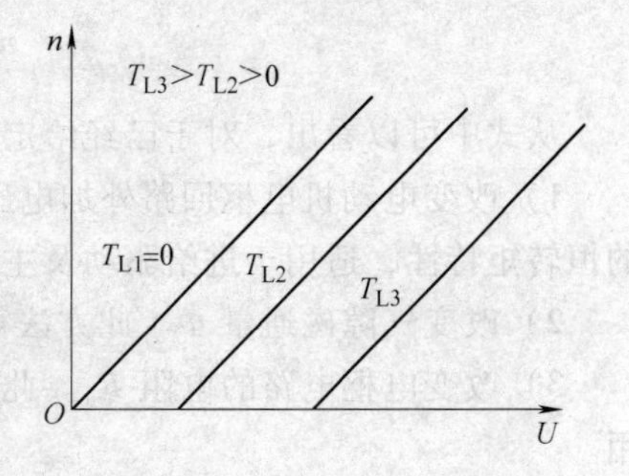

图 5-29　直流伺服电动机调节特性

5.4.2 晶闸管直流伺服驱动装置

电动机的调速是电动机驱动的关键，其中心问题是电动机转速的自动调节和稳定。直流电动机不仅具有良好的起动、调速、制动性能，而且直流调速系统的分析是理解交流调速系统的重要基础。直流伺服电动机用直流供电，要实现直流电动机的转速控制，大多只要灵活控制加在直流电动机电枢上的电压即可，而其中最常用的就是由晶闸管组成的直流驱动调速系统。

1. 直流电动机的调速控制

对于直流电动机来说，控制速度的方法可以从直流电动机的电路原理入手来进行分析。现以他励直流电动机为例加以说明，图 5-30 所示为他励直流电动机的电路原理图。

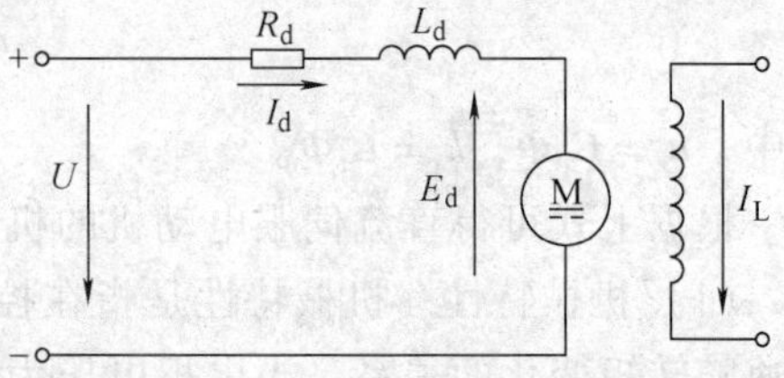

图 5-30 他励直流电动机电路原理图

他励直流电动机电枢电路的电动势平衡方程式为

$$U = E_d + I_d R_d$$

感应电动势为

$$E_d = C_e \Phi n$$

由以上两个方程可以得到电动机转速特性为

$$n = \frac{U - I_d R_d}{C_e \Phi} = \frac{U}{C_e \Phi} - \frac{R_d}{C_e \Phi} I_d = \frac{U}{K_v} - \frac{R_d}{K_v} I_d$$

式中 n——电动机转速（r/min）；

U——电动机电枢回路外加电压（V）；

R_d——电枢回路电阻（Ω）；

I_d——电枢回路电流（A）；

C_e——反电动势系数；

Φ——气隙磁通量（Wb）；

K_v——反电动势常数。

而电动机的电磁转矩为

$$T = C_T \Phi I_d$$

式中 C_T——转矩系数。

由以上两式可以得到机械特性方程式为

$$n = \frac{U}{C_e \Phi} - \frac{R_d}{C_e C_T \Phi^2} T$$

从式中可以看出，对于已经给定的直流电动机，要改变它的转速，有 3 种方法：

1）改变电动机电枢回路外加电压 U，即改变电枢电压。此方法可以得到调速范围较宽的恒转矩特性，适用于进给驱动及主轴驱动的低速段。

2）改变气隙磁通量 Φ。此方法得到恒功率特性，适于主轴电动机的高速段。

3）改变电枢电路的电阻 R_d。此方法得到的机械特性较软，因此在数控机床上较少使用。

如果采用调压与调磁两种方法互相配合，可以得到很宽的调速范围，又可以充分利用电动机的容量。

对于数控机床、工业机器人等要求能连续改变转矩的工作机械，希望电动机转速调节的平滑性好，即无级变速，而改变电阻只能有级调速。减弱磁通虽然能够平滑调速，但只能在基速以上作小范围的升速，因此，直流电动机的调速都是以改变电枢电压调速为主。而在调压调速方案中，常用的可控直流电源主要有 3 种：

1）旋转变流机组。交流电动机拖动直流发电机，直流发电机向直流电动机供电，控制发电机励磁电流可改变发电机的输出电压，从而达到调节直流电动机的转速的目的，称为 G-M 系统。

2）静止可控整流装置。当前主要采用晶闸管整流装置，通过调节触发装置的控制电压，来移动晶闸管触发脉冲的相位以改变输出电压，从而达到调节直流电动机转速的目的，简称 V-M 系统。

3）脉宽调制变换器。改变主晶体管的导通/关断时间以调节直流输出的平均电压，从而调节直流电动机的转速，称为 PWM 系统。直流电动机的电源除了采用直流发电机以外，现在广泛采用晶体管整流电路。

2. 晶闸管直流调速系统

晶闸管是一种大功率半导体器件，由阳极 A、阴极 K 和门极 G（又称控制极）组成。当阳极与阴极间施加正电压，控制极出现触发脉冲时，晶闸管导通。触发脉冲出现的位量称为触发角 α。控制触发角即可控制晶闸管的导通时间，从而达到控制电动机的目的。

只通过改变晶闸管触发角，电动机进行调速的范围很小。为了满足数控机床的调速范围需求，可以采用带有速度反馈的闭环系统。为了增加调速特性的硬度，需再加一个电流反馈环节，实现双环调速系统。

（1）开环晶闸管直流调速系统　当对生产机械调速性能要求不高时，可以采用开环调速系统。图 5-31 所示为开环晶闸管直流驱动电路方框图。

图中电动机驱动的主回路由晶闸管整流装置、平波电抗器等组成。控制回路则由参考电压 U_g 可变的触发电路组成。

他励直流电动机的机械特性方程

$$n = \frac{U_d - I_a R}{C_e \Phi}$$

式中　R——电枢回路总电阻（Ω），包括晶闸管整流电源的等效电阻和电枢电阻；

U_d——电枢电压（V）；

I_a——电枢电流（A）；

C_e——电势常数；

Φ——每极磁通（Wb）。

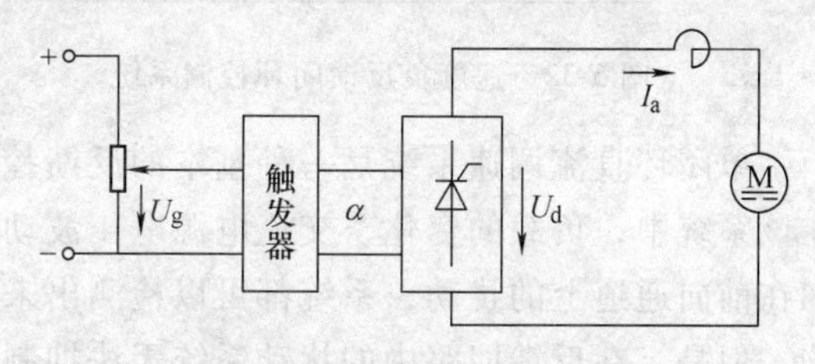

图 5-31　开环系统框图

对于不同形式的整流电路可以得到不同的 U_d 值

$$U_d = A U_2 \cos\alpha$$

式中　A——整流系数，单相全桥时取 0.95，三相全桥时取 2.34；

U_2——整流变压器副边相电压有效值（V）；

α——晶闸管触发角。

根据晶闸管的特性，改变参考电压 U_g 的大小，即可以改变晶闸管触发角的大小，从而使整流电压 U_d 变化，进而改变电动机转速。

（2）带速度反馈的闭环调速系统　对于工作系统来说，额定转矩下的转速与空载转速是不一致的，会出现转速差，被称作转速速降，用 Δn_N 表示。其调速范围为

$$D = \frac{n_0 - \Delta n_N}{n_{min}}$$

式中　n_0——额定转速（r/min）；

n_{min}——最低转速（r/min）。

图 5-32 所示为速度反馈闭环控制系统图。与开环系统相比，多了一个转速取样环节，另外增加了一个差分放大器。当负载增加时，I_a 上升，I_aR 增加，使电动机转速下降，故 Δn_N 上升。如果能够做到 I_a 上升时调整晶闸管的触发角 α 使 U_d 上升，那么根据机械特性方程，转速可以不变或者变化不大，速度反馈系统正是基于这一原理工作的。

工作原理：对于一个给定的参考电压 U_g，电动机在某一转速下运行，电流为 I_{a1}，如图 5-33 所示的 A 点。当负载增加引起转速下降时，I_{a1} 变到 I_{a2}，若在开环系统，转速会下降到 B' 点。然而，在闭环系统中，I_a 上升引起转速下降时，测速发电机的电压 U_G 下降，分压后的速度负反馈电压 U_f 下降。它与参考电压的差值上升，引起晶闸管触发角减小，使整流电压 U_d 上升，电动机实际上工作在 B 点。反过来，当负载减小，电流 I_a 下降时，U_G 上升，U_f 上升，它与参考电压的差值减小，引起晶闸管触发角增大，同样可以使转速基本不变。

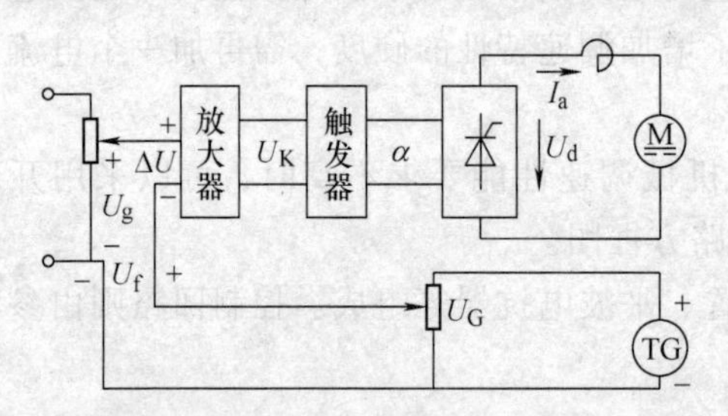

图 5-32　速度负反馈闭环控制系统

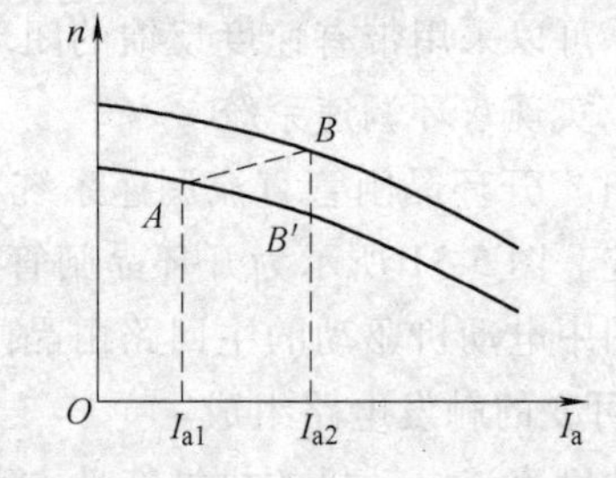

图 5-33　机械特性

单闭环直流调速系统是一种基本的反馈控制系统，能实现一定的静态和动态性能要求。在该系统中，负载的变化、交流电源电压波动、放大器放大系数的漂移、电动机励磁变化等加在前向通道上的扰动，系统都可以检测出来，通过反馈控制，可以减少其对稳态转速的影响。但是，在反馈回路中的扰动系统无法抑制和消除，如测速发电机的励磁变化等因素都会对系统产生影响。所以，高精度的调速系统必须具有高精度的检测装置。

单闭环直流调速系统虽然解决了转速调节问题，但当系统突然输入给定电压时，由于系统的惯性，电动机的转速为零，当电动机全压起动时，若没有限流措施，起动电流会过高，对系统十分不利，严重的会烧坏晶闸管。同时，在工作过程中机械往往会出现短时超载和卡死现象，此时电动机的电流将大大超过允许值，从而导致系统无法正常工作。所以，系统中一般设置有自动限制电枢电流过大的装置，在起动和堵转时引入电流负反馈以保证电枢电流不超过允许值，而正常运行时电流负反馈不产生作用以保持系统的机械特性硬度，这种装置称为截流反馈装置。

如果要求能在充分利用电动机过载能力条件下得到最快的动态响应，例如，快速起动和制动，突然增加负载而又要求动态转速下降很小，则单闭环系统就难以满足要求，解决该问题的唯一途径就是采用双闭环直流调速系统。

（3）双环反馈调速系统　双环反馈调速系统实际就是分别使用转速和电流两种反馈来对系统进行调节和控制。图 5-34 所示为双闭环调速系统框图。

可以看出，系统中设置了速度调节器 AS 和电流调节器 AC，分别调节速度和电流，二者之间实行串级联接。

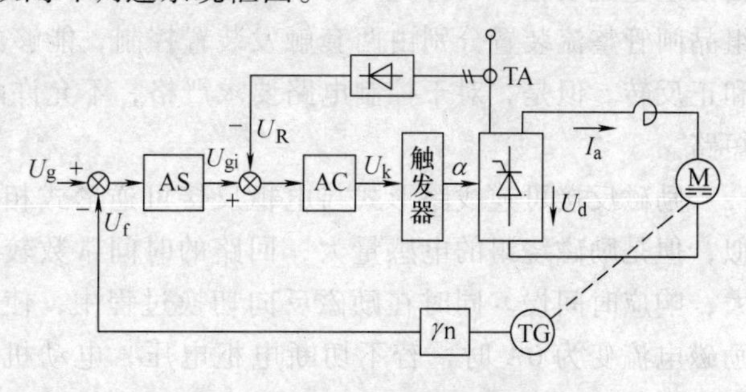

图 5-34　双闭环调速系统

其速度反馈信号由测速发电机取出，加到速度调节器 AS 的输入端，与单闭环一样，叫做外环。电流反馈信号由电流互感器 TA 取出，与 AS 输出信号 U_g 混合后送入电流调节器 AC，经比例积分环节处理后产生 U_k 去触发晶闸管，叫做内环。

两个调节器实际上都是带限幅的 PI 调节器，其中 AS 输出限幅电压为 U_{gi}，它决定了电流调节器 AC 输入给定电压的最大值；AC 的输出限幅电压是 U_k，它限制了晶闸管整流输出的电压最大值。

双闭环直流调速具有满意的动态性能：

1）具有良好的动态跟随性能。在起动和升速过程中，能够在电动机允许的过载能力下工作，表现出很快的动态跟随性能。但由于主电路是不可逆的，所以在降速过程中跟随性变差。

2）抗干扰能力强 。一是通过速度调节器 AS 的设计来产生抗负载扰动作用，以解决突加（减）负载引起的动态转速变化；二是通过电流反馈作用，提高抗电网电压扰动的作用。

双闭环调速系统的主要优点是调速性能好，静态特性硬，基本无静差；动态响应快，起动时间短；系统抗干扰能力强，两个调节器可以分别调整，整定容易。

（4）可逆直流调速系统　在生产实践中，要求直流电动机不仅能够调速，还要求能实现正/反转和快速制动，例如，龙门刨床工作台的往返运动、数控机床进给系统中的进刀与退刀等，都必须使用可逆调速系统。

要改变直流电动机的转动方向，就必须改变电动机的电磁转矩方向。根据直流电动机的电磁转矩基本公式 $T = C_T \Phi I_d$，可知电磁转矩方向由 I_d 和 Φ（励磁磁通）的方向决定。电枢电压的供电极性不变，通过改变励磁磁通的方向实现可逆运行的系统，称为磁场可逆调速系统；磁场方向不变，通过改变电枢电压的极性来改变电动机转向的系统称为电枢可逆调速系统。所以，对应的晶闸管-直流电动机可逆直流调速系统就有两种。

用晶闸管整流装置给直流电动机的电枢供电时，电枢反接可逆线路的形式有多种，常见的有采用接触器切换的可逆线路、采用晶闸管切换的可逆线路和两组晶闸管反并联的可逆线路等。

接触器切换的可逆线路方案简单、经济，但是缺点是接触器切换频繁，动作噪声大，寿命低，切换时间长（0.2～0.5s），使电动机正/反转切换中出现死区，所以常用于不经常正反转的生产机械中；晶闸管切换的可逆线路方案简单、工作可靠、调整维护方便，但是对晶闸管开关的耐压及电路容量要求较高，故适用于几十千瓦以下的中小容量系统；两组晶闸管反并联的可逆线路方案只需一个电源，变压器利用率较高，接线简单，适用于要求频繁正反转的生产机械。图 5-35 所示为其线路图。在线路图中，两组晶闸管整流装置反极性并联，当正组整流装置 ZKZ 供电时，电动机正转；当反组整流装置 FKZ 供电时，电动机反转。两组晶闸管整流装置分别由两套触发装置控制，能够灵活控制电动机起动、制动、升速、降速和正反转。但是，对于控制电路要求严格，不允许两组晶闸管同时处于整流状态，以防电源短路。

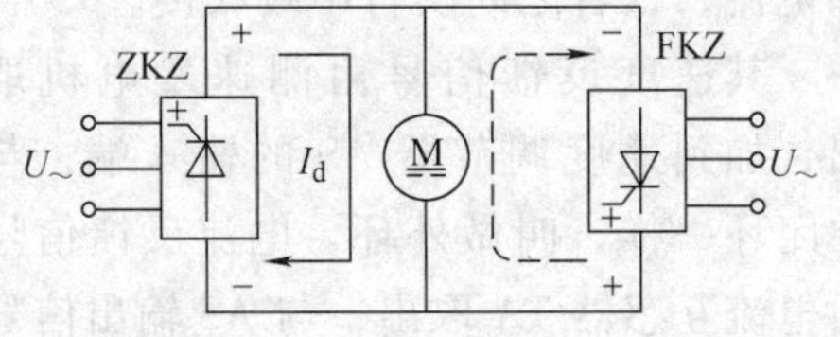

图 5-35 反并联的可逆线路

励磁反接可逆线路形式与电枢反接可逆形式相似，但是励磁绕组的电感量大，回路的时间常数较大，响应时间慢。同时在励磁反向切换过程中，使励磁电流变为 0A 时，若不切断电枢电压，电动机会出现弱磁升速，会产生与原来方向相同的转矩而阻碍反向“或”发生“飞车”，势必增加控制系统的复杂性。所以从控制回路的简单及响应速度角度出发，大多数生产设备都采用电枢可逆调速系统。

5.4.3 直流脉宽调制伺服驱动装置

在直流电动机驱动调速系统中，晶闸管电路应用十分广泛，但是它们也存在一些致命的缺陷：

1）存在着电流谐波分量，在低速时转矩脉动大，限制了调速范围。

2）低速时电网的功率因数低。

3）平波电抗器的电感量较大，影响了系统的快速响应。

随着全控型电力电子器件性能的发展和不断完善，由可关断晶闸管（GTO）、电力晶体管（GTR）、功率场效应管（P-MOSFET）等器件构成的各种功率变换装置也随之发展，直流电动机的调速装置和种类不断增加，性能不断完善，特别是大功率晶体管工艺的成熟和高反压、大电流的模块型功率晶体管的商品化，晶体管脉宽调制（PWM）系统受到普遍重视，并得到迅速的发展。目前，输出功率在 1kW 以下的设备多采用晶体管脉宽调制方式，1kW 以上的多采用晶闸管驱动方式。

主要特点：在 PWM 控制中，晶体管的频率远比转子能跟随的频率高得多，避开了机械的共振；电枢电流的脉动小，电动机在低频时工作也十分平滑、稳定；调速比可以很大；电流波形系数较小，热变形小；功率损耗小；频率宽动态硬度好，响应很快。

晶体管 PWM 脉宽控制方式虽有上述优点，但与晶闸管相比，晶体管还有一些缺点，如不能承受高的峰值电流，一般都是将峰值电流限制到二倍有效电流。另外，还有大功率晶体管性能不够稳定，价格较贵等缺点。

基本原理：所谓脉宽调速，其原理是利用脉宽调制器对大功率晶体管开关时间进行控制，将直流电压转换成某一频率的方波电压，加到直流电动机电枢两端，通过对方波脉冲宽度的控制，改变电枢两端的平均电压，从而达到调节电动机转速的目的。

脉宽调制控制的核心由两部分构成：一是主回路，即脉宽调制的开关放大器；二是脉宽调制器。这两部分是 PWM 控制的核心。

1. PWM 主回路

主回路（也称脉冲功率放大器）可分成双极性和单极性工作方式。图 5-36 所示为 H 型双极性开关电路。

下面介绍常见 H 型驱动回路 PWM 调速系统的核心部分——脉宽调制式开关放大器的基本原理。它的电路原理如图 5-36 所示。图中 VD_1、VD_2、VD_3、VD_4 为续流二极管，用于保护功率晶体管 VT_1、VT_2、VT_3、VT_4，并起续流作用，SM 为直流伺服电动机。

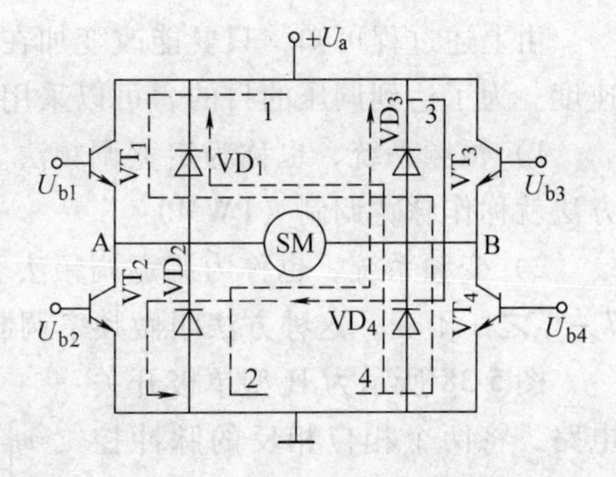

图 5-36　H 型双极性开关电路

4 个功率晶体管的基极驱动电压分为两组：$U_{b1}=U_{b4}$，$U_{b2}=U_{b3}$。加到各晶体管基极上的电压波形如图 5-37 所示。

当 $0 \leqslant t < t_1$ 时，$U_{b1}=U_{b4}$ 为正电压，$U_{b2}=U_{b3}$ 为负电压，因此 VT_1 和 VT_4 饱和导通，VT_2 和 VT_3 截止，加在电枢端的电压 $U_{AB}=U_S$（忽略 VT_1 和 VT_4 的饱和压降），电枢电流 I_a 沿回路 1 流动，形成 I_{a1}。

当 $t_1 \leqslant t < T$ 时，$U_{b1}=U_{b4}$ 为负电压，$U_{b2}=U_{b3}$ 为正电压，使 VT_1 和 VT_4 截止，但 VT_2 和 VT_3 并不能立即导通，这是因为在电枢电感反电动势的作用下，电枢电流 I_a 需经 VD_2 和 VD_3 续流，沿回路 2 流通，形成 I_{a2}，此时 $U_{AB}=-U_S$。由于 VD_2 和 VD_3 的压降使 VT_2 和 VT_3 承受反压，VT_2 和 VT_3 能否导通，取决于续流电流的大小。此时，VT_2 和 VT_3 没来得及导通，下一个周期即到来，又使 VT_1 和 VT_4 导通，电枢电流又开始上升，使 I_a 维持在一个正值附近波动，如图 5-37b 所示。若 I_a 较小，在 t_1 至 T 时间内，续流可能降到零，于是 VT_2 和 VT_3 导通，I_a 沿回路 3 流通，方向反向，电动机处于反接制动状态，直到下一个周期 VT_1 和 VT_4 导通，I_a 才开始回升，如图 5-37c 所示。

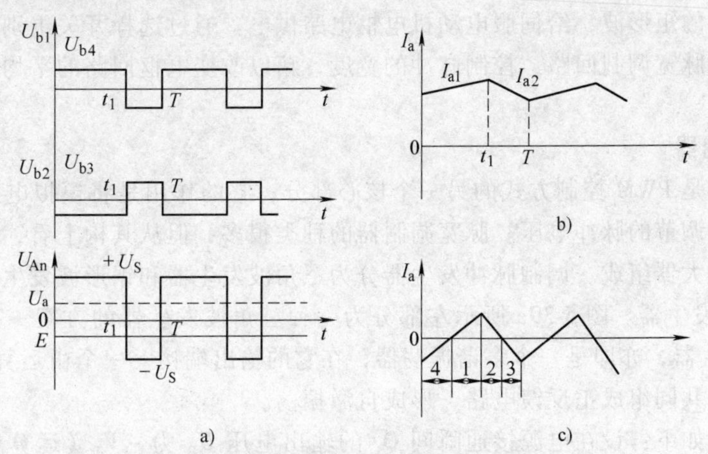

图 5-37　H 型驱动回路中工作电压与电流的波形

由此可知，直流伺服电动机的转向取决于电枢两端电压平均值的正负。

若在一个周期 T 内，$t_1=T/2$，则加在 VT_1 和 VT_4 基极上的正脉冲宽度和加在 VT_2 和 VT_3 基极上的正脉冲宽度相等，VT_1、VT_4 与 VT_2、VT_3 的导通时间相等，电枢电压平均值为零，电动机静止不动。

若 $t_1 > T/2$，电枢平均电压大于零，则电动机正转。平均值越大，转速越高。

若 $t_1 < T/2$，电枢平均电压小于零，则电动机反转。平均值的绝对值越大，反转速度越高。

由上述过程可知，只要能改变加在功率放大器上的控制脉冲的宽度，就能控制电动机的速度。为了达到调压的目的，可以采用下面的两种方法之一：

1）恒频系统，也称为定宽调频法。保持斩波周期 T 不变，只改变 t_1 的导通时间，这种方法就称作脉宽调制（PWM）。

2）变频系统，也称为调宽调频法。改变斩波的周期，同时保持导通时间 t_1 或关断时间 $T-t_1$ 之一不变，这种方法叫做频率调制。

图 5-38 所示为 H 型单极开关电路，将两个相位相反的脉冲控制信号分别加在 VT_1 和 VT_2 的基极，而 VT_3 的基极施加截止控制信号，VT_4 的基极施加饱和导通的控制信号。在 $0 \leqslant t < t_1$ 区间内，VT_1 导通，VT_2 截止，由于 VT_4 始终处于导通状态，所以在电动机电枢两端 BA 间的电压为 $+E_d$。在 $t_1 \leqslant t < T$ 的时间区间内，VT_1 截止而 VT_2 导通，但由于 VT_3 始终处于截止状态，所以电动机处于无电源供电的状态，电枢电流只靠 VT_4 和 VD_2 通道，将电枢电感能量释放而继续流通，电动机只能产生一个方向的转动。如要电动机反转，只要将 VT_3 基极加上饱和导通的控制电压，VT_4 基极加上截止控制电压即可。

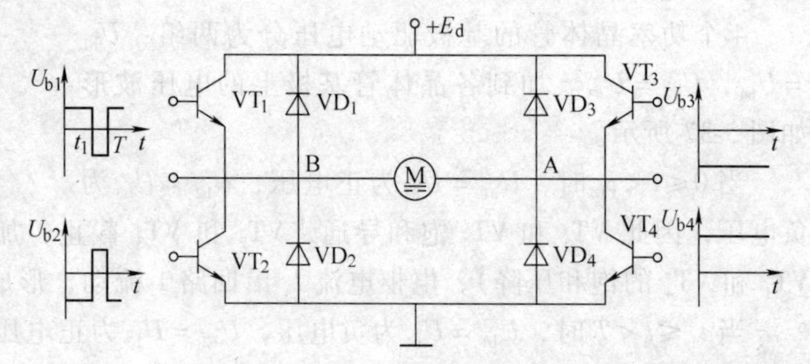

图 5-38 H 型单极开关电路

利用 VT_1、VT_4 与 VT_2、VT_3 两对开关通断产生两组频率较高（2kHz）、幅值不变、相位相反且脉宽可调的矩形波，给伺服电动机电枢电路供电。通过选择开关组别来改变电枢电流方向，同时通过脉宽调制回路，控制脉冲的宽度，藉以改变电枢回路的平均电压，从而达到调速的目的。

2. 脉宽调制器

脉宽调制器是 PWM 控制方式的另一个核心部分，它的作用是将模拟电压转换成脉冲宽度可由控制信号调节的脉冲电压。脉宽凋制器的种类很多，但从其构上看，都是由调制脉冲发生器和比较放大器组成。调制脉冲发生器分为三角波发生器和锯形波发生器。

1）三角波发生器。图 5-39a 所示左部分为一种三角波发生器的方案。其中运算放大器 Q_1 构成方波发生器，亦即是一个多谐振荡器，在它的输出端接上一个由运算放大器 Q_2 构成的反相积分器，共同组成正反馈电路，形成自激振荡。

其工作过程如下：设在电源接通瞬间 Q_1 的输出电压 U_B 为 $-V_d$（运算放大器的电源电压），被送到 Q_2 的反相输入端。由于 Q_2 的反相作用，电容 C_2 被正向充电，输出电压 U_Δ 逐渐升高，同时又被反馈至 Q_1 的输入端使得 U_A 升高。当 $U_A > 0$ 时，比较器 Q_1 就立即翻转（因为 Q_1 由 R_2 接成正反馈电路，即 Q_1 处于非线性状态），U_B 电位由 $-V_d$ 变为 $+V_d$，此时，$t=t_1$，$U_\Delta = (R_5/R_2)\ U_d$。而在 $t_1 \leqslant t < T$ 的区间，Q_2 的输出电压 U_Δ 线性下降。当 $t=T$ 时，

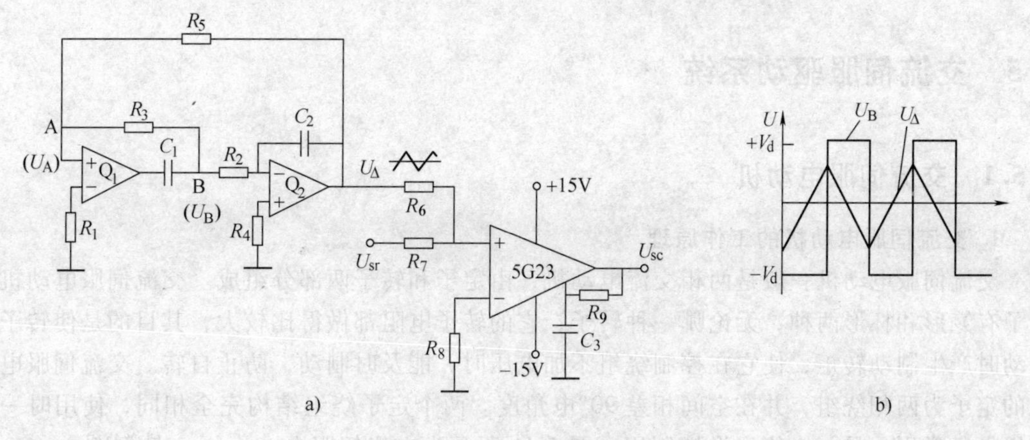

图 5-39　三角波脉冲宽度调制器

a）电路图　b）波形图

U_Δ 略小于零，Q_1 再次翻转至原态，此时 $U_B=-V_d$ 而 $U_\Delta=-(R_5/R_2)\ V_d$。如此周而复始，形成自激振荡，在 Q_2 的输出端得到一串三角波电压，各点波形如图 5-39b 所示。

2）比较放大器。在晶体管 VT_1 的调制器中设有比较放大器，其电路如图 5-39a 右部分图所示。三角波电压 U_Δ 与控制电压 U_{sr}叠加后送入运算放大器的输入端，工作波形如图 5-40 所示。当 $U_{sr}=0V$ 时，运算放大器 5G23 输出电压的正负半波脉宽相等，输出平均电压为零。当 $U_{sr}>0V$ 时，比较放大器输出脉冲正半波宽度大于负半波宽度，输出平均电压大于零。而当 $U_{sr}<0V$ 时，比较放大器输出脉冲正半波宽度小于负半波宽度，输出平均电压小于零。如果三角波线性度好，则输出脉冲宽度可正比于控制电压 U_{sr}，从而实现了控制电压到脉冲宽度之间的转换。

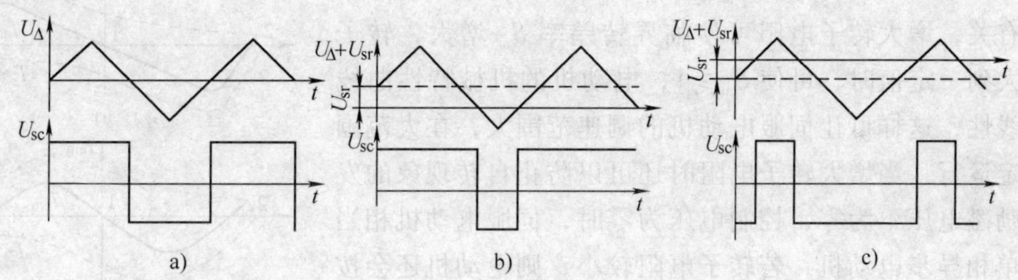

图 5-40　三角波脉冲宽度调制器工作波形图

a）$U_{sr}=0$　b）$U_{sr}>0$　c）$U_{sr}<0$

与晶闸管调速系统相比，直流脉宽调制基本上只是把触发器换成了 PWM 控制器及功放电路。

直流电动机的 PWM 控制可以用不同的控制手段来实现，可以使用分立元件、专用集成 PWM 控制器，或者使用微机进行控制，也可以使用集成 PWM 控制器与微机配合的方法等。

过去多采用分立元件和单元集成电路组成，近几年已经研制出各种专用的集成 PWM 控制器。在国外市场上，最先出现的是摩托罗拉公司的 MC3420 和西尼肯公司的 SG3524，以及德州仪器公司推出的 SG3524 改进型 TL494 等。近几年，摩托罗拉公司又推出了 MC34060，西尼肯公司推出第二代产品 SG1525 和 SG1527，在性能及功能上作了不少优化和改进，已成为标准化产品。我国的一些集成电路制造厂家，参照国外产品也研制出了国产的同类产品。

5.5 交流伺服驱动系统

5.5.1 交流伺服电动机

1. 交流伺服电动机的工作原理

交流伺服电动机一般是两相交流电动机，由定子和转子两部分组成。交流伺服电动机的转子有笼形和杯形两种，无论哪一种转子，它的转子电阻都做得比较大，其目的是使转子在转动时产生制动转矩，使它在控制绕组不加电压时，能及时制动，防止自转。交流伺服电动机的定子为两相绕组，并在空间相差90°电角度。两个定子绕组结构完全相同，使用时一个绕组做励磁用，另一个绕组做控制用，图5-41所示为交流伺服电动机的工作原理图，在图中 U_f 为励磁电压，U_c 为控制电压，这两个电压均为交流，相位互差90°，当励磁绕组和控制绕组均加交流互差90°电角度的电压时，在空间形成圆旋转磁场（控制电压和励磁电压的幅值相等）或椭圆旋转磁场（控制电压和励磁电压幅值不等），转子在旋转磁场作用下旋转。当控制电压和励磁电压的幅值相等时，控制二者的相位差也能产生旋转磁场。

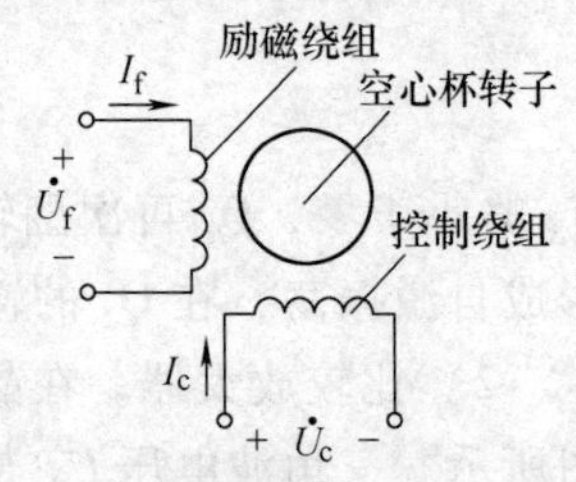

图5-41 交流伺服电动机的工作原理图

与普通两相异步电动机相比，伺服电动机有宽的调速范围；当励磁电压不为零，控制电压为零时，其转速也应为零；机械特性为线性并且动态特性好。为达到上述要求，伺服电动机的转子电阻应当大，转动惯量应当小。

由电机学原理可知，异步电动机的临界转差率 S_m 与转子电阻有关，增大转子电阻可使临界转差率 S_m 增大，转子电阻增大到一定值时，可使 $S_m \geqslant 1$，电动机的机械特性曲线近似为线性，这样可让伺服电动机的调速范围大，在大范围内能稳定运行，当增大转子电阻时还可以防止自转现象的发生。当励磁电压不为零，控制电压为零时，伺服电动机相当于一台单相异步电动机，若转子电阻较小，则电动机还会按原来的运行方向转动，此时的转矩仍为拖动性转矩，此时的机械特性如图5-42a所示；当转子电阻增大时，如图5-42b所示，拖动性转距将变小；当转子电阻大到一定程度时，如图5-42c所示，转距完全变成制动性转矩，这样可以避免自转现象的产生（图中，T_{em} 为电磁转距，T_1 和 T_2 为电磁转矩的两个分量）。

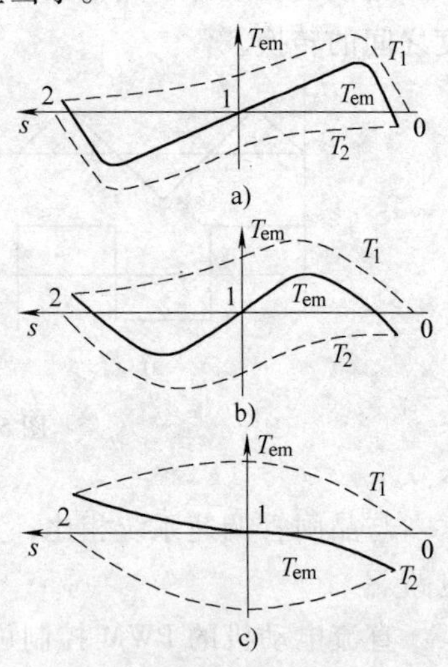

图5-42 转子绕组对交流电动机机械特性的影响
a）机械特性图 b）转子电阻增大 c）转矩完全变成制动性

2. 交流伺服电动机的控制方式

交流伺服电动机的控制方式有3种，分别是幅值控制、相位控制和幅相控制。

（1）幅值控制　控制电压和励磁电压保持相位差90°，只改变控制电压幅值，这种控制方法称为幅值控制。

当励磁电压为额定电压，控制电压为零时，伺服电动机转速为零，电动机不转；当励磁电压为额定电压，控制电压也为额定电压时，伺服电动机转速最大，转矩也为最大；当励磁电压为额定电压，控制电压在额定电压与零电压之间变化时，伺服电动机的转速从最高转速至零转速间变化。图 5-43 所示为控制接线图，当仅改变控制电压 U_c 时就为幅值控制，使用时控制电压 U_c 的幅值在额定值与零之间变化，励磁电压保持为额定值。

（2）相位控制　与幅值控制不同，相位控制时控制电压和励磁电压均为额定电压，通过改变控制电压和励磁电压相位差，实现对伺服电动机的控制。

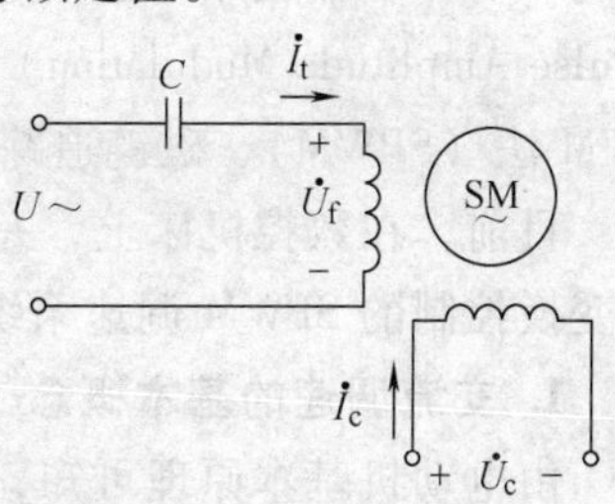

图 5-43　控制接线图

设控制电压与励磁电压的相位差为 β，$\beta = 0 \sim 90°$，根据 β 的取值可得出气隙磁场的变化情况。当 $\beta = 0°$ 时，控制电压与励磁电压同相位，气隙总磁通势为脉振磁通势，伺服电动机转速为零不转动；当 $\beta = 90°$ 时，为圆形旋转磁通势，伺服电动机转速最大，转矩也为最大；当 $\beta = 0° \sim 90°$ 变化时，磁通势从脉振磁通势变为椭圆形旋转磁通势，最终变为圆形旋转磁通势，伺服电动机的转速由低向高变化。β 值越大越接近圆形旋转磁通势。

（3）幅相控制　幅相控制是对幅值和相位差都进行控制，通过改变控制电压的幅值及控制电压与励磁电压的相位差控制伺服电动机的转速。如图 5-43 所示的接线图中，当控制电压的幅值改变时，电动机转速发生变化，此时励磁绕组中的电流随之发生变化，励磁电流的变化引起电容的端电压变化使控制电压与励磁电压之间的相位角改变。

幅相控制的机械特性和调节特性不如幅值控制和相位控制，但由于其电路简单，不需要移相器，因此实际应用较多。

5.5.2　交流异步电动机伺服驱动装置

由于直流电动机具有良好的控制特性，因此在工业生产中一直占据主导地位，但是，直流电动机具有电刷和整流子，尺寸大且必须经常维修，单机容量、最高转速以及使用环境都受到一定的限制。

随着生产的发展，直流电动机的缺点越来越突出，于是人们将目光转向结构简单、运行可靠、维修方便、价格便宜的交流电动机，特别是交流异步电动机。但是，异步电动机的调速特性不如直流电动机，使其应用受到极大限制。随着电力电子技术的发展，20 世纪 70 年代出现了可控电力开关器件（如晶闸管，GTR，GTO 等），为交流电动机的控制提供了高性能的功率变换器，从此交流变频驱动技术得到了飞速发展。

在变频技术发展的同时，交流电动机的控制理论也得到很大发展，1971 年德国科学家 F. Blaschke 等人提出了矢量控制理论。1985 年德国科学家 M. Depenbrok 又提出直接转矩控制论理论，免去了矢量变换的复杂计算，控制结构更加简单化。各种交流电动机的驱动控制装置不断出现，交流调速进入同直流调速相媲美的时代，使交流电动机获得了和直流电动一样优良的静、动态特性，在高速、大功率场合有取代直流调速的趋势。

对交流电动机实现变频调速的装置称为变频器，其功能是将电网提供的恒压恒频 CVCF（Constant Voltage Constant Frequency）交流电变换为变压变频 VVVF（Variable Voltage Variable Frequency）交流电，变频伴随变压，对交流电动机实现无级调速。变频器有交—直—交与交—交变频器两大类。交—交变频器没有明显的中间滤波环节，电网交流电被直接变成可调频调压的交流电，又称为直接变频器。而交—直—交变频器先把电网交流电转换为直流电，经过中间滤波环节后，再进行逆变才能转换为变频变压的交流电，故称为间接变频器。

异步电动机的变频调速所要求的变频变压功能（VVVF）是通过变频器完成的。变频器实现 VVVF 控制技术有脉冲幅度调制 PAM（Pulse Amplitude Modulation）和脉宽调制 PWM（Pulse Amplitude Modulation）两种方式，而 PWM 控制技术分为等脉宽 PWM 法、正弦波 PWM 法（SPWM）、磁链追踪型 PWM 法和电流跟踪型 PWM 法 4 种。

目前，在数控机床上，一般多采用交—直—交的正弦波脉宽调制（SPWM）变频器和矢量变换控制的 SPWM 调速系统。

1. 交流调速的基本概念

由电动机基本原理可知，交流异步电动机（感应电动机）的转速公式为

$$n = \frac{60f}{p}(1 - s)$$

式中 f——定子电源频率；

s——转差率；

p——极对数。

根据公式，改变交流电动机的转速有 3 种方法，即变频调速、变极调速和变转差率调速。变极调速通过改变磁极对数来实现电动机调速，这种方法是有级调速且调速范围窄。变转差率调速可以通过在绕组中串联电阻和改变定子电压两种方法来实现。无论是哪种改变转差率的方法，都存在损耗大的缺陷，不是理想的调速方法。

变频调速范围宽、平滑性好、效率高，具有优良的静态和动态特性，无论转速高低，转差功率的消耗基本不变。变频调速可以构成高动态性能的交流调速系统，取代直流调速，所以，目前高性能的交流变频调速系统都是采用变频调速技术来改变电动机转速的。

在异步电动机的变频调速中，希望保持磁通量不变。磁通量减弱，铁心材料利用不充分，电动机输出转矩下降，导致负载能力减弱。磁通量增强，引起铁心饱和、励磁电流急剧增加，电动机绕组发热，可能烧毁电动机。

根据电动机知识，异步电动机定子每相绕组的感应电动势为

$$E = 4.44fNK\Phi_m$$

式中 N——定子绕组每相串联的匝数；

K——基波绕组系数；

Φ_m——每极气隙磁通（Wb）；

f——定子频率（Hz）。

为了保持气隙磁通量 Φ_m 不变，应满足 $E/f=$常数。但实际上，感应电动势难以直接控制。如果忽略了定子漏阻抗压降，则可以近似地认为定子相电压和感应电动势相等，即 $U \approx E = 4.44fNK\Phi_m$。在交流变频调速装置中，同时兼有调频调压功能。

2. 正弦波脉宽调制（SPWM）

SPWM 法是变频器中使用最为广泛的 PWM 调制方法，属于交—直—交型静止变频装置，可以用模拟电路和数字电路等硬件电路实现，也可以用微机软件及软件和硬件结合的办法实现。

用硬件电路实现 SPWM 法，就是用一个正弦波发生器产生可以调频调幅的正弦波信号

（调制波），用三角波发生器生成幅值恒定的三角波信号（载波），将它们在电压比较器中进行比较，输出 PWM 调制电压脉冲，图 5-44 所示是 SPWM 法调制 PWM 脉冲的原理图。

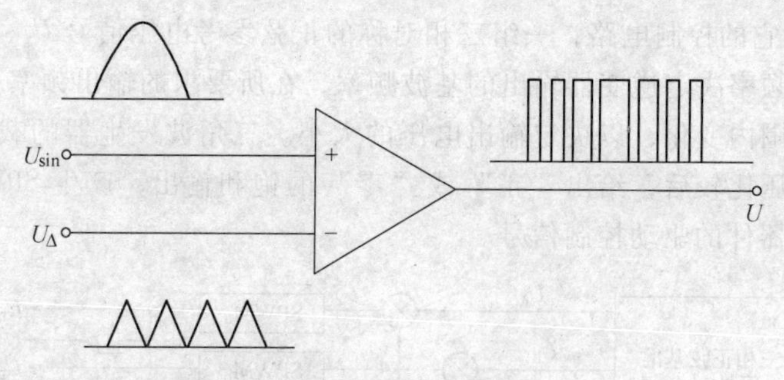

图 5-44　SPWM 调制 PWM 脉冲原理图

三角波电压和正弦波电压分别接在电压比较器的“-”、“+”输入端。当 $U_{\Delta} < U_{sin}$ 时，电压比较器输出高电平，反之则输出低电平。PWM 脉冲宽度（电平持续时间长短）由三角波和正弦波交点之间的距离决定，两者的交点随正弦波电压的大小而改变。因此，在电压比较器输出端就输出幅值相等而脉冲宽度不等的 PWM 电压信号。

逆变器输出电压的每半周由一组等幅而不等宽的矩形脉冲构成，近似等效于正弦波。这种脉宽调制波是由控制电路按一定规律控制半导体开关元件的通断而产生的，“一定的规律”就是指 PWM 信号。生成 PWM 信号的方法有很多种，最基本的方法就是利用正弦波与三角波相交来生成，三角波与正弦波相交交点与横轴包围的面积用幅值相等、脉宽不同的矩形来近似，模拟正弦波。图 5-45 所示是 SPWM 调制波示意图。

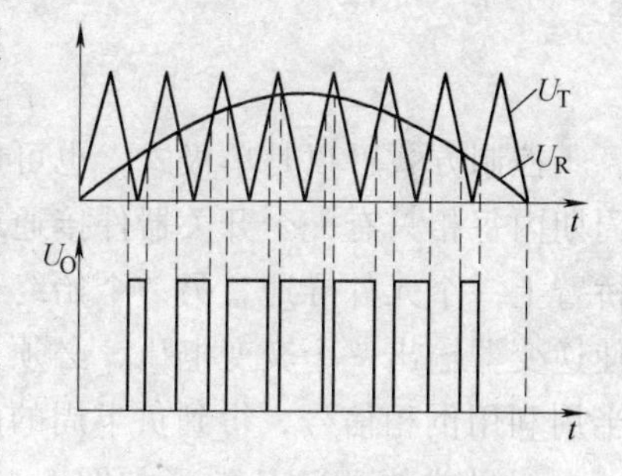

图 5-45　SPWM 调制波

可以看到，由于各脉冲的幅值相等，所以逆变器由恒定的直流电源供电工作时，驱动相应开关器件通断产生的脉冲信号与此相似。

矩形脉冲作为逆变器开关元件的控制信号，在逆变器的输出端输出类似的脉冲电压，与正弦电压相等效。工程上借用通信技术中调制的概念，获得 SPWM 调制波的方法是根据三角波与正弦波的交点时刻来确定逆变器功率开关的工作时刻。调节正弦波的频率和幅值便可以相应地改变逆变器输出电压基波的频率和幅值。

图 5-46 所示为 SPWM 变频的主电路，图中 $VT_1 \sim VT_6$ 是逆变器的 6 个功率开关器件，各有一个续流二极管反并联接。将 50Hz 交流电经三相整流变压器变到所需电压，经二极管整流和电容滤波，形成定直流电压 U_s，再送入 6 个大功率晶体管构成的逆变器主电路，输出

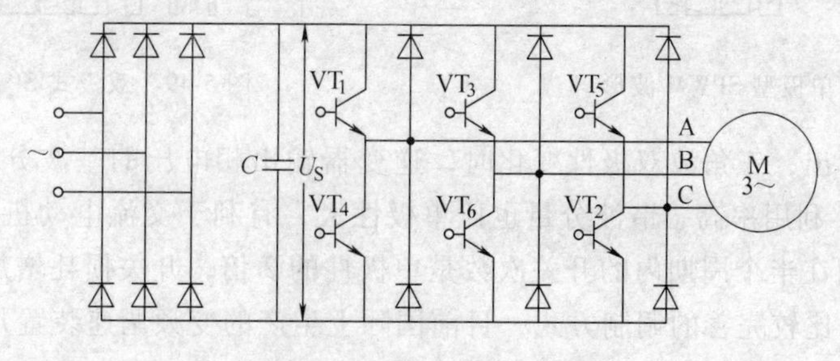

图 5-46　SPWM 变频主电路

三相频率和电压均可调整的等效正弦波的脉宽调制波（SPWM 波）。在输出的半个周期内，上下桥臂的两个开关元件处于互补工作状态，从而在一个周期内得到交变的正弦电压输出。

图 5-47 所示是它的控制电路，一组三相对称的正弦参考电压信号 U_a、U_b、U_c 由基准信号发生器提供，其频率决定逆变器输出的基波频率，在所要求的输出频率范围内可调。其幅值也可以在一定范围内变化，以决定输出电压的大小。三角波发生器的载波信号是共用的，分别与每相参考电压比较后，给出“正”或“零”的饱和输出，产生 SPWM 脉冲序列波作为逆变器功率开关器件的驱动控制信号。

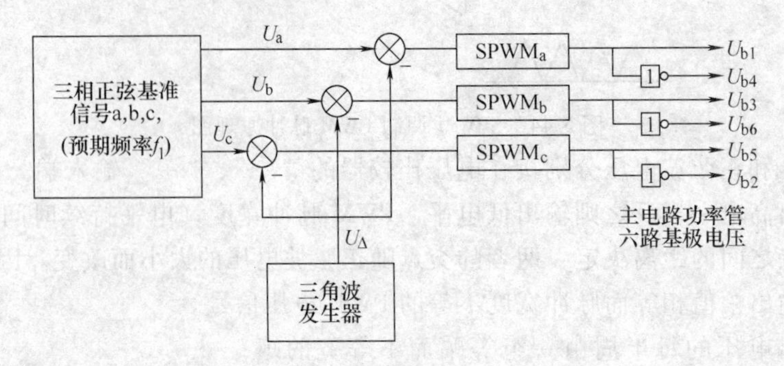

图 5-47　六路 SPWM 控制电路

控制方式可以是单极式，也可以是双极式的。采用单极式控制时，在每个正弦波的半个周期内每相只有一个开关器件接通或关断，即在逆变器输出波形的半个周期内，逆变器同一桥臂上一个元件导通，另一个始终处于截止状态。单极性 SPWM 波形如图 5-48 所示，为了使逆变器输出一个交变电压，必须是一个周期内的正负半周分别使上下桥臂交替工作，在负半周利用倒相信号，得到负半周的触发脉冲，作为驱动下桥臂开关元件的信号。

双极式的 SPWM 波形如图 5-49 所示。其调制方式和单极式相同，输出基波电压的大小和频率也是通过改变正弦参考信号的幅值和频率而改变的，只是功率开关器件的通断情况不一样。双极式调制时逆变器同一桥臂上、下两个开关器件交替通断，处于互补的工作状态。

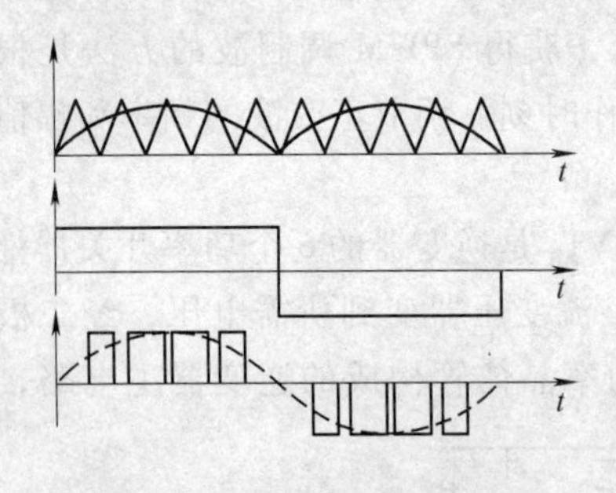

图 5-48　单极型 SPWM 波形

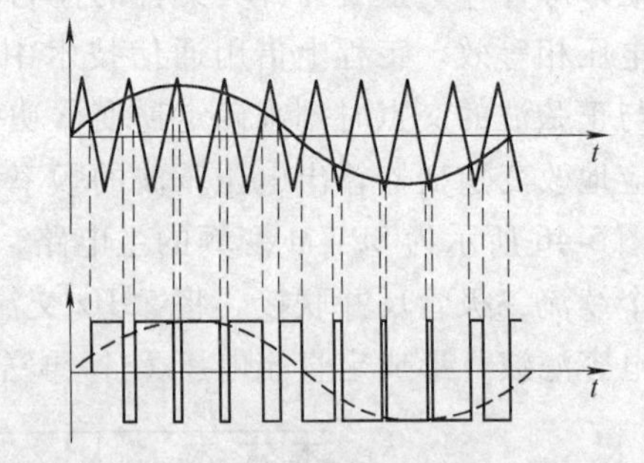

图 5-49　双极式 SPWM 波形

由图中可以看出，三角波双极性变化时，逆变器输出相电压的基波分量要比单极性大，因此双极性 SPWM 利用率高，谐波分量也比单极性大，有利于交流电动机低速运行的稳定。缺点是双极性控制在半个周期内的开关次数是单极性的 2 倍，开关损耗增加。

SPWM 是一种比较完善的调制方式，目前国际上生产的变频调速装置几乎全部采用这两种方法。

3. 矢量变换变频调速

直流电动机之所以具有良好的调速性能，原因在于以下几个方面：

1）直流电动机的磁极固定在定子机座上，产生稳定的直流磁场。

2）电枢绕组固定在转子铁心槽内，在空间产生一个稳定的、与磁场保持垂直的电枢磁势，电枢磁势用于产生转矩。

3）他励电动机激励磁电流和电枢电流可以分别控制。

异步电动机上产生的磁场是旋转的，旋转磁场和转子磁势没有互相垂直的关系，同时其励磁电流和工作电流不能独立控制。

交流异步电动机的转矩 T 与转子电流 I 的关系为

$$T = C_M \Phi I \cos\varphi$$

式中　Φ——气隙磁通（Wb）；

I——转子电流（A）；

$\cos\varphi$——转子功率因数。

Φ、I、$\cos\varphi$ 都是转差率 s 的函数，难以直接控制，比较容易控制的是定子电流 I_1，而定子电流 I_1 又是转子电流折合值与励磁电流 I_0 的矢量和。因此要准确地控制电磁转矩显然比较困难。

矢量变换控制系统（Transvector Control System）又称矢量控制系统，它是通过对电流的空间矢量进行坐标变换实现的控制系统。这种方法把异步电动机经过坐标变换等效成直流电动机，设法在交流电动机上模拟直流电动机控制转矩的规律，以使交流电动机具有同样产生电磁转矩的能力。矢量控制原理的基本思路就是按照产生同样的旋转磁场这一等效原则建立起来的。

三相固定的对称绕组 A、B、C，通以三相正弦平衡交流电流 I_a、I_b、I_c 时，即产生转速为 ω 的旋转磁场 Φ，如图 5-50a 所示。产生旋转磁场不一定非要三相不可，单相、二相、四相等任意的多相对称绕组，通以多相平衡电流，都能够产生旋转磁场。图 5-50b 所示是两相固定绕组 α 和 β（位置上差 90°），通以两相平衡交流电流 I_α 和 I_β（时间上差 90°）时，所产生的旋转磁场 Φ。如图 5-50c 所示有两个匝数相等、互相垂直的绕组 M 和 T，分别通以直流电流 I_M 和 I_T，产生固定的磁通 Φ，如果使两个绕组以同步转速旋转，磁场 Φ 自然随着旋转起来，也可以与图 5-50a 和图 5-50b 等效。当观察者站在铁心上和绕组一起旋转时，在观察者看来，是两个通以直流电流的互相垂直的固定绕组。如果取磁通的位置和绕组的平面正交，就和等效的直流电动机绕组没有差别了。

如图 5-51 所示，其中 F_a 是电枢磁通，F_1 是励磁磁势。此时，如图 5-50c 所示的 M 绕组相当于励磁绕组，T 绕组相当于电枢绕组，这样以产生旋转磁场为准则，如图 5-50a 所示三相绕组，如图 5-50b 所示的两相绕组与如图 5-50c 所示的直流绕组等效。I_a、I_b、I_c 与 I_M 和 I_T 之间存在着确定的关系，即矢量变换关系。要保持 I_M 和 I_T 为某一定值，则 I_a、I_b、I_c 必须按一定规律变化。只要按

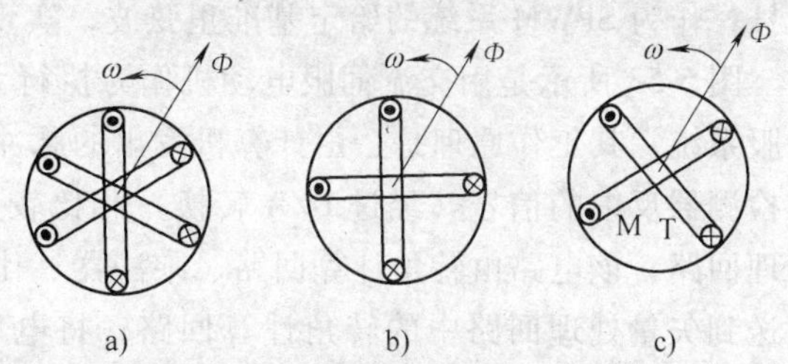

图 5-50　等效的交流电动机绕组和直流电动机绕组

a）三相固定的对称绕组　b）两相固定绕组

c）两个匝数相等、互相垂直的绕组

照这个规律去控制三相电流，就可以等效地控制 I_M 和 I_T，达到所需控制转矩的目的，从而得到和直流电动机一样的控制性能。

将交流电动机模拟成直流电动机加以控制，其控制系统也可以完全模拟直流电动机的双闭环调速系统，所不同的是其控制信号要从直流量变成交流量，而反馈信号则必须从交流量换成直流量。

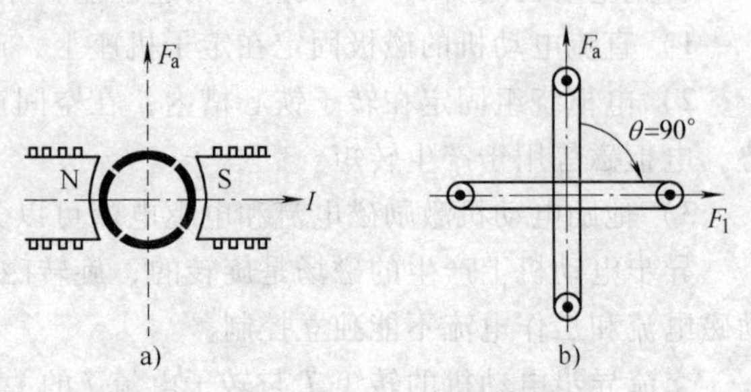

图 5-51　直流电动机的磁通和电枢磁势

a）电磁结构图　b）磁通和电枢磁势图

图 5-52 所示为利用矢量变换进行控制的结构框图。图中给定的反馈信号经过与直流调速系统所用相类似的控制器，产生励磁电流的给定信号 I_{m1}^* 和电枢电流的给定信号 I_{t1}^*，经过反旋转变换 VR^{-1} 得到 $I_{\alpha1}^*$ 和 $I_{\beta1}^*$，再经 2/3 变换得到 I_A^*、I_B^* 和 I_C^*。把这 3 个电流控制信号和由控制器直接得到的频率控制信号 ω_1 加到带电流控制的变频器上，就可输出异步电动机调速所需的三相变频电流。

在设计矢量控制系统时可以认为，在控制器后面引入的反旋转变换器 VR^{-1} 与电动机内部的旋转变换环节 VR 抵消，2/3 变换器与电动机内部的 3/2 变换环节抵消，如果再忽略变频器中可能产生的滞后，则如图 5-52 所示点画线框内的部分可以完全删去，剩下的部分和直流调速系统非常相似。

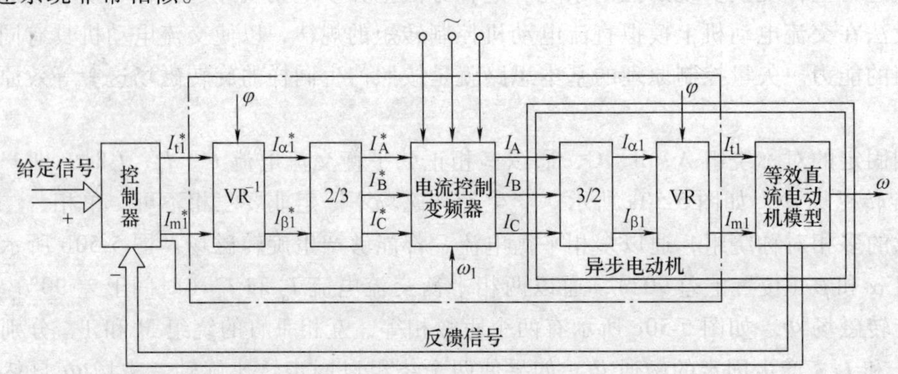

图 5-52　矢量变换控制系统

矢量变换 SPWM 调速系统，是将通过矢量变换得到相应的交流电动机的三相电压控制信号，作为 SPWM 系统的给定基准正弦波，实现对交流电动机的调速。

图 5-53 所示是用交流伺服电动机作为执行元件的一种矢量变换 SPWM 变频控制的交流伺服系统。其工作原理是：由计算机发出的脉冲经位置控制回路发出速度指令，在比较器中与检测器反馈的信号（经过 D/A 转换）相比较后，再经过放大器送出转矩指令 M，至矢量处理回路，该电路由转角计算回路、乘法器、比较器等组成。另一方面，检测器的输出信号也送到矢量处理回路中的转角计算回路，将电动机的转角位置 θ 变成 $\sin\theta$、$\sin(\theta-120°)$ 及信号 $\sin(\theta-240°)$，分别送到矢量处理电路中的乘法器，由矢量处理电路再输出 $M\sin\theta$、$M\sin(\theta-120°)$ 及 $M\sin(\theta-240°)$ 3 种电流信号，经放大并与电动机回路的电流检测信号比较后，经脉宽调制回路（PWM）调制及放大，控制三相桥式晶体管电路，使伺服电动机按规定转速旋转，并输出要求的转矩值。检测器检测的信号还要送到位置控制回路中，与计

算机的脉冲进行比较，完成位置环控制。

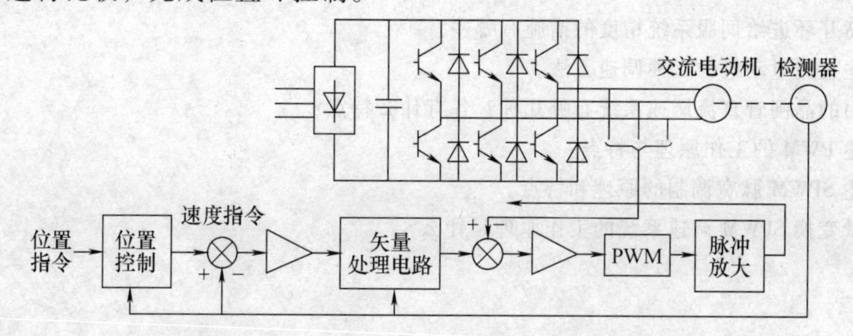

图 5-53　矢量变换 SPWM 变频控制系统框图

该系统实现了转矩与磁通的独立控制，控制方式与直流电动机相同，可以获得与直流电动机相同的调速控制特性，满足了数控机床进给驱动的恒转矩、宽调速的要求，也可以满足主轴驱动中恒功率调速的要求，在数控机床上得到了广泛的应用，并有取代直流驱动之势。

磁场矢量控制方法是目前工程上常用的调速方法，与其他变频控制系统相比，矢量变换调速系统的主要特性如下：

1）速度控制精度和过渡过程响应时间与直流电动机大致相同，调速精度可达 ±1%。

2）自动弱磁控制与直流电动机调速系统相同，弱磁调速范围为 4∶1，同时可以达到高于额定转速的要求。

3）过载能力强，能承受冲击载荷，能突然加减速和突然可逆运行，能实现四相运行。

4）性能良好的矢量控制的交流调控系统比直流系统效率约高 2%，不存在直流电动机换向火花问题。

所以，目前交流伺服电动机多采用磁场矢量变换控制方法，以达到产生理论上最大转矩的最佳控制。

4. 矢量变换 SPWM 变频调速实例

早期的机床采用带轮、齿轮等切换进行机械式调速。20 世纪 60 年代到 70 年代主要采用直流主轴驱动。为了解决电动机存在的维修和维护问题，伴随着电力电子技术的发展，20 世纪 80 年代初期开始普遍采用交流主轴驱动，目前国际上新生产的数控机床已经有大约 85% 采用交流主轴驱动系统。对于高精度的主轴，从调速范围、加减速性能、速度控制精度等方面来看，多采用矢量控制的变频技术。

目前，加工中心主传动系统所用的主轴电动机有交流电动机和直流电动机两种，其中用来控制交流主轴电动机的交流主轴控制单元，大多是感应电动机矢量变换控制系统，变流多采用 SPWM 技术，功率器件多采用 GTO、GTR、IGBT 及智能模块 IPM，其开关速度快、驱动电流小、控制驱动简单、故障率降低，干扰得到了有效的控制，保护功能进一步完善。目前常见的国外生产交流主轴电动机控制单元的厂家有日本的 FANUC、德国的西门子公司和美国的 A-B 公司等，国内生产厂家主要有兰州电动机厂、上海机床研究所等。

思考与练习题

5.1　步进电动机的主要特点是什么？

5.2　步进电动机的主要性能指标有哪些？

5.3　步进电动机绕组的相数与起动转矩 M_q 有何关系？

5.4　阐述步进电动机的硬件环形分配、软件环形分配工作原理。
5.5　提高开环进给伺服系统精度的措施有哪些?
5.6　简述直流电动机的3种调速方法。
5.7　常用的晶闸管直流调速系统有哪几种? 各有什么特点?
5.8　简述PWM的工作原理与特点。
5.9　简述SPWM脉宽调制的原理和特点。
5.10　矢量变换SPWM调速系统的工作原理是什么?

第 6 章　机电一体化项目教学案例

6.1　数控加工中心刀具换刀系统的设计

1. 设计任务

设计一个数控加工中心刀具库换刀系统

2. 设计要求

刀盘由 PLC 控制来实现其功能。斗笠式刀库装 6 把刀，从上向下看顺时针编号，如图 6-1 所示。以机械手位置为基准，刀号变大方向连续 3 把刀采用刀盘逆时针旋转换刀；刀号变小方向连续 2 把刀采用刀盘顺时针旋转换刀。例如：假设 1 号刀位停留在机械手位置处时，调取 1 号刀时刀盘不动作；调取 5、6 号刀时，刀盘顺时针旋转；调取 2、3、4 号刀时，刀盘逆时针旋转。

3. 寄存器与参数设置

1）寄存器 D0：机械手当前位置寄存器。

2）寄存器 D1：程序刀号寄存器。

3）寄存器 D3：偏差寄存器。

4）参数 K：参数 K1、K2、K3、K4、K5、K6 分别为 1、2、3、4、5、6。

4. 工作实现

如图 6-1 所示，以 1 号刀位在机械手位置处为例。

1）调取当前刀号。机械手在 1 号刀位 D0 = K1，系统调取当前刀号，D1 = K1，两值比较 D0 = D1，此时，到位指示灯直接亮起，接着换刀成功指示灯闪烁，表示换刀完成。

2）调取 2（或 3、4）号刀。机械手在 1 号刀位 D0 = K1，系统调取 2 号刀，D1 = K2，两值比较 D0 < D1，此时，D0 要先加 K6 再减 D1 得 D3，D3 再和 K3 比较，D3 > K3，M10 动作，刀盘逆转。

3）调取 5（或 6）号刀，机械手在 1 号刀位 D0 = K1，系统调取 5 号刀，D1 = K5，两值比较 D0 < D1，此时，D0 要先加 K6 再减 D1 得 D3，D3 再和 K3 比较，D3 ≤ K3，M11、M12 动作，刀盘顺转。

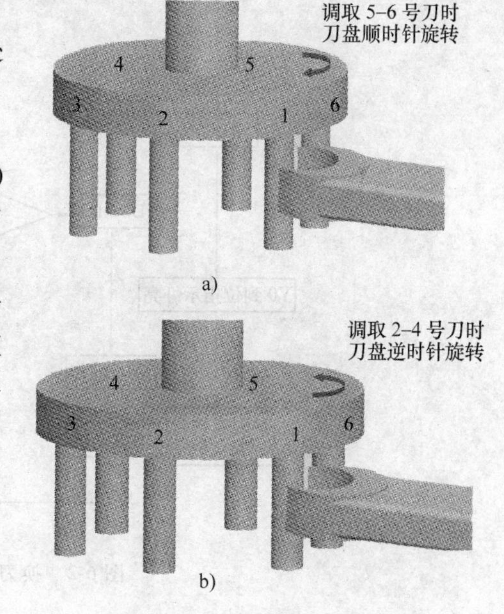

图 6-1　刀盘顺、逆转调取刀具

a）顺时针　b）逆时针

5. I/O 配置表

配置表见表 6-1。

表 6-1 I/O 口配置表

节点类型	节点名称	节点作用	节点类型	节点名称	节点作用
输入	X001	机械手位置检测	输入	X014	刀具号选择
	X002	机械手位置检测		X015	刀具号选择
	X003	机械手位置检测		X016	刀具号选择
	X004	机械手位置检测	输出	Y000	刀具到位指示
	X005	机械手位置检测		Y001	刀盘旋转指示
	X006	机械手位置检测		Y002	刀盘顺转
	X011	刀具号选择		Y003	刀盘逆转
	X012	刀具号选择		Y004	换刀闪烁
	X013	刀具号选择			

6. 软件流程图

流程图如图 6-2 所示。

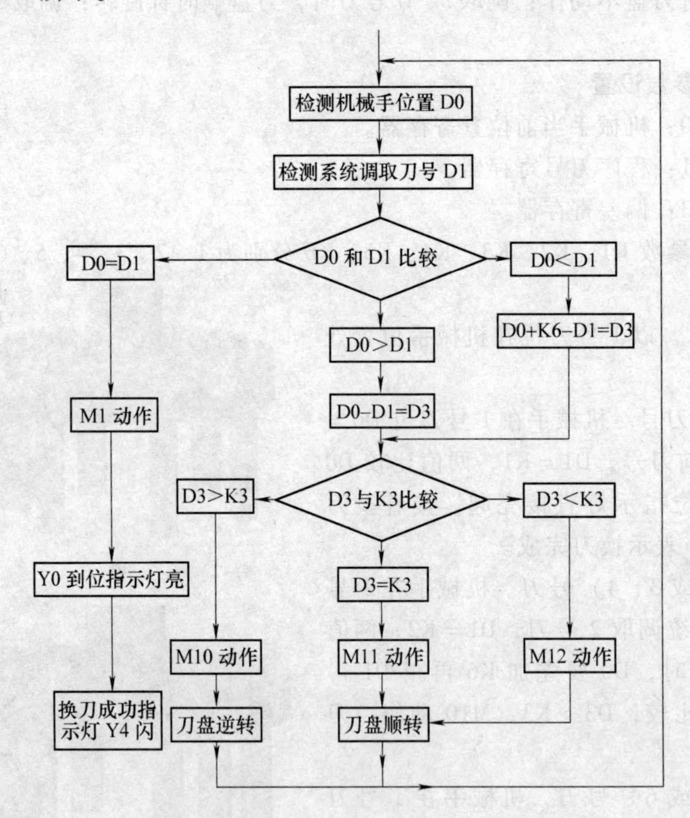

图 6-2 换刀系统软件流程图

7. 梯形图

梯形图如图 6-3 所示。

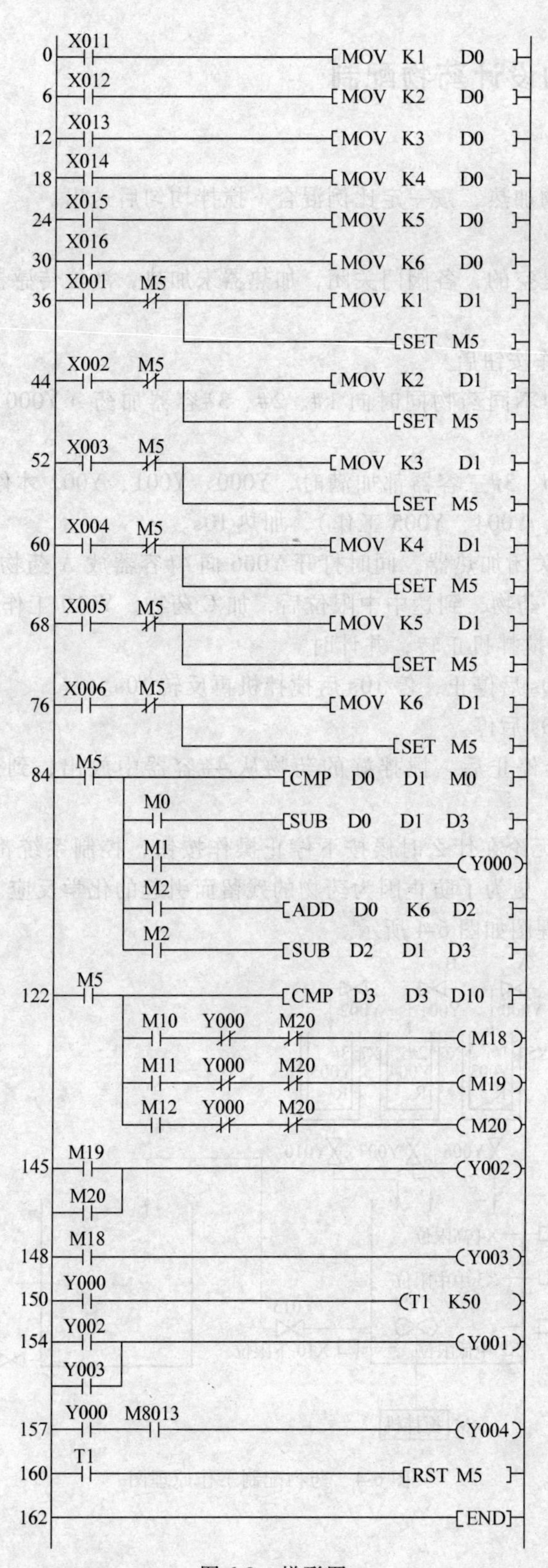

0 X011 MOV K1 D0
6 X012 MOV K2 D0
12 X013 MOV K3 D0
18 X014 MOV K4 D0
24 X015 MOV K5 D0
30 X016 MOV K6 D0
36 X001 M5 MOV K1 D1
SET M5
44 X002 M5 MOV K2 D1
SET M5
52 X003 M5 MOV K3 D1
SET M5
60 X004 M5 MOV K4 D1
SET M5
68 X005 M5 MOV K5 D1
SET M5
76 X006 M5 MOV K6 D1
SET M5
84 M5 CMP D0 D1 M0
M0 SUB D0 D1 D3
M1 Y000
M2 ADD D0 K6 D2
M2 SUB D2 D1 D3
122 M5 CMP D3 D3 D10
M10 Y000 M20 M18
M11 Y000 M20 M19
M12 Y000 M20 M20
145 M19 Y002
M20
148 M18 Y003
150 Y000 T1 K50
154 Y002 Y001
Y003
157 Y000 M8013 Y004
160 T1 RST M5
162 END

图 6-3　梯形图

6.2 控制系统的设计药物配制

1. 设计任务

将三种不同的药物加热，按一定比例混合，搅拌均匀后送出。

2. 设计要求

在启动之前容器是空的，各阀门关闭，加热器未加热，液位传感器关闭，各输入泵及搅拌电动机均未动作。

（1）按下启动操作按钮后

1）A、B、C 三种不同药物同时向 1#、2#、3#容器加药（Y000、Y001、Y002 工作），直到到达高限位。

2）只有在 1#、2#、3#三容器都加满时，Y000、Y001、Y002 才停止工作，才能同时打开三个加热器（Y003、Y004、Y005 工作），加热 10s。

3）10s 后，自动关闭加热器，同时打开 Y006 向 4#容器放 A 药物，直到到达中低限位，接着 Y007 工作，加 B 药物，到达中中限位后，加 C 药物，Y010 工作，到达高限位后停止。

4）药物加满后，搅拌机正转，并计时。

5）搅拌机正转 10s 后停止，停 10s 后搅拌机再反转 10s。

6）搅拌机反转 10s 后停。

7）等搅拌机完全停止后，搅拌好的药物从 4#容器中放出，到达 4#容器最低下限位（即空）为止。

（2）停止操作　无论在什么时候按下停止操作按钮，控制系统都要走到最后一步才能停止，防止药物浪费，更为了防止因为药物的残留而引起的化学反应。

药物配制工作原理图如图 6-4 所示。

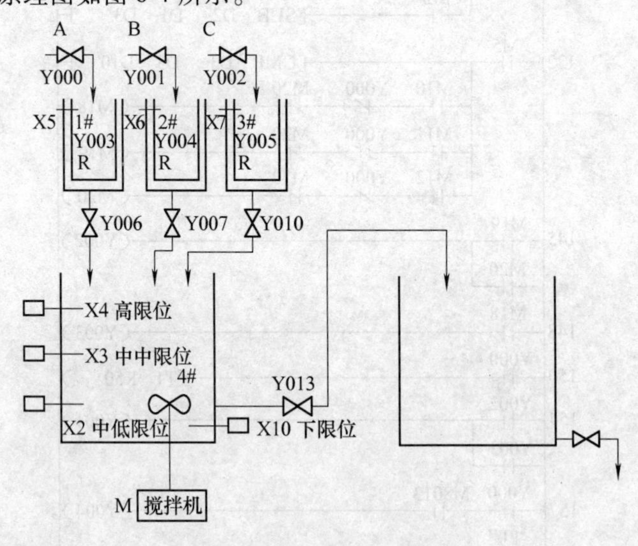

图 6-4　药物配制工作原理图

3. 设计

（1）初始状态

1）启动前容器全部为空。

2）泵 Y000、Y001、Y002、Y003、Y004、Y005、Y006、Y007、Y010、Y011、Y012、Y013 全部关闭。

3）1#、2#、3#容器的加热器 R 关闭。

4）4#容器搅拌机 M 关闭。

（2）启动条件

1）输入泵 A（或 B、C）的工作条件：进料阀已打开；加热时间到后出料阀打开；输入泵电动机的驱动无故障；紧急停止未动作。

2）搅拌电动机的工作条件：搅拌桶未空；药物到达 4#容器的高限位开关；搅拌电动机的驱动无故障；紧急停止未动作。

3）排放电磁阀的工作条件：搅拌电动机停止工作；未到下限开关；紧急停止未动作。

4. 流程图

流程图如图 6-5 所示。

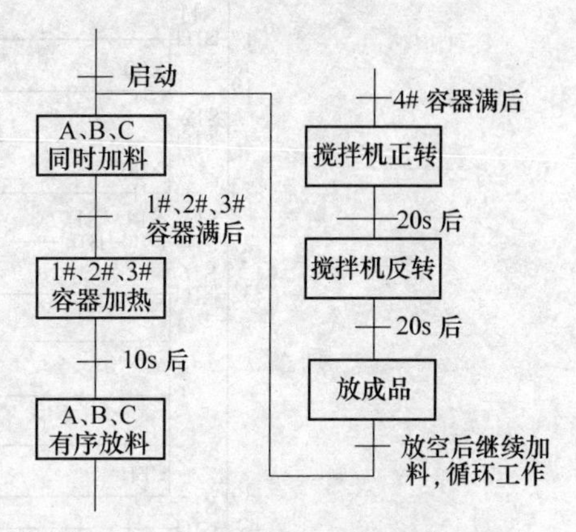

图 6-5　药物配制流程图

5. 编程元件 I/O 地址分配

地址分配见表 6-2。

表 6-2　I/O 地址分配表

输入继电器	输出继电器	输入继电器	输出继电器
启动　X000	泵 A 加料　Y000	4#中下限位 X002	泵 A 放料　Y006
停止　X001	泵 B 加料　Y001	4#中中限位 X003	泵 B 放料　Y007
1#上限位　X005	泵 C 加料　Y002	4#高限位　X004	泵 C 放料　Y010
2#上限位　X006	泵 A 加热　Y003		搅拌机 M　Y011（正转）
3#上限位　X007	泵 B 加热　Y004		搅拌机 M　Y012（反转）
4#下限位　X010	泵 C 加热　Y005		成品放料　Y013

6. 控制程序设计

根据系统的控制要求，采用合适的方法来设计 PLC 程序。程序要以满足系统控制要求为主线，逐一编写实现各控制功能或各子任务的程序，逐步完善系统指定的功能。除此之外，程序通常还应包括以下内容：

1）初始化程序。在 PLC 上电后，一般都要做一些初始化的操作，为启动作必要的预备，避免系统发生误动作。初始化程序的主要内容有：对某些数据区、计数器等进行清零，对某些数据区所需数据进行恢复，对某些继电器进行置位或复位，对某些初始状态进行显示等。

2）检测、故障诊断和显示等程序。这些程序相对独立，一般在程序设计基本完成时再添加。

3）保护和连锁程序。保护和连锁是程序中不可缺少的部分，必须认真加以考虑，它可以避免由于非法操作而引起的控制逻辑混乱。

梯形图设计如图 6-6 所示。

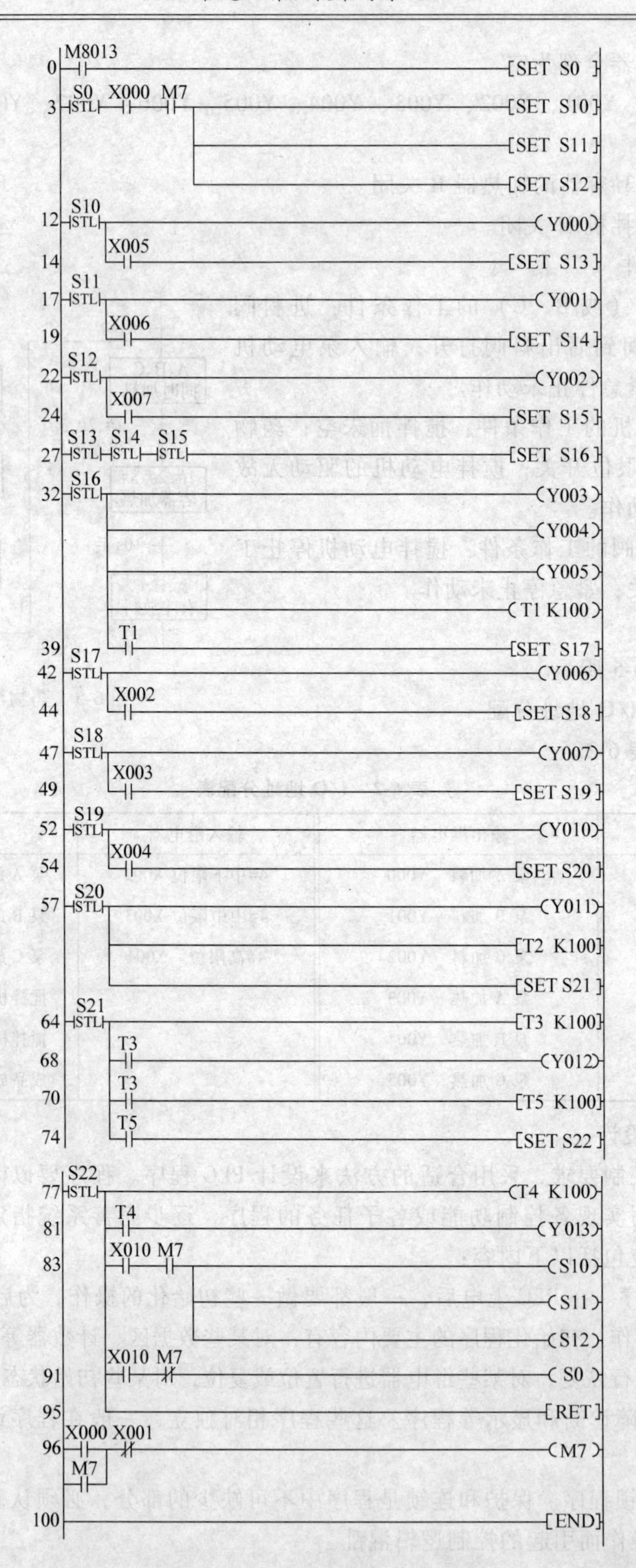

图 6-6 药物配制梯形图设计

7. 物料混合过程模拟操作时应注意的问题

上机操作时，因为没有现场设备，只有通过 PLC 面板上的开关进行模拟操作，而且是人为拨动几个限位开关，很容易将开关拨错，使输出继电器产生误动作，PLC 会发出轻微的“吱吱”声，但在工厂中，限位开关都是在碰到药物后自动动作，不太会发生上述现象。

不管模拟还是现场操作，在按下停止开关后，都要走到最后一步，这样做不仅是为了避免药物的浪费，更是为了防止残留药物发生化学反应。

6.3　汽车尾灯控制设计

1. 设计任务

在实验室 PLC 控制板上设计一个汽车尾灯控制程序。

2. 设计要求

汽车尾部左右两侧各有 3 个转向灯（用发光管模拟），要求：

1）汽车正常行驶时，尾灯全部熄灭。

2）当汽车右转弯时，右侧 3 个转向灯按右循顺序点亮。

3）当汽车左转弯时，左侧 3 个转向灯按左循顺序点亮。

4）刹车时，所有转向灯同时闪烁。

5）选择控制方案，完成对确定方案的程序设计，编写梯形图。

3. 设计

汽车尾灯是汽车的一个重要部件，在交通安全中扮演着重要的角色。本次设计的是简易汽车尾灯，实现较简单的逻辑功能，重点是通过本次设计过程，掌握实际工程设计方法。

X2 代表汽车左转按钮，X3 代表汽车右转按钮，X4 表示刹车，Y1、Y2、Y3 是左转向灯，Y4、Y5、Y6 是右转向灯。当汽车左转时，左转向灯顺序点亮，如果左转又刹车则左转向灯闪烁；当汽车右转时，右转向灯顺序点亮，如果右转又刹车则右转向灯闪烁；直线行车刹车则所有转向灯同时闪烁。图 6-7 所示为汽车尾灯控制梯形图。

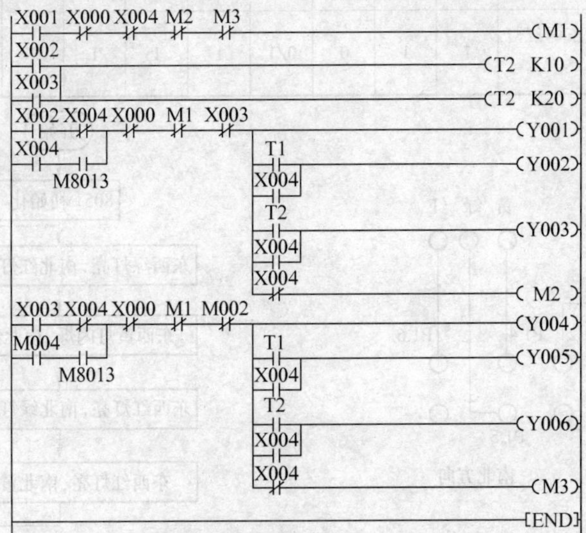

图 6-7　汽车尾灯控制梯形图

6.4 交通信号灯控制系统的设计

1. 设计任务

在实验室单片机控制台上设计一个交通信号灯控制。

2. 设计要求

1）要求东西方向（主干道）车道和南北方向（主干道）车道两条交叉道路上的车辆交替运行，时间可设置修改。

2）在绿灯转为红灯前，要求黄灯闪烁，才能变换运行车道，闪烁次数可以修改。

3）黄灯要求秒闪烁。

3. 设计

东西路口的绿灯亮，南北路口的红灯亮，东西路口方向通车，程序设计 5s，时间可调；延时 5s 后，东西路口的绿灯熄灭，黄灯开始秒闪烁 5 次，次数可调；然后东西路口红灯亮，而同时南北路口的绿灯亮，南北路口方向开始通车，程序设计 5s，时间可调；延时 5s 后，南北路口的绿灯熄灭，黄灯开始秒闪烁 5 次，次数可调；完成一个周期，再循环。程序运行状态见表 6-3，图 6-8 所示为实验台接线图，图 6-9 所示为交通信号灯模拟控制系统设计程序流程图。

表 6-3　程序运行状态表（其中 0 代表灯亮，1 代表灯灭）

状态		东			南			西			北		
		黄	绿	红	黄	绿	红	黄	绿	红	黄	绿	红
		P1.0	P1.1	P1.2	P1.4	P1.5	P1.6	P1.0	P1.1	P1.2	P1.4	P1.5	P1.6
该四个工作状态按此次序将重复出现	南北红灯亮，东西绿灯亮	1	0	1	1	1	0	1	0	1	1	1	0
	南北红灯亮，东西黄灯闪烁	0/1	1	1	1	1	0	0/1	1	1	1	1	0
	南北绿灯亮，东西红灯亮	1	1	0	1	0	1	1	1	0	1	0	1
	南北黄灯闪烁，东西红灯亮	1	1	0	0/1	1	1	1	1	0	0/1	1	1

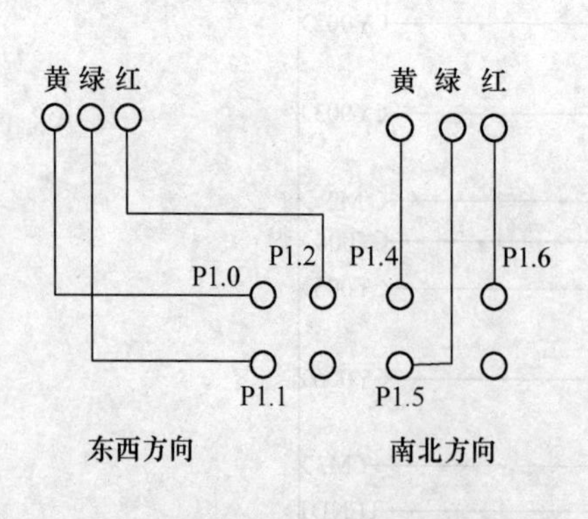

图 6-8　实验台接线图

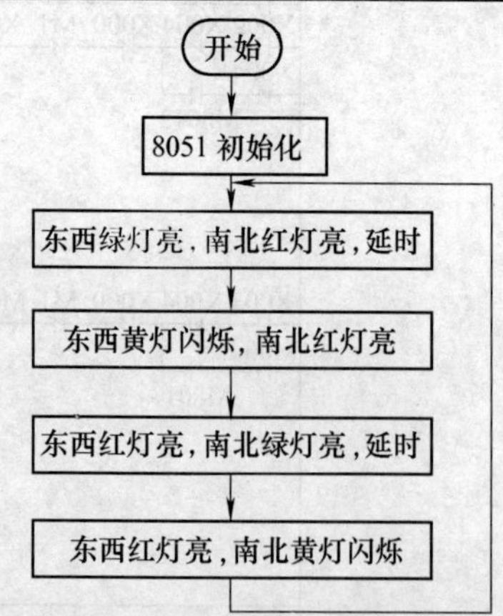

图 6-9　交通信号灯模拟控制系统程序流程图

4. 程序设计

设单片机的机器周期 $T=1\mu s$。

```
          ORG   0000H
          AJMP  START
          ORG   0030H
   START: MOV   SP, #30H
  DONGXI: MOV   P1, #0BDH
          MOV   A, #10          ; 东西绿灯亮，南北红灯亮 5s
   LOOP1: LCALL DELAY
          DEC   A
          JNZ   LOOP1
          MOV   A, #5           ; 黄灯秒闪烁 5 次
          CPL   P1.1            ; 绿灯灭
 YELLOW1: CLR   P1.0            ; 黄灯亮
          LCALL DELAY
          SETB  P1.0            ; 黄灯灭
          LCALL DELAY
          DEC   A
          JNZ   YELLOW1
  NANBEI: MOV   P1, #0DBH
          MOV   A, #10          ; 东西红灯亮、南北绿灯亮 5s
   LOOP2: LCALL DELAY
          DEC   A
          JNZ   LOOP2
          MOV   A, #5           ; 黄灯秒闪烁 5 次
          CPL   P1.5            ; 绿灯灭
 YELLOW2: CLR   P1.4            ; 黄灯亮
          LCALL DELAY
          SETB  P1.4            ; 黄灯灭
          LCALL DELAY
          DEC   A
          JNZ   YELLOW2
          SJMP  DONGXI
   DELAY: MOV   R5, #5          ; 0.5s 延时
    DYS0: MOV   R6, #200
    DYS1: MOV   R7, #248
    DYS2: DJNZ  R7, DYS2
          NOP
          DJNZ  R6, DYS1
```

```
DJNZ   R5, DYS0
RET
END
```

6.5 四中断彩色广告灯控制系统的设计

1. 设计任务

在实验室单片机控制台上设计一个四中断彩色广告灯。

2. 设计要求

四中断的亮灯形式，“O”：亮灯，“X”：灭灯。

1）T_0 亮灯：（T0 方式 1 定时）

OXXXXXXO→XOXXXXOX→XXOXXOXX→XXXOOXXX→OXXXXXXO→…反复循环。

2）INT_0 亮灯：（外部中断 0）

XXXXXOXO→XXXXOOOO→XXXXOXOX→XXXOOOOX→XXXOXOXX→XXOOOOXX→XXOXOXXX → XOOOOXXX → XOXOXXXX → OOOOXXXX → OXOXXXXX → OOOXXXXO →XOXXXXXO→OOXXXXOO→OXXXXXOX→OXXXXOOO→XXXXXOXO→XXXXOOOO。

3）INT_1 亮灯：（外部中断 1）

XXXXOOOO→OOOOXXXX→XXXXOOOO→…循环 3 次。

4）T_1 亮灯：（T1 方式 2 计数）

OOOOOOOO→XXXXXXXX→…循环 3 次。

T_0 亮灯为低级定时中断；T_1 亮灯为计数高级中断；INT_0 亮灯、INT_1 亮灯为低级中断。

3. 接线图设计

如图 6-10 所示。

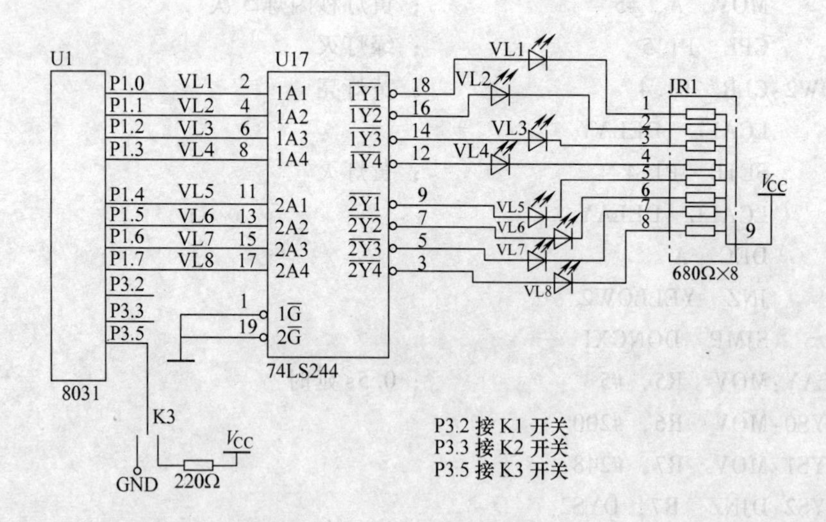

图 6-10 P1 口与发光二极管接线图

4. 源程序设计

```
        ORG   0000H
        LJMP  MAIN
        ORG   0003H
        LJMP  INT_0;            ; P3.2 开关
        ORG   000BH
        LJMP  T_0
        ORG   0013H
        LJMP  INT_1;            ; P3.3 开关
        ORG   001BH
        LJMP  T_1;              ; P3.5 开关
        ORG   0030H
MAIN:MOV   TMOD, #61H           ; T_0 定时模式方式 1; T_1 计数模式方式 2
        MOV   TH0, #63H         ; T_0、T_1 写入定时/计数初值
        MOV   TL0, #0C0H
        MOV   TH1, #0FFH
        MOV   TL1, #0FFH
        MOV   IP, #08H          ; T_1 设为高级中断
        MOV   IE, #8FH
        MOV   R7, #00H
        SETB  IT0               ; 外部中断 0、1 设边沿触发方式
        SETB  IT1
        SETB  TR0
        SETB  TR1
        MOV   R0, #7FH
        MOV   R1, #0FEH
        MOV   P1, #7EH
        SJMP  $
 T_0:MOV   TH0, #63H            ; 重新写入计数初值
        MOV   TL0, #0C0H
        MOV   A, R0
        RR  A
        MOV   R0, A
        MOV   A, R1
        RL  A
        MOV   R1, A
        ANL  A, R0
        MOV   P1, A
        RETI
```

```
INT_0:MOV   R3, #9              ; 循环9次
      MOV   R2, #0FAH
 LOOP:MOV   P1, R2
      LCALL  DEL
      LCALL  DEL
      LCALL  DEL
      LCALL  DEL
      MOV   28H, R2
      MOV   A, R2
      RL   A
      MOV   R2, A
      ANL   A, 28H
      MOV   P1, A
      LCALL  DEL
      LCALL  DEL
      LCALL  DEL
      LCALL  DEL
      DJNZ   R3, LOOP
      RETI
INT_1:MOV   R3, #3              ; 循环3次
LOOP1:MOV   P1, #0F0H
      LCALL  DEL
      LCALL  DEL
      LCALL  DEL
      LCALL  DEL
      MOV   P1, #0FH
      LCALL  DEL
      LCALL  DEL
      LCALL  DEL
      LCALL  DEL
      DJNZ   R3, LOOP1
      RETI
  T_1:MOV   R3, #3              ; 循环3次
      MOV   A, R7
      CPL   A
LOOP2:MOV   P1, A               ; 灭灯
      LCALL  DEL
      LCALL  DEL
      LCALL  DEL
```

```
        LCALL   DEL
        MOV   P1, #00H          ;亮灯
        LCALL   DEL
        LCALL   DEL
        LCALL   DEL
        LCALL   DEL
        DJNZ   R3, LOOP2
        RETI
DEL:    MOV   R5, #0FFH
A2:     MOV   R6, #80H
A1:     DJNZ   R6, A1
        DJNZ   R5, A2
        RET
        END
```

参考文献

[1] 李全利．单片机原理及应用技术［M］．北京：高等教育出版社，2004.

[2] 邱士安．机电一体化技术［M］．西安：西安电子科技大学出版社，2004.

[3] 赵再军．机电一体化概论［M］．杭州：浙江大学出版社，2004.

[4] 梁景凯．机电一体化技术与系统［M］．北京：机械工业出版社，1998.

[5] 张建民．机电一体化系统设计［M］．北京：北京理工大学出版社，1996.

[6] 赵松年，张奇鹏．机电一体化机械系统设计［M］．北京：机械工业出版社，1996.

[7] 张新义．经济型数控机床系统设计［M］．北京：机械工业出版社，1994.

[8] 赵松年，戴志义．机电一体化数控系统设计［M］．北京：机械工业出版社，1994.

[9] 李华．MCS-51系列单片机实用接口技术［M］．北京：北京航空航天大学出版社，1993.

[10] 吴晓苏．数控原理与系统［M］．北京：机械工业出版社，2008.

[11] 范超毅，赵天婵，吴斌方．数控技术课程设计［M］．武汉：华中科技大学出版社，2007.

[12] 吴晓苏，张素颖．进给运动传动间隙的补偿［J］．襄樊职业技术学院学报，2004（6）：17-18.

[13] 吴晓苏，丁学恭，裘旭东．等幅电流矢量思想的微步距控制技术及其应用［J］．工程设计学报，2005（4）：240-251.

[14] 吴晓苏，张中明，丁学恭，基于Chebyshev插值的等幅合成电流矢量匀速微步旋转控制研究［J］．煤矿机械，2007（2）：178-180.

[15] 吴晓苏，张中明．基于神经网络的头孢菌素发酵控制系统研究［J］．中国酿造，2007（3）：35-39.

[16] 吴晓苏，张中明．焦炉集气管压力工业过程控制的研究［J］．煤炭转化，2007（1）：26-29.

[17] 张中明，吴晓苏．煤焦油蒸馏自动控制系统的设计［J］．煤炭科学技术，2007（3）：62-68.